Theory and Design of Loudspeaker

스피커 총론

오세진

碩学堂

저자소개

성균관대학교 물리학과 졸업
Old Dominion University 물리학과 석사 및 박사 졸업(미국)
포항공과대학교 재료공학과 Post-Doc.
주성대학 스피커음향기술혁신센터 센터장
주성대학 음향제작과 교수

Journal of Acoustical Society of American
Audio Engineering Society
American Loudspeaker Manufacture Association
한국음향학회
한국오디오공학회

E-mail : seijin@jsu.ac.kr

들어가는 글

축음기에 의해 소리의 녹음과 재생이 가능해진 것은 약 130년이나 되었고, 현재의 다이나믹 스피커가 *Rice-Kellog*에 의해 개발된 지도 90년이 가까워진다. 그 동안 소리의 재생을 직접적으로 담당하는 스피커에 관련된 기술은 크게 발전하였으며, 지금도 많은 스피커 엔지니어들이 보다 나은 음질을 위하여 밤낮으로 노력하고 있다. 이러한 노력에 본 "스피커 총론" 책이 다소나마 길잡이가 되어 주었으면 하는 것이 저자의 작은 소망이라 할 것이다.

스피커에 관련한 기술적인 동향도 크게 달라지고 있다. 처음에는 큰 소리를 내기 위하여 큰 덩치가 필요했으나, 관련기술의 발달로 크기가 매우 감소하였다. 반면에, 전형적인 오디오 세트는 이제 찾아보기가 어려운 가운데 미니 컴포넌트로 소비자의 취향이 바뀐 지도 오래되었다. 휴대폰과 같은 작은 IT제품에 들어가는 마이크로 스피커가 새로운 종류로 탄생하였다. 그리고 매우 얇은 TV의 출현으로 스피커의 두께가 지속적으로 낮아지고 있는 추세에 있다. 이러한 경향은 앞으로도 지속되어 평면형 스피커의 출현이라는 결과를 낳게 될 것이다.

이 책에서는 스피커에 관련된 이론과 기술의 이해와 설계에 도움이 될 수 있는 내용들을 전반적으로 다루었다. 어떤 특정한 기술적 애로사항들에 대하여 직접적인 해결책을 실고 있지는 않지만, 애로기술을 해결을 할 수 있는 기본적인 원리와 특성에 대해 제시하고 있다는데 의미를 둔다. 따라서 스피커의 역사를 시작으로 구조와 분류, 부품의 재료 및 음향특성, 음향용어, 측정 및 계산, 등가회로, 스피커시스템과 틸-스몰 매개변수를 포함한다.

이 책을 집필하면서 오자와 탈자가 없도록 최선을 다하였으며, 내용상 잘못되었거나 미흡한 부분에 대해 의견을 주면 검토하여 수정 또는 보완토록 할 것입니다.

2011년 2월

저자 씀

목 차

제 05 장. 스피커의 음향학적 특성변수

제 06 장. 스피커 특성

제 07 장. 스피커 특성변수의 계산 및 측정법

제 08 장. 등가회로 해석법

제 09 장. 라우드스피커의 전기역학적 해석

제 10 장. 돔 스피커

제 11 장. 혼 스피커

제 12 장. 마이크로 스피커

제 01 장. 소리의 역사

1.1. 소리 재생의 시작

소리의 역사는 인류의 역사와 유사하다고 할 것이다. 왜냐 하면 인류의 문명이 시작되면서 인간들 사이에 언어를 통한 대화는 설령 불가능하였다고 하더라도 자연이나 동물 또는 인간들 사이에서 발생하는 소리는 들을 수 있었을 것으로 생각된다. 인류의 문명이 발달하면서 인간들 사이에는 소리(대화)를 통하여 서로의 의사를 전달하게 되고, 춤과 노래를 즐기기 시작하였을 것으로 추측된다. 그러나 이러한 춤과 노래는 차츰 형식을 갖추게 되었으나, 음악이 실질적으로 연주되는 동안에만 음악을 즐길 수 있었다. 다시 말하면, 음악이 연주되는 공간과 시간 이외에 음악을 다시 들을 수 없었던 것이다. 그 이유는 음악을 녹음하여 보관한 후에, 인간이 다시 듣고 싶은 시간이나 공간에서 그 음악을 마음대로 재생할 수 없었기 때문이다. 이처럼 시간과 공간을 초월하여 소리를 재생시킬 수 있는 기술의 시작을 정확히 규명하기는 매우 어렵다. 소리의 재생에 관계되어 있는 전기 또는 자기에 관련한 기본적인 법칙들이 *Henry*, *Ampere* 그리고 *Oersted* 등으로 거슬러 올라가기 때문이다. 그러나 음악과 소리를 직접적으로 재생시킨 역사적 사건들은 아래와 같이 들 수 있다.

① 1874년 4월 14일 : 독일의 *Siemens*사 설립자인 *Ernest W. Siemens*는 그의 특허(149,797)에서 "코일에 흐르는 전류가 역학적인 운동을 어떻게 만드는가"에 대해 설명하였고,

② 1876년 3월 7일 : *Alexander Graham Bell*의 전화기 발명(특허번호 174,465)에 있어서 "Mr. Watson, come here I want you."라는 말을 재생하였고,

③ 1878년 2월 19일 : 에디슨이 틴 포일 유성기(Tin Foil Phonograph, 특허번호 200,521)를 발명하면서부터 음악은 시간과 공간을 초월하여 인류와 영원히 함께 살아가고 있다.

1.2. 축음기(phonograph)의 발명

1878년 에디슨이 틴 포일 축음기를 발명하기 이전에 이와 동일한 아이디어를 가지고 축음기(포노그라프, phonograph)를 개발하려는 시도를 살펴보면 아래와 같다.

① 1857년 프랑스 사람인 *Leon Scott*는 유연을 입힌 종이를 원통형 실린더에 덮어 뻣뻣한 털로 소리를 녹음하는 방식의 폰오토그래프(phoneautograph)를 발명하였다. 이 때 소리를 녹음하기 위하여 혼을 거꾸로 장착한 후에, 공기의 진동을 혼의 마우스에 위치한 진동판의 역학적 운동으로 활용하였다. 이 폰오토그래프는 에디슨의 축음기보다도 더 현대적인 장치로 평가되고 있다. 에디슨의 축음기와 비교하여 보면, 축음기는 바늘의 수직운동에 의해 소리를 기록하지만, 폰오토그래프는 수평운동에 의해 녹음되기 때문이다.

② 1877년 *Charles Cros*라는 프랑스인도 평평한 원반형 디스크에 녹음을 시도하였다. 이 방법에 대한 소리의 녹음과 재생은 실용적이지 못하여 축음기 개발에 결과적으로 실패하였다. 그러나 *Charles Cros*와 같은 해에, 무선통신 분야에서 음파를 녹음할 수 있는 기계를 개발하던 에디슨에 의해 축음기가 개발되어 음향기기 시대의 개막을 장식하게 되었다. 에디슨이 발명한 소리의 녹음원리는 구리로 만든 원통에 주석 박(Tin Foil)을 씌우고 홈을 내어 소리를 기록하였다. 즉 송화기에 전달되는 소리의 떨림을 바늘을 통하여 구리원통의 주석 박에 홈을 내어 소리를 기록(녹음)하는 방식이다. 이와 같이 기록된 소리가 재생바늘에 의해 재생되고, 송화기 대신에 확성기에 의해 소리가 되살아나는 것이다. 이것이 인류 최초의 음향기기인 "축음기(phonograph), 즉 틴 포일(Tin Foil)"이다. 이 때 최초로 기록된 노래는 에디슨이 직접 부른 "메리는 아

가 양을 가지고 있었네(Mary had a little lamb)" 이었다. 그 후에 축음기가 *Alexander Graham Bell*에 의해 보다 간편해지고 효율성이 높아질 때까지 에디슨은 전구의 발명에 몰두하였다. 특히 1880년대 후반부터 *Emile Berliner*에 의해 축음기의 플라이 휠(fly wheel)이 어떻게 일정한 속도로 레코드판 안쪽으로 이동시키는지에 대하여 특허(#534,543)가 제출되었다. 그 후에 전기를 이용한 모터가 축음기에 장착되면서부터 축음기에 큰 변화가 일게 되었다.

1.3. 정전형 트랜스듀서(electrostatic transducer)

스피커와 마이크로폰의 기능들이 함께 존재하는 정전형 트랜스듀서는 영국의 과학자인 *L.F. Richardson*에 의해 처음으로 시작되었다고 볼 수 있다. 그는 1912년에 제출한 특허에서 대양을 오고가는 선박의 안전을 향상시키기 위한 아이디어를 한 가지 제안하였다. 그의 아이디어는 시대적으로 좀 앞서가는 경향은 있었으나, 바다 속에 존재하는 커다란 물체(암초)를 찾아내기 위해 트랜스듀서를 활용하는 방법이었다. 이러한 *L.F. Richardson*의 아이디어는 러시아의 전기기술자인 *Constantin Chilowski*를 감동시켰으며, 그는 *L.F. Richardson*의 아이디어를 바다 속의 잠수함을 찾아내는 원리로 활용하였다. *Constantin Chilowski*는 프랑스의 물리학자 *Paul Langevin*과 서로 협력하여 마침내 1920년에 프랑스에서 공동 명의의 특허(#502,913)를 받았다. 1916년부터 압전방식을 사용하기 전까지는 수중에 있는 물체(잠수함 포함)를 찾기 위해 정전형 트랜스듀서를 사용하였다. 그리고 1918년에 *Edward C. Wente*에 의해 정전형 마이크로폰이 만들어졌다.

1.4. 라우드스피커(loudspeaker)

정전형 트랜스듀서에 대한 새로운 세대가 바로 라우드스피커이다. 1920년대 중반이전에 스피커의 재생원리는 전화기의 수화기에서 얻은 아이디어로써 매우 원시적이었으며, 앰프(amplifier)에 대한 개념이 거의 전무한 상태였다. 그러나 *Rice*와 *Kellog*는 혼이 부착되지 않은 라우드스피커(hornless loudspeaker)의 구동을 위해 앰프가 필요함을 인식하였으며, 그 결과로써 음질이 향상된 라우드스피커(hornless loudspeaker)의 기술에 관련한 논문을 1925년에 발표하였다. 그 당시, 이들에 의해 만들어진 스피커는 Rice-Kellog 스피커라고 불리기도 하였다. 이 때부터 소리의 재생에 관련된 라우드스피커 기술은 급진적으로 발전하기 시작하였으며, 라우드스피커의 크기(지름)와 파장과의 관계에 대한 연구가 시작되었다. 다시 말하면, 저음을 재생하기 위해서는 라우드스피커의 크기가 커야하고 피스톤처럼 운동(rigid movement)하는 반면에, 고음의 경우에는 라우드스피커의 크기가 작아져야만 한다. 그러나 스피커의 크기가 작아지면 소리가 지향특성을 갖게 된다. 고음에서 이러한 단점을 보완하기 위한 방법으로 두 가지가 제안되었다. 첫 번째 방법은 라우드스피커의 진동판을 물리적으로 작은 부분들로 분할하는 것이다. 이 때 저음의 경우에는 모든 분할부분들이 마치 하나의 피스톤처럼 전체적으로 진동하고, 고음으로 주파수가 높아질수록 진동판을 점차적으로 적은 분할구역만이 진동하게 하는 방법이었다. 이 때 주파수가 매우 높아지면, 스피커 진동판의 중앙부근에서만 소리를 재생하게 된다. 두 번째 방법은 라우드스피커를 주파수 대역별로 나누는 방법이다. 즉 라우드스피커 엔지니어들마다 그들이 원하는 라우드스피커 숫자만큼으로 가청주파수 대역을 분할하여 스피커시스템을 구성하는 방법이다. 그리고 스피커시스템을 라우드스피커의 후면 방사음(rear sound)을 활용하는 저음반사형(bass reflex), 미로형(acoustical labyrinth), 혼형(folded horn)과 배플형(baffle box) 등으로 개발하였다. 이들은 제2차 세계대전 이후에도 스피커시스템을 발전시키기 위하여 지속적인 노력을 거듭하였으며, 라우드스피커에서 재생된 소리의 음질이 매우 우수하게 평가될 수 있는 계기가 되었다.

1950년대 초기에 시작된 지역적인 하이파이 쇼(regional high fidelity show)를 통하여 스피커와 오디오 컴포넌트들에 대한 기술 및 정보들이 자유스럽게 교환되었으며, 이로 인하여 스테레오 산업(stereo industry)의 태동이 시작되었다. 이 때 대부분의 박람회가 컴포넌트에 관련되었으나 하이파이와 스테레오 녹음에 대한 새로운 테크닉들도 선보였다.

1960년대에 *Thiele*과 *Small*은 라우드스피커 시스템을 수학적으로 해석이 가능한 전기필터처럼 취급하기 시작하였다. 여기에는 여러 가지 아이디어들이 들어가 있었기 때문에, 그들에 대한 개념이 라우드스피커 제작업체들에 의하여 바로 인식되지는 못하였다. 그러나 1970년대 말과 1980년대 초에 이르러서야 Thiele-Small 매개변수들이 비로소 업계에 그 가치가 인식되기 시작하였으며, 현재에는 유명한 라우드스피커 제작회사들의 대부분이 이들에 대한 값을 표시하고 있다.

1990년대를 지나면서 스피커 부품 및 재료들에 있어서 많은 발전을 거듭해 오고 있다. 특히 음향에 관련한 많은 기기들이 디지털화되는 가운데, 소형화 및 평판화가 진행되고 있다. 이는 작고 평면적이면서 고음질을 갖는 스피커의 요구가 점차적으로 강하게 일기 때문이다. 음향기기의 소형화 추세에 의해 일반인들의 Hi-Fi 선호도는 미니 컴포넌트 쪽으로 크게 바뀌어 가는 가운데 점차적으로 DVD와 같은 AV제품의 형태로 방향을 전환되고 있다. 따라서 국제적으로 순수하게 오디오를 즐기던 매니어들의 층은 점차적으로 얇아지는 추세이지만, AV, 카 오디오 및 휴대폰의 발전으로 전반적인 스피커의 수요는 증가하고 있다고 할 것이다.

제 02 장. 라우드스피커란 무엇인가

2.1. 라우드스피커란 무엇인가?

자연에 존재하는 에너지의 형태는 여러 가지로 분류할 수 있다. 즉 가전제품에서 사용하는 전기에너지, 모터에서 사용하는 자기에너지, 증기기관에서 사용하는 열에너지, 원자력발전소에서 사용하는 핵에너지, 물건을 옮기는데 필요한 역학에너지, 태양을 이용하는 빛 에너지 그리고 스피커에서 나오는 소리(음향)에너지처럼 에너지의 종류는 매우 다양하다. 이러한 에너지들 사이에 한 형태의 에너지가 다른 형태로 변환될 수 있다. 예를 들면 자동차 엔진 속에서 휘발유가 폭발하면서 만들어지는 열에너지는 자동차 바퀴를 회전시키는데 필요한 역학에너지로 전환된다.

이처럼 라우드스피커(loudspeaker, 일반적으로 "스피커"라고 함)는 앰프로부터 들어오는 전기적인 형태의 에너지(전기신호)를 소리라는 음향에너지(음향신호)로 변환시키는 일종의 에너지 변환기기 또는 변환장치라고 할 수 있다. 이는 음향에너지(음향신호, 소리)를 전기적인 형태의 에너지(전기신호)로 전환시키는 마이크로폰(일반적으로 "마이크"라고 함)과는 정반대 방향으로 에너지를 변환시키는 장치이다.

제 03 장. 스피커 분류

3.1. 구동방식에 따른 분류

스피커의 고유기능은 소리를 재생하는 일이다. 이 때 소리를 재생하기 위해서는 스피커의 진동판이 진동운동을 하여야 한다. 이처럼 스피커의 진동판을 진동시킬 수 있는 구동방식은 여러 가지가 있을 수 있다. 그 중에서 가동코일(moving coil)을 사용하는 다이나믹(dynamic) 방식의 스피커(일반적으로 "다이나믹 스피커" 라고 함)를 포함하여, 진동판의 구동방식에 따라서 스피커를 분류하여 보기로 하자.

1) 다이나믹 스피커(dynamic speaker)

현재에 가장 많이 사용되고 있는 스피커의 구동방식으로써, 영구자석과 보이스 코일에서 만들어지는 자기장들의 상호작용을 이용한다. 일반적으로 사용되고 있는 외자형 다이나믹 스피커의 구동원리를 살펴보자. 원형의 영구자석이 상(탑)·하(바텀) 플레이트(top−bottom plate)들 사이에 놓여지고, 영구자석에서 나오는 자기장(자기력선)의 흐름은 플레이트들에 의하여 제어된다. 즉 영구자석의 윗면(N극)으로부터 나온 자기장이 영구자석 위에 놓여진 탑 플레이트(top plate)의 측면을 통하여 폴피스(pole piece)로 이동하게 된다. 이처럼 폴피스(pole piece)로 이동한 자기장은 영구자석의 아래에 놓인 바텀 플레이트(bottom plate)로 이동하게 되며, 최종적으로 영구자석의 아래면(S극)으로 다시 돌아오게 된다. 이처럼 영구자석에서 나온 자기장이 위에서 설명한 하나의 자기장 진행경로(자기회로)를 구성하게 된다. 그리고 영구자석 위에 놓여진 탑 플레이트와 폴피스 사이에는 자기 갭(magnetic gap)이라 불리는 약간의 갭이 존재한다. 이 갭

안에 놓여진 보이스 코일의 왕복운동은 플레밍의 왼손법칙(그림 1)에 따르게 된다. 다시 말하면, 왼손의 엄지손가락은 위 방향으로, 집게손가락은 앞 방향으로 그리고 가운데 손가락은 옆으로 펼쳐 서로 직각이 되도록 하자. 이 때 엄지손가락은 보이스 코일이 받게 되는 힘의 방향을, 집게손가락은 영구자석에서 나오는 자기장의 방향을 그리고 가운데 손가락은 보이스 코일에 흐르는 전류의 방향을 의미한다. 따라서 교류의 전기신호를 보이스 코일에 흘려주었을 때, 보이스 코일에 흐르는 전류의 방향이 서로 바뀔 때마다 힘의 방향이 180°로 바뀌게 된다. 그 결과로써, 보이스 코일에 접착되어 있는 진동판이 왕복운동을 하게 되고, 이로써 소리가 스피커로부터 만들어지는 것이다. 이처럼 영구사석과 보이스 코일에 의해 형성된 자기장들 사이의 상호작용에 의하여 스피커의 진동판이 운동하는 것을 가동코일(moving coil) 방식의 다이나믹 스피커(dynamic speaker)라 한다(그림 2).

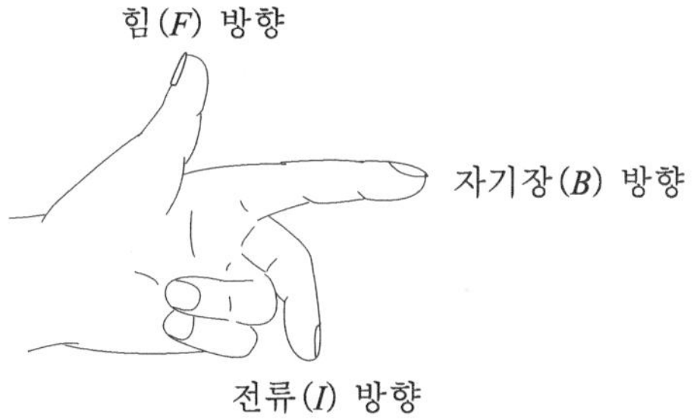

[그림 1] 플레밍의 왼손법칙

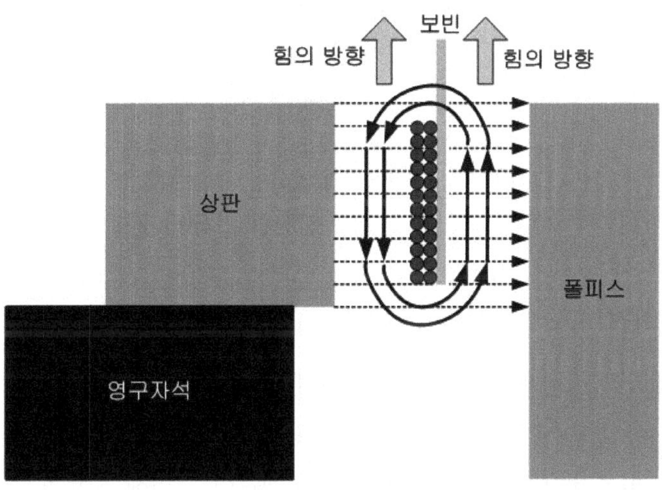

[그림 2] 가동코일의 다이나믹 스피커 구동원리

2) 정전형 스피커(electrostatic speaker)

정전형 스피커는 두 개의 전기장을 사용하게 된다. 하나는 콘덴서의 원리를 이용한 정전기장이다. 콘덴서의 한쪽 금속판에 전류를 입력시키게 되면, 두 개의 금속판 사이에는 정전기장이 형성된다. 다시 말하면 양극에서 음극의 방향으로 형성된 정전기장이 금속 전극판 사이에 존재하게 된다. 이를 두 개의 금속 전극판 내부에 또 다른 하나의 진동판이 놓여지게 되고, 이 진동판에 앰프로부터 소리신호를 입력시키면 두 번째의 전기장이 만들어진다. 두 번째로 만들어진 전기장은 첫 번째로 만들어진 금속 전극판 사이의 콘덴서형 정전기장과 서로 상호작용하여 인력 또는 척력을 진동판에 작용시켜 소리를 재생하는 것이다. 이러한 형태의 스피커를 정전형 스피커(그림3)라 하는데, 음향출력을 높이기 위하여 트랜스포머(transformer)를 사용해 1,000V 이상의 고전압을 입력하는 것이 일종의 단점이라고 할 수 있다. 스피커 후방으로부터 나오는 소리의 영향을 줄이기 위해서는 벽면에 가까이 붙여 사용하는 것이 좋다. 그리고 낮은 주파수의 소리를 재생하기 위해서는 큰 면적을 가진 진동판이 요구되기도 한다. 소리가 투명하고 섬세할 뿐만 아니라 생생한 음질특성을 가지고 있다.

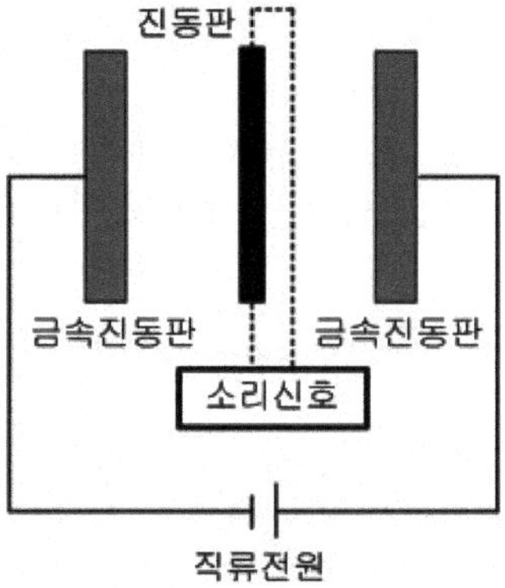

[그림 3] 전통적 정전형 스피커 구조도

3) 압전 스피커(piezoelectric speaker)

일부의 세라믹 결정재료들에 힘이 가해져 변형이 생기면 그 재료의 표면으로부터 전하가 생성되어 전류가 발생하게 된다. 이러한 현상을 압전효과라고 부르며, 정반대의 현상도 가능하다. 다시 말하면, 세라믹 결정재료의 표면에 전류가 입력되면 그 재료의 형상이 바뀌게 된다. 이처럼 재료 표면의 전류변화에 따른 형상변화(진동)를 이용한 것이 압전스피커(piezoelectric speaker)이다. 그러나 압전스피커는 저음영역을 재생하는 데 효율적이지 못하기 때문에 주로 고음영역을 담당하는 트위터용으로 사용되고 있다.

4) 이온형 스피커

공기 입자는 보통의 상태에서 전기적으로 중성이다. 그러나 외부에서 전기장이 주어지면 공기 입자는 양극과 음극으로 대전을 하게 된다. 이처럼 대전된 공기 입자는 전기장에 의해 움직일 수 있게 된다. 따라서 두 개의 마주보는 금속 전극에 소리신호가 입력되어 전기장을 발생시키면 주위에 있는 공기가 운동을 하게 되는 것이다.

이온형 스피커는 다른 스피커들처럼 진동판이 존재하지 않는다는 것이 가장 큰 특징이라고 할 수 있다. 이로 인하여 과도특성이나 고역특성이 뛰어나지만, 효율이 매우 낮아서 액티브(active) 형태로 제작되어야 한다.

3.2. 스피커 영구자석의 형태에 따른 분류

스피커의 자기회로를 구성하는데 있어서, 영구자석을 보이스 코일의 내부에 위치시킬 것인가(내자형) 아니면 외부에 위치시킬 것인가(외자형)에 의해 그 형태가 달라진다. 이들 각각은 아래와 같은 특성을 갖게 된다(표1).

[표 1] 자기회로의 형태별 특징

형 태	특 징
내자형 스피커	1. 누설자속이 적음 : 자기회로 외부로 누설되는 자속이 적어서, 자기장의 영향을 받을 수 있는 기기에서 내자형을 선호함 2. 바깥지름이 작음 : 동일한 자기 갭을 유지할 경우에 스피커의 크기를 반으로 줄일 수 있음 3. 큰 입력에 의한 감자작용(자력이 감소하는 작용)을 받기 쉬움 4. 온도변화에 안정적임(알리코 자석의 경우)
외자형 스피커	1. 누설자속이 많음 2. 자기회로 높이를 줄일 수 있음 3. 큰 입력에 의한 감자작용이 없음 4. 가격이 저렴함(페라이트 자석의 경우) 5. 저온에서 약간의 온도 특이성이 있음

1) 외자형 스피커(페라이트 자석형)

영구자석이 보이스 코일의 바깥쪽에 위치하는 스피커(T-type speaker)로써, 일반적으로 페라이트 자석을 많이 사용한다(그림4). 이는 자석의 강도를 높이기 위하여 자석의 체적을 크게 하여야 하며, 그 결과로써 스피커의 출력이 향상된다.

2) 내자형 스피커(알리코 및 희토류 자석형)

내자형(P-type speaker)의 경우에는 영구자석이 보이스 코일의 내부에 놓여 있는 스피커로써, 일반적으로 알리코 및 희토류 자석을 많이 사용한다(그림5). 이들 자석의 세기가 대체로 높기 때문에, 동일한 양의 자기장을 얻는데 자석의 크기가 크지 않아도 된다.

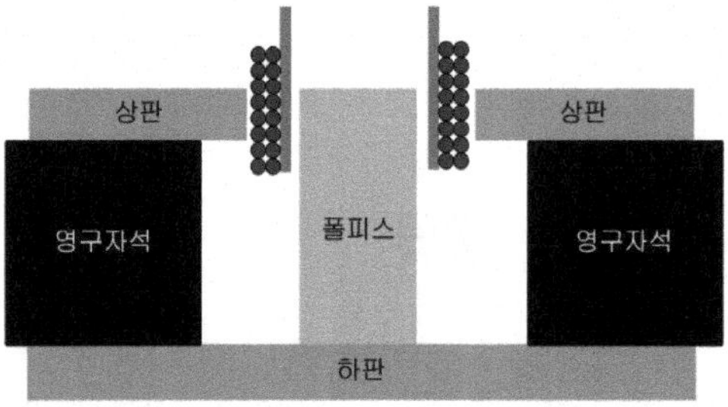

[그림 4] 외자형 스피커

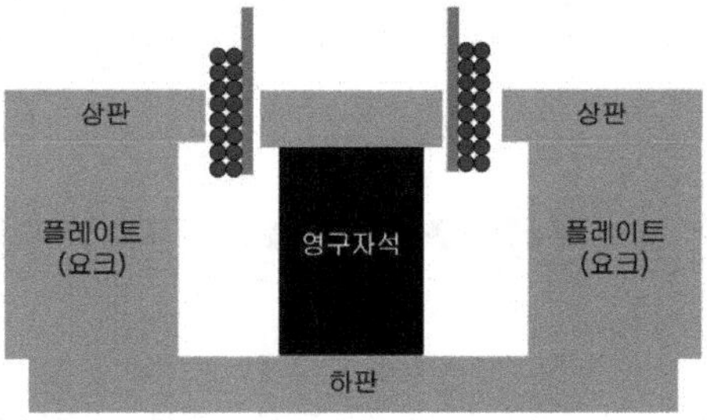

[그림 5] 내자형 스피커

3.3. 구조 및 형상에 따른 분류

한 개의 스피커가 앰프로부터 전기적인 신호를 받아 소리를 재생시킬 경우에, 인간이 들을 수 있는 모든 주파수 대역(20~20,000Hz)을 재생시키는 가운데 모든 방향(360°)으로 소리를 고루 전파시키는 것은 실질적으로는 불가능하다. 다시 말하면, 한 개의 스피커만으로는 모든 가청주파수 성분을 완벽하게 재생시킬 수 없을 뿐만 아니라, 모든 방향으로 소리를 고루 전파시킬 수도 없다는 것이다. 이는 스피커의 크기 및 형태에 의하여 재생주파수 대역과 소리의 전파방향이 달라질 수 있다는 것을 의미한다. 특히 소리의 주된 전파방향(지향특성, directivity)은 주파수가 높아지면서 빔

(beam)처럼 점차적으로 좁아지는 가운데, 주변에 여러 개의 로브들이 만들어지게 된다. 그러나 소리의 재생특성은 스피커의 크기 및 형태만이 아니고 진동판의 구조, 형상 및 재질과 같이 다른 여러 가지 요소들에 의해서도 달라질 수 있다. 그러므로 스피커가 사용되는 조건이나 목적에 적합한 형태를 선정해야 하며, 스피커의 형태에 따른 특성을 살펴보면 아래와 같다.

1) 콘형 스피커(cone speaker)

진동판의 형상이 콘형(conical type, 그림6)으로써 가장 많이 사용되는 스피커의 형태이다. 주파수 특성(frequency response)이 대체로 평탄(flat)하며, 저음영역의 소리가 대체로 360° 방향의 전역에 걸쳐 골고루 퍼져 나간다(무지향적 특성). 그리고 임피던스도 비교적 일정하여 가장 안정적인 소리를 재생한다. 저음용에서 고음용까지 골고루 사용되고 있으며, 진동판(스피커 유닛)의 크기가 커지면 저음용에 적합한 반면에 진동판이 작아지면 고음용으로 적당해진다. 콘의 표면에 주름(콜루게이션, corrugation)을 넣어서 진동판의 강성을 높여 분할진동을 줄여주며, 고음역으로 음역을 확대시키는 리브형도 있다. 이 때 주름의 형태는 진동판의 한쪽(앞면 또는 뒤면) 또는 양면에 만들어 넣는다. 최저(f_s)/최고공명진동수(f_h)가 아래처럼 결정될 수 있다.

[그림 6] 콘형 스피커

$$f_s = \frac{1}{2\pi} \times \frac{t_d}{2a^2} \times \mu_n [\frac{E}{3\rho(1-\sigma_p^2)}]^{1/2}$$

$$f_h \propto \frac{\cos\theta}{2\pi a} \times [\frac{E}{\rho(1-\sigma_p^2)}]^{1/2}$$

여기서 t_d, a, E, μ_n, ρ, θ와 f_s는 진동판의 두께, 진동판의 반경, 영률(N/m^2), 주파수식의 루트(roots of frequency equation), 밀도(kg/m^3), 포아송 비율과 진동판의 각도를 의미한다. 그리고 콘형 진동판에서 공동에 의한 현상(cavity effect) 때문에 공명이 발생하여 주파수 특성에 피크와 딥의 형성되어 평탄한 주파수 특성을 얻기가 매우 어려울 수도 있다.

2) 돔형 스피커(dome speaker)

[그림 7] 돔형 스피커

진동판이 돔(dome, 그림7)의 형상을 갖는 스피커로써, 중음과 고음용 스피커에 많이 사용되고 있다. 일반적으로 진동판과 에지가 동일한 재료(고정에지)로 만들어지며, 보이스 코일이 돔의 가장자리에 연결된다. 돔형 스피커는 진동계의 질량이 매우 작아서 높은 효율을 가지며, 재생주파수 대역과 고음에서의 지향특성이 다소 넓어지는 특성을 가진다. 그러나 지향특성이 넓어지기 때문에 동일한 크기를 갖는 콘형이나 혼형에 비하여 출력이 다소 감소하기도 한다. 이를 보상하기 위하여, 영구자석의 크기(체적)를 증가시키거나 자속밀도(B)를 높여 사용하기도 한다. 그리고 알루미늄, 티타늄과 베릴륨(Beryllium)등의 금속으로 제작된 하드 돔(hard dome) 스피커와 부드러운 재료로써 섬유에 페놀수지 등을 함침한 후 프레스로 성형한 소프트 돔(soft dome) 스피커들로 크게 나눌 수 있다. 그러나 펄프나 얇은 수지 필름등의 재질을 사용하는 하드와 소프트 돔 사이의 스피커도 존재한다. 특히 주파수 특성에 피크와 딥이 많이 존재하는 하드 돔의 최고공명진동수는 돔의 지름, 곡률반경, 깊이 그리고 강성들에 의해 변하게 된다. 예를 들어, 돔의 깊이를 증가시키거나, 지름을 줄이거나 또는 진동판의 강성을 증가시키면 돔 스피커의 최고공명진동수는 증가하게 된다.

구동력에 의한 진동의 전파를 하드 돔과 소프트 돔의 형태별로 살펴보면, [그림 8]과 같다. 우선 [그림 8①]에서 보여주는 것처럼, 하드 돔에서 보이스 코일에 의해 발생된 진동은 왼쪽에서 만들어져 돔의 정중앙을 지나 오른쪽으로 이동한다. 그리고 보이스 코일과 돔이 접착되는 지점에서 반사되어 다시 왼쪽으로 돌아오게 된다. 이러한 현상을 방지하기 위하여 소프트 돔이 개발되었다. [그림 8②]에서 보여주는 것처럼, 소프트 돔의 가장자리에서는 진폭이 최대가 되고, 돔의 정중앙 쪽으로 진동이 이동하면서 진폭이 감소하게 된다. 이처럼 보이스 코일이 접착된 돔의 가장자리에서 시작된 진동이 중앙부위로 이동하면서 진폭이 줄어들게 된다. 만약 돔의 가장자리에서만 대부분의 진동이 발생할 수 있는데, 이를 링 진동(ring vibrator)라고 부른다. 이 경우에 돔의 중심이 아닌 특정한 각도(off-axis)의 한 지점에서 소리를 듣게 되면, 마치 음원이 두 개인 것처럼 작용하여 서로 간섭을 일으키게 된다. 따라서 실제적으로 돔 스피커에

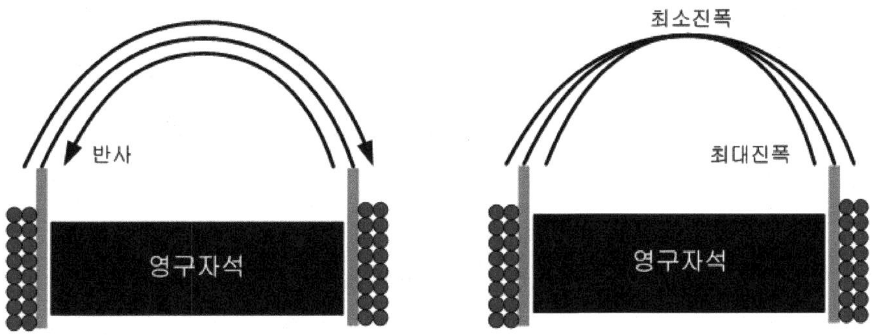

① 하드 돔　　　　② 소프트 돔

[그림 8] 하드 돔과 소프트 돔의 진동형태

대한 특정한 각도에서의 음질특성은 하드 돔보다도 소프트 돔이 더 좋지 않은 결과를 보이는 경우도 있다.

[그림 9]처럼 돔 스피커의 진동형태를 고찰하여 보자. [그림 9①]은 이상적인 진동을 하는 돔 스피커로써, 구 형태의 음원처럼 돔의 반지름이 전체적으로 늘어났다 또는 줄어들었다 하는 형태로 진동판 전체가 진동을 하게 된다. 이런 형태의 돔 진동은 모든 방향으로 동일한 음압의 소리를 방사할 수 있으나, 실질적으로 불가능하다고 할 수 있다. [그림 9②]에서 보여주는 것처럼, 실제적인 돔 스피커의 진동은 어느 한 방향으로만 진동하게 된다. 따라서 [그림 9①]과 [그림 9②]에서 주어지는 결과들은 서로 다르다고 할 것이다.

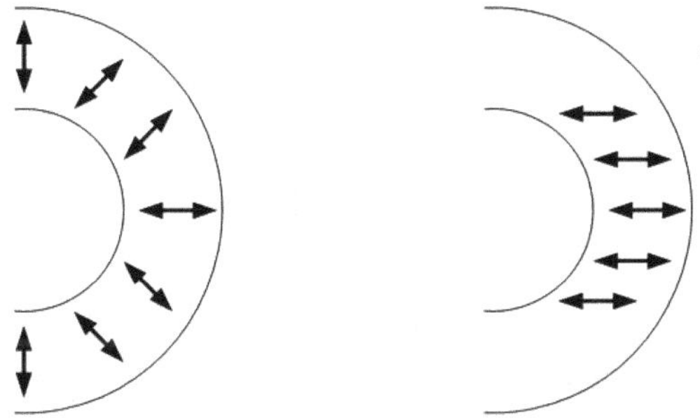

① 이상적인 진동형태　　　　② 실제적인 진동형태

[그림 9] 돔 진동판의 진동형태

돔 스피커들은 소리가 뚫고 지나갈 수 있는 매우 가볍고 다공성인 직물형태의 진동판을 사용한다. 만약 스피커의 구조를 내자형 형태(그림10)로 설계하면, 돔 진동판 아래에 플레이트가 위치하게 된다. 이로 인하여, 진동판의 후방으로 발생된 소리가 플레이트로부터 반사되어 시간지연을 가지고 진동판을 뚫고 전방으로 나오게 된다. 이러한 문제는 후방으로 방사된 소리를 흡음시킬 수 있도록 흡음구조를 추가한 자기회로의 설계로 해결할 수 있다.

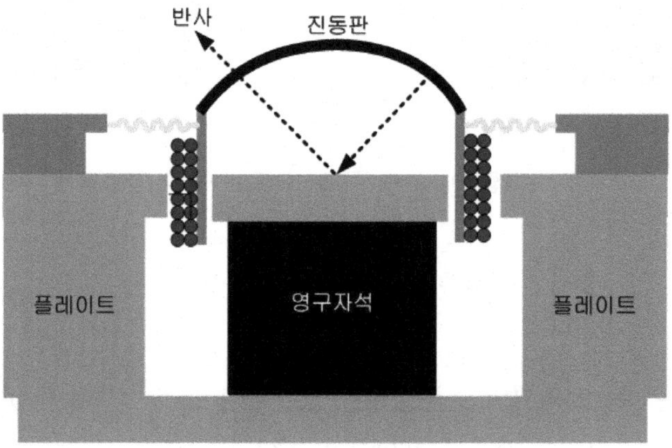

[그림 10] 돔 스피커의 후방음 반사

3) 평판형 스피커(plate speaker)

진동판의 형상이 곡률없이 평탄(flat)한 스피커를 의미하며, 콘형 스피커의 공동(cavity)에 의한 공명이 발생하지 않고, 여러 개의 스피커에서 소리가 도착하는데 따른 시간차이가 없어지게 된다. 재생음은 순수한 구면파라기보다는 구면파와 평면파가 합쳐진 형태의 특성을 가져 순수한 구면파에 비해 보다 멀리까지 소리를 보낼 수 있는 장점도 있다.

1980년대부터 일본의 한 회사에서는 세라믹을 이용한 평판형 스피커의 개발을 활발히 시도하였다. 영국의 한 회사는 다이나믹 스피커의 원리에 따른 액추에이터(actuator)를 활용한 평판형 스피커(그림11)를 소개하였다. 그리고 한국의 한 연구소에서도 폴리머(PVDF)를 활용한 평판형 스피커를 만들었다. 그러나 이들 평판형 스피커는 저음영역의 재생이 취약한 특성을 가지고 있다. 따라서 저음영역까지 재생이 원할한 평판용 스피커의 개발이 시급한 상태이다. 그리고 정전형과 리본형 스피커를 진동판의 형상으로 분류하면 평판형에 포함시킬 수도 있을 것이다.

[그림 11] NXT의 원리를 활용한 평판형 스피커

4) 리본형 스피커(ribbon speaker)

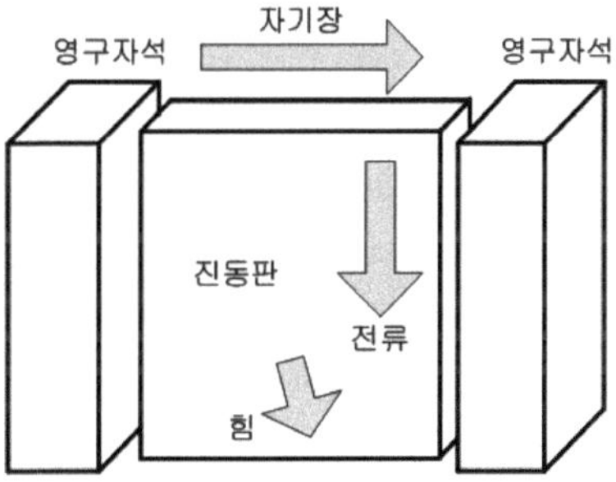

[그림 12] 리본형 스피커

일반적으로 진동판이 리본형태의 형상을 갖는 스피커로써, 리본 마이크와 같은 원리를 이용한다(그림12). 진동판을 움직이는 구동력이 다이나믹 스피커처럼 보이스 코일에서 발생되는 것이 아니고, 진동판 자체에서 직접적으로 발생하는 특징을 가지고 있다. 그러나 진동판이 영구자석에서 나온 자기장(B) 방향에 수평하게 놓여 있기 때문에 진동판의 내부로 통과하는 자기장의 양은 매우 적다. 자기 갭 내에서 자기장의 세기를 유지하기 위하여 진동판의 너비가 제한된다. 그리고 자기 갭에서의 자기저항이 크기 때문에 누설자속이 큰 문제점도 가지고 있다. 따라서 리본형 스피커의 자기 효율이 대체로 3% 이내로써, 구동세기($B\ell$)가 낮아지는 결과를 초래할 수 있다. 이러한 특성으로 인하여 낮은 출력이 예고될 수도 있지만, 진동판 자체의 전기저항이 매우 작아 큰 전류가 흐를 수가 있기 때문에 낮은 효율을 어느 정도 보상할 수 있게 된다. 그러나 리본 스피커의 전반적인 음향효율은 대체로 낮은 편에 속하기 때문에 고음용 스피커에 주로 사용되며, 가청주파수 이상의 영역까지 자연스럽게 재생할 수도 있다. 음색은 대체로 날카롭거나 지나치게 맑지 않으며, 선명하면서도 다이나믹 스피커에 비하여 훨씬 투명한 특성을 가진다. 리본 스피커의 임피던스가 낮기 때문에 스피커와 앰프 사이에 승압용 트랜스를 사용하여 임피던스를 정합해야만 한다.

실질적으로 리본 스피커로도 모든 가청주파수 대역을 재생하는 것은 불가능하다. 따라서 저음재생을 위해서는 별도의 스피커가 요구된다. 리본 스피커는 직접방사형 리본 스피커(direct radiating ribbon speaker)와 혼을 부착한 혼형 리본 스피커로 나눌 수 있다. 우선 직접방사형을 살펴보면, 영구자석의 질량 때문에 무겁고, 진동판 전체가 진동을 하기 때문에 *ka*값(그림116을 참고)이 매우 커져서 지향특성이 매우 좁아진다. 그리고 낮은 효율을 높이기 위하여 혼을 부착하게 되는데, 이는 지향특성도 넓혀주는 효과도 동시에 얻을 수 있다.

진동판의 두께와 재질에도 세심한 관심이 요구된다. 만약 진동판의 두께가 두 배가 된다면, 두 배의 전류가 흐르게 되고, 파워와 힘도 두 배로 증가한다. 그러나 질량이 두 배로 증가하기 때문에 같은 진폭(≈전류/질량)을 유지하게 되지만, 효율이 반으로 줄어드는 결과를 가져오게 된다. 따라서 진동판의 두께가 얇을수록 이상적이라고 할 수 있다. 리본 스피커의 효율은 밀도와 저항의 곱으로써 가장 작은 값을 가지는 전도성 재료에서 얻을 수 있는데, 알루미늄이 가장 적합하다고 할 수 있다(표2).

[표 2] 재료의 특성에 따른 리본 스피커의 효율

재 질	밀 도 ($\times 10^3$kg/m^3)	저 항 ($\times 10^{-8}\Omega$/m)	밀도 × 저항 (10^5)	효 율 (dB)
Al	2.7	2.67	7.21	0
Be	1.8	4.2	7.56	-0.4
Cu	8.96	1.6	14.36	-6.0
Ag	10.4	1.59	16.54	-7.2

일반적으로 사용되는 Heil 리본 스피커(Heil ribbon speaker)를 [그림 13]에서 보여주고 있다. 이는 뱀 모양의 플라스틱 진동판에 매우 얇은 금속판을 넣어서 전류가 흐를 수 있게 만들었다. 그러나 전류가 금속판의 굴곡을 따라 위로 흐르기도 하고, 아래로 흐르기도 하는데, 이는 진동판을 수직방향의 자기장 속에 넣은 것이다. [그림 13]에서 보여주는 것처럼, 전류가 흐르게 되면 인접한 굴곡에서 나오는 힘이 정반대가 되어 서로 간격이 좁아지거나 또는 넓어지는 현상을 만들게 된다. 그리고 전류의 방향이 바뀌면서 굴곡의 위치가 달라지고, 이런 과정을 통하여 굴곡에 들어있던 공기가 밖으로 나오기도 하고 또는 안으로 들어가기도 하는 것이다.

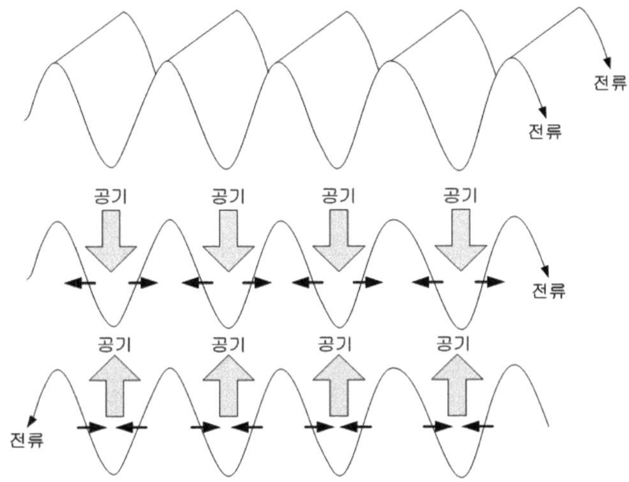

[그림 13] Heil 리본 스피커

5) 혼형(horn speaker)

유닛에 나팔 모양의 혼을 부착한 스피커(그림14)를 말하며, 고음용 트위터에 많이 사용된다. 이는 출력을 높여주고, 소리를 한 방향으로 집중시키는 효과를 가지게 된다.

[그림 14] 혼형 스피커

[그림 15] 마이크로 스피커

6) 마이크로 스피커(micro-speaker)

일반적으로 마이크로 스피커는 크기(지름)가 40~50mm 이하인 스피커를 말하는데, 주로 전화기와 노트북 그리고 핸드폰과 같이 크기가 작은 제품에 사용되는 스피커를 의미한다(그림15). 디지털 시대를 맞이하여 정보통신의 발달과 함께 마이크로 스피커의 수요량이 급속도로 증가하고 있다. 특히 핸드폰에 MP3, PMP 및 DMB와 같은 오디오 및 멀티미디어 기능의 장착에 의하여, 보다 높은 출력과 저음영역으로 주파수대역이 더 확장된 고신뢰성 마이크로 스피커의 개발이 꾸준히 추진되고 있다.

3.4. 주파수대역에 따른 분류

앞 절에서 설명한 것처럼, 하나의 스피커가 모든 가청영역의 주파수 성분을 재생할 수는 없다. 만약 이것이 가능하다면, 이는 자연의 순리를 역행하는 일이 될 것이다. 그 이유에 대해 예들을 들어가면서 설명해 보자. 목욕실 욕조에 물을 가득 담았다고 하자. 커다란 그릇을 그 물 속에 담근 후에 서서히 앞과 뒤로 움직여 보라. 이 때 그릇의 중앙 부근에 있는 물은 그릇의 운동과 동일한 방향으로 앞 또는 뒤로 움직일 것이지만, 그릇의 가장자리에 있는 물은 그릇의 운동과 상관없이 옆으로 빠져서 더 이상 앞/뒤로 왕복운동을 하지 않을 것이다. 이번에는 상당히 빠른 속도로 그릇의 왕복운동을 시도하여 보라. 이는 그릇에 들어있는 많은 양의 물로 인하여 왕복운동에 관련한 속도를 지속적으로 높일 수만은 없을 것이다. 지금부터 그릇은 스피커의 진동판으로, 그리고 물은 공기로 의미를 바꾸어 생각하여 보자. 그러면 진동판의 크기가 커지면(그릇의 크기가 크면) 진동판 중앙근처의 공기 양이 많아서 음압(물의 앞/뒤 왕복운동을 하는 물의 양이 많음)이 높아지는 반면에, 주파수가 높아짐(냄비의 왕복운동 속도를 높임)에 따라 진동판의 운동에는 한계가 발생하게 될 것이다. 반대의 경우처럼, 그릇의 크기가 작아지는 경우에 왕복운동의 속도가 낮아지면 그릇 중앙에 있는 물이라 하여도 왕복운동보다는 옆으로 빠져서 그릇의 가장자리로 이동하게 될 것이다. 그러나 그릇의 왕복운동 속도가 높아지면 그릇의 중앙에 있는 물(커다란 그릇에 비하여 양은 적지만)이 옆으로 움직이기 보다도 왕복운동을 강제적으로 하게 될 것이다. 이는 중앙에 있는 물이 가장자리로 이동할 수 있는 시간적 여유를 제공하지 않기 때문일 것이다. 따라서 진동판의 크기가 작아지게 되면(그릇의 크기가 작아지면), 진동판의 중앙부근에서 수직적으로 운동을 하게 되는 공기 양이 줄어들어서 음압이 감소하게 된다. 만약 주파수가 낮아지게 되면(그릇이 천천히 움직이면), 진동판의 중앙부근에서 수직적으로 운동을 하던 공기들이 옆으로 흩어지기 때문에 출력이 거의 나오지 않게 될 것이다. 따라서 가청주파수 영역의 모든 주파수 성분을 재생하기 위하여 일반적으로 세 가지의 스피커 종류(우퍼, 미드레인지, 트위터)로 나누어 그들의 역할을 나누고 있다.

1) 우퍼(woofer)

가청주파수 영역에서 3,000Hz 이하의 저음을 담당하며, 일반적으로 크기가 6.5인치 이상의 대구경 스피커를 말한다. 콘트라베이스와 오르간의 저음을 담당하며, 일반적으로 스피커시스템의 하단에 설치된다.

2) 미드레인지(middle range)

저음과 고음 사이의 1,000Hz부터 10,000Hz까지의 소리를 담당하며, 일반적으로 크기가 4 또는 5인치 정도인 스피커를 말한다. 사실상 중음의 음질이 스피커시스템의 평가에 커다란 비중을 차지할 정도로 매우 중요하다. 왜냐하면, 인간은 주파수가 매우 낮은 소리(저음)나 매우 높은 소리(고음)를 잘 듣지 못하기 때문이다. 스피커시스템을 구성할 때, 미드레인지는 중음을 저음과 고음의 레벨들과 동등한 음압레벨로 재생시키면 된다. 만약 미드레인지의 음역이 저음 또는 고음으로 치우쳐서 저음 또는 고음이 강조되는 것에 주의해야 한다.

3) 트위터(tweeter)

가청주파수 영역에서 4,000Hz 이상을 담당하는 고음용 스피커로써, 대략적으로 3인치 이하의 크기를 갖는다. 일반적으로 바이올린과 피콜로 등의 고음을 담당하며 스피커시스템의 상단부에 설치된다. 트위터의 종류는 콘형, 돔형, 리본형, 혼형, 콘덴서형 등과 같이 여러 가지가 있다.

4) 풀 레인지(full range)

한 개의 스피커로 모든 가청주파수 대역의 소리를 재생시키는 스피커를 말한다. 그러나 한 개의 풀 레인지 스피커로 모든 가청주파수를 재생하기에는 실질적으로 어려움이 있다. 따라서 풀 레인지 스피커가 재생할 수 있는 주파수 영역을 최대한으로 넓히는 것이 가장 큰 관건이라고 할 수 있다. 이를 실현하기 위하여, 한 개의 축에 저음용과 고음용 또는 저음용, 중음용, 그리고 고음용 스피커들을 동시에 설치하고, 스피커들 사이의 간섭을 최소한으로 배제한 동축형 풀 레인지 스피커(coaxial full range speaker)가 존재한다.

5) 서브 우퍼(subwoofer)

일반적인 우퍼로 인간이 들을 수 있는 60Hz 이하의 매우 낮은 소리를 효율적으로 재생하기에는 매우 어렵다. 특히, DVD 시스템이 크게 보급되면서 이들 주파수의 재생이 강력히 요구되고 있으며, 대개 20~150Hz의 소리재생을 담당하게 된다.

6) 슈퍼 트위터(super tweeter)

고음의 가청주파수 영역을 벗어나는 소리(20,000Hz 이상)를 재생할 수 있는 트위터를 말한다. 이는 인간이 청각을 통해 직접적으로 들을 수는 없으나 감각적으로 느낄 수 있다고 가정하기 때문이다. 그 이유는 악기에서 나오는 소리가 가청주파수 영역만이 아니고 그 이상도 존재하기 때문에 이들 소리가 청각으로 듣는 것이 아니고 감각으로 느낀다고 생각하기 때문이다.

제 04 장.
스피커 부품

4.1. 스피커의 구조

일반적으로 다이나믹형 라우드스피커는 아래와 같은 구조를 갖는다(그림16).

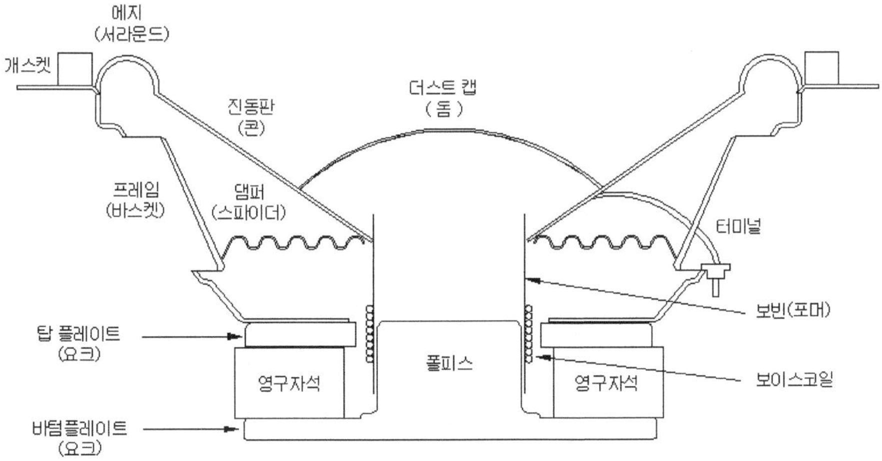

[그림 16] 다이나믹 라우드스피커의 구조 및 부품

4.2. 스피커 부품의 역할

다이나믹형 라우드스피커의 부품들에 대한 명칭들이 서로 다르게 불리는 경우가 있다. 이들에 대하여 종합적으로 분류하고, 그들에 대한 각각의 역할은 아래와 같다.

1) 게스켓(gasket)

에지가 진동판과 프레임 사이에 접착되면 에지의 주름이 프레임으로부터 돌출될 수 있다. 이런 상태로 스피커를 인클로저의 배플(전면부 패널)에 부착하면 에지의 주름이 원래의 모양으로부터 손상될 수 있다. 이런 경우에 프레임에 접착된 에지 위에 고무, 종이, 플라스틱 또는 폴리우레탄 등을 사용하여 높이를 높여주면 에지의 형상을 그대로 유지할 수 있게 된다. 이러한 장치를 게스켓(그림17)이라고 부른다. 뿐만 아니라, 스피커가 다른 기구에 부착될 때, 게스켓은 다른 기구와 스피커 사이의 결합을 강화하여, 스피커와 인클로저가 서로 부딪쳐 만들어지는 2차적인 진동을 방지할 뿐만 아니라, 공기가 새로 것을 방지하는 역할도 한다.

[그림 17] 개스켓

[그림 18] 에지

2) 에지 또는 서라운드(edge 또는 surround)

댐퍼와 더불어 지지계(suspension system)의 하나인 에지(그림18)는 진동판의 가장자리 부분을 올바른 위치에 고정시키는 장치로써, 진동판의 상하운동을 원활하게 할 뿐만 아니라 고음질 재생과도 직접적인 관계를 가진다. 그리고 스피커의 진동판이 전기적인 신호를 받아 운동할 때의 에너지를 기계적으로 감쇄시키는 댐핑의 역할을 하게 된다. 뿐만 아니라, 전기신호가 왜곡(distortion)없이 정상적으로 음향신호로 재생될 수 있도록 진동판의 운동특성을 스프링처럼 제어하는 역할도 동시에 하게 된다.

진동판의 중심으로부터 전달된 구동력이 에지부근에서 반사되어 더스트 캡 쪽으로 다시 돌아가는 것을 방지하기도 하는데, 이러한 효과를 얻기 위하여 댐핑재료를 첨가하기도 한다. 진동계가 수직운동만하도록 수평방향이나 rocking운동을 방지하기도 한다. 진동판과 동일한 재료를 사용하여 일체형으로 만들어지는 고정에지 형태(fixed-edge type)와 다른 재료로 만들어지는 자유에지 형태(free-edge type)가 있다. 일반적으로 에지 재료로 천(treated cloth), 고무(rubber, 천연 또는 인조), 폼(urethane form) 그리고 린넨(treated linen)들이 사용된다.

3) 진동판 또는 콘(diaphragm 또는 cone)

스피커에서 소리재생을 직접적으로 담당하는 부품이다(그림19). 다시 말하면, 스피커가 전기적인 신호를 받아들여 대기 중의 공기를 진동시키는 부품을 의미한다. 이는 스피커의 음질을 결정하는 가장 중요한 요소 중에 하나로써 재질 및 형상에 따라 크게 영향을 받게 된다. 예를 들면, 콘(cone) 형태의 진동판은 평판형 진동판에 비하여 강성이 크게 높아지고, 콘의 형상에 곡률을 부가하게 되면 강성이 더욱 높아질 수 있다. 일반적으로 진동판의 내경(더스트 캡 부분)은 고음부의 한계를 결정하게 된다. 진동판 재료로 펄프, 활석(Talc), 운모(Mica), 폴리프로필렌(polypropylene), 흑연(graphite), 유리섬유(glass fiber), Kevlar®, 탄소(carbon), 알루미늄 등이 사용된다.

[그림 19] 진동판

[그림 20] 프레임

4) 프레임 또는 바스켓(frame 또는 basket)

스피커의 부품들을 각각의 위치에 고정시켜 그들의 역할을 수행할 수 있도록 지원하고, 스피커 유닛을 인클로저에 결합할 수 있도록 하는 골조를 프레임(그림20)이라고 한다. 이는 각 부품들이 항상 설계된 위치에 존재하도록 충분한 강성을 가져야만 할 것이다. 프레임 재료들로는 주조 알루미늄(dia-cast aluminum), 철(stamped steel)과 플라스틱(molded plastic composite)등이 일반적으로 사용된다. 여기서 주조 알루미늄의 경우에는 프로용으로 사용되며 정밀도가 높은 편이며, 인클로저에 부착될 때에 뒤틀림이 별로 없다. 철과 플라스틱의 경우에는 가격이 저렴하여 많이 사용되고 있다. 철이나 알루미늄처럼 열전도성이 높은 금속의 경우에는 보이스 코일에서 발생하는 열을 냉각시키데 활용하기도 한다.

5) 더스트 캡 또는 더스트 돔(dust cap 또는 dust dome)

진동판의 중앙 부위에 폼(form), 플라스틱, 펠트(felt), 알루미늄, 펄프 또는 직물포 등으로 만들어진 원형의 캡(그림21)을 말한다. 이는 먼지나 오물들이 스피커의 자기회로 속으로 들어가는 것을 방지하는 역할을 하게 된다. 그리고 더스트 캡의 크기, 재질과 형상등은 스피커 고음부의 재생특성에 영향을 미치게 된다.

공기의 출입이 어려운 재료(금속)로 제작된 더스트 캡의 진동은 자기 갭 안의 공기를 압축 또는 팽창시킬 수 있다. 따라서 이것은 진동판의 원활한 운동을 방해하는 결과로 이어질 수 있다. 이를 방지하기 위하여, 폴피스와 바텀 플레이트(하판)에 작은 구멍을 내거나, 진동판 부근의 보빈에 구멍들을 만들어 주게 된다. 다공성 재료로 만들어진 더스트 갭의 경우에는 공기의 출입은 자유스러우나, 스피커가 장착된 인클로저의 공기 배출구가 될 수 있으며, 진동판이 폴피스 쪽으로 향할 때에 진동판 앞에 있는 공기들이 힘을 받을 수도 있다. 그리고 보이스 코일에서 발생하는 열을 식혀주는 냉각작용을 하기도 한다.

[그림 21] 더스트 캡

6) 리드 와이어(lead wire)

보이스 코일과 터미널을 연결하는 와이어(전선)를 의미한다. 일반적으로 금사선을 많이 사용하며, 진동판과 함께 진동하기 때문에 유연해야 한다. 이를 위하여 여러 가닥의 얇은 동선을 서로 꼬아서 사용하게 된다. 그리고 스피커의 출력이 커질수록 선의 굵기는 커지게 된다.

7) 터미널(terminal)

스피커에서 외부(앰프)의 전기적 신호를 받아들이는 단자를 말한다.

8) 댐퍼 또는 스파이더(damper 또는 spider)

지지계(suspension system)의 하나인 댐퍼(그림22)는 에지처럼 진동계를 요크와 폴피스 사이의 올바른 위치에 지지시키는 장치로써, 보이스 코일 및 진동판의 상하운동을 원활하게 할 뿐만 아니라 고출력과 고음질 재생과도 깊은 관계를 가진다. 그리고 에지처럼 스피커의 진동판이 전기적인 신호를 받아 운동할 때의 에너지를 기계적으로 감쇄시키는 댐핑의 역할을 하게 된다. 두 번째는 스피커의 진동판이 전기적인 신호를 받아 운동하고 난 후에 다음 신호에 왜곡(distortion)없이 정상적으로 반응할 수 있도록, 스프링처럼 진동판의 운동을 제어하는 역할도 동시에 하게 된다. 세 번째의 역할은 스피커의 자기 갭 안에 작은 입자와 같은 이물질이 들어가는 것을 방지하는 기능을 가지고 있다. 댐퍼는 에지와 더불어 스피커의 최저공명진동수(f_s) 결정에 큰 영향을 줄 수 있다. 일반적으로 댐퍼의 재료로써는 폼(form) 형태의 천(treated cotton blends and Nomex®)과 린넨(corrugated linen)이 사용된다.

[그림 22] 댐퍼

[그림 23] 영구자석

9) 영구자석 또는 마그네트(magnet)

진동판이 상하로 운동하여 소리를 재생하기 위해서는 보이스 코일에 흐르는 전류에 의해 형성된 자기장과 상호작용을 할 수 있는 자기장이 하나 더 필요하게 된다. 이처럼 추가로 요구되는 자기장을 바로 영구자석(그림23)에서 만들어내는 것이다. 따라서 보이스 코일과 영구자석에서 생성된 자기장들이 플레밍의 왼손법칙에 의해 상호간에 작용하여 보이스 코일과 진동판을 운동시킴으로써 소리가 재생되는 것이다. 여기서 마그네트의 종류는 페라이트(ferrite), 알리코(alnico), 희토류 자석(rare-earth element) 등으로 크게 나눌 수 있으며, 자기회로의 형태에 의하여 내자형(P-type)과 외자형(F-type)으로 분류할 수 있다. 외자형의 경우에 자기 갭 내부에서의 구동세기($B\ell$, motor strength)가 15T·m(1T = 10kG)을 넘지 않는 것이 일반적이다.

10) 플레이트 또는 요크(plate 또는 yoke)

철과 같은 자성체를 사용하여 영구자석으로부터 발생된 자기장(magnetic field)의 흐름을 제어(자기회로 구성)하는 역할을 한다. 플레이트(그림24)는 보이스 코일에서 발생된 열을 영구자석으로 전달하여 냉각작용을 하기도 한다. 이 때에 냉각효율을 높이기 위하여 비자성 재료의 조각을 탑 플레이트에 보조로 부착하는 경우도 있다.

[그림 24] 바텀 플레이트 및 폴피스

11) 폴피스(pole piece)

외자형 자기회로에서 원형 영구자석의 내부에 위치한 순철로 만들어진 요크를 의미한다(그림24). 이는 자기장의 흐름을 제어(자기회로 구성)하는 역할을 하며, 보이스 코일에서 만들어진 자기장의 세기를 강화시키게 된다. 폴피스는 보이스 코일에서 발생된 열을 바텀 플레이트를 거쳐 영구자석으로 전달하는 냉각작용도 하며, 냉각효율을 높이기 위하여 플레이트처럼 비자성 재료의 조각을 폴피스 위에 부착하기도 한다.

12) 보이스 코일(voice coil)

진동판이 운동하여 소리를 재생시키기 위해서는 두 개의 자기장이 요구된다. 이들 중에서 하나는 영구자석에서 생성되고, 다른 하나는 바로 보이스 코일(그림25)에 흐르는 전류에 의하여 형성된다. 이 때 영구자석에서 나오는 자기장의 밀도는 항상 일정하게 된다. 그러므로 스피커에서 재생되는 소리의 주파수와 음압변화를 보이스 코일에 흐르는 전류(또는 전압)의 주파수와 크기의 변화로 조정하게 된다. 일반적으로 보이스 코일은 원형 형태의 환선(원형)과 사각형 형태의 편각선(각형) 코일로 나눌 수 있으며, 재질로써는 구리와 알루미늄을 사용하며, 알루미늄의 표면을 구리로 코팅한 CCA (copper clad aluminium) 등도 있다.

[그림 25] 보이스 코일

13) **보빈 또는 포머**(bobbin 또는 former)

보이스 코일을 권선할 때에 사용하는 원형의 재료로써, 열에 대한 높은 내열성과 얇고 가벼운 특성등이 요구된다.

4.3. 스피커의 부품 시스템

스피커의 부품들은 기능에 따라 크게 세 가지의 시스템으로 분류할 수 있다.

1) **진동계**(moving system)

스피커 부품들 중에서 소리의 재생을 위하여 직접적으로 진동운동에 참여하는 부품들로써, 진동판과 보이스 코일뿐만 아니라 보빈, 에지와 댐퍼의 일부분, 접착제와 진동판 전면에 있는 공기 등을 의미한다.

2) **지지계**(suspension system)

진동판을 올바르게 위치시키기 위하여 진동판의 가장자리와 안쪽 부분을 지지시켜 주는 댐퍼와 에지를 의미한다. 이들은 진동판과 보이스 코일의 운동, 댐핑, 출력 그리고 왜곡등의 음질에도 깊게 관여한다.

3) 자기계(magnetic system)

영구자석에서 나오는 자기장과 보이스 코일에서 형성된 자기장들이 보다 효율적으로 상호작용하여 진동판의 운동을 최적화시키기 위한 시스템을 의미하며, 영구자석, 보이스 코일, 폴피스 및 플레이트 등의 부품들이 해당된다.

4.4. 부품별 재료특성

1) 진동판

(1) 진동판의 매개변수

자기계의 보이스 코일에 입력된 교류신호에 의해 발생된 자기장은 영구자석에서 형성되는 자기장과 상호작용하여 소리를 발생시킨다. 이처럼 진동판에서 발생되는 소리는 진동판의 크기, 형상이나 재료에 의하여 큰 차이를 보이게 된다. 예를 들면, 진동판의 크기가 커질수록 저음의 재생에 적합한 반면에, 진동판이 작아질수록 고음재생에 유리해진다. 그리고 금속을 진동판 소재로 사용하게 되면 소리가 차가워진다고 말한다. 이처럼 스피커의 음질이 진동판의 재료특성에 대해 높은 의존성을 갖기 때문에, 진동판의 재료적인 측면을 스피커의 음향특성과 연관시켜 살펴보는 것도 매우 큰 의미를 갖는다. 실질적으로 스피커의 진동판은 저음부터 고음까지 보다 넓은 범위의 주파수 대역을 동일한 음압으로 재생하는 것이 바람직하다. 다시 말하면, 스피커의 주파수 특성곡선에서 최저공진주파수(f_s, 저음이 정상적으로 재생될 수 있는 실질적인 한계 주파수, 공명진동수)로부터 최고공진주파수(f_h, 고음이 정상적으로 재생될 수 있는 실질적인 한계 주파수)까지의 범위가 넓고, 음압이 높으면서도 굴곡(피크와 딥)이 적은 평탄(flat)한 형태의 음향특성이 가장 이상적이라고 할 것이다.

스피커의 음향특성에 영향을 줄 수 있는 진동판의 재료적 측면에서 중요한 3가지의 매개변수들을 살펴보면 다음과 같다.

① 질량(mass)

진동판의 질량은 공명진동수(f_s)의 결정에 영향을 줄 것이다. 예를 들어, 진동판의 질량이 증가하는 경우의 공명진동수는 감소(20Hz 방향으로 접근)하게 될 것이다. 이러한 경향은 사람이 등에 짊어진 짐의 무게가 무거워질수록 행동이 민첩해지지 못하고 둔해지는 경우와 유사하다고 할 것이다. 그러나 짐의 무게가 가벼운 경우의 행동은 좀 더 민첩해질 수 있다. 따라서 스피커 진동판의 경우에 질량이 가벼워야만 운동이 원활해질 수 있으며, 높은 진동수의 소리까지 재생이 가능하게 될 것이다. 그러나 진동판의 질량이 가벼워지면 진동판의 진폭이 좀 더 높아질 수 있어서 출력은 증가될 수 있다. 따라서 진동판의 운동을 원활하기 위해서는 기본적으로 진동판의 질량이 가벼워야 할 것이다.

스피커의 공명진동수(f_s)와 최고공명진동수(f_h)를 결정하는 식을 아래와 같이 쓸 수 있다.

$$f_s = \frac{1}{2\pi} \times (\frac{s}{m})^{1/2}$$

$$f_h = \frac{1}{2\pi} \times [\, s_{top} \times (\frac{1}{m_d} + \frac{1}{m_v})]^{1/2} \qquad (4.4\text{–}1)$$

여기서, s : 지지계의 강성(stiffness), m : 진동계의 질량, s_{top} : 진동판 정상부의 강성계수, m_d : 진동판의 질량, m_v : 보이스 코일의 질량을 의미한다. 그리고

$$m = m_d + m_v + m_{air}$$

여기서, m_{air}는 진동판 내부의 공기질량으로써 $3.33 \times 10^{-6} \times a_{eff}^{\,3}$으로 쓸 수 있다. 그리고 진동판의 형상(정각)에 의해서도 최고공명진동수(f_h)가 변할 수 있다.

$$s_{top} = \pi \times E \times t_d \times (\frac{\cos^2\theta}{\sin\theta}) \qquad (4.4\text{–}2)$$

여기서, E : 영률(Young's Modules), t_d : 진동판의 두께, θ : 진동판의 각도를 말한다(그림26).

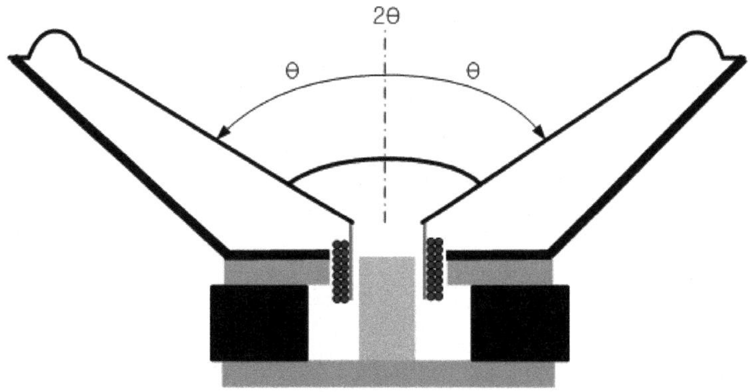

[그림 26] 진동판의 정각

② 비탄성률(specific Young's modulus)

"어떤 매질이 외부의 힘을 받아 변형이 이루어졌을 때에 다시 원래의 상태로 돌아가려는 복원력"을 탄성이라 하고, 탄성률을 밀도로 나눈 단위밀도당 탄성률(=탄성률/밀도)을 비탄성률이라 한다. 이처럼 진동판 재료의 고유 탄성률보다 비탄성률이 더욱 중요한 이유는 탄성률과 함께 밀도가 동시에 높게 되면 진동판의 질량이 증가하여 스피커의 출력효율이 감소하기 때문이다. 그러나 진동판의 탄성률이 높은 반면에 밀도가 작으면 스피커의 출력효율이 높아지게 된다. 만약 재료가 고체일 경우의 탄성률을 영률이라고 하며 "고체를 한 방향으로 장력을 가하여 늘렸을 때의 탄성률"을 말한다. 최고공명진동수를 정의하는 식(4.4-1)에 포함된 강성계수(s)는 영률(E)에 영향을 받을 수 있음을 식(4.4-2)에서 알 수 있다. 여기서 영률(탄성률)이 높은 경우의 주파수 특성은 평탄(flat)하기보다는 피크와 딥들이 많이 존재하는 형태가 될 것이다. 이러한 경우에 앰프로부터 입력된 소리신호가 스피커의 주파수 특성에 의하여 크게 변형되는 결과를 가져올 수 있다. 그리고 음질은 대체로 차가운 느낌을 주는데, 이는 주파수에 소리가 너무 지나칠 정도로 민감하게 반응하는 결과에서 초래될 것으로 예상된다. 예를 들면, 금속성 소재를 진동판으로 사용하는 트위터에서 나오는 차가운 소리는 높은 영률(탄성률)에서 기인되는 것으로 판단된다. 이상적인 스피커에서 요구되는 높은 출력과 평탄하고 넓은 주파수특성의 관점에서 볼 때에, 높은 비탄성률은 출력의 증가를 제공할 수는 있지만 주파수 특성이 평탄하지 못하고 많은 피크와 딥을 포함하게 된다. 그러나 비탄성률이 낮은 경우에는 보다 평탄한 주파수 특성을 제공할 수 있지만, 출력감소가 동시에 나타나게 될 것이다. 결론적으로 말하면, 높은 출력을 얻기 위해서는 높은 영률이 요구되지만, 평탄한 주파수 특성을 만들기 위해서는 뒤에서 설명하게 될 높은 내부손실(낮은 비탄성률)을 요구하게 된다.

진동판의 비탄성력을 높이기 위하여, 진동판 재료에 여러 가지 첨가제를 사용하는 경우도 있고, 펄프로 진동판을 만들 경우에는 활엽수보다는 침엽수를 사용하여 침상 형태의 섬유조직을 여러 가지 방향에서 서로 얽히게 하기도 한다. 이처럼 높아진 비탄성력은 진동판이 운동하여 주변 공기를 진동시킬 때에 공기저항으로 인한 진동판의 변형을 방지하는 결과도 가져오게 된다. 만약 비탄성력이 적으면 진동판이 진동운동을 할 때에 공기저항에 의하여 진동판의 모양이 변형되거나 꺾일 수도 있어서 음색의 변질을 경험하게 될 것이다.

③ 내부손실(internal loss, mechanical loss, tanδ)

내부손실이라 함은 "한 에너지가 어떤 소재에 입력되었을 경우에, 입력된 에너지의 일부 또는 전부가 출력으로 전환되지 않고 재료의 내부에서 자체적으로 소모되는 현상"을 의미한다.

만약 내부손실이 매우 큰 재료의 경우에 작은 신호가 입력되었을 때에 그 입력신호는 재료 자체에서 소모되어 출력이 거의 발생하지 않을 수도 있다. 반면에, 큰 신호가 입력된다고 하여도 출력이 미미해지는 결과를 가져오게 될 것이다. 이러한 현상은 신호를 크게 높여서 입력시킨다고 하여도 출력은 크게 변하지 않게 된다. 이는 출력으로 전환되는 에너지보다도 재료 자체에서 소모하는 에너지의 비율이 높기 때문이다. 따라서 내부손실이 높은 진동판 재료의 경우에는 앰프에서 들어오는 입력신호에 대해 출력이 작을 것이다.

진동판 재료의 내부손실이 점차 줄어들게 되면, 입력신호에 대한 출력신호의 비율이 점차적으로 증가하기 시작한다. 만약 내부손실이 거의 없어지게 되면, 입력신호에 대한 진동판의 출력은 대부분 비탄성률에 의존하게 될 것이다. 이처럼 비탄성률이 높아지면 높은 출력이 확보되지만, 주파수 특성의 평탄함이 감소하는 가운데 피크와 딥들이 많이 존재하여 소리가 날카롭고 차가워질 것이다.

이상적인 스피커에서 요구되는 평탄한 주파수 특성은 높은 내부손실로부터 얻을 수 있다. 그러나 높은 내부손실에 의해 출력은 감소하게 될 것이다. 이러한 점을 보완하기 위하여, 진동판 재료의 내부손실을 다시 감소시키게 되면 평탄한 주파수 특성에 피크와 딥들이 나타나기 시작할 것이다. 결론적으로 말하면, 이상적인 주파수 특성을 얻기 위해서는 높은 내부손실과 높은 비탄성률이 동시에 필요하게 되지만, 이들 모두를 동시에 실현하기에는 현실적으로 매우 어렵다.

어떤 재료의 내부손실을 구하기 위해서는 아래와 같은 세 가지 방법이 있다.

감쇠율 측정법(Decay Rate Method)

어떤 재료에서 음압이 60dB 감소하는데 걸리는 시간(t_{60})을 활용하는 방법으로써, 그 재료의 손실계수(η)는

$$\eta = \frac{2.2}{f_{center} \times t_{60}}$$

여기서 f_{center}는 중심주파수를 의미한다. 이는 재료의 내부손실을 측정하는 가장 일반적인 방법이지만, 내부손실률이 0.08~0.10보다 클 경우에는 측정값의 신뢰도가 떨어지고 0.16이상인 경우에는 측정 자체가 어려워진다.

Half-Power Bandwidth Method

주파수특성 곡선을 활용하는 방법으로써, 출력이 최대가 되는 주파수에서 음압레벨이 3dB 떨어지는 주파수들을 이용하게 된다. 여기서 음압레벨이 3dB 감소한다는 것은 파워가 절반이 됨을 의미한다. 따라서 진동판의 주파수특성 곡선에서 음압이 최대가 되는 주파수와 이 주파수에서의 음압으로부터 3dB가 떨어지는 두 개의 주파수를 찾아내면 내부손실 값을 구할 수 있게 된다. 이 방법의 단점은 이들 주파수들이 서로 인접할 경우에 결정이 불가능하고, 해상도가 낮을 경우에 최대음압을 갖는 주파수를 정확히 찾지 못하는 단점을 가지고 있다.

$$\eta = \frac{\triangle f}{f_{peak}}$$

여기서, $\triangle f$는 출력이 최대가 되는 주파수의 음압에서 3dB가 떨어지는 두 개의 주파수 대역을 의미하고, f_{peak}은 음압레벨이 최대가 되는 주파수를 말한다.

입력파워 측정법(Input Power Measurement Method)

어떤 특정한 주파수 또는 주파수 대역에서 진동운동이 일정하게 유지되는데 필요한 파워를 측정하는 방법으로써 손실계수(η)는 아래의 식을 간단히 구해진다.

$$\eta = \frac{W_{input}}{2\pi \times f \times E_{vib}}$$

여기서, W_{input}은 입력파워를 의미하고, E_{vib}는 진동에너지를 말한다.

④ 비탄성률과 내부손실이 관계

높은 출력과 넓고 평탄한 주파수 특성을 가진 진동판을 가장 이상적이라 할 수 있다. 여기서 재생주파수 대역을 넓히는 것은 최저공명진동수와 최고공명진동수의 차이를 넓힌다는 의미하지만, 이 주파수대역에 대해 높은 출력과 평탄한 주파수 특성을 동시에 얻는 것은 매우 어려운 일이다. 왜냐하면, 높은 출력을 얻기 위해서는 높은 비탄성률이 필요한 반면에, 비탄성률이 높아지면 주파수 특성이 많은 공진피크와 딥들로 구성되기 때문에 평탄한 주파수 특성을 얻기가 매우 어려워진다. 그러나 평탄한 주파수 특성을 얻기 위해서는 진동판 재료의 높은 내부손실이 요구된다. 만약 내부손실이 커지게 되면, 출력(음압레벨)이 감소하게 되어 높은 음압레벨을 얻기가 어려워진다.

높은 출력과 평탄한 주파수 특성을 동시에 얻기 위해서는 높은 비탄성과 높은 내부손실을 가진 재료가 필요하게 된다. 이러한 재료를 얻기란 매우 어렵다. 왜냐하면, 비탄성과 내부손실들은 서로가 상반되는 관계를 가지고 있기 때문에, 비탄성률이 크면 내부손실이 작아지게 되고, 내부손실이 증가하게 되면 비탄성률이 감소하는 것이 자연의 법칙이기 때문이다. 따라서 스피커를 만들 경우에 비탄성률과 내부손실이 모두 높아야 하지만 실제적으로는 적당한 값에서 서로 타협하게 된다. 다시 말하면, 비탄성률을 높여서 스피커의 출력(음압)을 높인 이후에 내부손실을 높여가게 되면, 출력은 감소하는 반면에 피크들의 폭(bandwidth)이 넓어지면서 점차적으로 주파수 특성이 평탄하게 변하여 갈 것이다. 이러한 과정에서 적당히 감소된 출력과 적당히 평탄해진 주파수 특성을 갖는 지점(값)을 최종적으로 선택하게 된다. 이러한 선택이 바로 적당한 비탄성률과 내부손실의 타협점이 될 것이고, 이들 선택에 대한 기준이 스피커 또는 오디오 전문가마다 다르게 설정될 수 있다. 따라서 현재까지 국내·외의 많은 스피커 전문가들이 보다 완벽한 스피커를 만들기 위하여 아직도 연구 또는 개발하고 있는 이유가 될 것이다.

비탄성률은 스피커의 진동판이 피스톤 운동을 하다가 분할진동을 시작하는 경계주파수의 결정에도 크게 관여한다. 만약 비탄성률이 높을 경우(내부손실이 작으면)에는 첫 번째 분할진동이 발생하기 시작하는 주파수가 보다 높아지는 반면에, 작을 경우에는 더 낮은 주파수에서 분할진동이 일어나게 된다. 뿐만 아니라, 이들은 고음에서 발생하는 분할진동의 모드에도 영향을 주게 된다.

(2) 진동판 재료의 종류 및 특성

진동판으로 사용되는 재료는 소재기술의 발달과 더불어 많은 발전을 거듭하고 있다(표3). 스피커가 개발된 이후에, 1970년대까지는 진동판이 대체로 천연펄프들로만 거의 만들어져 왔다. 이러한 펄프는 지금까지도 가장 많이 사용되고 있으나, 탄성력이 좀 취약한 것이 단점으로 지적되고 있다. 그러나 1980년대에 들어오면서 합성소재로 된 진동판이 개발되었으며, 특히 수지계 진동판(poly-diaphragm)인 폴리프로필렌(PP)이 많이 사용되었다. 이는 내부손실이 크고 밀도가 작아 진동판으로서 적합한 재료적 특성을 가지고 있지만, 재료의 미시적 구조가 균일하여 높은 탄성을 갖기가 어렵다. 이처럼 인공적인 합성재료에 대한 균일성의 보완을 통해 탄성을 높이기 위하여, 1990년대부터는 바이오 산업의 발달과 함께 바이오 계열의 재료들을 사용한 천연소재가 진동판 소재로써 개발되기도 하였다. [표 3]에서는 스피커 진동판의 재료들을 천연섬유, 화학섬유, 바이오, 수지류, 금속류와 세라믹의 종류로 크게 구분하였다.

진동판 재료들이 시대에 따라서 없어지고 새로 만들어지는 가운데, 지금까지 진동판의 소재로써 함께 공존하고 있는 실정이다. 진동판으로 사용되고 있는 재료들에 대한 탄성과 내부손실, 밀도 그리고 포아송 비율을 [표 4]에 나타내었다. 이처럼 진동판 재료의 고유적 물성들을 스피커 특성에 직접적으로 관련시킬 수 있는 비탄성, 강성, 음속과 내부손실 값들로 바꿔보면 [표 5]와 같다. 여기서 비탄성률(E/ρ)은 탄성을 밀도로 나눈 값이고, 강성(stiffness, E/ρ^3)은 탄성을 밀도의 세제곱으로 나눈 값에 비례한다. 특히 강성은 휨 강도(flexural rigidity) 또는 휨 강성률을 의미하는데, 이 때 포아송 비율의 변화는 무시하였다. 그리고 진동판에서의 음속[$(E/\rho)^{1/2}$]은 비탄성률의 제곱근에 비례하는 반면에, 내부손실(tanδ)은 손실(dynamic loss)을 영률(Young's modulus)로 나눈 값으로 정의된다.

[표 4]를 보게 되면, 대체로 금속류의 탄성과 밀도가 펄프나 폴리머 종류들에 비하여 높게 나타나는 것을 쉽게 알 수 있다. 그러나 이들을 진동판의 중요한 특성인 비탄성률 측면에서 살펴보면, 이들 사이의 차이가 많이 감소하는 것을 볼 수 있다. 특히 베릴륨과 보론에서 가장 높게 나타나고 있다.

[표 3] 진동판 소재의 종류

대분류	중분류	소분류	재료
천열섬유	식물섬유	목재섬유	침엽수, 활엽수
		인피섬유	아마, 닥나무, 삼지작나무, 안피나무
		종자모섬유	목면, 판야
		경질섬유	참대, 볏짚, 아스팔트, 바가스
		잎의섬유	마닐라삼, 사이잘삼
	동물섬유	비단섬유	
		콜라겐	
		수모섬유	울
	광물섬유		아스베스트 섬유
화학섬유	합성섬유(재성섬유)		레이용, 폴리프로필렌
	무기섬유		유리섬유, 카본섬유
바이오	셀루로스		박테리아생성호야외각+펄프
	기타		알긴산(해조), 면
수지	복합계		알미드, 폴리에지렌, 하니컴스킨재
	사출성형		폴리프로필렌, 폴리에지렌, 테레후다레드, 액정폴리마
	필름		폴리이미드, 폴리에텔이미드, 알미드
금속	금속		알루미늄, 티타늄, 베릴륨, 마그네슘
세라믹	세라믹		다이아몬드(비정질, 결정질), 그래화이트, 아모르화스카본, B_4C, Al_2O_3, TiN, TiCN

[표 4] 스피커 재료에 따른 특성

재 료		탄성 ($10^6N/m^2$)	밀도 (kg/m^2)	포아송 비율
금속류	Aluminium(honeycomb)	15,000	550.00	0.330000
	Aluminium(sheet)	75,000	2,700.00	0.330000
	Beryllium	250,000	1,800.00	0.330000
	Bextrene(p.v.a. Doped)	1,900	1,300.00	0.330000
	Copper	150,000	8,500.00	0.330000
	Steel	200,000	7,900.00	0.330000
	Magnesium	45,000	1,800.00	0.330000
	Titanium	116,000	4,500.00	0.330000
	Boronised titanium	250,000	4,200.00	0.330000
펄프 및 목재류	Paper(coated)	6,000	683.00	0.330000
	Paper/phenolic	1,000	350.00	0.330000
	Paper/pulp(typical)	500	150.00	0.330000
	Plywood	8,600	780.00	0.330000
	Chipboard	2,000	600.00	0.330000
폴리머류 (고분자)	PP homopolymer	2,300	1,000.00	0.330000
	PP copolymer	1,400	910.00	0.330000
	PP(filled, talc)	3,000	1,300.00	0.330000
	Polyamide film	3,000	1,400.00	0.330000
	Polyehylene	1,000	940.00	0.330000
	Polyester film	4,000	700.00	0.330000
	Polymethyl pentene	2,800	8,400.00	0.330000
	Polystyrene(foam, alloy skinned)	2,000	27.00	0.330000
	Polystyrene composite	1,900	950.00	0.330000
	Polystyrene foam	3,000	10.00	0.330000
	Resin glass fibre(honeycomb)	11,000	430.00	0.480000
	Graphite polymer	70,000	1,800.00	0.330000
	Carbon fibre composite	10,000	260.00	0.330000
기타	Boron	390,000	2,400.00	0.330000
	Rubber	2.76	1,120.40	0.330000
	Silk	1,500	1,000.00	0.330000
	Spider(typical)	1,000	450.00	0.330000

[표 5] 재료에 따른 진동판의 음향특성

재료		비탄성률 (×10^6, E/ρ)	음속 [×10^3, (E/ρ)^1/2, m/s)	강성 (E/ρ^3)	내부손실 (tanδ)
금속류	Aluminium(honeycomb)	27.2727	5.2223	9.0157	0.0200
	Aluminium(sheet)	27.7777	5.2704	3.8103	0.0050
	Beryllium	138.8888	11.7851	42.8669	0.0050
	Bextrene(p.v.a. Doped)	1.4615	1.2093	0.8648	0.0900
	Copper	17.6470	4.2008	0.0244	0.0050
	Steel	25.3164	5.0315	0.0405	0.0050
	Magnesium	25.0000	5.000	0.7716	0.0050
	Titanium	25.7779	5.0771	0.1272	0.0050
	Boronised titanium	59.5238	7.7151	0.3374	0.0100
펄프 및 목재류	Paper(coated)	8.7847	2.9638	1.8831	0.0200
	Paper/phenolic	2.8571	1.6902	2.3323	0.0600
	Paper/pulp(typical)	3.3333	1.8257	14.8146	0.0900
	Plywood	11.0256	3.3204	1.8122	0.0200
	Chipboard	3.3333	1.8257	0.9259	0.0200
폴리머류 (고분자)	PP homopolymer	2.3000	1.5165	0.2300	0.0900
	PP copolymer	1.5384	1.2403	0.1857	0.0900
	PP(filled, talc)	2.3076	1.5190	0.1365	0.0900
	Polyamide film	2.1428	1.4638	0.1093	0.0200
	Polyehylene	1.0638	1.0314	0.1203	0.0900
	Polyester film	5.7142	2.3904	1.1661	0.0200
	Polymethyl pentene	0.3333	0.5773	0.00004	0.1000
	Polystyrene (foam, alloy skinned)	74.0740	8.6066	1,016.1042	0.0800
	Polystyrene composite	2.0000	1.4142	0.2216	0.0200
	Polystyrene foam	300	17.3205	3.0000	0.1000
	Resin glass fibre (honeycomb)	25.5813	5.0577	13.8352	0.0600
	Graphite polymer	38.8888	6.2360	1.2002	0.1000
	Carbon fibre composite	38.4615	6.2017	56.8957	0.0100
기타	Boron	162.5000	12.7475	2.8211	0.0050
	Rubber	0.0024	0.0489	0.00002	0.0150
	Silk	1.5000	1.2247	0.1500	0.0100
	Spider(typical)	2.2222	1.4907	1.0973	0.8000

① 펄프(종이)계 진동판(pulp-diaphragm)의 특성

펄프로 만든 진동판은 대체로 높은 내부손실과 낮은 탄성을 가지고 있지만, 가격이 저렴하고, 음질특성이 원만하여 가장 많이 사용되고 있다. 그리고 다른 재료에 비하여 가볍고, 진동판 형상의 변화도 쉬울 뿐만 아니라, 다른 섬유와의 혼초와 함침 그리고 표면코팅 등의 작업들이 매우 용이한 장점도 가지고 있다. 진동판의 탄성을 좀 더 높이기 위하여 침엽수를 주로 사용하고 있다. 다시 말하면, 활엽수계 펄프에 비해 섬유의 형상이 가늘고 긴 침엽수계의 펄프를 진동판 재료로 사용하면, 이들 침상의 섬유조직들이 서로 뒤엉키어 탄성이 활엽수보다 더 높아지기 때문이다.

다른 재료들에 비해 온도와 습도 등의 환경변화에 대해 좀 더 민감한 특성을 가지고 있는 것도 사실이다(그림27). 그리고 대량생산에 있어서, 품질유지가 좀 용이하지 않은 것을 단점으로 지적할 수 있다.

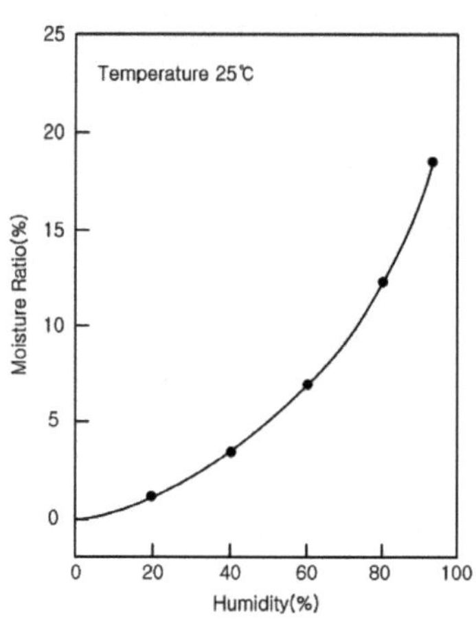

[그림 27] 습도에 따른 펄프 진동판 내부의 수분량

펄프 진동판의 제조공정은 아래와 같이 크게 세 단계로 나눌 수 있다.

고해공정

펄프와 다른 섬유를 함께 고해기(두드리고 부수는 기계)에 집어넣어 펄프를 가늘고 긴 섬유조직(fibril)으로 만들어서 서로 엉키기 쉽게 한다.

초지공정

고해한 원료를 초지탱크에서 물과 혼합하여 희석한 후에, 초지망의 아래 방향에서 진공펌프를 이용해 원료를 잡아당긴다. 그러면 원료는 콘 또는 돔 형태의 초지망에 달라붙게 된다. 이 때 섬유는 서로 뒤엉켜 단단한 종이가 된다.

건조공정

초지공정을 거친 섬유를 건조하는 공정으로 세 가지 방법으로 나눌 수 있다. 첫째는 가열해서 프레스로 건조하는 방법, 둘째는 프레스하지 않고 자연적으로 건조하는 방법, 그리고 셋째는 진공펌프로 초지망 아래에서 적당한 압력으로 배수시키면서 건조하는 방법 등이다.

펄프 진동판의 건조과정에서 프레스로 건조하지 않는 경우와 건조하는 경우의 특성을 살펴보자. 프레스를 사용하지 않은 경우에는 진동판의 표면이 매끄럽지 않게 된다. 이는 초지의 펠팅(felting)과정에서 작은 주름들이 자연스럽게 만들어지기 때문이다. 그러나 프레스를 하게 되면, 이러한 주름들이 없어지면서 진동판의 표면이 편평(flat)하게 만들어진다. 그러나 프레스 할 때의 압력에 의해 진동판의 두께와 내부손실은 감소(∵탄성력이 증가)하는 반면에, 진동판의 밀도가 증가하지만 부분적으로 밀도가 달라지는 결과를 초래하기도 한다. 진동판 밀도의 전반적인 증가는 탄성력의 증가로 이어짐과 동시에 진동판의 운동과정에서 공기에 대한 저항력이 높아지는 결과로 나타나게 된다. 진동판을 프레스 하는 경우와 그렇지 않은 경우들 사이에서 나타나는 탄성의 차이는 주파수 특성에서 딥(dip)의 위치와 피크의 폭을 변화시키게 되는데, 이는 프레스를 사용하지 않는 경우에 내부손실이 증가(댐핑이 증가)하기 때문이다. 다시 말하면, 펄프 진동판을 프레스를 하는 경우에 피크의 폭이 다소 넓어지고, 딥이 저음 방향으로 이동하게 된다고 주장하기도 한다. 그러나 스피커의 출력에는 거의 차이가 없다.

일반적으로, 펄프계 진동판을 고탄성(고밀도)과 저탄성(저밀도)으로 크게 분류할 수 있다. 고탄성의 펄프 진동판을 제작하기 위해서 레진을 사용하기도 하고, 프레스하거나 코팅 또는 라미네이팅을 하기도 한다. 이런 경우에 내부손실은 감소하는 반면에, 탄성이 높아져 출력이 다소 증가하지만 주파수 특성이 평탄하지 못해지기도 한다. 그러나 저탄성 펄프의 경우에는 고탄성과 정반대로 내부손실의 증가로 음압은 다소 감소하지만 주파수 특성이 보다 평탄해지기도 한다.

② 수지계열 진동판의 특성

80년대의 미니 컴포넌트용 스피커에 채용되기 시작한 수지계열 진동판은 현재에 진동판의 주요 재료들 중의 하나로 사용되고 있다. 이들은 동일한 또는 다른 재료들과 잘 접착되지 않는 단점을 가지고 있으며, 물리적 특성이 온도와 주파수에 많이 의존하게 된다. 특히 접착력을 높이기 위하여(특히 polyolefin), 수지계열의 진동판 표면을 화학적으로 처리하거나 가스-플라즈마 과정을 거쳐 코팅을 하기도 한다. 수지계 진동판 재료로써 가장 많이 사용되는 폴리프로필렌(PP)은 밀도가 작아서 가벼울 뿐만 아니라, 실온(20℃) 부근에서 내부손실이 최대가 되어 공진의 억제효과가 매우 큰 진동판 재료이다. 그러나 탄성률이 적어서 출력이 다소 떨어지는 것이 하나의 단점으로 지적될 수 있다. 이처럼 낮은 탄성률을 보강하기 위해서, 운모(Mica, 마이카)와 타르등의 광물질 또는 탄소섬유, 유리섬유와 우이스카등의 저밀도 강화섬유를 첨가하거나, 결정성 정도를 높여 사용하기도 한다. 그리고 폴리프로필렌의 성형은 초기에는 진공성형으로 이루어졌으나, 유동성이 좋은 개질 폴리프로필렌의 개발과 함께 사출 성형도 늘어나고 있다. 그러나 고출력의 경우에는 보이스 코일에서 발생하는 많은 열로 인하여 물성이 연해질 수 있기 때문에 진동판 재료로 적합하지 않은 경우도 있다.

스피커의 진동판 재료들로 자주 사용되고 있는 수지 종류들에 대한 재료특성은 다음과 같다.

Polyethylene(PE)

1933년 영국의 ICI 회사에서 처음으로 만들어진 후에, 5대 범용성 플라스틱을 제조하는 재료들 중에 하나이다. 공업적 제조법을 살펴보면, 고압법, 초고압법, 중압법 그리고 저압법이 있다. 그리고 물리적 특성에 의하여, 선형저밀도(LLD-PE), 저밀도(LD -PE) 또는 고밀도(HD-PE)등으로 나누어진다. 이들의 차이는 화학적 구조에 있어서, 긴 사슬 가지(밀도가 낮아짐)로 이루어졌는지 아니면 짧은 사슬 가지(밀도가 높아짐)로 이루어졌는지에 의하여 저밀도(LD-PE, 0.910~0.925) 또는 고밀도(HD-PE, 0.941~ 0.965)로 나누어진다. 그리고 곧은 사슬에 많은 짧은 가지를 가지게 되면, 밀도가 HD-PE와 비슷하게 되며 LLD-PE라 부른다. 현재 LD-PE가 가장 많이 생산되고 있으며, PE 재료에 대한 특성을 살펴보면 다음과 같다.

▷ 유백색 반투명 또는 불투명하며,

▷ 물보다 가볍고(비중〈1), 태우면 양초와 같이 뚝뚝 녹아서 떨어지며,

▷ 강도, 내수성, 전기 절연성이 우수하고,

▷ 내충격도 크며,

▷ 저온에서 유연성도 좋고,

▷ 전반적으로 내산 또는 내알카리성을 가지고 있지만,

▷ 용제, 톨루엔, 벤젠과 같은 탄화수소계의 용제에는 좀 취약한 편이며,

▷ 염색이 어렵고,

▷ PE에 직접 인쇄를 하거나 접착하기가 용이하지 않다.

Polyetherimide(PEI)

1981년에 개발된 비결정성 열가소성 수지로써, 뛰어난 내열성과 강도를 가진 이미드 결합과 에테르 결합이 조합된 수지이다. PEI의 기계 및 재료적 특성은 다음과 같다.

▷ 고강도, 고강성, 내열성, 내방사선성, 난연성이 좋음.

▷ 넓은 온도 및 습도 그리고 주파수 범위에서 전기절연성이 좋음.

▷ 투명하고, 성형가공이 용이함.

▷ 고온에서 기계적 특성이 우수함.

▷ 치수 정밀도가 높음.

▷ 용접성이 우수함.

▷ 사출, 압출, 취입성형이 가능

Polyethylene Terephthalate(PET)

PET는 1942년 영국의 *J.R. Winfield*에 의해 테레프탈산과 에틸렌글리콜이 합성된 열가소성 수지의 한 종류이다. 에스테르교환법(EI법)과 직접 에스테르화법(DE법)으로 제조하게 된다. PET의 재료적인 특성을 살펴보면,

▷ 투명 또는 불투명(백색)의 결정성 고체(비중 1.12~1.14)이고,

▷ 연화점은 250~260℃이고,

▷ 강도, 내피로성, 내열성, 내광성, 내후성, 내수성(저흡수성) 등이 우수하고,

▷ 전기절연선, 내마모성 및 섬유형성능력이 크고,

▷ 혼방성이 좋고,

▷ 유기용제에 불용성 및 내약품성을 갖는다.

PolyEthylene Naphthalate(PEN)

PEN은 우수한 물리적이고 화학적인 특성을 가진 폴리에스터 수지이다. 포장재료와 필름, 타이어코드등에 점차 시장성을 넓혀가는 고기능성 수지이지만, Naphthalene DiCarboxylate가 사용되어 대체로 가격이 높은 편이다. PEN의 성형과 가공성을 높이기 위하여, 구조적으로 유사하고 가공이 용이한 PET와 혼합하여 사용하기도 한다. 이런 경우에 가격이 저렴해지고 PET보다는 향상된 특성을 가질 수 있다. PEN의 특성을 살펴보면,

▷ UV 차단성이 높고,

▷ 내방사선성을 갖고,

▷ 우수한 가스 차단성(O_2 : PET의 5배, CO_2 : PET의 9배)과

▷ 비흡착성, 강도, 내열성, 내화학약품성, 내가수분해성 등이 우수하며,

▷ 고온에서도 뛰어난 치수안정성, 가공성과 두께균일성 등이 우수하고,

▷ 필름에서 추출되는 Oligomer가 매우 적고,

▷ 높은 투명성을 가지며,

▷ 유리전이온도(T_g)가 123℃로써, PET에 비하여 50이상 높고,

▷ 고온에서도 우수한 전기적 절연성을 가진다.

PEL

PEL은 Polyester Elastomer로서 유연성과 탄성력 면에서 고무와 유사한 성능을 가진다. 그러나 제품의 성형성은 열가소성 수지와 유사하며, 기계적 강도, 내열성 및 내후성면에서는 고무보다 월등히 유리한 특성을 가진다.

Polypropylene(PP)

PVC와 LD-PE 다음으로 시장규모가 큰 수지로써, 현탁중합공정, 괴상중합공정, 기상중합공정 등의 방법으로 제작된다. Polypropylene의 특성은 HD-PE와 유사하지만 아래의 차이점을 가진다(표6).

[표 6] Polypropylene의 특성

항 목	특 성	항 목	특 성
인장강도(kg/cm^2)	280~370	연소성	적다
신장률(%)	250~700	비열	0.45
내충격성(kg/cm^2)	41.5	성형성	좋다
강성률(kg/cm^2)	2,100~12,000	열변형 온도(℃)	104
체적고유저항(Ωcm)	10^{10}	융점(℃)	165~175
유전상수(10^6cycle)	2.1~2.2	투명성	투명/불투명
흡수성	없다	비중	0.9~0.91

▷ 비중이 0.89~0.92로써 가벼운 편이고, 가공성이 좋고,

▷ 연화점이 높으며, 융점은 175℃에 해당하며,

▷ PE에 비하여 인장강도, 탄성률이 크며,

▷ 전기적 극성이 존재하지 않기 때문에 전기절연성이 좋고,

▷ 습도를 흡수하지 않기 때문에 온도와 습도에 영향을 받지 않고,

▷ 화학약품에 침식되지 않으며,

▷ 열과 자외선에 의해 산화되기 쉽고, 대전이 쉬우며,

▷ 불활성 때문에 인쇄, 도장 및 접착에 결점을 가지고 있다.

Polyimide(PI)

피로메리티크아산무수물를 방향족디아딘을 디메틸포름아미드, 디세틸아세트아미드 등의 극성용매들과 반응시킨 후에, 폴리아미드산으로 반응시켜 만든다. Polyimide의 재료특성을 살펴보면,

▷ 내열성이 가장 좋아서 용해/용융되지 않으며, 유리전이 410℃ 부근이고,

▷ 융점이 없으나, 헬륨환경에서는 480℃부근에서 분해되지만,

▷ 내마멸성이 약간 좋지 않은 것이 약점으로 지적된다.

이들 수지계열의 재료들 중에서, 진동판 재료로 많이 사용되는 PEN, PI, PEI와 PET에 대한 특성들에 대한 비교를 [표 7]에서 보여주고 있다.

[표 7] 25μm의 두께를 갖는 4가지 재질들에 대한 재료특성

특 성			수지의 종류			
			PEN	PI	PEI	PET
재료적 특성	비중(g/cm^3)		1.36	1.42	1.27	1.40
	인장강도(kg/cm^3)		2,250	2,460	1,060	1,970
	신장률(%)		65	75	50	150
	영률(E, $\times 10^{10}$)		5.97	0.37	0.31	5.17
	내부손실(tanδ)		5.61	2.23	3.22	1.22
열적특성	장기 내열	기계(℃)	160	240	170	105
		전기(℃)	180	240	180	105
	유리온도(T_g, ℃)		120	410	212	80
	융점(℃)		262	〉500	365	260
전기적특성	내전압(V/25μm)		7,000	7,700	3,500	7,000
	유전률		3.16	3.5	3.2	3.3

③ 합성섬유 진동판의 특성

합성섬유의 경우에, 일반적으로 잘 구부러지지 않고, 강하고, 얇고 가벼운 진동판을 만들 수 있지만, 부서지고 쪼개지기가 쉬운 단점을 가지고 있다. 그리고 최고공명진동수를 좀 더 고음역 쪽으로 이동시킬 수 있어서, 가청주파수 영역의 주파수 특성을 보다 넓힐 수 있다. 합성섬유의 물리적 특성이 안정적이기 때문에, 합성섬유로 제작된 진동판의 음향특성도 환경적 조건이나 입력과 출력에 의해 영향을 받지 않게 된다. 큰 입력에 의해 보이스 코일에서 발생하는 많은 열도 합성섬유 진동판의 고내열성으로 인하여 영향을 거의 주지 못한다. 천연섬유에 비하여 습도를 흡수하는 정도가 매우 약하고, 고온에서도 초기의 진동판 특성을 그대로 유지하는 장점도 가진다. 그리고 수지계열의 재료처럼 접착력을 높이기 위한 특별한 처리과정 없이도 쉽게 접착될 수 있으며, 열 프레스를 사용하여 쉽게 콘의 형태로 가공할 수도 있다. 그 종류로써는 FRP (Flake-Reinforced Polyimide), 액정폴리마(Liquid Crystalline Polymers, LCP) 그리고 우주항공 분야에 주로 사용되는 최첨단 복합재료인 ACM(Advanced Composed Material, 표8~9)등이 있다.

[표 8] ACM 재료의 종류 및 생산회사

섬유 종류			상품명	생산회사
유기섬유	강직성 분자쇄	Para Aramid	Kevlar	DuPont
			Twaron	Akzo(Teijin)
			Technora	Teijin
		Polyarylate	Vectran	Kuraray, Celanese
		PBO	Zylon	Toyobo
	굴곡성 분자쇄	High Strength Polyethylene	Spectra	Allied Signal
			Dyneema	Toyobo, DSM
무기섬유	Carbon Fiber		Torayca	Toray
			Besfight	Toho Tenax
			Pyrofil	Mitsubishi Rayon

[표 9] ACM 및 일반재료의 특성

섬유종류	상품명	강도		탄성률		신도	밀도	분해온도/융점
		g/d	GPa	g/d	GPa	%	g/cc	℃
ACM	Kevlar	23.6	3.0	885	112.4	2.4	1.44	500~550
	Zylon	42	5.8	1,300	180	3.5	1.54	650
	Vectran	23~26	2.8~3.2	525~585	65~72	3.3~3.7	1.4	330(융점)
	Dyneema	40	3.5	1,300	110	3.5	0.97	150(융점)
	Carbon Fiber	23	2.6~3.5	1,480	190~420	1.5	1.8	3,700
일반섬유	Nomex	5~6.5	0.79	85~164	17	15~30	1.38	370~420
	폴리에스테르	9.2	1.13	100~125	13~15	1.38	17	260
	Nylon66	10.3	0.95~1.04	93	9.8	19	1.14	255

④ 금속계 진동판(metal diaphragm)의 특성

일반적으로 중·고음용 스피커의 진동판에 많이 사용되는 금속계 진동판은 탄성률이 큰 반면에 내부손실이 적은 편이어서 분할진동에 의한 공명 피크와 딥이 고음 영역에서 예리하게 많이 나타나게 된다. 이러한 공명피크들을 가청주파수 이상으로 이동시킬 수도 있다. 금속계 진동판 재료로써는 티타늄, 두랄루민, 알루미늄, 마그네슘과 베릴륨(Beryllium)등이 많이 사용되고 있다. 이들 재료들은 탄성률이 크고 밀도가 작은 경금속에 해당하며, 특히 티타늄의 경우에는 가공이 간단하면서도 내구성이 우수하여 가장 많이 사용되고 있다. 그러나 금속 진동판의 경우에 두께가 수십 마이크론 정도에 불과

한 반면에, 매우 큰 정밀도를 요구하고 있기 때문에 고급품에만 제한적으로 사용되고 있다.

트위터에 사용되는 베릴륨 진동판을 살펴보면, 베릴륨의 밀도(1.85g/cm^3)는 티타늄(4.5g/cm^3)과 알루미늄(2.7g/cm^3)에 비하여 2.43배와 1.45배씩 낮은 반면에 견고성에 대해서는 약 3배와 5배로 높다. 만약 베릴륨과 알루미늄 그리고 티타늄을 사용하여 동일한 조건의 트위터를 만든다면, 베릴륨의 경우가 다른 재료들에 비하여 약 7배 정도의 높은 강도를 갖게 된다. 그리고 음속에 있어서도 티타늄과 알루미늄에 비하여 약 3배와 2.5배씩 높다. 만약 알루미늄, 티타늄, 베릴륨으로 제작된 1인치 돔 트위터(다른 조건들은 동일)의 주파수특성을 서로 비교하면, 알루미늄은 18kHz, 티타늄은 20kHz 그리고 베릴륨은 55kHz까지 확장할 수 있다. 그러나 베릴륨의 가격이 매우 비싼 것이 흠인데 알루미늄에 비해서는 200배, 티타늄에 비해서는 약 10배 정도로 고가이다. 이처럼 베릴륨의 가격을 낮추기 위하여, 알루미늄과 합금[Al(60%)+Be(40%)]하여 사용하기도 한다. 실질적으로 25mm 돔 트위터의 가격이 $35에서 $15까지 낮아지기도 한다.

Hi-Fi용 유닛들 중에서 보론화 티타늄(Boronized Titanium)을 진동판으로 사용하는 경우가 있다. 보론(Boron)은 금속보다 영률(= $390,000\times10^6$ N/m^2)이 높은 대신에 밀도(= 2,300kg/m^3)가 낮은 특성을 가진다. 보론의 비탄성률은 알루미늄과 티타늄에 비하여 몇 배가 높다. 따라서 진동판 재료가 될 수 있는 좋은 특성을 보여주고 있지만, 너무 딱딱하고 유연성이 적어서 순수한 보론만으로 진동판을 만들기가 매우 어렵다. 그러나 보론이 높은 온도에서 금속과 직접적으로 반응할 수 있기 때문에, 알루미늄과 티타늄은 보론화를 위한 금속으로 사용이 가능하다. 그러나 알루미늄의 융점(melting point)은 보론이 활성화되기 위한 온도보다 낮기 때문에, 알루미늄을 보론화하기에는 적합하지 않은 금속이다. 반면에, 티타늄은 보론이 활성화되기 위한 온도에서 용융되지 않고, 보론과 잘 반응하여 티타늄의 표면으로부터 보론화가 시작된다. 이러한 보론화는 처리온도와 시간이 증가함에 따라서 점차 내부로 침투하는 양이 증가하게 된다. 이처럼 티타늄을 보론화시킬 때에 진공도도 높게 요구되지 않으며, 티타늄을 먼저 성형한 후에 보론화를 시키기 때문에 진동판의 형상을 다양하게 할 수 있다. 많은 티타늄 진동판을 한꺼번에 보론화 할 수 있기 때문에 가격면에서도 경쟁력을 가질 수 있다. 보론화된 티타늄의 영률은 보론화된 티타늄의 두께가 클수록 커지는 경향을 가진다. 다시 말하면, 순수한 티타늄의 경우에 영률은 $116,000\times10^6$N/m^{2}인데 비하여 보론화 티타늄은 2배 이상으로 높아진 $250,000 \times 10^6 N/m^2$가 된다(표5). 그러나 밀도는 보론화되기 이전과 이후에 관계없이 유사하게 유지된다. 따라서 보론화 티타늄의 비탄성률은 순수한 티타늄의 경우보다 2.5배 이상 높아진다(표5).

⑤ 샌드위치형 진동판의 특성

스피커의 재생주파수 특성에서 고음의 재생한계를 보다 높이고 고주파수에서의 공명을 감소(조화왜의 감소)시키기 위하여, 1970년대부터 샌드위치형 진동판이 개발되었다. 비탄성률과 내부손실을 동시에 높여서 출력을 향상시키고 평탄한 주파수특성을 동시에 얻기 위한 시도이다. 진동판의 강성이 높아지면, 방사형 또는 동심형 형태의 분할진동이 보다 높은 진동수에서 시작하게 된다. 반면에, 내부손실이 큰 펄프 진동판은 평탄한 주파수 특성을 얻을 수 있다. 이 경우에, 스피커의 입력이 커지면 탄성이 작아져서 저음 영역에서의 왜곡을 크게 발생시키는 것이 단점이었다. 진동판의 강성을 높이기 위해서는 두께를 증가시키거나 주름을 만들어 넣는 방법들을 사용하기도 한다. 만약 두께를 증가시킨다면, 진동판의 질량이 증가되어 스피커의 효율이 낮아지는 결과를 가져올 수도 있다.

샌드위치형 진동판은 코아(core)라고 불리는 내부재료와 코아를 앞과 뒤에서 싸고 있는 표면층(skin)으로 구성된다. 코아의 기본적인 특징은 높은 내부손실에 있을 것이다. 뿐만 아니라, 질량을 더욱 낮추기 위하여 허니컴(honeycomb) 구조를 사용하기도 한다. 그리고 표면층은 높은 비탄성을 갖는 재료들이 사용되는데, 콘의 형태로 가공할 수 있는 가공성(rolling)과 독성(toxicity)도 함께 고려되어야 할 것이다. 코아와 표면층들을 서로 잘 접착시켜 줄 수 있는 접착제의 종류와 접착방법도 매우 중요하다. 샌드위치형 진동판은 콘의 형태로 성형(formability)하기가 매우 어려운 점이 있다. 강성을 높이기 위해서는 샌드위치의 두께가 커야 하지만, 이들 사이에 주어지는 최적의 두께비율(g)이 *De Brugne*에 의해 아래와 같이 제시되었다.

$$g = \frac{1 - \dfrac{E_{core}}{E_{surface}}}{1 - \dfrac{m_{core}}{m_{surface}}}$$

여기서, E_{core}, $E_{surface}$, m_{core}와 $m_{surface}$는 코아의 영률(psi 단위), 표면층의 영률

(psi 단위), 코아의 체적(1인치^3)당 질량과 표면층의 체적(1인치^3)당 질량을 각각 의미한다.

⑥ 세라믹계 진동판(ceramic-diaphragm)의 특성

금속계 재료들과 마찬가지로 고음용 스피커에 많이 사용되는 재료이다. 이는 진동판의 표면을 세라믹화 하여 탄성률을 높이는 방법으로 여러 가지 형태가 존재한다. 예를 들면, ㉠ 티타늄/보론과 티타늄/질소등과 같이 열이나 방전에 의한 분자 확산법, ㉡ 티타늄/Alumina 용사, 질화티타늄, 다이아몬드 상탄소막과 같은 Ion Plating법 ㉢ 전결정질 다이아몬드, 비정질탄소, 다결정 AlO등과 같은 플라즈마 CVD 법이나 졸겔법이 활발히 개발되어 왔다.

⑦ 바이오계 진동판(bio-diaphragm)의 특성

천연펄프의 경우에 침상모양의 섬유들이 서로 방향성이 없이 자유롭게 혼합되어 있지만, 탄성이 충분하지 못한 것이 단점이다. 이를 보완하기 위하여, 셀루로스나 알긴산과 같은 바이오계 소재를 사용하거나 펄프들과 혼초하여 진동판 재료로 사용하기도 한다. 여기서 미세한 셀루로스의 경우에는 표면적이 넓고, 펄프와의 강한 결합력을 활용한 것이다. 따라서 셀루로스가 들어있는 생물들에 대하여 주의를 기울이게 되었다(표 10).

[표 10] 바이오계 진동판 소재의 재료특성

종류	생물	진동판 소재형태	비중	내부손실 (tanδ)	음속 (m/s)
셀루로스	박테리아	셀루로스(100%)	1,200	0.042	4,990
	멍게 & 우렁쉥이의 외피	펄프와 혼초	0.618	0.065	2,220
	대나무		0.489	-	2,220
알긴산	해초		-	0.046	3,160
산화규소	벼 껍질의 소성		0.716	0.060	2,620
견마	견섬유	마니라마와 혼초	0.414	0.035	2,220

2) 영구자석

(1) 영구자석이란

어떤 재료가 외부에서 인가된 자기장에 의하여 자화가 이루어진 후에, 그 재료의 자기적 성질이 오랫동안(영원히) 변하지 않는 자성체를 영구자석이라 한다. 외부에서 자성체에 자기장을 인가하기 이전에는 각 자구(magnetic domain)들의 자기모멘트 방향이 자유스럽게 형성되어 순수한 자기모멘트(net magnetic moment)는 존재하지 않는다. 그러나 외부에서 커다란 자기장이 주어지게 되면, 이로 인하여 자성체 자구의 자기모멘트들이 한쪽 방향으로 정렬을 하게 된다. 그리고 외부에서 주어진 자기장이 제거되어도 어느 한 쪽 방향으로 정렬된 자구들의 자기모멘트 방향은 크게 변하지 않아서 자기적 성질이 그대로 유지하게 되는 물질을 자성체라고 한다. 이러한 자기적 특성을 갖는 자성체들로는 철, 코발트와 니켈 등이 있다.

(2) 물질의 종류에 따른 자기특성

① 반자성(diamagnetism)

전자의 자기모멘트가 모든 방향으로 자유롭게 분포해서 순자기장을 갖지 않으며, 외부에서 자기장이 가해지면 전자의 자기모멘트가 외부자기장의 방향에 반대로 정렬하여 매우 약한 순자기장을 가지게 된다. 그러나 외부자기장이 없어지면 자기모멘트의 정렬이 다시 흩어져서 순자기장이 없는 물질로써, 대부분의 물질이 이에 해당한다.

② 상자성(paramagnetism)

반자성 물질처럼 전자의 자기모멘트가 모든 방향으로 자유롭게 분포해서 순자기장을 갖지 않으며, 외부에서 자기장이 가해지면 일부 전자의 자기모멘트가 한쪽 방향으로 정렬한다. 그러나 외부자기장이 없어지면 자기모멘트의 정렬이 다시 흩어져서 순자기장이 없어지는 전이원소, 희토류 원소등이 이에 속한다.

③ 강자성(ferromagnetism)

일부 전자의 자기모멘트만이 한쪽 방향으로 정렬하여 있어서 순자기장이 미약하지만, 외부에서 자기장이 가해지면 전자의 자기모멘트가 쉽게 한쪽 방향으로 정렬하게 된다. 그러나 외부자기장을 없애도 자기모멘트의 정렬이 대체로 유지되어 순자기장을 가지는 물질로써, 영구자석이 가능하며, 철, 코발트, 니켈등의 금속과 혼합물이 해당한다.

④ 반강자성(antiferromagnetism)

전자의 자기모멘트가 인접한 자기모멘트와 균일하게 반대로 정렬하여 순자기장이 없는 상태(그림28)를 유지한다. 특정한 온도(Neel temperature) 이상에서는 이런 특성이 사라지며, 전자의 자기모멘트들이 무질서하게 되어 상자성으로 바뀌게 되는 망간 산화물등이 이에 속한다.

⑤ 페리자성(ferrimagnetism)

퀴리온도 이하에서는 이웃하는 자기모멘트가 반대방향이만 한쪽의 크기가 작아서 자발적인 자성을 가지고 있어 강자성체의 성질을 가진다(그림29). 그러나 퀴리온도 이상에서는 상자성체로 바뀌어 자성을 잃게 된다.

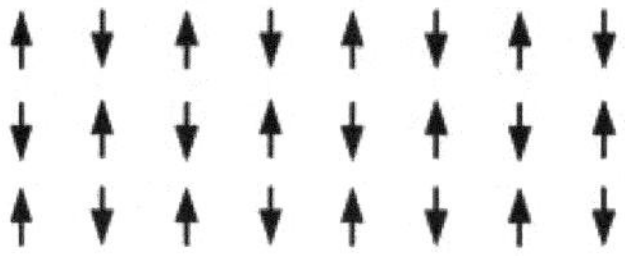

[그림 28] 반강자성

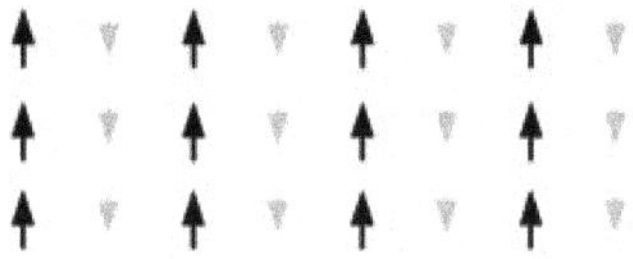

[그림 29] 페리자성

(3) 자기이력곡선(hysteresis curve)

스피커의 보이스 코일에 전류를 흐르게 하면 코일의 주변에 자기장이 발생하게 된다. 착자기는 이러한 원리를 이용하였으며, 착자기에 전류를 가해 발생한 자기장(H)에 의해 강자성체가 자화(B) 또는 탈자화되는 과정을 자기이력곡선에서 보여준다(그림30). 자기이력곡선에서의 각 과정들을 살펴보면 아래와 같다.

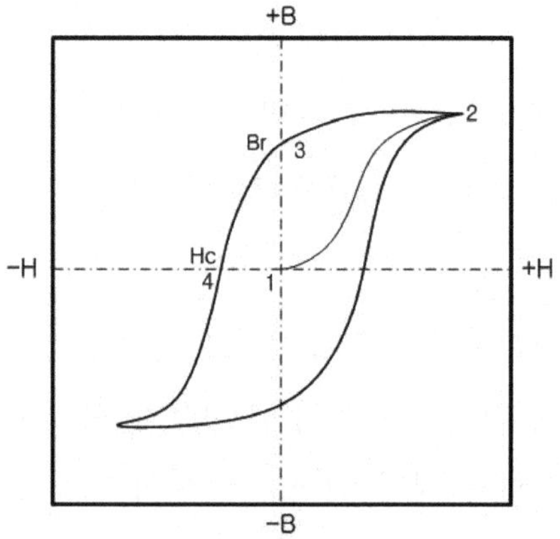

[그림 30] 자기이력곡선

▷ 1 : 착자기 내부에 있는 강자성체가 자화되기 이전상태
▷ 2 : 착자기에 전류가 흐름에 따라 발생한 자기장(H)에 강자성체가 자화되기 시작해 포화상태에 도달됨
▷ 3 : 착자기에 전류가 흐르지 않게 됨에 따라서 자기장(H)이 없어지고 난 후의 잔류자속밀도(B_r)를 말함
▷ 4 : 전류의 흐름을 반대방향으로 바꾸어 발생한 자기장($-H_c$, 보자력)에 의한 잔류자속밀도(B_r)가 없어짐
▷ 지속되는 반대 자기장($-H$)에 의하여 강자성체가 N극과 S극이 서로 바뀌어 포화상태로 다시 자화됨
▷ 착자기에 전류가 흐르지 않게 하여 반대 자기장($-H$)이 없어지고 난 후의 잔류자속밀도($-B_r$)를 말함
▷ 전류의 흐름을 다시 순방향으로 가해 생긴 자기장($+H_c$)에 의해 잔류자속밀도($-B_r$)가 없어짐

자석의 종류에 따른 잔류자속밀도(B_r)와 보자력(H_c)의 특성을 [그림 31]에서 보여준다. 알니코 V의 경우에는 잔류자속밀도가 높은 편에 속하지만, 보자력이 약하여 다른 자석들에 의해 쉽게 탈자될 수도 있다. 그러나 페라이트(세라믹)는 잔류자속밀도가 알니코에 비하여 낮지만 보자력이 알니코에 비하여 강하기 때문에 다른 자석들에 의해 쉽게 탈자되지 않게 된다. 네오디움의 경우에는 잔류자속밀도와 보자력이 알니코나 페라이트에 비하여 모두 강한 특성을 가진다.

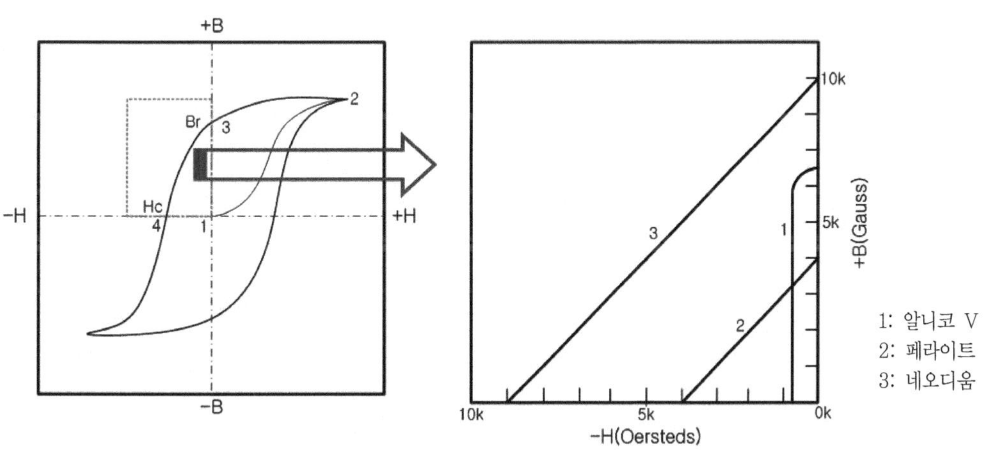

[그림 31] 자석의 종류에 따른 잔류자속밀도와 보자력의 특성

[그림 32(A)]에 나타낸 자기이력곡선의 2사분면을 이용하여 자성체의 최대에너지적(BH_{MAX})을 아래의 순서에 의하여 결정할 수 있다.

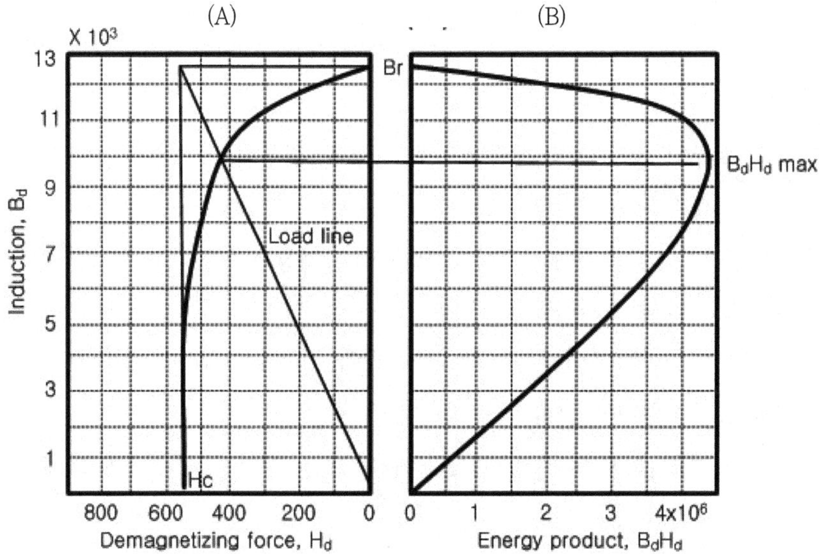

[그림 32] 자성체에서의 최대에너지적

▷ 잔류자기밀도(B_r)에서 x축에 수평한 선을 그린다.

▷ 보자력에서 y축에 수평한 수직선을 그린 후에, 위의 수평선과의 교차점을 찾는다.

▷ 원점과 교차점을 직선으로 연결한다.

▷ 직선과 자기이력곡선이 만나는 점이 최대에너지적(BH_{MAX})가 된다.

[그림 32(A)]에서는 BH값에 대해 실제로 측정한 값을 표시하며, [그림 32(A)]에서의 교차점인 BH_{MAX}와 일치하게 된다. 원점과 교차점을 잇는 직선의 기울기(= B/H)는 투자력을 의미한다. 최대에너지(BH_{MAX})사용하는 것이 자기회로의 설계에 항상 좋은 것만은 아니다. 왜냐 하면, 영구자석이 최대에너지적을 가질 때에 자기회로의 크기가 줄고 효율은 높아지지만, 직선의 기울기가 클 경우에 쉽게 탈자될 수 있기 때문이다.

(4) 영구자석의 변천사

년도	발명자(회사)	내 용
B.C 600		Thessaly 지역의 Magnesia에서 천연자석으로 발견되어 'Magnes'라고 부르고 항해용 나침반에 사용
1600년	*William Gilbert*	지구가 하나의 자석인 것을 발견. 강봉을 열간 단조한 후 적열 상태에서 지구의 자장방향으로 배치, 냉각시키면 자석이 됨을 발견함
1820년	*Oersted*	전류와 자장과의 관계를 발견, 전자석의 발전에 기여함
1901년	*Hansler*	알리코 자석의 시초(구리, 망간, 알루미늄 합금강 개발)
1917년	*Honda*	고코발트 탄소강 발명, 당시의 크롬강, 텅스텐강보다 보자력이 4배 이상이 되어 자기적 성능을 비약적으로 향상시킴
1931년	*Kato, Takai*	Fe-Co 혼합물 자석을 개발
1931년	*Mishima*	Al-Ni-Fe 자석("Alni") 개발, MK강으로 명명함
1939년	*Jonas*	Alni에 Co를 첨가한 알리코 자석을 개발
1952년	*Philips*사	현재의 세라믹 또는 "페라이트 자석"으로 발전시킴
1968년	*Raytheon*사	"Sm-Co 자석" 개발
1985년	미국 *GM*사, 일본 주우특수금속	"Nd-Fe-B 자석" 개발

(5) 스피커의 영구자석 종류

영구자석은 형태나 재질, 자기적 성질, 자기방향, 물리적 성질 또는 제조공정 등에 의해 분류할 수 있다. 특히 스피커에 사용되는 영구자석은 페라이트, 알리코 및 희토류 자석 등으로 분류할 수 있다. 알니코와 페라이트는 1930년대에 만들어졌으나, 우수한 자기특성을 갖는 알니코가 1970년대까지 주로 사용되었다. 그러나 알니코에 들어가는 코발트의 주 생산국이었던 자이레에서의 정치적인 폭동으로 인해 코발트 가격이 약 20정도 오르게 되면서, 이를 대체하기 위하여 페라이트 자석을 사용하기 시작하였다. 페라이트의 경우에 자기적 특성이 알니코에 비하여 약하기 때문에 동일한 특성을 얻기 위해서는 자석의 체적을 증가시켜야 했다. 이처럼 증가한 영구자석의 체적을 스피커에 반영하기 위하여 내자형이 아닌 외자형으로 자기회로를 설계하기 시작하게 되었다. 이들에 대한 자기적 특성은 다음과 같다.

① 페라이트 자석(산화물 자석)

스피커에서 가장 흔히 사용되는 페라이트 자석은 분말야금법에 의한 소결품으로써 산화철이 주성분이며, 화학적 형태는 $XO + Fe_2O_3$으로써 $SrCO_3 \cdot 6Fe_2O_3$과 $BaCO_3 \cdot$

$6Fe_2O_3$(X : 금속원소, "세라믹 자석"으로도 불림, 현재 가장 많이 사용)등이 있다. 그리고 제조방법에 의하여 접착용 특수 분말(powder)을 이용한 건식(dry process)과 물을 사용하는 습식(wet process)으로 분류할 수 있다. 여기서 습식은 제작에 걸리는 시간이 좀 길지만 특성이 좋고, 건식의 경우에는 단시간에 제작이 가능하다. 그리고 건식은 습식에 비하여 자기적 특성이 상대적으로 떨어지지만 소형, 소량 다품종 생산에 유리하다. 자기방향에 따라 등방성(isotropic)과 이방성(anisotropic)으로 나눈다. 외자형 스피커(F-type speaker)에 주로 사용되는 페라이트 자석이 갖는 특성을 살펴보면 다음과 같다(표11).

▷ 온도에 대한 안정성이 비교적 높음

▷ 산화물로 구성된 화합물이기 때문에 절연체이며, 높은 주파수의 자기장 안에서 사용하여도 과류손실과 같은 고주파 손실이 거의 없음

▷ 분말야금 공정과 동일하므로 복잡한 형태도 용이하게 성형할 수 있음

▷ 등방성은 이방성에 비해 자력은 작지만 가격이 저렴하고 착자도 임의로 할 수 있는 장점이 있음

▷ 다른 자석에 비하여 가격이 저렴함

▷ 밀도가 4.8~5.1 g/cm^3이라서 다른 자석에 비하여 가벼움

[표 11] 페라이트 자석의 물리적 또는 자기적 특성

항 목	물리적 특성	항 목	자기적 특성
큐리온도	450℃	잔류자속밀도(B_r)	▸ 이방성(Sr) : 건식 : 3.6kG 습식 : 3.9kG ▸ 등방성(Ba) : 2.2kG
최대사용온도	250℃	보자력(H_c)	▸ 이방성(Sr) : 건식 : 2.7kOe 습식 : 2.8kOe ▸ 등방성(Ba) : 1.8kOe
경도	480~580Hv	최대에너지(BH_{max})	▸ 이방성(Sr) : 건식 : 2.7MGOe 습식 : 3.6MGOe ▸ 등방성(Ba) : 1.0MGOe
밀도	4.8~5.1g/cm^3	온도계수(B_r)	−0.2%/℃
		보자력의 온도특성	0.3%/℃

② 알리코 자석(금속자석)

알리코 자석은 Al, Ni, Co와 Fe가 주성분이고, Cu, Ti와 Cr등이 소량으로 첨가되어 있다. 높은 자속밀도와 온도에 대한 특성이 뛰어나고, 정밀도가 높은 경우에 사용되며, 성형방법에 따라서 주조와 소결 알리코 자석등으로 구분된다.

알리코 자석이 가지는 특성을 살펴보면 다음과 같다(표12).

▷ 최대에너지적이 높으며, 낮은 온도상수를 가지고 있어 온도에 대한 안전성이 뛰어남

▷ 높은 자속밀도에 비해 보자력이 약함

▷ 스피커를 조립한 후에 착자시켜도 문제가 없으며 높은 경도를 가짐

▷ 페라이트에 비해 취성이 적으며, 등방성 알리코는 다극착자가 가능함

▷ 소결 알리코는 사출, 이형 및 대량생산이 가능하며, 주조 알리코에 비해 가격 비쌈

▷ 가공이 어려움

[표 12] 알리코 자석의 물리적 또는 자기적 특성

항 목	물리적 특성	항 목	자기적 특성
큐리온도	850~890℃	잔류자속밀도(B_r)	▸주조 : 등방성 : 5.5~7.3kG 이방성 : 6.0~14.0kG ▸ 소결 : 등방성 : 6.2~7.4kG 이방성 : 7.7~12.0kG
최대사용온도	525~550℃	보자력(H_c)	▸ 주조 : 등방성 : 0.52~1.10kOe 이방성 : 0.58~1.95kOe ▸ 소결 : 등방성 : 0.70~0.81kOe 이방성 : 0.58~1.30kOe
경도	520~630Hv	최대에너지(BH_{max})	▸ 주조 : 등방성 : 1.2~2.5MGOe 이방성 : 3.0~11.0MGOe ▸ 소결 : 등방성 : 1.7~2.0MGOe 이방성 : 3.1~4.9MGOe
밀도	6.9~7.3g/cm^3	온도계수(B_r)	-0.025~-0.02%/℃
저항	47~75$\mu\Omega$cm	보자력의 온도특성	0.01~0.03%/℃

③ 희토류 자석

Sm-Co 자석

희토류 금속과 코발트의 금속간 화합물을 분말야금적으로 자석화한 것으로써, 종래의 페라이트와 알리코에 비하여 높은 보자력과 최대에너지적을 가지는 고성능 영구자석이다. 종래의 자기회로를 소형화시키고, 고성능에 요구되는 용도에 사용된다.

Sm-Co 자석이 가지는 특성을 살펴보면 다음과 같다(표13).

▷ 온도에 대한 안정성이 높음.

▷ 잔류자속밀도, 보자력 등이 매우 높음.

▷ 가공성이 안 좋아서 숫돌 또는 다이아몬드에 의해 연삭 가공함.

▷ 취성(brittleness)이 강함.

▷ 세계적으로 Sm의 매장량이 극소이므로, 최근에는 Nd-Fe-B로 대체중이며 가격이 고가임.

▷ 부식에 대한 저항력이 우수하여 표면처리 없이 사용함.

[표 13] Sm-Co 자석의 물리적 또는 자기적 특성

항 목	물리적 특성	항 목	자기적 특성
큐리온도	700~850℃	잔류자속밀도(B_r)	8.5~11.4kG
최대사용 온도	200~250℃	보자력(H_c)	7.5~8.5kOe
경도	450~600Hv	최대에너지(BH_{max})	18~31MGOe
밀도	8.0~8.5g/cm^3	온도계수(B_r)	-0.05~-0.03%/℃
저항	50~90$\mu\Omega$cm	보자력의 온도특성	-0.25~-0.19%/℃

Nd-Fe-B 자석

Nd, 산화철과 보론을 주성분으로 하는 성형 소결품으로써, 자기에너지가 매우 강하여 작은 제품들에 많이 사용된다. 가격도 Sm-Co 자석보다 비교적 저렴하지만, 온도특성과 산화에 주의를 기울여야 한다.

Nd-Fe-B 자석이 가지는 특성을 살펴보면 다음과 같다(표14).

▷ 최대에너지적이 상용되는 자석 중에서 가장 높음.

▷ 강한 자력에 비하여 비교적 가격이 저렴함.

▷ 온도에 대한 의존성이 높기 때문에 온도에 따라 적절한 특성의 자석의 선택이 요구됨.

▷ 산화력이 강하여 표면처리가 요구됨.

▷ 제조공법은 Sm-Co자석과 유사하지만, 소결과 열처리 온도에서는 Sm-Co보다 70~100℃ 정도 낮음.

▷ 취성(brittleness)이 강함.

▷ 가공성이 양호함.

▷ 같은 자기밀도 및 특성를 갖는 페라이트 자석을 이용한 스피커에 비해 스피커의 질량을 절반 정도로 감소시킬 수 있음

▷ 전도체이기 때문에 보이스 코일에 흐르는 전류에 의해 발생된 자기장에 의해 영구자석에서 나온 자기장의 변조를 방지할 수 있음

[표 14] Nd-Fe-B 자석의 물리적 또는 자기적 특성

항 목	물리적 특성	항 목	자기적 특성
큐리온도	310~370℃	잔류자속밀도(B_r)	10.6~12.2kG
최대사용 온도	80~180℃	보자력(H_c)	15~28kOe
경도	560~580Hv	최대에너지(BH_{max})	27~37MGOe
밀도	7.4~7.6g/cm^3	온도계수(B_r)	-0.12~-0.10%/℃
저항	160$\mu\Omega$cm	보자력의 온도특성	-0.6%/℃

(6) 영구자석의 특성비교

페라이트, 알리코와 희토류 자석들에 대한 주요특성들을 비교하면 아래와 같다.

	페라이트	알리코	희토류	
			Sm-Co	Nd-Fe-B
큐리온도	450℃	850~890℃	700~850℃	310~370℃
최대사용온도	250℃	525~550℃	200~250℃	80~180℃
잔류자속밀도 (B_r)	▸ 이방성(Sr) : 건식 : 3.6kG 습식 : 3.9kG ▸ 등방성(Ba) : 2.2kG	▸ 주조 : 등방성 : 5.5~7.3kG 이방성 : 6.0~14.0kG ▸ 소결 : 등방성 : 6.2~7.4kG 이방성 : 7.7~12.0kG	8.5~11.4kG	10.6~12.2kG
온도계수(B_r)	-0.2%/℃	-0.025~-0.02%/℃	-0.05~ -0.03%/℃	-0.12~ -0.10%/℃

	페라이트	알리코	희토류	
			Sm-Co	Nd-Fe-B
보자력(H_c)	▸ 이방성(Sr) : 건식 : 2.7kOe 습식 : 2.8kOe ▸ 등방성(Ba) : 1.8kOe	▸ 주조 : 등방성 : 0.52~1.10kOe 이방성 : 0.58~1.95kOe ▸ 소결 : 등방성 : 0.70~0.81kOe 이방성 : 0.58~1.30kOe	7.5~8.5kOe	15.0~28.0kOe
보자력의 온도특성	0.3%/℃	0.01~0.03%/℃	-0.25~ -0.19%/℃	-0.6%/℃
최대에너지 ($BH_{\max}$)	▸ 이방성(Sr) : 건식 : 2.7MGOe 습식 : 3.6MGOe ▸ 등방성(Ba) : 1.0MGOe	▸ 주조 : 등방성 : 1.2~2.5MGOe 이방성 : 3.0~11.0MGOe ▸ 소결 : 등방성 : 1.7~2.0MGOe 이방성 : 3.1~4.9MGOe	18~31MGOe	27~37MGOe
동일 무게당 가격	1	15	40	20

3) 댐퍼

(1) 댐퍼의 특성

여러 가지 재료를 스피커의 댐퍼로 사용할 수 있으나, 각 재료들의 특성이 댐퍼의 조건에 적합하여야 한다. 따라서 댐퍼에 적합한 조건을 살펴보면 다음과 같다.

▷ 저밀도로 인한 경량이어야 하고,

▷ 기계적 직진성이 좋고,

▷ 100℃이상에서 내열성이 좋고,

▷ 통기성이 우수함.

▷ 방수성과 발수성(물속에 1분 동안 넣었다 꺼내도 중량변화가 1%이내)이 우수하며,

▷ 내구성(스피커 정격입력이 f_s에서 96시간 동안 작동한 후에도 변화가 5% 이내)도 우수한 가운데

▷ 접착성이 좋고,

▷ 성형 후에도 탄성이 우수하고,

▷ 냄새와 유독가스등이 없으며,

▷ 작업성이 우수함(성형시간이 5초 이내).

(2) 댐퍼의 종류

▷ 주름 댐퍼 : 면직포나 아라미드 직포를 페놀에 함침시킨 후에, 열 프레스로 눌러 주름(콜루게이션) 형태로 가공하여 제작한다. 이때 페놀 함침량에 의해 댐퍼의 강성이 변하게 되고, 이는 스피커의 최저공진주파수(f_s)를 조절하는 기능으로 이어진다(그림33①).

▷ 나비 댐퍼 : 두께가 얇은 베이클라이트(bakelite)판, 금속판과 유리섬유 강화 에폭시 적층판들을 성형하거나, 플라스틱 박판을 펀칭하여 제작한다(그림33②).

▷ 고무 댐퍼 : 합성고무를 성형하여 고무의 탄력을 활용한다.

▷ 실 댐퍼 : 실의 탄력을 이용한 댐피이다.

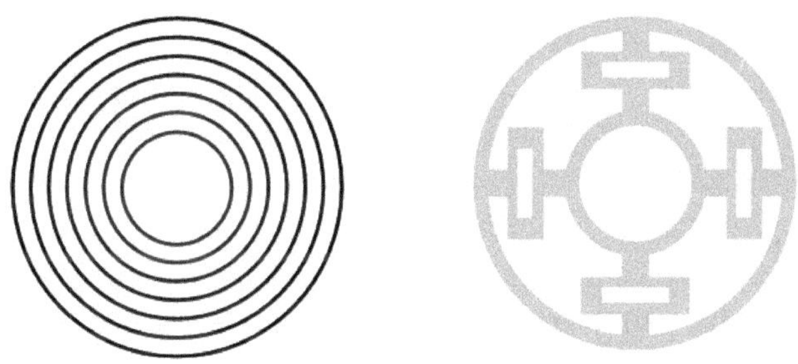

① 주름형　　② 나비형

[그림 33] 댐퍼의 종류

(3) 재료에 따른 음질특성

재 료	특 성
면, 합성섬유	▸ 내열성이 좋으며, 가격이 싸고, 질량이 가볍고, 종류가 다양, 강성 조절이 쉽고, 생산성이 좋기 때문에 가장 많이 사용되고 있으며, ▸ 페놀의 양으로 댐퍼의 강성을 조절하여 스피커의 최저공명진 동수를 조절 ▸ 전체적으로 중립적인 느낌을 주며, 저음재생에 적합함.
플라스틱	▸ 차갑고 딱딱한 느낌의 절제된 소리를 들려주며, ▸ 탄력이 좋아서 저음보다 고음에 적합함.
Nomex (Conex)와 Kevlar	▸ 강도가 매우 높고, 탄력이 크며, 내마모와 내열성이 우수하여 고내입력과 고신뢰성을 요구하는 스피커에 많이 사용되지만, ▸ 가격이 비싼 편이며, ▸ 출력과 명료도가 높고, 깊이 있는 소리를 재생함.
Reyon	▸ 습도에 매우 약하고, ▸ 가격은 싸지만, 작은 음압과 섬세한 음질을 지님.
혼 방	▸ 면과 합성섬유를 혼방사로 가공하여 평직(교직)으로 방직한 직물로써, ▸ 전체적으로 중립적인 느낌을 주며, 저음용으로 많이 사용됨.

4) 에지

(1) 에지의 특성

댐퍼와 마찬가지로 여러 가지 재료로 에지를 제작할 수 있지만, 스피커에서 에지의 고유한 역할과 기능을 수행하기 위해서는 다음과 같은 조건들이 기본적으로 만족되어야 한다.

▷ 질량이 가벼운 저밀도 재료와,

▷ 진동방향으로의 직진성이 필요하고,

▷ 에지의 공진을 피하기 위해 높은 내부손실이 요구됨.

(2) 에지의 종류

에지의 종류는 크게 고정에지(fixed edge, 그림34①)와 자유에지(free edge, 그림34②)로 나눌 수 있다.

① 고정에지 :

진동판과 에지를 동일한 재료를 사용하여 일체형으로 성형한 에지로써, 큰 진폭을 갖기 어렵고 강도가 약하기 때문에 저음용 스피커에는 일반적으로 사용되지 않는다.

② 자유에지 :

에지를 진동판과 다른 재질을 사용하여 별도로 성형한 후에, 제동제(에지의 표면에 끈적끈적하게 붙인 것)를 써서 진동판과 에지를 서로 접착한 것이다. 우레탄 폼과 같은 발포제와 피혁을 많이 사용하며, 진동판으로부터 넘어오는 진동을 흡수하여야 하며, 저음용으로 많이 사용된다.

① 고정에지 ② 자유에지

[그림 34] 에지의 형태

(3) 형상에 따른 분류

에지의 형상에 따라서 롤형, 역롤형 그리고 주름형으로 나눌 수 있다(그림35). 주로 사용되는 주름형 에지에서 주름이 한 개인 경우와 그 이상인 경우에 대한 특성을 살펴보자. 우선, 하나의 주름을 갖는 half-roll형(그림36①)의 경우에는 폴리우레판 폼, 인조고무(네오프렌)등으로 많이 제작되는데 높은 컴플라이언스가 제공되기 때문에 진동판의 변위가 큰 고출력에 많이 사용하게 된다. 그리고 코팅포로 제작된 두 개의 주름을 갖는 double half-roll형(그림36②)은 에지의 강성이 적당히 크면서도 댐핑이 잘 일어나게 된다. 마지막으로 주름이 여러 개로 구성된 Multiple roll형(그림36③)은 고출력용으로 사용되지만, 공명이 일어날 가능성이 높다고 할 수 있다.

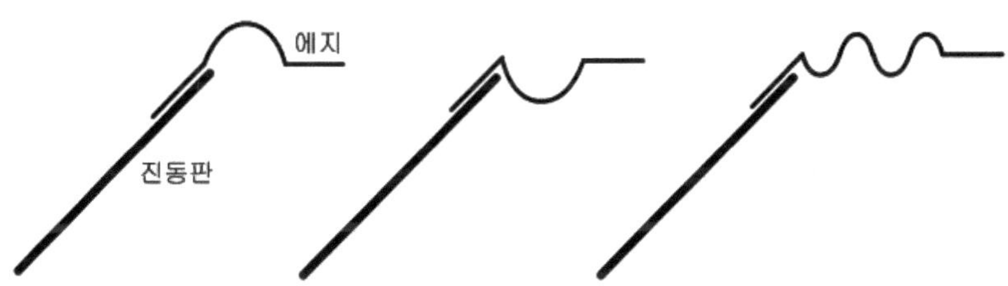

① 롤형 ② 역롤형 ③ 주름형

[그림 35] 에지의 형상에 따른 종류

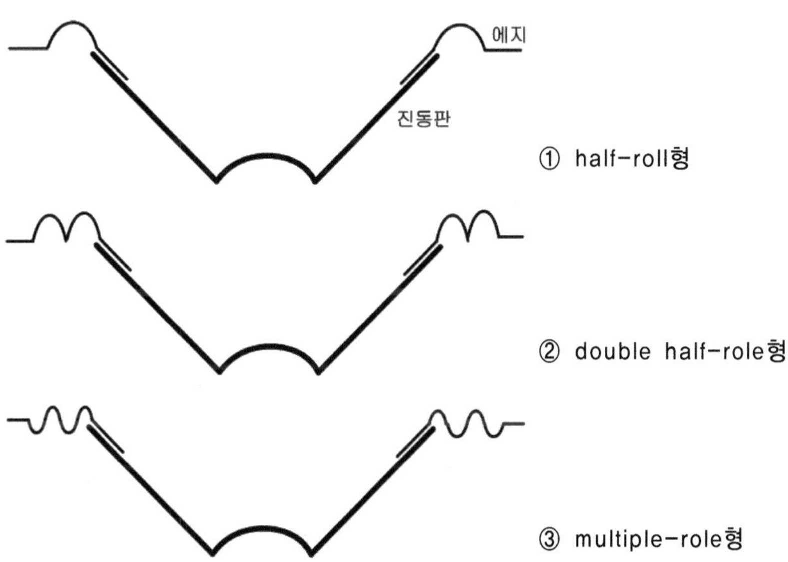

[그림 36] 주름형 에지의 종류에 따른 특성

스피커에서는 일반적으로 보이스 코일에서 발생한 진동(구동력)이 진동판을 통해 에지로 전달되고, 이 진동은 에지의 내부손실에 의하여 감쇠되어진다. 따라서 에지의 소재를 내부손실이 높은 재료로 사용하는 이유가 바로 진동판으로부터 전달된 진동을 감쇄시키기 위한 것이다. 만약 에지가 이 진동을 소멸시키지 못한다면, 진동판의 진동방향에 반대인 진동(surround dip)이 에지에서 발생하여 스피커의 주파수 특성에 딥이 생기게 된다(그림37). 이처럼 에지에서의 공명으로 발생한 이상음은 대체로 150~300Hz의 주파수를 갖게 된다. 따라서 에지로 진동판의 구동력이 전달되지 못하도록 하기 위해서는 진동판과 에지 사이의 접착제를 적절하게 선정하거나, 에지 근처의 진동판을 댐핑제로 코팅하게 된다. 만약 습도의 영향을 받지 않는 플라스틱 진동판을 사용하는 경우에는 진동판을 제조할 때에 강성과 내부손실(댐핑)을 적절하게 조정하여야 할 것이다.

[그림 37] 에지에서의 공명

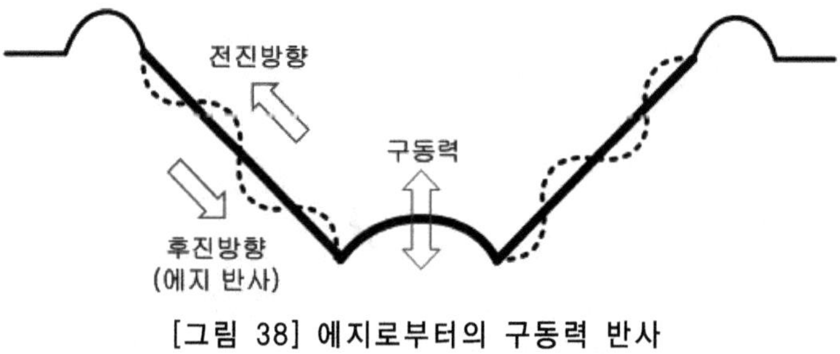

[그림 38] 에지로부터의 구동력 반사

자유에지의 경우에 에지와 진동판의 재료들이 서로 다르기 때문에 이들의 접합면에서 스피커의 구동력이 반사되어 진동판으로 다시 되돌아오게 된다. 이 때 보빈으로부터 새롭게 들어오는 신호(구동력)와 간섭을 일으켜 정재파를 형성할 수도 있으며(그림 38), 진동판의 분할진동을 복잡한 형태의 진동모드로 만들기도 한다. 따라서 이러한 현상을 억제하기 위해서는 진동판과 에지의 특성 임피던스들을 유사하게 하거나, 에지와 접착되는 부근의 진동판에 댐핑제(예, Aquaplas)로 코팅하든지 아니면 에지 자체를 적절한 내부손실을 갖는 재료로 제작(예, 폴리우레탄 폼)하여야 한다.

특히 롤형 에지에서는 진동판과 에지의 형상이 매끄럽게 이어지지 않기 때문에 이들의 경계면에서 진동(구동력)이 반사되기 쉽다. 따라서 이들이 서로 매끄럽게 이어질 수 있도록 하는 최적의 형상인 S라인 에지가 개발되었다. [그림 39]에서 보여주는, S라인 에지의 경우에는 진동판과 에지의 연결부에 대한 형상을 연속적으로 유지하여 이들 경계선으로부터 구동력이 진동판으로 다시 반사되는 것을 감소시켰다. 이처럼 보이스 코일에서 발생한 진동을 에지에서 감쇠시켜 음상이 풍부한 음장감을 재생하게 된다. 그리고 form rubber를 [그림 40]처럼 에지에 삽입함으로써 에지로부터의 반사에 의한 딥이 만들어지는 것을 억제할 수도 있다.

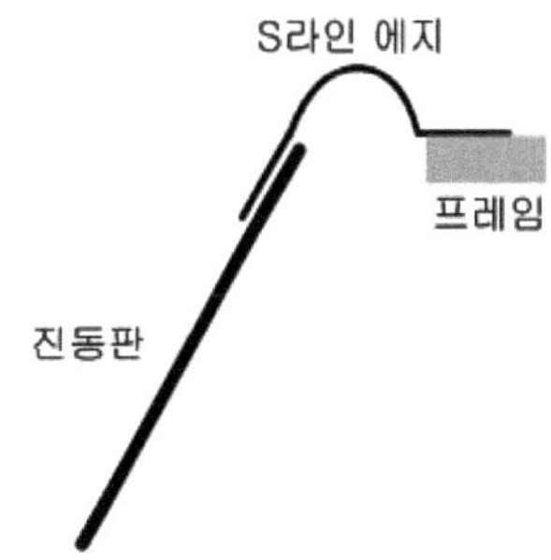

[그림 39] S라인 에지

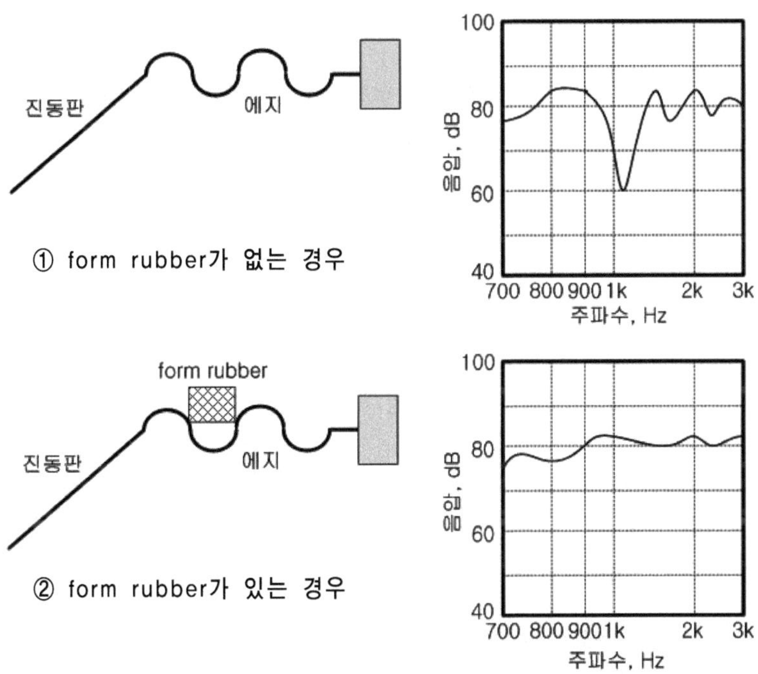

[그림 40] 에지에 form rubber의 사용에 따른 주파수 특성

합성고무의 일종인 니트릴 고무로 제작한 에지와 진동판의 접착방법에 의하여 진동판의 분할진동을 제어할 수도 있다. [그림 41]에서 보여주는 것처럼, 롤 부위에서는 에지의 적당한 내부손실로 인하여 동심형 분할진동이 억제된다. 그리고 에지를 진동판과 접착시킬 때에 [그림 41]에서와 같이 바로 접착하지 않고 약간의 여유를 두면 방사형 분할진동의 발생을 억제할 수도 있다.

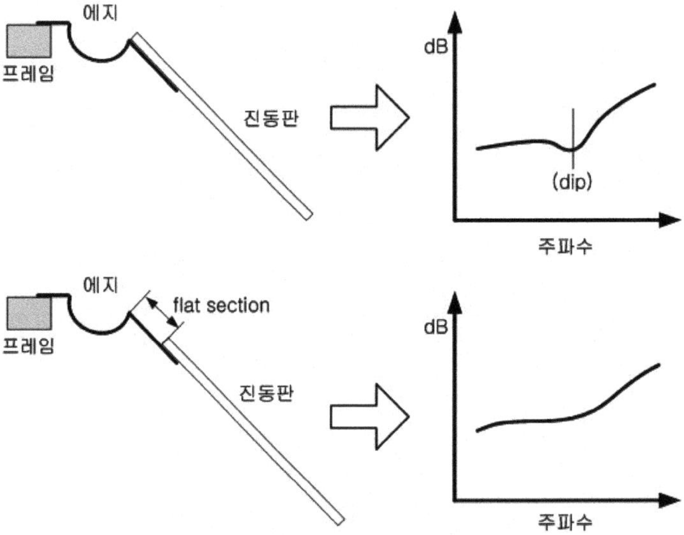

[그림 41] 에지의 접착방법에 따른 주파수 특성

(4) 재질에 따른 분류

에지는 스피커의 특성에 직접적인 영향을 주는 부품으로써, 재질에 의하여 에지의 특성이 달라진다. 에지의 물성에 의하여 음질만이 아니라 경제성이나 가공성 그리고 온도변화에 따른 특성들이 변하게 된다. 에지의 종류는 다음과 같이 크게 하드(hard) 에지와 소프트(soft) 에지로 나눌 수 있다.

① 하드 에지 :

섬유를 여러 겹으로 특수하게 가공한 에지를 말한다. 이러한 에지는 펄프계열로 제작된 진동판들과 일반적으로 결합되는데, 대부분이 홈 오디오 또는 방송용(PA) 스피커와 같은 덕트형 스피커시스템에 많이 활용된다. 한 예로써, 면포형(cloth type)을 살펴보면, 실의 굵기(30수, 40수, 60수, 80수)와 페놀의 함침량에 의해 에지의 특성이 대체로 결정되는데, 이는 진동판의 음질 특성까지도 변화시킨다. 일반적으로 가공이 용이하고, 가격이 저렴하기 때문에 거의 모든 종류의 스피커에 사용된다. 그러나 진동판의 지속적인 운동에 따른 피로도에 의해 에지특성의 변화가 가능하여 결점발생률이 높은 편이다. 제품을 보관할 때에 주의가 필요하며, 온도변화 및 대기 중의 습도에 민감한 단점을 가지고 있다.

② 소프트 에지 :

주로 스폰지와 같은 우레탄 폼(form)과 고무와 같은 재료로 만들어진 에지를 말한다. 일반적으로 펄프와 합성계열의 진동판에 많이 사용되며, 특히 진동판의 움직임이 큰 서브 우퍼에 사용된다. 그리고 스피커시스템에는 밀폐형과 덕트형에 장착된다.

▷ 예) 폼(form) : 폼으로 만들어진 에지는 비중에 따라서 종류가 달라지며, 가격과 품질면에서 가장 우수한 에지의 재료중의 하나이다. 면포형보다도 우수한 특성을 갖지만, 고무에 비해서는 떨어진다. 그러나 햇빛이나 불순물에 의한 내후성에는 약한 편이다.

▷ 예) 고무 : 스피커의 성능을 크게 향상시키지만, 고가의 재료로써, 생산량이 많지 않아 소량작업을 한다.

(5) hoop stress

편평한 재료로 롤형 에지를 제작할 때에 원형의 롤에서는 스트레스가 발생하게 된다. 이들 스트레스는 진동판이 수직운동을 할 때에 상 또는 하방향의 운동에 구속되고, 저주파수에서 고출력을 낼 때에 crinkling sound를 발생시키게 된다. 이를 에지에서의 hoop stress라 하며, 인조고무나 폼처럼 아예 롤형으로 성형이 된 경우에는 거의 발생하지 않는다.

(6) 재료에 따른 음질 특성

명 칭	재 료	특 징	음 질 특 성
코팅포	▸면직포 ▸폴리에스텔직포+고무 ▸폴리우레탄수지 ▸아크릴수지	▸내구성 : 강함 ▸기계적 직진성 : 약함 ▸장력 : 우수 ▸신축성, 내한·내열성 : 낮음 ▸내습성 : 약함 ▸가격 : 저가	▸가장 많이 사용 ▸펄프에 많이 사용 ▸코팅이 벗겨지면 쉽게 손상 ▸주파수 대역이 좁음 ▸온·습도에 따라 음질 변함 ▸음색이 타이트함

명 칭	재 료	특 징	음질특성
발포 폴리우레탄	▸폴리에텔계 ▸폴리에스텔계	▸내구성 : 약함 ▸기계적 직진성 : 강함 ▸밀도 : 낮음 ▸신축성 : 우수 ▸유연함 : 내부손실 큼 ▸가격 : 저가	▸가장 많이 사용 ▸유연성과 내부손실 높음 ▸탄성이 좋아서 출력 높음 ▸음질:보통 ▸폴리에스텔계 내후성(자외선):양호 내습성:불량 ▸폴리에텔계 내후성:불량 내습성(가수분해): 양호
고무		▸가격 : 고가 ▸내구성 : 강함 ▸인장력 : 약함 ▸신축성 : 좋음 ▸박막제품 : 어려움 ▸유연성 : 강함	▸음질:부드럽고 자연스러움 ▸저음용으로 사용
에라스 토머	▸스티렌, ▸부다디엔 ▸열가소성 에라스 토머 (폴리우레탄, 폴리에스텔계)	▸내구성 : 강함 ▸기계적 직진성 : 보통 ▸가격 : 보통	▸내후성이 안 좋음

5) 보이스 코일

보이스 코일은 구리 또는 알루미늄등의 도체에 절연층과 접착층을 입히고(그림42), 종이, 알루미늄 또는 시트(sheet) 등으로 제작된 보빈에 감은 것을 말한다. 보이스 코일은 접착제, 코일과 보빈 등으로 분리하여 말할 수 있다.

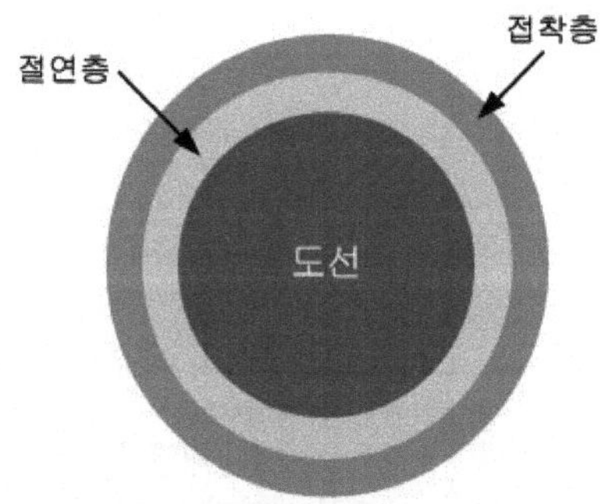

[그림 42] 보이스 코일의 단면도

(1) 접착제(adhesive)

보이스 코일을 보빈에 감을 때에 이들을 서로 접착시키지 않는다면, 진동판의 지속적인 운동으로 인하여 보이스 코일이 보빈에서 풀리거나 흩뜨러는 경우가 발생할 수 있다. 이러한 현상을 방지하기 위하여, 인접한 보이스 코일들을 접착제로 서로 접착시키게 된다. 이처럼 보이스 코일을 접착시키기 위하여, 보이스 코일을 에탄올과 같은 용제 또는 열에 통과시킨 후에 권선을 하게 된다(self-locking). 만약 에탄올이 기화되거나 열이 내리게 되면, 접착제가 다시 굳어져서 보이스 코일이 달라붙게 되는 것이다. 이 때에 4B1-B, SV 바니쉬와 LOCK 바니쉬 등을 접착제로 사용하게 된다.

(2) 보이스 코일의 종류

① 원형 코일 :

보이스 코일의 단면이 원형으로써, 코일을 보빈에 감게 되면 틈 사이가 크게 남는다. 따라서 보이스 코일이 감긴 단면적은 약 84% 정도에 불과하게 된다. 원형 코일의 하나인 폴리에스테르 에나멜선이 가장 많이 사용되고 있다.

② 각형 코일 :

정사각형, 직사각형 또는 육각형의 형태로 만들어진 코일을 말한다. 이를 보빈에 감게 되면, 전체 단면적의 약 98%까지 보이스 코일로 채울 수 있게 된다. 따라서 원형보다도 보이스 코일로 채워진 단면적의 비율이 높아지지만, 가격이 비싸지게 된다.

(3) 보이스 코일의 종류

① 무 보빈형(bobbinless type, moving coil) :

보빈이 없이 코일만이 감겨 있는 보이스 코일을 말한다. 주로 PA용, 이어폰용과 마이크로 스피커용에 많이 사용된다.

② 보빈형((bobbin type) :

보빈에 코일이 감긴 보이스 코일로써, 가장 일반적인 보이스 코일의 형태를 말한다.

(4) 마그네틱 코일의 재질

스피커의 보이스 코일은 에나멜선과 같은 마그네틱 코일(magnetic coil)을 사용하며, 재료에 따른 특성은 다음과 같다.

① 구리 :

알루미늄에 비하여 전도도와 비중(=8.9)이 크다.

② 알루미늄 :

구리에 비하여 전도도 및 비중(= 2.7)이 모두 작다. 그러나 보이스 코일을 감았을 때의 질량이 구리보다 적다(단면적 동일하게 유지하였을 경우에 구리에 비하여 저항은 1.6배 높아지지만 질량은 1/3로 감소).

③ CCA(Copper-Clad Aluminum) :

알루미늄은 공기 중에서 표면에 산화피막을 형성하기 때문에 납땜이 용이하지 않다. 이를 보완하기 위하여, 알루미늄 또는 알루미늄 합금 도선을 구리로 코팅하고 절연층과 접착층을 입힌 도선을 CCA라고 한다. 체적면에서는 알루미늄이 85~90% 정도를 차지하는 반면에 구리는 약 10~15% 정도에 해당하고, 질량면에서는 알루미늄이 약 73% 정도를 그리고 나머지 27%를 구리가 차지하게 된다. 구리의 코팅은 알루미늄 도선의 전도도를 높여 줄 뿐만 아니라(제조업자들은 구리 도선과 전도도가 동일하다고 주장) 밀도도 다소간 증가하여 단단해진다. CCA와 구리에 따른 밀도 및 전기저항의 특성차이를 아래의 (표15)에서 볼 수 있다.

④ 기타

High-Tension 도선은 구리 또는 CCA를 재료로 한 High-Tension 도선과 Super (Ultra) High-Tension 도선으로 다시 분류된다. 이들은 다른 도선들에 비하여 인장강도가 높기 때문에 마이크로 스피커에서 많이 사용하게 된다. 왜냐 하면, 마이크로 스피커에 사용되는 보이스 코일은 직경이 매우 작기 때문에 피로도와 단선에 보다 더 견딜 수 있는 높은 인장강도가 절대적으로 요구되기 때문이다. 그러나 전기저항의 경우에는 구리에 비해 다소 높은 편이다(표15). 전도도의 경우에는 구리와 유사하지만, 알루미늄이나 CCA에 비해서는 매우 높다(표15). 그리고 고급형 Hi-Fi용 스피커에는 Single Crystal Copper(OCC)가 사용되기도 한다.

[표 15] 재료에 따른 보이스 코일에 대한 특성 비교, 일본의 다이코쿠 및 도도쿠사 자료활용

	구리			알루미늄	Copper Clad Aluminum		
	Cu	High Tension	Super High Tension		10~15% CCA	High Tension	Super High Tension
전도도(%)	100	99.7	91	62~63	65~68	64	40
인장강도(N/mm^2)	215~264	335	370	68~107	98~137	147~196	215~264
질량(g/m)	8.89	8.89	8.89	2.70	3.63	3.63	3.63
전기저항(Ω/m)	8.85	8.88	9.51				
제조직경(mm)	0.015~ 0.450	0.025~ 0.070	0.035~ 0.070	0.100~ 0.300	0.030~ 0.450	0.15~ 0.400	0.15~ 0.400

[표 16] 구리 및 알루미늄 동선의 SWG와 AWG 규격

규격	SWG		AWG		규격	SWG		AWG	
	mm	inch	mm	inch		mm	inch	mm	inch
0	8.230	0.3240	8.252	0.3249	26	0.457	0.0180	0.404	0.0159
1	7.620	0.3000	7.348	0.2893	27	0.417	0.0164	0.361	0.0142
2	7.010	0.2760	6.543	0.2576	28	0.376	0.0148	0.320	0.0126
3	6.401	0.2520	5.827	0.2994	29	0.345	0.0136	0.287	0.0113
4	5.893	0.2320	5.189	0.2043	30	0.315	0.0124	0.254	0.0100
5	5.385	0.2120	4.620	0.1819	31	0.295	0.0116	0.226	0.0089
6	4.877	0.1920	4.115	0.1620	32	0.274	0.0108	0.203	0.0080
7	4.470	0.1760	3.665	0.1443	33	0.254	0.0100	0.180	0.0071
8	4.064	0.1600	3.264	0.1285	34	0.234	0.0092	0.160	0.0063
9	3.658	0.1440	2.906	0.1144	35	0.213	0.0084	0.142	0.0056
10	3.251	0.1280	2.588	0.1019	36	0.193	0.0078	0.127	0.0050
11	2.946	0.1160	2.304	0.0907	37	0.173	0.0068	0.114	0.0045
12	2.642	0.1040	2.052	0.0806	38	0.152	0.0060	0.102	0.0040
13	2.337	0.0920	1.829	0.0720	39	0.132	0.0052	0.089	0.0035
14	2.032	0.0800	1.628	0.0641	40	0.122	0.0048	0.079	0.0031
15	1.829	0.0720	1.450	0.0571	41	0.112	0.0044	0.071	0.0028
16	1.626	0.0640	1.290	0.0508	42	0.102	0.0040	0.064	0.0025
17	1.422	0.0560	1.151	0.0453	43	0.091	0.0036	0.056	0.0022
18	1.219	0.0480	1.024	0.0403	44	0.081	0.0032	0.051	0.0020
19	1.016	0.0400	0.912	0.0359	45	0.071	0.0028	0.046	0.0018
20	0.914	0.0360	0.813	0.0320	46	0.061	0.0024	0.040	0.0016
21	0.813	0.0320	0.724	0.0285	47	0.051	0.0020	0.036	0.0014
22	0.711	0.028	0.643	0.0253	48	0.041	0.0016	0.031	0.0012
23	0.610	0.0240	0.574	0.0260	49	0.031	0.0012	0.028	0.0011
24	0.559	0.0220	0.511	0.0201	50	0.025	0.0010	0.025	0.0010
25	0.508	0.0200	0.455	0.0179					

(5) 마그네틱 코일의 재질에 따른 특성

보이스 코일은 재질면에서 구리, 알루미늄과 CCA로 제작되고, 규격면에서는 SWG (Standard Wire Gauge), AWG(American Wire Gauge)와 KS에 의해 규정되고 있다. 우선 SWG와 AWG에 대한 규정을 살펴보면 [표 16]과 같다. 여기서 도선의 직경(인치단위)에 따른 AWG 규격을 아래의 식으로 계산할 수 있다.

$$\text{도선의 직경(인치)} = 0.127 \times 92^{(36-\text{AWG})/39}$$

[표 17] KS 규격에 따른 도선의 특성

KS C 3106 & 3107																
지름 (mm)	단면적 (mm^2)	절연층(mm) 0종		1종		2종		3종		구리 (20℃)			CCA (20℃)	
		최소절연두께	최대도선지름	최소절연두께	최대도선지름	최소절연두께	최대도선지름	최소절연두께	최대도선지름	질량 (g/m)	저항 (Ω/km)	도전률 (%)	질량 (g/m)	저항 (Ω/km)
0.020	0.00031					0.003	0.030	0.002	0.028	0.0027	56570	97.0 이상		
0.025	0.00049						0.037		0.034	0.0043	36210			
0.030	0.00070						0.044		0.040	0.0062	25140			
0.040	0.00125						0.056		0.052	0.0111	14140			
0.050	0.00196			0.005	0.083	0.004	0.069	0.003	0.064	0.0174	9050			
0.060	0.00282			0.006	0.096		0.081		0.075	0.0251	6287		0.013	9040
0.070	0.00334				0.106		0.091		0.085	0.0342	4572	98.0 이상	0.017	6630
0.080	0.00502			0.007	0.118	0.005	0.103		0.097	0.0446	3500		0.022	5080
0.090	0.00636			0.008	0.128		0.113		0.107	0.0565	2765		0.028	4020
0.10	0.00785	0.016	0.156	0.009	0.140		0.125		0.118	0.0698	2240		0.034	3250
0.11	0.00950		0.166		0.150		0.135		0.128	0.0844	1851		0.041	2690
0.12	0.01131	0.017	0.180	0.10	0.162	0.006	0.147	0.004	0.139	0.1005	1556		0.049	2260
0.13	0.01327		0.190		0.172		0.157		0.149	0.1180	1326		0.057	1920
0.14	0.01539		0.200		0.182		0.167		0.159	0.1368	1143		0.066	1660
0.15	0.01767		0.210		0.192		0.177		0.169	0.1571	995.7		0.075	1440
0.16	0.02011	0.018	0.222	0.011	0.204	0.007	0.189	0.005	0.181	0.1788	874.9		0.086	1270
0.17	0.2270		0.232		0.214		0.199		0.191	0.2018	775.0		0.096	1120
0.18	0.02545	0.019	0.246	0.012	0.226	0.008	0.211		0.202	0.2263	691.3		0.100	1000
0.19	0.02835		0.256		0.236		0.221		0.212	0.2520	620.6		0.120	900
0.20	0.03142		0.266		0.246		0.231		0.222	0.2793	559.9		0.130	812
0.21	0.03464		0.276		0.256		0.241		0.232	0.3079	507.9		0.150	737
0.22	0.03801		0.286		0.266		0.252		0.243	0.3379	462.9		0.160	672
0.23	0.04155	0.020	0.298	0.013	0.278	0.009	0.264	0.006	0.255	0.3694	423.4		0.170	613
0.24	0.04524		0.308		0.288		0.274		0.265	0.4022	388.9		0.190	564
0.25	0.04909		0.318		0.298		0.284		0.275	0.4364	358.4		0.200	520
0.26	0.5309		0.330		0.310		0.294		0.285	0.4720	331.4		0.220	482
0.27	0.05726		0.340		0.320		0.304		0.295	0.5090	307.3		0.240	446
0.28	0.06158		0.350		0.330		0.314		0.305	0.5474	285.7		0.250	415
0.29	0.06605		0.360		0.340		0.324		0.315	0.5872	266.4		0.270	387
0.30	0.07069	0.021	0.374	0.014	0.352	0.010	0.337	0.007	0.327	0.6284	245.6		0.290	361
0.32	0.08042		0.394		0.372		0.357		0.347	0.7149	215.9	99.3 이상	0.330	318
0.35	0.9621		0.424		0.402		0.387		0.377	0.8553	180.5		0.390	265
0.37	0.1075	0.22	0.446		0.424		0.407		0.397	0.9557	161.5		0.440	238

KS C 3106 & 3107														
지름 (mm)	단면적 (mm^2)	절연층(mm)								구리 (20℃)			CCA (20℃)	
		0종		1종		2종		3종						
		최소절연두께	최대도선지름	최소절연두께	최대도선지름	최소절연두께	최대도선지름	최소절연두께	최대도선지름	질량 (g/m)	저항 (Ω/km)	도전률 (%)	질량 (g/m)	저항 (Ω/km)
0.40	0.1257	0.023	0.48	0.015	0.456	0.011	0.439	0.007	0.429	1.117	138.1	99.3 이상		236.6
0.45	0.1590	0.024	0.532	0.016	0.508		0.490		0.479	1.414	109.2			185.9
0.50	0.1964	0.025	0.586	0.017	0.56	0.012	0.542	0.008	0.531	1.746	87.79			148.3
0.55	0.2376		0.646		0.62		0.592		0.581	2.112	72.56			128.1
0.60	0.2827	0.026	0.698		0.672		0.644		0.632	2.513	60.99			106.9
0.65	0.3318	0.027	0.752	0.018	0.724		0.694			2.950	51.96			90.64
0.70	0.3848	0.028	0.804	0.019	0.776	0.013	0.746			3.421	44.81			77.79
0.75	0.4418	0.030	0.860	0.020	0.830	0.014	0.798			3.928	39.03			67.50
0.80	0.5027	0.031	0.914	0.021	0.882	0.015	0.852			4.469	34.30			59.13
0.85	0.5675	0.032	0.966	0.022	0.934		0.904			5.045	30.38			52.23
0.90	0.6362	0.033	1.020	0.023	0.986	0.016	0.956			5.656	27.10			46.46
0.95	0.7088	0.034	1.072	0.024	1.038	0.017	1.008			6.301	24.32			41.60
1.0	0.7854	0.036	1.138	0.025	1.102		1.062			6.982	21.95	100.0		38.24
1.1	0.9503	0.037	1.242	0.026	1.204					8.448	18.14			31.43
1.2	1.131		1.342		1.304					10.05	15.24			26.27
1.3	1.327	0.039	1.448	0.027	1.408					11.80	12.99			22.31
1.4	1.539		1.548		1.508					13.68	11.20			19.16
1.5	1.767	0.041	1.654	0.028	1.612					15.71	9.757			16.65
1.6	2.011		1.754		1.712					17.88	8.574			14.60
1.7	2.270	0.042	1.856	0.029	1.814					20.18	7.595			12.90
1.8	2.545		1.956		1.914					22.63	6.775			11.48
1.9	2.835	0.044	2.062	0.030	2.018					25.20	6.082			10.29
2.0	3.142		2.162		2.118					27.93	5.487			9.272
2.1	3.464	0.045	2.266	0.031	2.220					30.79	4.977			8.399
2.2	3.801	0.046	2.368	0.032	2.322					33.79	4.536			7.643
2.3	4.155		2.468		2.422					36.94	4.150			6.984
2.4	4.524	0.048	2.574	0.033	2.526					40.22	3.811			6.403
2.5	4.909	0.049	2.678	0.034	2.628					43.64	3.512			5.898
2.6	5.309		2.778		2.728					47.20	3.248			5.448
2.7	5.726		2.878		2.828					50.90	3.011			5.051
2.8	6.158		2.978		2.928					54.74	2.800			4.690
2.9	6.605		3.078		3.028					58.72	2.610			4.369
3.0	7.069		3.178		3.128					62.84	2.439			4.080
3.2	8.042		3.388		3.338					71.49	2.144			3.605

국내에서의 규격은 KS C 3106과 3107에 규정하고 있다. [표 17]에서 보여주는 것처럼, 이들은 도선의 직경, 단면적, 질량, 저항, 허용오차, 절연층의 최소두께, 도선의 최대직경, 신장률, 도전율등을 포함하고 있다. 여러 가지 절연재료들에 의한 에나멜선의 절연층은 0종, 1종, 2종, 3종으로 분류되며, 순서대로 절연층의 두께가 얇아지게 된다. 절연층의 두께는 도선과 절연층의 재질에 관계없이 도선의 선경과 절연종에 따라서 동일하게 규정되어 있다. 그러나 저항과 도전률은 도선의 재료에 의해 달라진다.

여기서 저항은 상온(20℃)에서 도선의 길이에 저항률(Ω/km 또는 Ω/m)을 곱한 값으로 정의되며, 특정한 온도에서의 저항은 다음과 같이 계산된다.

$$RT = R_{20}[1 + \alpha_{20}(T_t - 20)]$$

여기서, RT, R_{20}, α_{20}, T_t는 온도 T에서의 저항, 20℃에서의 저항, 20℃에서의 정질량온도계수(1/℃)와 온도를 각각 의미한다. 구리 도선의 도전률에 따른 전기저항의 정질량온도계수(α_{20})는 아래의 (표18)와 같다.

[표 18] 구리의 도전률에 따른 정질량온도계수

도전률(%)	정질량온도계수(α_{20})	도전률(%)	정질량온도계수(α_{20})
93.0	0.00365	97.5	0.00383
94.0	0.00369	98.0	0.00385
95.0	0.00373	99.0	0.00389
96.0	0.00377	100	0.00393
97.0	0.00381		

스피커에 사용되는 보이스 코일에서 도선의 길이는 아래와 같이 구할 수 있다.

$$\text{도선의 길이}(\ell_{\text{wire}}) = \frac{2\pi \times \text{보이스 코일의 반경} \times \text{층수(권선층)} \times \text{권선폭}}{\text{도선의 최대직경}}$$

도전률은 KS C 3002에 의해 아래와 같이 구할 수 있다.

$$\text{도전률}(\%) = \frac{100 \times A_1}{\dfrac{R \times m_{\text{wire}}}{\ell_{\text{wire}}^2 \times C_1} + B_1(20 - T_t)}$$

여기서 R, m_{wire}, ℓ_{wire} 그리고 T_t는 전기저항(Ω), 도선의 질량(g), 도선의 길이(m), 온도를 의미하며, A_1, B_1, C_1는 아래의 [표 19]에 있는 상수를 말한다.

[표 19] 도전률을 계산하기 위한 A_1, B_1, C_1 상수값

	구리선	알루미늄선
A1	0.017241	0.017241
B1	0.000068	0.000113
C1	8.89	2.70

(6) 보빈 재료에 따른 특성

재 료	내열온도	특 성
Kraft	100℃	▸스피커에서 일반적으로 사용 ▸인화성이 높음 ▸내열성이 약함
알루미늄 (순도〉 99.9%)	200℃	▸높은 금속보빈 재료로 널리 사용 ▸강도가 높음 ▸가공성이 좋음
황동	300℃	▸높은 금속보빈 재료로 널리 사용 ▸중량을 이용하여 음질특성을 조정할 때 사용 (중량이 알루미늄에 비해 3.1배)
Nomex	150℃	▸방향족 폴리아미드 섬유로 제작(미국의 듀퐁사) ▸내열성이 강함(500℃) ▸내약품성, 전기적 특성, 유전율, 절연내력 등이 250℃까지 유지 ▸치수정밀도가 매우 높음 ▸온도 및 습도의 변화에 적용
TIL (FIB)	250℃	▸재료로 한 내열성 폴리이미드 적층판임 ▸내열성이 높음(200℃이상) ▸넓은 온도 범위에서 기계적 강도가 높음 ▸넓은 온도 범위에서 전기절연성이 높음 ▸난연성 ▸내화학 및 약품성이 우수 ▸재질이 너무 강해서 깨지기 쉬움
Kapton	350℃	▸열적 및 기계적 강도가 높음 ▸화학적으로 매우 안정됨 ▸내열성과 내한성이 높음(-290~400℃ 사용) ▸800℃이상에서 탄화되며, 용제에 녹지 않음 ▸필름의 재질이라 부드러움
운모 (Mica, 마이카)		▸열에 의해 탄화되지 않음 ▸불연성, 경도가 높음 ▸pro-audio용으로 사용

6) 접착제(adhesive)

(1) 접착이란

2가지 이상의 동종 또는 이종의 고체에 어떤 물질을 개입시켜 결합시키는 현상으로써, 이러한 현상을 도모하는 물질을 접착제라고 한다.

(2) 스피커 접착제의 종류

접착부분	접착제
플레이트와 영구자석	YS-310RC-05
	YS-310-02
	YS-311 RCG
프레임과 에지 또는 댐퍼	1661
	1663H
	1663M
	1663MB
	1663SL
	462
	464
	S-209
더스트 캡	211L
	307EL
리드선	1668B
	366Y

접착부분	접착제
진동판, 코일과 댐퍼	1663H
	1663M
	1663MB
	903
	SR-BOND-Y
	YJ-1661
	YS-353
	YS-53
에지 페인팅	233B
	5500Y
	AD-1Y
	D-747
	DA-829AY
	DA-891Y

4.5. 부품별 음향특성

1) 진동판

스피커의 진동판이 운동할 때에 나타나는 음향특성을 완벽한 강체로 만들어진 피스톤(rigid piston)의 운동해석을 통하여 이론적으로 예측할 수 있다. 다시 말하면, 스피커의 진동판을 완전한 강체의 피스톤으로 간주하여 진동판의 운동에 따른 음향특성을 예측하는 것이다. 피스톤의 운동이 공기 입자의 진동운동으로 전환될 때의 여러 가지 특성들을 표현하게 된다. 이 때 기계적인 공명에 의해 제어되는 최저공명진동수와 공기의 방사임피던스 특성에 의해 영향을 받는 최고공명진동수들이 한 예가 될 것이다.

일반적으로 방사 표면(진동판)의 크기가 클수록 저음의 재생에 적합하고, 작을수록 고음의 재생에 알맞게 된다. 진동판의 크기와 변위(진폭)도 매우 중요하다. 스피커의 출력과 변위를 동일하게 유지하는 가운데, 스피커의 진동판 크기와 주파수의 관계를 [그림 43]에서 볼 수 있다. [그림 43]는 진동판의 크기가 클수록 주파수가 낮아지고, 작을수록 주파수가 높아지는 것을 보여준다.

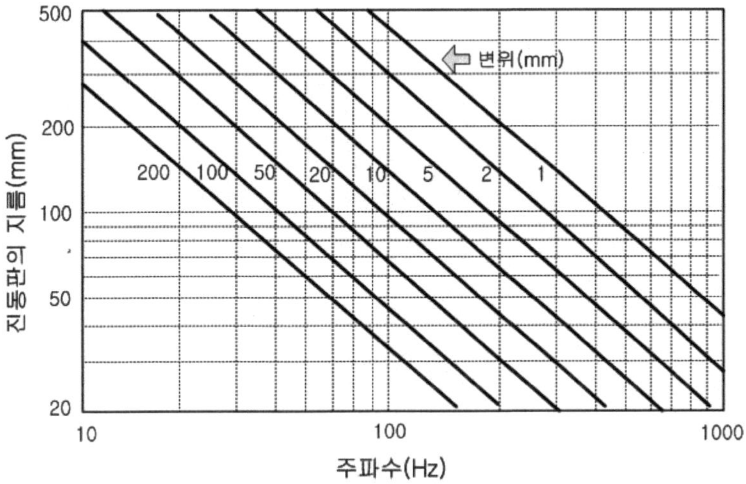

[그림 43] 1W를 방사하는데 필요한 피스톤의 변위

특정한 주파수에서 보면, 진동판의 크기가 감소할수록 동일한 출력을 위하여 변위가 증가하여야 함을 보여준다. 그러나 진동판의 크기가 커지면 진동판의 강성이 감소하는 특성을 갖기 때문에 전체적인 파워를 높이기 위해서는 여러 개의 스피커를 사용하여야 한다. 이러한 진동판의 재생특성 때문에, 인간이 들을 수 있는 가청주파수(20~20kHz) 대역을 모두 재생하기 위하여 진동판의 크기를 대·중·소로 나누어 저음은 우퍼(대), 중음은 미드레인지(중) 그리고 고음은 트위터(소)로 소리의 재생영역을 분할하게 된다.

만약 스피커의 진동판을 완전한 강체로 만들 수 있다면, 강체의 재질 또는 재생주파수에 관계없이 스피커의 진동판은 피스톤처럼 왕복운동을 하게 될 것이다. 그러나 스피커의 진동판을 피스톤처럼 완전한 강체로 만들 수가 없기 때문에, 보이스 코일에서 발생한 구동력이 보빈을 통하여 진동판에 전달되는 과정에서 스피커의 음향특성을 변화시키게 된다. 다시 말하면, 스피커의 진동판을 진동시키는 소리신호의 주기와 보이스 코일에서 만들어진 구동력이 진동판의 안쪽(보빈 부근)에서 바깥쪽(에지부근)으로 전달되어 가는 시간과의 차이에 의하여 스피커의 음향특성이 변화될 수 있다. 그러나 진동판이 완전한 강체가 아니더라도(진동판 재질이 유연성을 가지게 되면), 약 500Hz

이하의 저음영역에서는 소리신호의 주기가 구동력이 전파되는 시간에 비하여 길기 때문에 진동판의 모든 부분이 같은 위상으로 운동(완전한 강체로 만들어진 피스톤 운동)하게 된다. 이는 보빈에서부터 전달된 구동력이 진동판의 중심(더스트 캡 부근)으로부터 에지부분까지 진동판의 모든 영역에 골고루 전달되도록 소리신호가 위상을 바뀌지 않고 충분한 시간을 제공할 수 있다는 것을 말한다.

주파수가 높아지면 소리신호의 주기가 구동력이 에지까지 전달되는 시간보다도 짧아지게 된다. 이는 구동력이 진동판의 전역에 골고루 퍼지기 이전에 소리신호의 위상이 바꾸는 것으로써, 진동판의 위상이 실제 소리신호의 위상에 비하여 지연되는 결과를 가져오게 된다. 이로 인하여 진동판은 강체로 만들어진 피스톤처럼 운동을 할 수 없을 뿐만 아니라, 진동판에서는 분할진동이 점차적으로 발생하기 시작한다. 이런 경우에, 진동판의 재료특성이 스피커의 재생효율과 주파수 및 지향특성등에 대해 영향을 주게 된다.

한 예로써, 12인치, 6.5인치 그리고 1인치의 진동판을 가지는 스피커에서 피스톤 운동을 더 이상 하지 못하고 분할진동이 발생하기 시작되는 주파수가 500Hz, 1kHz 그리고 10kHz로 보고된 바 있다.

① 진동모드

동일한 진동판 내에서 분할진동이 일어난다고 하는 것은 진동판의 진동모드가 지역에 따라서 다르다는 것을 의미한다. 진동판이 강체가 아닌 다른 재질(강성)로 바뀌게 되면 진동판의 진동모드도 함께 변하게 된다. 진동판의 분할진동모드는 방사형 모드(radial mode, 그림44①)와 동심형 모드(concentric mode, 그림44②)로 나눌 수 있으며, 이들의 진동모드들이 혼합된 형태로 나타나기도 한다.

방사형 진동모드는 진동판의 재질이나 형상이 균일하지 못할 경우에도 일어나며, 에지와 접합되는 진동판 바깥부분(에지부근)의 원주가 파장의 정수배가 되는 주파수들에서 발생한다. 주로 저음영역에서 발생하며, 일반적으로 진동판의 중심으로부터 가장자리로 퍼져 나가게 된다. 방사형 진동모드는 진동판의 형상에 의하여 제어가 가능하다.

동심형 진동모드는 방사형 진동모드와는 달리 진동판의 재질이나 형상이 균일할 경우에 발생한다. 이는 잔잔한 호수에 돌을 던진 것처럼 웨이브(wave) 또는 리플(ripple)로 구성되며, 보이스 코일로부터 진동판의 가장자리(에지부분)까지의 거리가 파장의 정수배가 되는 고음영역의 주파수들에서 주로 일어난다. 그리고 방사형 진동모드처럼 진동판의 중심에서 가장자리로 퍼져 나온다. 이 때 웨이브의 숫자는 주파수에 의존하는데, 일반적으로 주파수가 높을수록 웨이브의 수가 증가한다. 일부의 리플들은 가장자리로부터 반사된 후에 안쪽으로 다시 되돌아와 다른 리플들과 간섭을 일으키기도 한다. 그러나 댐핑재료를 첨가한 에지에 의하여 리플이 반사되어 더스트 캡 쪽으로 반사되는 것을 방지할 수도 있다. 진동판의 동심형 진동모드는 웨이브와 리플들의 간섭으로 인하여 매우 복잡한 형태를 가지기도 한다. 이들 진동모드에서 일부는 보이스 코일의 운동방향과 동일한 위상(+)을 가지고 진동하게 되고, 나머지는 반대방향의 위상(−)을 갖게 된다. 이처럼 각각의 진동모드들이 서로 더해지기도 하고 상쇄되기도 하는 복잡한 관계들이 스피커의 주파수 특성에 나타나는 피크(peak)와 딥(dip)으로 보여지게 된다.

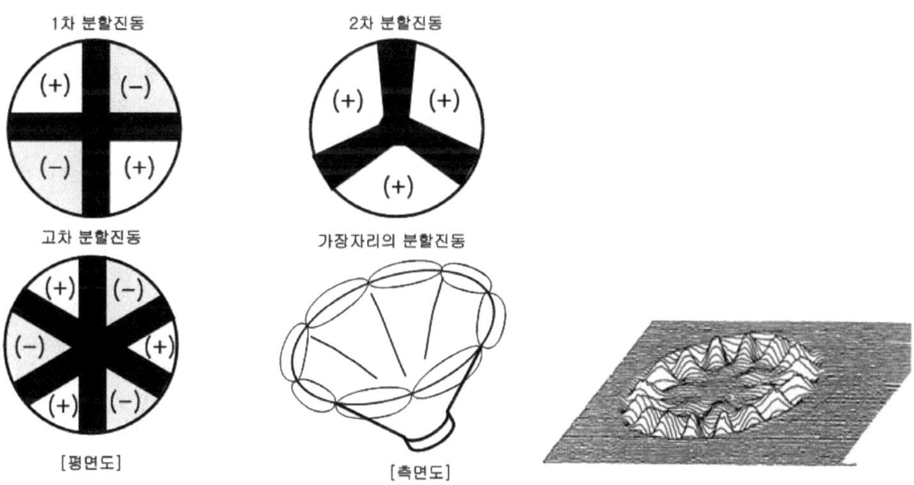

① 방사형 모드

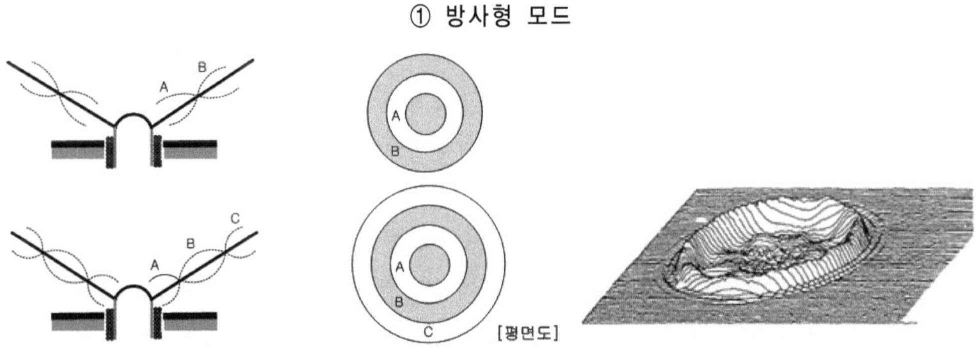

② 동심원 모드

[그림 44] 스피커 진동판의 진동모드

진동모드에 영향을 줄 수 있는 요소들을 살펴보면, 진동판의 각도, 실효면적 및 형상, 진동계의 실효질량, 보이스 코일의 지름, 진동판과 결합된 부위의 기계적 임피던스, 접착제의 특성, 진동판에서 댐핑을 제어하기 위한 코팅 또는 라미네이팅, 고음에서 댐퍼 또는 에지의 기계적 임피던스, 진동판과 에지의 접착특성 등을 들 수 있다.

주파수가 높아짐에 따라서 진동판의 운동변위가 감소하여 실질적으로 진동에 참여하는 면적이 감소하게 되는데, 이로 인하여 진동판의 중심(더스트 캡)부근에서만 진동을 하게 된다. 이처럼 실질적인 진동면적(실효면적)의 감소는 진동운동에 참여하는 공기의 양을 줄여 스피커의 출력감소로 나타나게 되며, 결국에는 최고공명주파수 이상에서 음압이 한 옥타브당 12dB씩 감쇄하는 특성(roll-off 현상)을 보이게 된다. 이 때 최고공명진동수를 보다 높게 얻기 위해서는 진동계의 질량을 가능한 낮추어야 하지만, 이는 보이스 코일의 인덕턴스에도 의존하게 된다.

② 형상

진동판의 형상(그림45, ①직선형, ②오목형, ③볼록형)에 의해 최고공명진동수 근처의 주파수 특성이 달라질 수도 있다. 직선형의 경우(그림45①)에 진동판의 두께가 얇고 기계적으로 비선형적일 경우에 기본주파수에 1/2, 1/3....의 주파수를 갖는 분수배음(sub-harmonics)들이 발생하는데, 대체로 첫 번째 sub-harmonic의 영향이 가장 크게 나타난다.

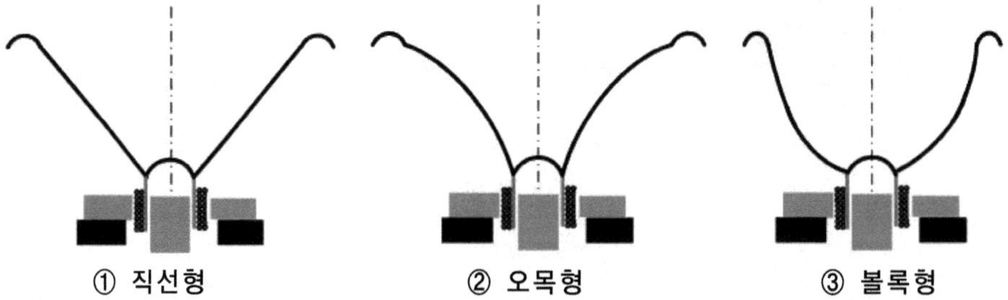

[그림 45] 스피커 진동판의 세 가지 형태

볼록형 진동판의 경우에는 오목형보다 최고공명진동수 부근에서 피크의 높이가 높으며, 피크의 위치는 진동판의 정각에 의하여 결정된다. 오목형에 비하여 주파수 대역이 좀 좁은 특징을 가진다. 그러나 오목형의 경우에는, 주파수 특성이 전반적으로 완만한 특성을 가진다. 최고공명진동수에서의 피크도 비교적 완만한 특성을 가지는데, 직선형

보다도 더 완만한 형태를 가진다. 그리고 피크의 위치는 볼록형처럼 진동판의 각도에 의존하며, 고음에서의 효율이 낮은 편이다. 그리고 주파수 대역이 직선형에 비하여 다소 좁으며, 진동판의 곡률에 의존하게 된다.

직선형 진동판(그림45①)에서 주로 발생하는 방사형 분할진동을 억제할 수 있는 진동판의 기하학적 강성(geometrical rigidity)을 높이기 위하여 진동판에 [그림 45②]처럼 곡률을 주게 된다. 이 때 보이스 코일과 진동판 그리고 진동판과 에지들이 연결되는 지점들 사이의 진동판을 직선이 아닌 곡률을 가지고 완만하게 연결하면 정재파의 발생을 억제할 수 있다. 뿐만 아니라, 최고공명주파수 근처에서의 출력을 다소 약화시켜 직선형보다는 전반적으로 완만한 주파수 특성을 갖게 한다. 그러나 진동판의 곡률이 너무 낮으면, 저음에서 고출력의 경우에 진동판이 공기저항에 대한 충분한 강도를 갖지 못할 수도 있게 된다. 대부분의 재료에서 곡선형 진동판을 위한 곡률은 hyperbolic law(그림46)에 따르면 대체로 무난하며, 진동판의 중심부(apex)의 형상과 접착제의 강도에 의해 진동판의 운동이 달라질 수도 있다.

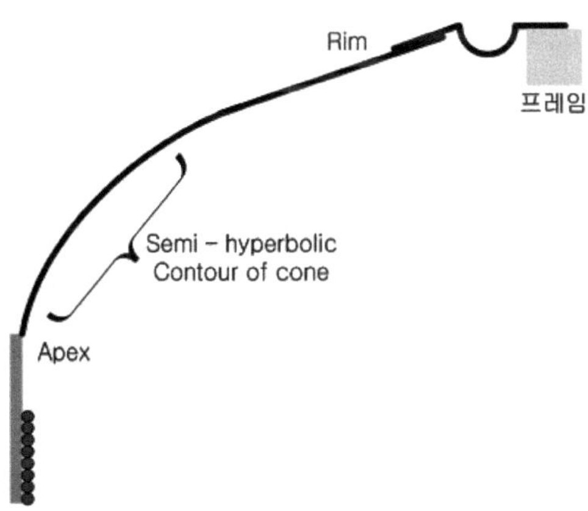

[그림 46] 진동판의 곡률

[그림 47] 스피커의 주름형 진동판

만약 진동판의 내부에 작은 주름을 만드는 경우에는 진동판의 질량증가는 최소화하는 가운데 강성을 보강하기 위함이다(그림47). 따라서 진동판에서 피스톤 운동의 한계를 보다 더 고음쪽으로 이동시키는 결과를 가져올 뿐만 아니라 저음에서 큰 진폭에 따른 진동판의 변형과 왜곡을 감소시키는 결과로도 이어지게 된다.

③ 진동판에서 깊이의 특성

동일한 소리라고 하여도 진동판의 가장자리(에지부근)에서 나오는 소리와 중심(더스트 캡 부근)에서 발생하는 소리는 시간지연에 따른 위상 차이를 갖게 된다. 다시 말하면, 보빈으로부터 진동판으로 전달되는 소리는 보빈(더스트 캡 부근)에서 가장자리까지 전달되는데 일정한 시간이 걸리게 된다. 따라서 중심에서와 가장자리에서 동시에 소리를 발생시키지 못하고 시간지연이 발생하게 되는 것이다. 특히 스피커의 중심축에서 진동판의 중심과 가장자리 사이의 깊이가 반파장이 되는 주파수에서 서로 소멸간섭이 발생하여 딥이 만들어지게 된다. 이 깊이를 크게 하면 작은 것보다 진동판의 강성이 높아서 고출력 스피커의 설계에 적당하지만, 소멸간섭을 일으키는 주파수가 낮아지게 된다.

④ 콘형 진동판의 각도

진동판의 형상에 따라서 음향특성이 변하는 것처럼, 직선형 진동판에서 콘의 각도에 의해서도 특성이 달라진다. 우선 평판형(straight-sided or true cone)의 경우를 살펴보면, 진동판이 얇고 가벼울수록 진동판의 강도가 감소하여 분할진동(bending mode)을 일으키는 주파수가 낮아지게 된다. 따라서 진동판의 강성(stiffness)을 높여야만 분할진동을 일으키는 주파수를 고음 방향으로 이동시킬 수 있게 된다. 그리고 진동판의 형태가 평판은 아니라고 하더라도 콘의 각도가 180°에 가까우면 스피커의 구조가 매우 약할 뿐만 아니라, 분할진동을 발생시키는 주파수도 평판형처럼 대체로 낮게 된다. 콘의 각도가 180°에서 점차 감소됨에 따라서, 강성이 증가하여 콘에서의 음속이 높아져서 분할(nodal)진동을 일으키는 주파수가 높아지게 된다. 그리고 동심형과 방사형 분할진동 모드가 모두 발생하게 된다. 만약 콘의 각도가 180°에서 더욱 감소하게 되면, 분할진동을 일으키는 주파수가 더욱 높아지게 되고, 방사형 분할진동이 주도적이며, 주파수특성이 완만하지 못하고 불규칙적으로 울퉁불퉁해지게 된다. 그러나 콘의 각도가 지나치게 감소하게 되면, 분할진동을 발생시키는 주파수가 더욱 높아지지만, 강성이 지나치게 증가하여 분할진동이 오히려 심하게 발생하게 된다. 그리고 진동판 재료에 스트레스가 커져 왜곡이 증가하지만, 진동판의 크기가 커질수록 진동판의 각도를 작게 제작하는 것이 바람직하다.

⑤ 진동판의 두께

진동판의 두께는 강성에 큰 영향을 주게 된다. 진동판의 두께가 두꺼울수록 질량이 증가하는 반면에 강성도 함께 높아지게 된다. 따라서 일반적인 펄프 진동판의 경우에는 약 0.2~0.3mm 정도의 두께를 갖는 반면에, 저음용 우퍼처럼 진폭이 큰 고출력의 경우에는 진동판의 두께를 더 두껍게(예 3mm) 설계한다. 만약 진동판의 두께증가에 의해 진동계의 질량만이 단순히 증가되면, 출력이 감소하게 될 것이다. 금속 진동판의 경우에는 일반적으로 0.2~0.35mm 정도의 두께를 사용하며, 샌드위치 진동판의 경우에는 두께는 두꺼워도 밀도가 낮게 된다.

⑥ 진동판 정렬

다이나믹 라우드스피커의 약점은 보이스 코일에서 발생된 구동력이 진동판의 일부분(보빈과 진동판이 접합되는 부분)으로만 전달된다는 것이다. 다시 말하면, 진동판의 전체에서 구동력이 균일하게 작동하는 것이 아니고, 보이스 코일 부근에만 커다란 스트레스(stress)로 작용하게 된다. 이로 인하여 스피커의 특성에 왜곡이 발생하게 되고, 심한 경우에는 진동판이 부러질 수도 있다(우퍼의 경우). 이러한 영향을 줄이기 위하여, 진동판의 강성을 증가시키거나, 스피커를 내자형(그림48)처럼 설계하고 보빈과 영구자석의 지름을 늘려서 보이스 코일과 에지 사이의 거리를 줄이게 된다. [그림 48]에서 보여주는 것처럼, 진동판을 두 개의 영역으로 나누고, 그 사이에 보이스 코일을 삽입하게 된다. 적당한 강성을 가진 진동판I의 경우에, 보이스 코일과 에지 사이의 거리가 짧아져서 진동판에 작용하는 스트레스가 감소하게 된다. 그리고 진동판II의 경우에는 돔(dome) 형태의 형상을 취하며, 진동판의 지름은 보빈의 지름과 일치하게 된다. 일반적으로 재질은 매우 얇고 가벼운 강체들로써 높은 강성을 가져야 한다. 이처럼 진동판에서 줄어든 질량을 보이스 코일에 부가시켜 보다 강력한 구동력을 만들어 내고, 이로 인하여 스피커의 효율이 향상되는 결과를 가져오기도 한다.

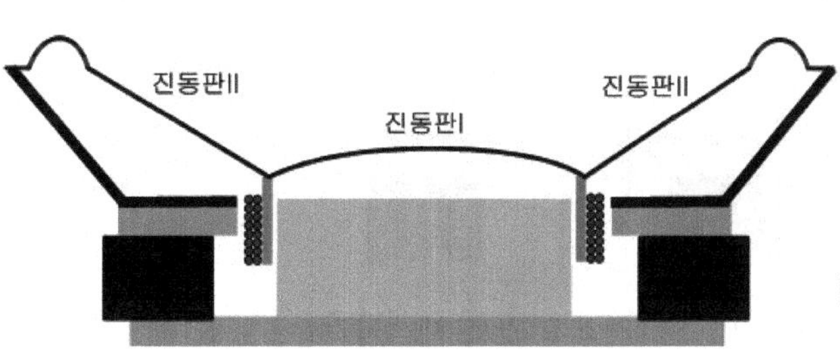

[그림 48] 강성 강화형 스피커

이러한 스피커를 스피커시스템에 활용할 경우에, 음향음원(acoustic source, 진동판과 보이스 코일이 접합되는 근처)과 인클로저의 배플 사이의 거리(a)가 짧아져서 트위터에서 재생된 소리와의 시간차이(t_1)를 줄일 수 있게 된다(그림49). 이는 스피커시스템에서 스피커들 사이의 진동판 정렬(더스트 캡을 기준)을 용이하게 하는 방법이 되기도 한다.

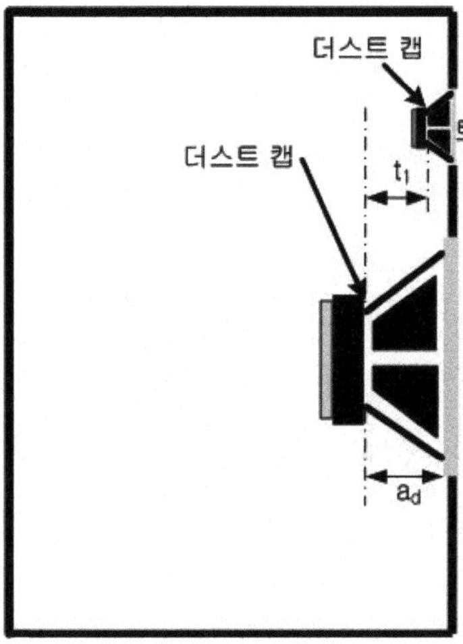

[그림 49] 스피커시스템의 진동판 정렬

⑦ 구면파의 형성

콘형 스피커에서 재생되는 소리는 평면파보다 구면파에 더욱 가깝다고 할 것이다. 그 이유는 적절한 각도를 가지고 콘의 형상으로 만들어진 진동판의 경우에 더스트 캡 부근(음향음원, acoustic source)과 진동판의 각 부분에서 나오는 음파들이 진동판을 진

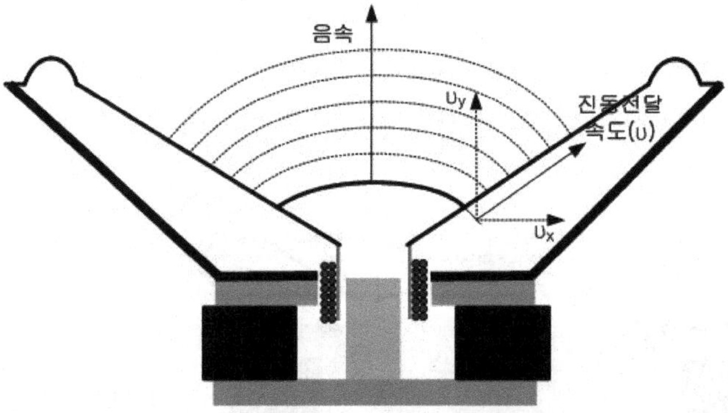

[그림 50] 스피커의 구면파 재생원리

행하는 시간만큼 지연되기 때문이다(그림50). 여기서 구동력의 전달속도(υ)란 스피커의 구동력이 보빈으로부터 진동판으로 전달된 후에, 진동판의 더스트 캡 부근으로부터 에지부근의 진동판 영역으로 구동력(진동)이 확산되어 갈 때의 속도를 의미한다.

⑧ 진동영역

스피커의 진동판에서 실질적으로 진동에 참여하는 영역은 주파수에 따라서 달라진다. 이는 적당한 내부손실을 지닌 재료를 진동판으로 사용하거나, 진동판에 주름(콜루게이션)을 만들 경우에 발생한다. 만약 스피커의 재생주파수가 낮아지면, 진동판의 전체 면적이 동일한 변위로 왕복운동을 하게 된다. 그러나 주파수가 높아짐에 따라서 진동판에서 실질적으로 진동을 하게 되는 면적은 점차적으로 감소하게 된다. 만약 주파수가 매우 높아지면, 진동판의 중심(더스트 캡 부근)에서만 진동하게 될 것이다(그림 51).

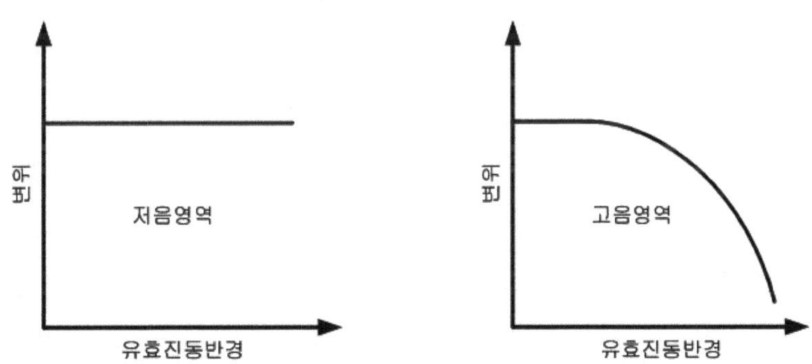

[그림 51] 주파수에 따른 진동판의 진동영역

⑨ 분수배음모드(sub-harmonics mode)

진동판에 전달되는 기계적 힘이나 지지계의 강성들의 균형이 맞지 않아서 비선형적이 되는 경우에 진동판이 중심축에 대한 정확한 수직운동이 어려워진다. 이로 인하여, 기본주파수의 1/2, 1/3...등의 주파수에 해당하는 분수배음(sub-harmonics)들이 발생하게 되는데, 일반적으로 첫 번째의 분수배음이 가장 영향이 크게 된다. 두께가 얇은 평판형 진동판과 Leaf나 리본 진동판에서도 sub-harmonics가 자주 일어나는데, 그 결과로써 rocking(일본인은 "rolling"이라 함) 음이 발생하게 된다.

2) 더스트 캡

자기 갭의 간격을 살펴보면, 트위터처럼 1mm 이하로부터 대구경 우퍼와 같이 1cm 이상까지도 있다. 그러나 보이스 코일이 자기 갭에서 운동할 때 플레이트 또는 폴피스와 부딪히지 않도록 하는데 필요한 간격(clearance)과 열로 인한 보이스 코일의 부피 팽창을 추가로 고려하는 가운데, 이 간격을 작게 하면 할수록 자기장의 밀도(세기)는 증가하게 된다. 진동판에 부착되어 있는 보이스 코일이 자기 갭의 내부에 위치하게 되면, 보빈과 폴피스 사이에 작은 입자형태의 이물질이 들어갈 수 있는 좁은 공간이 만들어진다. 이처럼 이물질이 자기 갭의 내부에 유입되면 여러 가지 문제를 일으킬 수 있기 때문에, 보빈과 폴피스 사이의 공간을 더스트 캡으로 덮는 것이다.

일반적으로 더스트 캡은 구멍이 없는 고형성(solid) 재료와 작은 구멍을 많이 가지고 있는 다공성(porous) 재료로 만들어진 경우들로 크게 분류할 수 있다. 그러나 보빈과 폴피스 사이의 자기 갭에 이물질의 유입을 방지하기 위한 더스트 캡은 재질 형태에 따라서 특성이 달라진다. 우선 공기의 출입을 허락하지 않는 고형성 더스트 캡을 사용할 경우에, 진동판의 상하운동에 의하여 더스트 캡과 폴피스 사이에 존재하는 작은 공간의 공기압력이 감소 또는 증가하게 된다(댐퍼 아래의 공간에서도 같은 현상이 발생). 이처럼 공기의 압력변화는 진동판의 정상적인 운동에 영향을 줄 수 있는데, 진동판의 높은 속도에서 교란(turbulence)에 의한 "chuffing"으로 불리는 소음을 발생시킬 수도 있다. 이러한 소음의 발생을 방지하기 위하여, 제조업체에서는 일반적으로 두 가지 방법을 사용하고 있다. 첫 번째는 폴피스와 바텀 플레이트에 작은 구멍을 뚫어서 이 공간에 있는 공기의 출입을 허용하는 것이다. 두 번째는 진동판과 접착된 부근의 보빈에 구멍들을 뚫어서 마찬가지로 공기의 출입을 허용하는 방법이다.

만약 더스트 캡이 다공질 재료로 만들어지면, 고형성 더스트 캡처럼 공기의 압력변화 문제는 발생하지 않게 된다. 그러나 다공성 더스트 캡은 다른 종류의 문제들을 발생시키는데, 첫 번째는 더스트 캡의 공기 구멍들이 스피커시스템(인클로저) 내부에서 발생하는 공기압력의 배출구 역할을 하는 것이다. 비록 더스트 캡에 존재하는 작은 구멍들을 통한 공기압력의 유출정도가 어느 정도의 공기 출입을 자유롭게 만든 에지(lossy edge)에서 나타나는 정도에 비하여 작기는 하지만, 스피커시스템의 음질특성에 미치는 영향을 완전히 무시할 수는 없을 것이다. 두 번째는 진동판이 폴피스 방향으로 운동할 때에 더스트 캡으로부터 공기 입자들이 진동판의 표면으로 분출되는 것이다. 이처럼 갑작스런 공기의 분출은 진동판의 운동에 반대되는 방향으로 힘이 작용하게 되며, 이로 인하여 스피커의 주파수 특성에 영향을 주게 된다. 이러한 이유들로 인하여, 더스트 캡에 공기구멍들의 존재가 좋지 않은 결과를 초래할 수도 있다. 그러나 다공성 더스트 캡을 사용하는 기본적인 목적 중에 하나가 보이스 코일에서 발생되는 열을 스피커 밖으로 방출시키기 위한 수단으로 사용하는 경우도 있다.

더스트 캡의 사용은 스피커 설계자의 의도이던지 또는 의도가 아니던지 간에 관계없이 스피커의 컴플라이언스나 Q값에 영향을 줄 수 있다. 더스트 캡은 스피커의 고음영역 부근에서의 주파수 특성에도 영향을 줄 수 있다. 그 이유를 살펴보면, 고음영역에서 실질적인 진동판의 진동은 중심부근으로 제한되기 때문에 더스트 캡의 재질과 형상이 고음영역의 특성에 영향을 줄 수 있는 것이다. 고형성 더스트 캡이 다공성보다도 주파수특성에 더 큰 영향을 주는 경향이 있다(그림52).

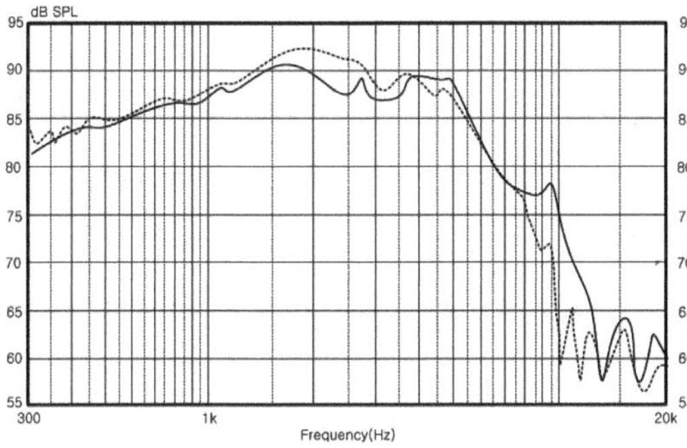

① 실선: porous close, 점선: doped cloth

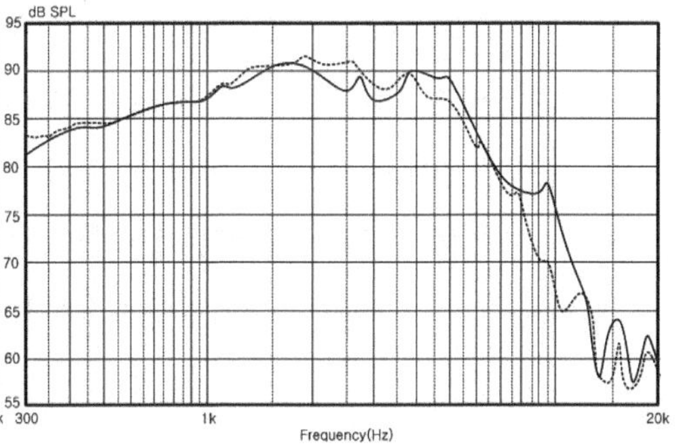

② 실선: porous close, 점선: soft PVC

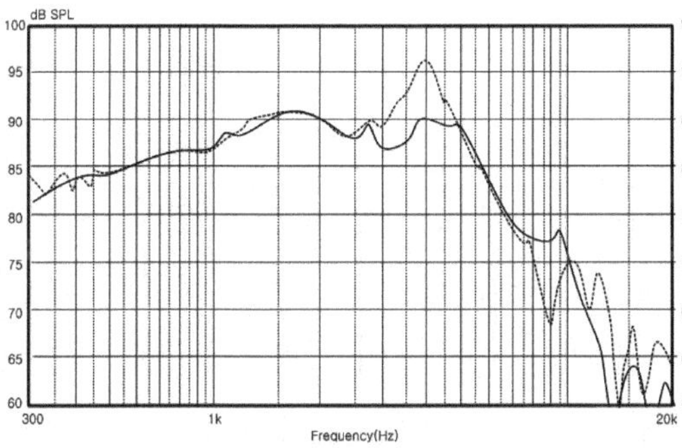

③ 실선: porous close, 점선: hard plastic

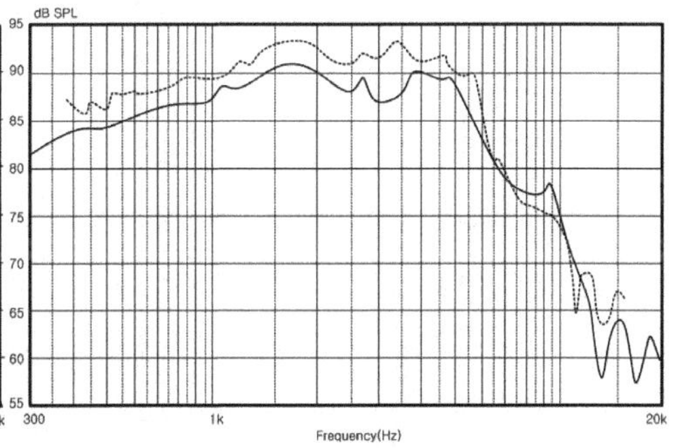

④ 실선: porous close, 점선: hard plastic inverted

[그림 52] 더스트 캡의 재질에 따른 주파수 특성

3) 보이스 코일과 보빈

스피커에서는 2Ω, 4Ω, 6Ω, 8Ω 등의 전기임피던스 값을 일반적으로 사용하게 되는데, 이러한 저항은 보이스 코일에 열을 발생시켜 보이스 코일 주변의 온도를 높이게 된다. 높은 출력에서 발생되는 많은 발열이 보이스 코일의 절연물질을 태워 버리거나 보이스 코일의 저항을 높이는 결과들로 이어져 스피커의 출력을 추가적으로 저하(heat compression)시키게 된다.

보이스 코일은 여러 가지 재질의 보빈에 감을 수가 있다. 이 때 보빈 재질의 종류에 따라서 스피커의 틸-스몰 매개변수 값들과 고음영역의 주파수특성이 변할 수도 있다. 보이스 코일을 설계할 경우에는 보이스 코일의 지름, 권선높이, 임피던스, 보빈의 재질(작은 질량, 강도 및 내열성등), 전도성(aluminum 또는 copper), 저항(단위길이당 전기저항, 단면적, 게이지등), 권선법(층수)등을 고려해야 한다. 보빈의 재질은 전도성(conductive)과 비전도성(non-conductive) 재료로 크게 나눌 수 있다. 가장 많이 사용되고 있는 전도성 보빈은 대체로 알루미늄과 두랄루민의 얇은 박막으로 만들어진다. 두랄루민의 경우에는 강도(strength)가 높기 때문에 진동판 변위(excursion)가 커지더라도 진동판과 연결되는 목 부분의 변형을 피할 수 있다. 알루미늄 보빈의 경우에는 연속적인 실린더의 형태가 아니고, 보빈의 길이 방향으로 작은 슬릿(slit)을 가진다. 이 슬릿은 맴놀이 전류의 발생을 방지할 뿐만 아니라 보빈과 보이스 코일들의 서로 다른 열팽창을 고려한 것이다. 전도성과 비전도성(유리섬유, 캡톤등) 보빈들 사이의 특성을 살펴보면, Q_{MS} 값과 고음영역에서 주파수특성의 차이를 볼 수 있다.

보이스 코일을 보빈에 감는 방법에 의해서도 주파수특성이 변할 수 있다. 만약 보이스 코일의 길이를 증가시켜 보빈에 넓게 감으면(권선폭을 증가) 감을수록 보이스 코일의 턴 수가 증가함과 동시에 스피커의 출력을 감소(roll-off)시키는 인덕턴스가 커지게 된다. 보이스 코일의 인덕턴스는 보빈 또는 폴피스의 지름과 보이스 코일의 턴 수들 사이의 조합(combination)에 의해서도 달라질 수 있지만, 가장 일반적이면서 뚜렷하게 스피커의 인덕턴스 차이를 만들어 내는 것은 보빈에 감기는 보이스 코일의 권선층(layer)수라고 할 수 있다. 일반적으로 우퍼를 만들 때에 보이스 코일의 층수는 2층권 또는 4층권을 사용하고, 서브우퍼의 경우에는 출력을 높이기 위하여 4층권을 사용한다. 이처럼 보이스 코일의 층수를 달리하는 작업은 스피커의 주파수특성을 조정하는데 활용되기도 한다(그림53). 예를 들면, 동일한 조건에서 보이스 코일이 4층권인 경우에 출력감소(roll-off)가 시작되는 주파수가 2층권의 경우에 비하여 낮아지기 때문이다. 이런 경우에 별도의 네트웍을 사용하지 않고 2-way 방식의 스피커시스템을 구성할 수도 있다.

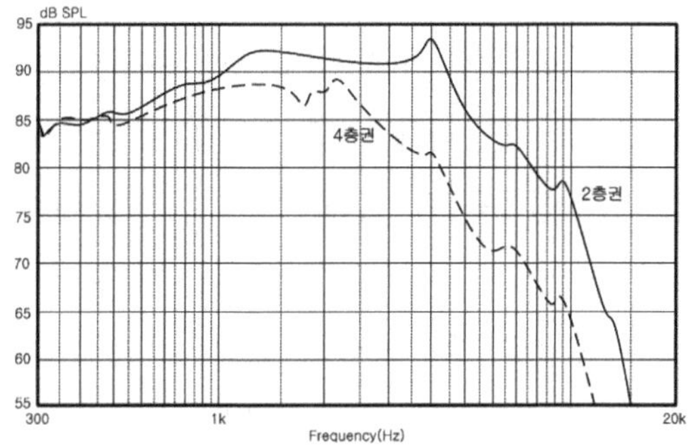

[그림 53] 보이스 코일의 권선층에 따른 주파수 특성

실질적으로 최대효율은 자기 갭이 보이스 코일로 완전히 채워져 있을 때에 일어날 수 있지만, 이는 불가능하다고 할 수 있다. 왜냐하면, 자기 갭 안에는 보빈의 두께와 보이스 코일의 운동을 원활하게 하는 최소한의 공간 그리고 보이스 코일의 열팽창들에 대비한 공간들이 필요하기 때문이다. 그리고 보이스 코일의 질량과 전도도(conductivity) 사이에는 중요한 관계가 있다. 예를 들면, 구리의 경우에 전도도가 좋고 비중이 8.9인 반면에, 알루미늄의 전도도는 구리의 60%에 해당하고 비중은 2.7로써 낮다. 이와 같은 구리와 알루미늄 보이스 코일을 스피커에 사용할 경우에 각각 다른 음향특성을 보이게 된다. 예를 들면, 고출력을 위한 우퍼에서 구리로 만들어진 보이스 코일의 질량은 알루미늄에 비하여 무거우며, 이들 사이의 질량차이는 출력을 높이는데 부담으로 작용하게 될 것이다. 그러나 각형 알루미늄 보이스 코일을 사용하게 되면, 보이스 코일의 단면적과 자기 갭의 크기는 커지게 된다. 이 때 동일한 영구자석을 사용하게 되면 자기 갭에서의 구동세기($B\ell$, motor strength)는 다소 감소하게 된다. 그러나 보이스 코일의 질량을 포함한 진동계의 유효질량이 감소하여 출력이 향상될 것이다.

보이스 코일의 질량이 증가한다고 해서 스피커의 출력이 항상 감소하는 것은 아니다. 다시 말하면, 보이스 코일의 질량이 커지게 되면, 영구자석의 크기를 증가시켜 구동력을 보강할 수도 있다. 그리고 자기회로의 효율을 높이거나 또는 진동판의 질량을 줄여서 출력을 동일하게 유지할 수도 있다.

스피커의 출력은 구동세기($B\ell$)와 진동계의 질량에 의존하게 된다. 구동세기를 증가시키기 위해서는 영구자석의 자기밀도(B)를 높이거나 보이스 코일의 형상(원형 또는 각형)을 바꿀 수 있다. 그리고 보이스 코일의 직경이나 권선층의 선정과 자기회로 형태(오버형형, 동일형, 언더형형)에 의해 자기 갭에 존재하는 보이스 코일의 길이(ℓ)를 증가시킴으로써 구동세기를 증가시킬 수도 있다(그림54). 오버형형 우퍼의 경우(그림54①)에 보이스 코일의 권선폭을 탑 플레이트의 두께에 대해 2~3배 정도가 일반적이다. 일부의 보이스 코일만이 자기 갭의 내부에 위치하기 때문에 입력파워의 많은 부분이 저항에 의해 소모되어 스피커의 효율로 연결되지 못하고 있다. 그러나 자기 갭의 내부에 위치하는 보이스 코일의 길이가 항상 일정하게 유지할 수 있어서 선형적 운동변위가 대체로 큰 편에 속한다. 만약 권선폭을 증가시키게 되면 열적 파워핸들링이 증가하지만, 진동계의 질량과 인덕턴스를 동시에 증가시켜 중/고음 영역의 출력이 감소하게 된다.

언더형형(그림54③)의 경우에는 모든 보이스 코일이 항상 자기 갭의 내부에 위치하여 선형적으로 운동하지만, 권선폭이 좁아서 구동력이 낮아질 수 있기 때문에 높은 영구자석의 세기(자기밀도)가 요구된다. 그리고 보이스 코일에서 발생하는 열을 쉽게 폴피스 또는 탑 플레이트로 이동시켜 냉각효율이 높게 된다.

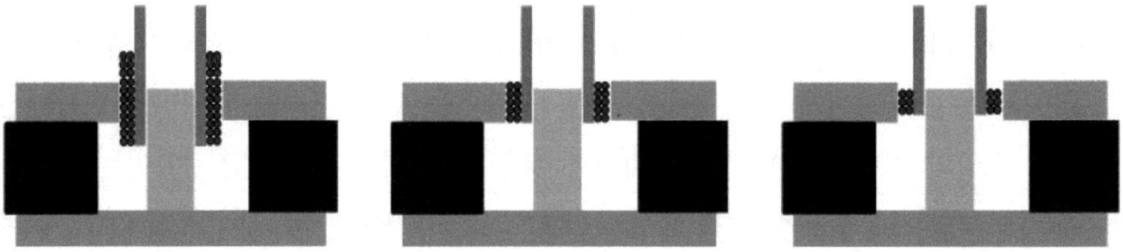

① 오버형형 ② 동일형 ③ 언더형형

[그림 54] 자기회로의 형태

스피커에 사용되는 보이스 코일의 형상은 크게 네 가지로 분류할 수 있다. [그림 55 ①]에서 보여주는 것처럼, 보이스 코일의 형태가 원형인 경우를 첫 번째로 들 수 있다. 이는 가장 일반적으로 사용되는 보이스 코일의 형상이기는 하지만, 보빈에 감길 때에 [그림55 ①]의 "빈공간"과 같이 보이스 코일로 채워지지 않는 빈 공간이 많이 생기게 된다. 그러나 보이스 코일의 형상을 정사각형이나 직사각형의 형태로 바꾼다면 빈 공간을 매우 감소시킬 수 있다.

만약 [그림 55②]처럼 보이스 코일을 정사각형의 형태로 만들었을 경우에, 효율이 얼마나 높아지겠는가에 대해 정량적으로 대답하는 것은 매우 어렵다. 비록 원형과 정사각형 보이스 코일들이 형상만을 제외한 길이, 직류저항, 질량 그리고 보이스 코일의 단면적까지 모두 동일하다고 하여도, 정사각형의 경우에 원형보다 고밀도 권선(better packing)에 의하여 보이스 코일이 감기는 권선폭이 감소하기 때문이다. 이는 진동판의 선형운동 범위와 오버형형에서 보이스 코일의 권선폭을 감소로 이어진다. 그러나 보이스 코일의 권선폭을 동일하게 할 경우에는 보이스 코일의 길이가 길어져서 각형 보이스 코일의 턴 수가 증가하여 저항이 동반적으로 상승하는 효과를 가져 올 것이다.

[그림 55③]에서 보여주는 것처럼, 보이스 코일의 형상이 직사각형일 경우를 살펴보자. 만약 직사각형 보이스 코일이 원형 보이스 코일과 동일한 단면적을 가지고 있다면, 질량과 단위길이당 저항들이 서로 동일하게 된다. 그리고 원형의 지름이 직사각형의 너비와 동일하다면, 길이 및 보이스 코일이 감기는 권선폭까지도 동일하게 된다. 이 경우에 이들 사이의 구동세기가 서로 동일하겠지만, 직사각형의 두께가 원형일 경우에 비하여 약 25% 정도가 감소하게 된다. 이는 자기 갭의 폭을 감소시켜, 동일한 자기장의 세기를 기준으로 하였을 때에 영구자석의 크기를 축소시킬 수 있게 된다. 다시 말하면, 영구자석의 크기를 약 25%까지 감소시킬 수 있게 된다. 만약에 동일한 자석을 사용할 경우에는 구동세기가 대략적으로 10~15% 향상될 수 있다. 실질적으로 작은 스피커에서는 각형 보이스 코일을 사용함에 의해 얻을 수 있는 영구자석의 단가절약은 각형 보이스 코일의 구입을 위해 추가되는 가격상승요인보다 작을 수 있다. 따라서 각형 보이스 코일은 영구자석의 가격이 상대적으로 높은 대구경 스피커나 작은 자기효율을 갖는 경우에 사용된다. 자기 갭에서 약 10% 정도의 자기밀도(B)를 높이는 효과는 보이스 코일이 아닌 자기회로의 개선으로도 도모할 수 있다. 보이스 코일의 형상에 의해 스피커의 효율을 개선하기 보다는 보이스 코일의 재료(구리 또는 알루미늄)의 교체로부터 효율을 향상시키는 것이 좀 더 효과적일 수 있다. 왜냐하면 보이스 코일의 형상에 의해 스피커 효율이 변하기도 하지만, 그 차이가 크지 않기 때문이다.

정사각형이던지 아니면 직사각형이던지 간에 각형 보이스 코일은 원형에 비하여 또 다른 장점을 가지고 있다. 각형 보이스 코일을 권선하는 과정에서 인접한 보이스 코일들 사이에 서로 접촉하는 면적이 넓어서 쉽고 강하게 접착시킬 수 있게 된다. 따라서 보빈에 각형 보이스 코일을 감는 것이 아니고, 보빈을 제거한 상태에서 보이스 코일(self-supporting voice coil, 그림55④)만으로 권선을 할 수도 있다. 이런 경우에 보빈의 두께만큼 자기 갭의 폭을 추가로 줄일 수 있을 뿐만 아니라, 진동계의 질량도 보빈의 질량만큼 감소하게 된다. 그리고 보이스 코일의 양쪽 면이 자기 갭의 내부에 있는 공기와 플레이트에 직접적으로 노출되어 냉각효율도 상승하게 될 것이다. 이처럼 보빈의 제거와 각형 보이스 코일의 고밀도 권선에 따른 복합적 효과는 자기 갭의 폭을 감소시킬 수 있게 된다. 대구경 우퍼의 경우에는 약 25% 또는 2dB 정도까지도 출력을 향상시킬 수 있다. 작거나 저출력 스피커의 경우에 보빈이 제거되지 않으면(self-supporting voice coil형이 아니면) 성능을 대비한 생산원가 면에서 커다란 이득이 발생하지 않을 수도 있다. 그러나 미드레인지나 트위터의 경우에 각형 보이스 코일을 사용하게 되면 보이스 코일이 고밀도로 감기게 되어 구동력(진동)의 전파속도가 향상되는 효과를 부가적으로 가질 수도 있다.

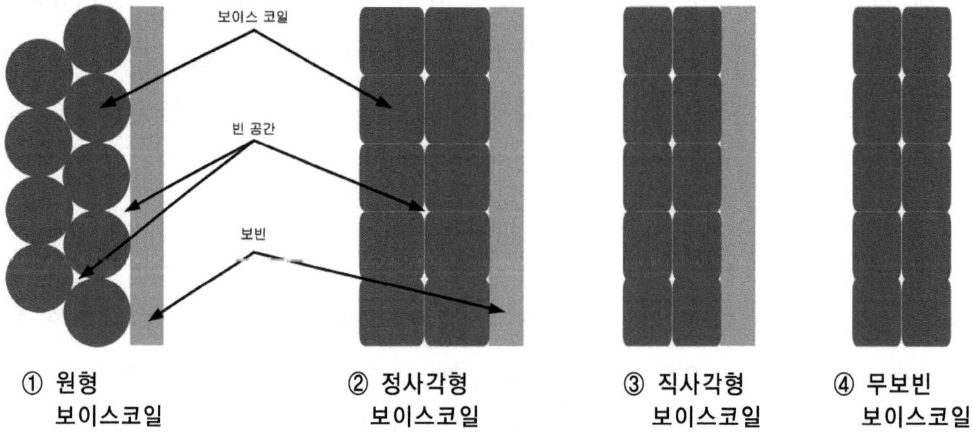

[그림 55] 보이스 코일의 여러 가지 형상

보이스 코일의 권선형태에 의한 자기회로의 종류는 오버형(overhung)형, 동일형(equal-length)과 언더형(underhung)형 등으로 크게 나눌 수 있다(그림54). 일반적으로 구동세기는 $B\ell$로 표현된다. 그러나 최근에는 구동세기를 $B\ell$이 아닌 $(B\ell)^2/R_E$의 형태로 하는 것이 더 바람직하다고 주장하는 경우가 있다. 만약 자기 갭의 높이

(h_{gap})와 보이스 코일의 권선높이가 동일한 경우의 구동세기를 평균 자기장(B)과 보이스 코일의 길이(ℓ_A) 그리고 DC저항(R_{EA})으로 다시 쓰면 다음과 같다.

$$\text{언더형형 또는 동일형의 구동세기} = \frac{(B\ell_A)^2}{R_{EA}}$$

그러나 보이스 코일의 권선높이($h_{gap} + \Delta h_{gap}$)가 자기 갭보다 큰 오버형형의 경우에는 구동세기가 달라진다. 보이스 코일의 길이(ℓ_B)와 DC저항(R_{EB})은 아래와 같이 다시 쓸 수 있다.

$$\ell_B = \frac{\ell_A(h_{gap} + \triangle h_{gap})}{h_{gap}}$$

$$R_{EB} = \frac{R_{EA}(h_{gap} + \triangle h_{gap})}{h_{gap}}$$

따라서 오버형형의 구동세기는

$$\text{오버형형의 구동세기} = \frac{(B\ell_A + B_{out}\ell_A\frac{\triangle h_{gap}}{h_{gap}})^2}{\frac{R_{EA}(h_{gap} + \triangle h_{gap})}{h_{gap}}}$$

또는

$$\text{구동세기} = \frac{(B\ell_A + B_{out}\ell_A\xi)^2}{R_{EA}(1+\xi)}$$

여기서 B_{out}와 ξ는 자기 갭 외부에서의 평균 자기장과 $\triangle h/h$를 의미한다.

오버형형의 경우에 자기 갭의 내부에 존재하지 않는 보이스 코일의 부분이 커질수록 효율이 좋지 않게 된다. 그러나 보이스 코일의 선형적 운동에 따른 고음질을 얻기 위하여 언더형형을 선택하게 된다. 언더형형의 경우에는 영구자석의 크기를 증가시켜야 하는 비경제성과 질량증가로 인하여 많이 사용되지 않고 있다. 트위터의 경우에는 진동판이 분할진동을 하기 때문에 동일형, 오버형형 아니면 언더형형이던지 간에 큰 의미를 갖지 못하는 반면에, 우퍼는 오버형형과 언더형형으로 많이 설계된다. 그러나 [그림 56]에서 보여주는 것처럼, 트위터에서는 보이스 코일의 질량이 진동판과 공기 질량을 합친 것과 동일할 경우에 효율이 가장 높음을 알 수 있다.

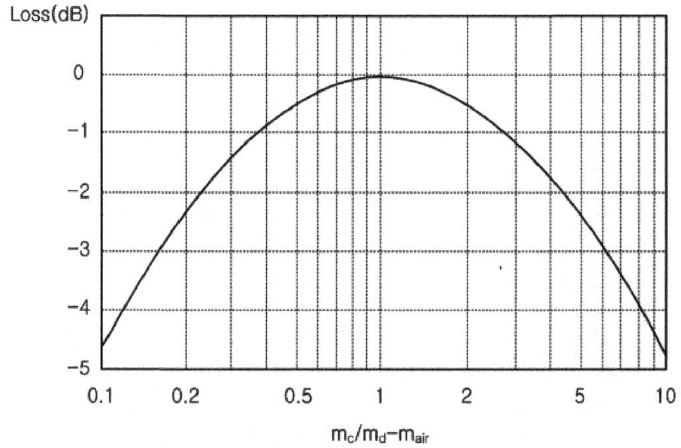

[그림 56] 트위터에서 질량의 매칭에 따른 효율

4) 에지와 댐퍼

에지와 댐퍼같은 지지계에서 강성(stiffness)에 의한 힘은 변위의 3승(*Olson*에 의해 주장)에 비례하는 형태의 비선형적으로 주어진다. 이러한 힘은 스피커의 왜곡을 감소시키는데 활용될 수 있다. 예를 들면, 구동세기가 커지게 되면 지지계의 강성에 의한 비선형적 형태의 힘(nonlinear stiffness force)이 증가하여 진동판의 변위가 지속적으로 선형적이 되도록 작용한다. 이런 경우에 있어서, 스피커에서 가장 중심이 되는 힘은 지지계의 강성에 의해 주어지게 된다. 구동세기가 일정하면서 강성에 의한 힘보다 클 경우에 스피커에 작용하는 전체적인 구동력은 선형적이 될 것이다. 지지계의 비선형적인 힘은 직류(DC)성분에 의한 구동력의 왜곡을 감소시키는데 충분하지만, 교류(AC)의 구동력 성분에서 직류 오프셋(DC offset)을 방지하기 위해서는 부족하게 된다.

에지와 댐퍼에 의해 제공되는 강성은 진동판이 얼마나 수월하게 혹은 어렵게 운동할 수 있는가를 나타내는 양이라고 할 수 있다. 스피커의 전체 컴플라이언스(유연성)는 대략적으로 80%를 댐퍼에서 제공하고 나머지 20%는 에지에 의해 제공된다고 할 수 있다. 일반적으로 페놀성 레진(phenolic resin)을 천으로 만들어진 롤(roll)에 스며들게 하던지 또는 댐핑제(damping chemical)를 사용하여 지지계의 강성을 조정하게 된다. 지지계의 강성과 선형성을 평판형 디스크에서는 구멍으로 조정하고, 일반적으로 컵 모양의 주름(corrugation)을 통해 모양, 숫자, 간격, 두께 또는 화학적 처리 등으로 정밀하게 조절된다. 그러나 저가형 스피커의 경우에 있어서, 에지의 주름은 에지가 공명을 일으키는 것을 방지할 수 있는 댐핑 기능이 매우 취약해지기도 하며, 진동판의 선형적 직선운동에 영향을 주는 경우들도 많이 있다.

높은 컴플라이언스를 갖는 에지를 만들기 위하여 직물 또는 섬유에 plastiflex나 polyvinylacetyl등을 스며들게 하기도 한다. 그리고 Neoprene 또는 가소성(plasticized) PVC등의 재질을 사용하는 경우도 있다. 특히 PVC의 경우에는 가소제로 dibutyl sebacate를 사용할 경우에 물성을 바꿀 수도 있기 때문에 사용해서는 안된다. 이처럼 지지계의 물성에 의하여 스피커의 주파수특성이 많이 변하게 된다. 고무를 에지의 재료로 사용하였을 경우에 폼(form)이나 산토프렌(santoprene)보다 전반적인 주파수특성이 우수하다고 할 수 있으며, 특히 고음영역에서의 주파수특성은 매우 완만하게 된다(이 결과는 재료의 변형에 따라서 다른 결과를 가져 올 수도 있음).

에지와 댐퍼의 일부분은 진동판과 함께 운동을 하기 때문에, 진동계의 유효반경 또는 유효질량에 고려대상이 되기도 한다. 특히 에지의 경우에 진동판의 운동에 참여하는 부분으로 인하여 진동계의 질량이 증가하여 효율이 감소되지만, 댐퍼의 경우에는 운동부위가 적고 가벼워서 진동계의 질량증가를 일반적으로 무시할 수 있다. 댐퍼는 초창기 시절에 매우 얇은 디스크의 형태로 제작되었으나, 요즘은 직물에 레진(phenolic resin)을 스며들게 한 주름형태로 많이 제작된다. 이 때 Q_{MS}값, 댐핑정도와 최저공진주파수에 영향을 주는 댐퍼의 강성은 레진의 양으로 조절하게 된다.

5) 영구자석

스피커의 출력효율은 영구자석의 최대에너지적($BH_{\max}$, kJ/m^3)값에 의존한다. 자기회로에서의 최대출력은 외부 자기저항과 내부 자기저항이 서로 같을 경우에 발생한다. 여기서 외부 자기저항에는 자기 갭에서의 자기저항(reluctance, 자기장의 흐름을 방해하는 일종의 저항)이 가장 큰 기여를 하게 되며, 플레이트와 폴피스에 의한 자기저항을 포함하는 반면에, 내부 자기저항은 영구자석의 자기저항을 의미한다. 자기 갭에서의 공기에 의한 자기저항이 가장 크게 된다. 플레이트와 폴피스의 자기저항은 이들로 사용되는 재료들의 자기유도 특성곡선(그림57)에 의하여 예측할 수 있다. 각각의 플레이트와 폴피스가 [그림 57]에서 나타나는 포화상태(saturation)까지 이르기 위해서는 영구자석의 자기밀도가 커야 하는데, 이런 경우에 누설자속도 동시에 커지게 된다. 대체로 BS970 EN1A와 순철이 가격에 대비하여 좋은 특성을 보여주며, 높은 자기밀도를 원한다면 가공성이 떨어지고 열처리를 필요로 하는 Permendur를 사용하여야 한다. 주조 철(cast iron)의 경우에 플레이트와 폴피스로 사용하기가 적합하지 않다.

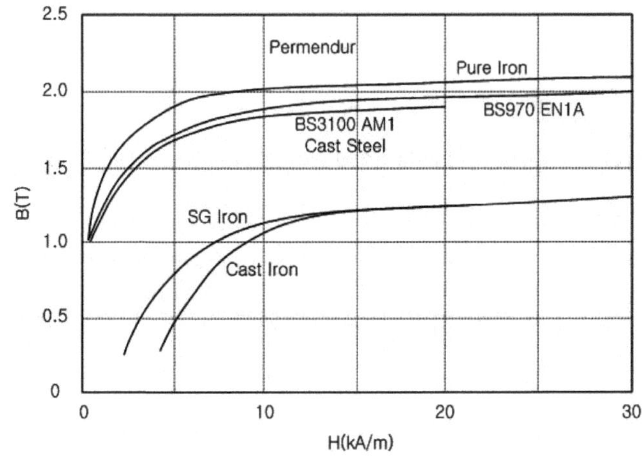

[그림 57] 폴피스 재료에 따른 자기유도 특성

스피커에서 영구자석은 보이스 코일이 운동하게 되는 자기 갭의 내부에 자기장(radial magnetic field)을 만들기 위해서 필요하다. 만약 자기 갭의 간격(radial spacing)이 증가하면, 자기저항(reluctance)도 그만큼 증가하기 때문에 자기 갭의 내부에 같은 양의 자기밀도(B)를 유지하기 위해서는 영구자석의 체적이 커져야 한다. 만약 자기 갭의 높이(보이스 코일의 축 방향)를 증가시켰을 경우에는 자기장의 밀도가 감소하게 되어 자기 갭의 내부에 같은 양의 자기장을 유지시키기 위해서 영구자석의 체적이 마찬가지로 커져야 한다. 따라서 자기 갭에서의 자기밀도는 영구자석의 체적에 의존하게 되고, 이는 자기 갭의 체적과도 대체적으로 비례하게 된다.

영구자석에서 나온 모든 자기장이 자기 갭을 통과하는 것은 아니다. 즉 자기회로로부터 자기장의 누설이 발생하기 때문에, 자기회로를 가급적이면 짧게 만드는 것이 바람직하다. 그리고 이상적인 자기회로의 설계법 중에 하나는 자기장이 가장 자연스럽게 흐를 수 있도록 자기회로를 설계하는 것이다. 만약 자기장을 강제적으로 흐르게 하면 누설자속의 양이 그만큼 커져서 영구자석의 크기를 증가시켜야 할 것이다.

[그림 58①]처럼 일반적인 도너스형 영구자석을 살펴보면, 영구자석에서 나온 자기장이 바깥쪽으로만 형성되는 것을 볼 수 있다. 자석의 내부(구멍쪽)에서는 마주 보는 지점과 극성이 서로 같아서 척력이 작용하기 때문에 자기장이 구멍의 안으로는 들어오지를 못하게 된다. 도너스형 페라이트 영구자석을 사용하여 외자형으로 만든 스피커의 자기회로를 [그림 58②]에서 보여준다. 이 때에 자기 갭의 내부로 통과해야 하는 자기장의 방향은 [그림 58①]에서 설명한 바와 같이 자연적으로 흐르기 어려운 방향(역방향)이다. 따라서 자석의 외부로 흐르는 자속(스피커에서는 활용할 수 없는 자속이라 하여 "누설자속"이라 칭함)의 양이 많아지게 되는데, 이를 감소시키기 위하여 폴피스를 사용하게 된다. 그리고 [그림 58③]과 같이 보이스 코일(보빈)의 직경을 증가시키고 영구자석을 보이스 코일의 안쪽에 위치(내자형 형태)시키면, 자속의 흐름을 자연적인 방향(순방향)으로 만들 수가 있다. 이는 자속의 흐름을 순방향으로 만들어 누설자속의 양을 무시할 수 있을 정도로 감소시키게 될 것이다.

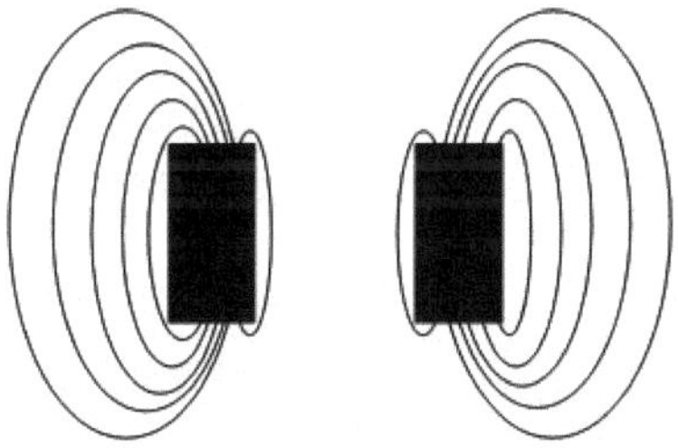
① 도너스형 영구자석의 자기장 분포

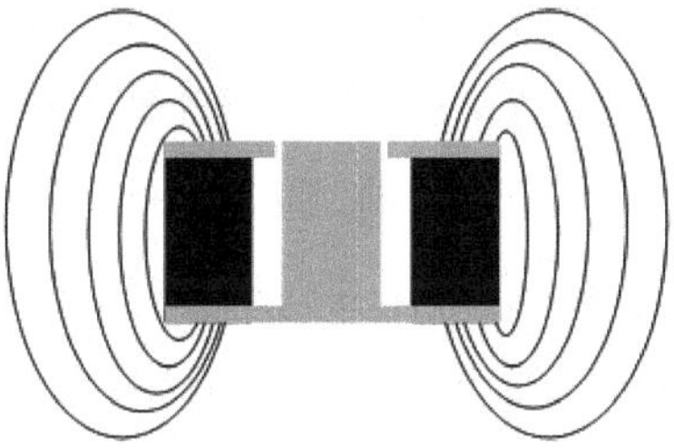
② 도너스형 페라이트 자석을 이용한 자기회로

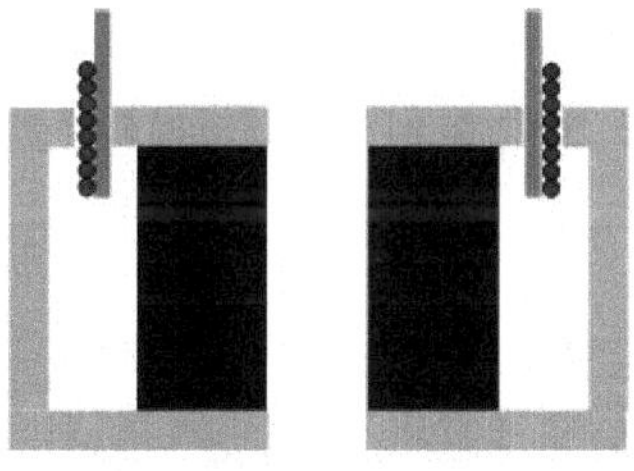
③ 보이스코일의 직경을 늘린 내자형 자기회로

[그림 58] 스피커 자기회로에서의 자기장 분포

고출력 스피커의 경우에는 네오디움 자석을 사용하는 경우가 많이 있다. 이 때 네오디움 자석의 최대에너지적(BH_{max})이 매우 커서 영구자석의 체적이 클 필요가 없기 때문에 내자형으로 설계할 수 있다. 따라서 내자형 설계에 의해 자기장의 흐름을 순방향으로 유도할 뿐만 아니라 스피커의 자기회로가 최소화되어 누설자속이 매우 작게 발생하게 된다. 단지 네오디움의 가격이 비싼 편이기는 하지만, 스피커의 동일한 특성을 유지하는데 필요한 영구자석의 양이 작아서(페라이트 양의 약 10% 이하) 경제성도 크게 나쁜 것은 아니라고 할 수 있다. 페라이트 자석을 사용할 경우에 최대에너지적이 작아 체적이 커지게 되기 때문에 실제로 내자형 형태로 설계하는 것은 매우 어렵다.

자기회로를 설계할 경우에 가장 먼저 하는 일은 $B\ell$값을 계산하는 것이다. 이는 보이스 코일의 지름, 두께, 자기 갭의 내부에 위치하는 길이와 자기밀도등에 의존한다. 다음은 보이스 코일이 원활하게 운동할 수 있도록 자기 갭 내에서 보이스 코일의 안쪽과 바깥쪽의 공간(clearance)을 결정하여야 한다. 특히 바깥쪽의 공간은 보이스 코일의 발열로 인한 보이스 코일의 직경이 팽창하였을 경우까지를 추가적으로 고려하되, 최소한의 공간으로 하는 것이 바람직하다.

앞에서도 지적한 바와 같이, 최대출력을 얻기 위해서는 외부 자기저항과 내부 자기저항이 서로 동일한 것이 바람직하다. 이 때 외부 자기저항인 자기 갭의 자기저항(reluctance)은 폴피스의 자기저항을 고려하여 약 10% 정도를 높여서 계산하게 된다. 자기 갭에서의 자속밀도(B)가 정해지면, 자기 갭에서의 전체 자속(total gap flux)은 자기 갭의 면적에 자속밀도(B)를 곱하여 구해진다. 이 때 자기회로에서의 누설자속을 고려한 약 5~10%정도를 영구자석의 자속밀도에 더 고려하게 된다. 특히 대구경 외자형 페라이트 자석의 경우에는 누설자속을 30%까지도 고려할 수 있다. 영구자석의 최대에너지적(BH_{max})에서의 자속밀도는 전체 자속을 영구자석의 단면적으로 나누게 되면 얻을 수가 있다. 그리고 전체 자기저항은 전체 자속에 자석의 구동력(magnetomotive force)을 곱하면 구해지고, 영구자석의 높이는 영구자석의 구동력을 최대에너지적(BH_{max}) 지점에서의 H값으로 나누면 된다.

공명진동수 근처의 주파수들에 대한 특성(Q값)은 보이스 코일의 저항, 영구자석의 자기밀도(B)와 자기 갭의 내부에 들어있는 보이스 코일의 길이등에 의해 달라진다. Q값에 대한 특성을 살펴보면, 영구자석에서 나온 자기밀도(B)가 [그림 59②]보다 강하게 되면 [그림 59①]처럼 댐핑(over-damping)이 과도하게 발생하여 공명진동수 부근이 낮아지지만, 중고음대역은 [그림 59②]보다 출력이 상승하게 된다. 그러나 영구자석에서 나온 자기밀도(B)가 [그림 59②]보다 약하면, 언더 댐핑(under-damping)이 발생해 공명진동수 부근은 높아지게 되는 반면에, 중·고음대역은 [그림 59②]보다 출력이 감소하게 된다.

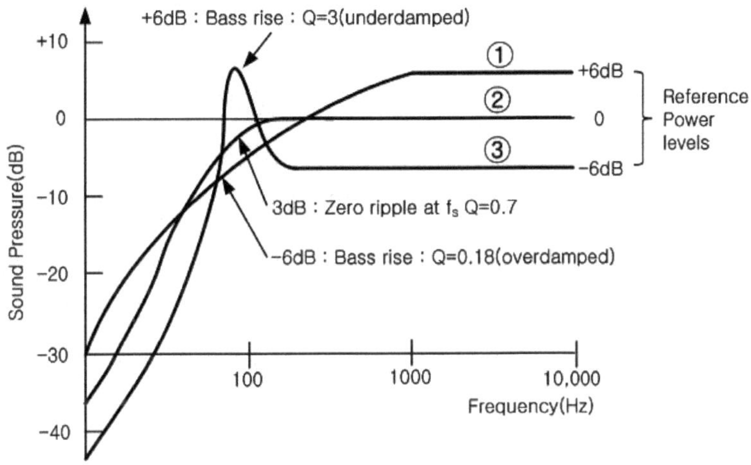

[그림 59] 영구자석의 강도에 따른 공명주파수 근처의 주파수 특성

6) 프레임

스피커에서 프레임의 기본적 역할은 스피커의 부품들을 고정시키고, 유닛이 인클로저에 고정될 수 있도록 하는 것이다. 그러나 프레임의 재질과 설계/제작은 스피커의 자기장과 열적특성에 영향을 줄 수 있다. 영구자석, 플레이트와 폴피스들을 합친 전체 질량은 매우 크다. 따라서 프레임은 스피커의 형상이 항상 일정하도록 충분한 강성을 가진 강체(rigid)이어야 한다. 그렇지 않으면, 자기 갭의 공간에 변형이 발생하여 보이스 코일이 플레이트 또는 폴피스에 접촉하게 될 것이다.

스피커의 진동판이 전진운동을 할 때에 발생하는 힘과 동일한 힘이 뉴톤의 제3법칙인 작용과 반작용의 원칙에 의하여 영구자석을 포함한 자기계에 발생하게 된다. 그러나 자기회로의 질량은 진동판의 질량에 비하여 거의 100배 정도 크다고 할 수 있다. 따라서 진동판의 운동에 따른 자기계의 반발력을 지탱하는 것과 프레임의 강도는 서로 무관하다고 할 수도 있다.

프레임은 주조 합금(cast alloy), 철강(pressed steel) 그리고 인젝션 조형법(injection molding) 등의 재질과 방법으로 만들어진다. 철재로 만든 프레임을 사용하게 되면 누설자속이 증가하여, 같은 출력을 확보하기 위해서는 영구자석의 크기를 증가시켜야 할 것이다. 그러나 알루미늄과 플라스틱 프레임에서는 누설자속이 추가로 발생하지는 않는다.

고출력 스피커의 최대 관심사 중에 하나가 보이스 코일에서 발생한 열을 어떻게 발산시킬 것인가이다. 다시 말하면, 보이스 코일에서 발생한 열은 플레이트와 폴피스들을 통하여 영구자석으로 이동한 후에 대기 중의 공기에 의하여 냉각된다. 만약 프레임을 알루미늄으로 제작한다면, 알루미늄의 높은 열전도율로 인하여 열을 좀 더 효율적으로 냉각시킬 수 있을 것이다. 그러나 열전도율이 낮은 플라스틱 프레임은 보이스 코일에서 발생하는 열이 많지 않은 경우에 사용된다. 프레임의 대량생산을 위하여 캐스팅(casting)보다는 다이-캐스팅(die-casting) 방법이 사용되는 반면에, 작은 양이나 프로토 타입등을 위해서는 주조(casting) 프레임 방법을 활용하기도 한다.

제 05 장. 스피커의 음향학적 특성변수

5.1. 평면파(plane wave)와 구면파(spherical wave)

x축으로 누워있는 원통형의 실린더 안에서 피스톤이 x축 방향으로 운동하여 음파를 생성시킨 경우에 2차원(x축과 y축)적인 음압분포를 생각하여 보자. 이 때 x축을 고정시키고 y축의 위치에 따른 음압분포를 고찰하면 모든 y지점에서의 음압이 동일하게 된다. 다시 말하면, 음압이 최대가 되는 지점(파면)들을 연결하면 x축에 수직한 평면을 얻게 될 것이다. 이처럼 파면의 형상이 평면인 음파를 평면파(plane wave)라고 한다. 그러나 잔잔한 호수의 수면 위에 돌을 던지는 경우에, 수면의 파동이 원의 형태로 퍼져나가는 것을 볼 수 있다. 이와 같이 음원을 중심으로 하여 파면이 원형(2차원) 또는 구형(3차원)으로 퍼져나가는 형태의 음파를 구면파(spherical wave)라고 한다. 일반적으로 소리(음파)는 대부분이 구면파의 형태로 발생된다. 이처럼 구면파의 형태로 발생한 음파가 음원으로부터 멀어진 경우에는 구면파라기보다 평면파로 간주할 수 있다. 그 이유는 음원으로부터 거리가 멀어짐에 의하여 곡률반경이 커지게 되고, 이로 인해 구형의 일부분은 하나의 평면으로 간주될 수 있기 때문이다.

5.2. 횡파(transverse wave)와 종파(longitudinal wave)

운동장에 놓여진 줄다리기용 밧줄을 생각하여 보자. 밧줄의 한 쪽 끝을 가급적 빠른 속도로 높이 들었다가 놓으면 웨이브(wave)가 만들어지게 되고 이것은 밧줄의 다른 쪽 끝으로 이동하여 갈 것이다. 이처럼 웨이브는 한 쪽 끝에서 다른 쪽 끝으로 이동하여 가지만, 웨이브의 형상을 갖는 밧줄 자체가 실질적으로 이동하여 가는 것은 아니다. 다시 말하면, 밧줄은 그 자리에서 밑에서 위로 올라갔다가 다시 밑으로 내려오는 상하운동만을 하였을 뿐으로 옆(횡)으로 이동하지는 않는다. 이처럼 입자의 운동방향과 파동의 이동방향 사이의 각도가 90도인 파동을 횡파(transverse wave)라고 한다. 그러나 소리(음파)의 경우에는 공기의 입자들이 운동(진동)하는 방향과 음파가 전달되어 가는 방향이 서로 동일하게 된다. 따라서 입자의 운동방향과 파동의 이동방향이 서로 동일한 경우의 파동을 종파(longitudinal wave)라고 한다.

5.3. 주파수(frequency, f)와 파장(wavelength, λ)

음파(소리)의 경우에 있어서, 공기의 압력이 대기압을 기준으로 하여 주기적으로 높아졌다가 낮아졌다가를 반복하게 된다. 이처럼 1초 동안에 공기의 압력변화가 몇 번 일어나는지를 나타내는 물리량을 주파수라고 한다. 예를 들어, 1초 동안에 음압의 최고 또는 최저압력이 100번 반복되었을 때의 주파수는 100Hz가 되는 것이다.

음압이 최소에서 최대가 된 후에 다시 최소가 될 때까지 걸리는 시간을 또는 최대에서 최소가 된 후에 다시 최대가 될 때까지 걸리는 시간을 주기라고 한다. 다시 말하면, 음파가 동일한 음압(최대, 최소, 또는 이들 사이)으로 돌아오는데 걸리는 시간을 주기(T)라고 한다. 다시 말하면, 어떤 주기운동이 한 사이클(cycle)을 완성하는데 걸리는 시간을 주기라고 한다.

공간상에서 보면(예를 들어 x축 상에서), 음압의 분포가 연속적으로 달라지는 것이 주기적으로 나타나게 된다. 따라서 음압이 최소(또는 최대)에서 최대(또는 최소)가 된 후에 다시 최소(또는 최대)가 될 때까지의 거리를 파장(λ)이라고 한다. 다시 말하면,

어떤 주기운동이 한 사이클(cycle)을 완성하는데 필요한 거리를 파장이라 한다.

주파수, 파장, 음속 그리고 주기 사이에는 아래와 같은 관계를 가진다.

$$주파수(f) = \frac{음속(c)}{파장(\lambda)} \qquad 파장(\lambda) = \frac{음속(c)}{주파수(f)}$$

$$주파수(f) = \frac{1}{주기(T)}$$

5.4. 파수(wave number, k)와 각진동수(angular frequency, ω)

파수(wave number, k)라 함은 어떤 주파수의 파장이 1m에 몇 번 들어가는지를 나타내는 물리량이다($k = 1/\lambda$). 그러나 정현파에서는 2π를 파장으로 나눈 값으로 파수를 정의하는 경우가 많으며, 라디안(radian)으로 표시한다. 따라서 파수를 아래와 같이 쓸 수 있다.

$$파수(k) = \frac{2\pi}{파장(\lambda)}$$

파수를 다시 각진동수(angular frequency, ω)의 형태로 표시하면,

$$파수(k) = \frac{각진동수(\omega)}{음속(c)} \quad (2\pi = \frac{\omega}{f},\ c = f \cdot \lambda)$$

여기서 각진동수는 아래와 같이 진동수(f)를 라디안 값으로 표시한 것이다. 다시 말하면, 1초 동안에 반복된 사이클(cycle)의 수를 의미하는 주파수에 2π를 곱한 값으로 각진동수를 정의한다.

$$각진동수(\omega) = 2\pi \times 진동수(f)$$

5.5. 음압(sound pressure, p)

공기 중에서 음파가 전달되는 과정을 생각하여 보자. 만약 밀폐된 공간에 아무런 음파가 없다면, 그 공간의 공기압력은 대기압(1기압 = 1013mbar) 상태를 유지하게 될 것이다. 여기서 공기압력은 공기의 밀도(density)와 깊은 관계를 가지고 있다. 그러나 동일한 공간에 음파가 존재한다면 각 지점에 따른 공기압력이 다소간 달라질 것이다. 이처럼 음파라고 하는 것은 공기의 압력변화가 공간상으로 전달되어 가는 것을 의미하는데, 대기압 상태로부터 공기압력의 변동분을 음압(sound pressure, p)이라고 한다. 어떤 공간에 소리가 존재할 경우에 대기압이 얼마나 변화할 것인가? 소리로 인한 대기압의 변화는 대략 1μbar정도로써, 대기압의 100만분의 1에 해당하는 매우 작은 변화이다. 인간이 지각할 수 있는 대기압의 변동분(음압)에 대한 대략적 범위는 가장 작은 소리인 20μPa(아주 작은 풀벌레 소리)에서부터 가장 큰 소리에 해당하는 20Pa(제트기 이륙할 때 소리)까지이다.

5.6. 음압레벨(sound pressure level, SPL)과 데시벨(decibel)

음압레벨(sound pressure level, SPL)은 측정음압과 기준음압 사이의 비를 상용로그 함수의 형태로 나타낸 레벨로써, 아래와 같이 정의한다.

$$SPL = 20\log_{10}\left(\frac{p}{p_o}\right)\,[\mathrm{dB}]$$

여기서 p는 측정하고자 하는 대상음압이고 p_o는 기준음압으로써 인간이 들을 수 있는 가장 작은 소리의 음압(= $2\times10^{-4}\mu$bar)을 의미하며, 데시벨(dB)의 단위로 나타낸다. 실제로 음압레벨 자체는 log10$(p/p_o)^2$로 정의되며, 단위는 벨(B)을 사용하여야 된다. 그러나 B의 단위는 스케일이 큰 편이라서 소리의 크기에 대한 변화를 충분히 나타내기는 어려운 편이다. 이러한 B의 단위를 10등분하는 데시(×10)를 도입하였다. 따라서 소리의 크기를 좀 더 자세히 나타내기 위하여, 음압의 단위를 데시벨(dB)로 사용하게 되고, 위의 식처럼 정의하게 된다.

5.7. 음의 세기(sound intensity, I_{ac})와 파워(power, W)

음파가 단위시간당(1초) 단위면적($1m^2$)을 통과하는 소리에너지의 양을 음의 세기(sound intensity, I_{ac})라고 한다. 그리고 음의 세기와 음압(p) 사이에는 아래와 같은 관계를 가진다.

$$I_{ac} = \frac{p^2}{\rho_o c}$$

여기서 $\rho_o c$는 공기의 특성임피던스(characteristic impedance of air)를 의미하며, 415rayls(20℃)로써 상수이다. 따라서 음의 세기레벨(sound intensity level, IL)을 정의하면

$$\mathrm{IL} \equiv 10\log_{10}\left(\frac{I_{ac}}{I_o}\right)[\mathrm{dB}]$$

여기서 I_{ac}는 측정하고자 하는 음의 세기이고 I_o는 음의 기준세기로써 인간이 들을 수 있는 가장 작은 소리의 세기($=10^{-12}\ W/m^2$)를 의미한다. 단위시간당(1초) 모든 방향으로 퍼져 나가는 음의 세기를 모두 합한 양을 음향파워(power, W)라고 하며, 아래와 같이 쓸 수 있다.

$$W = \int_s I_{ac}\, ds$$

음의 세기레벨처럼 음의 파워레벨을 적으면,

$$\mathrm{PWL} \equiv 10\log_{10}\left(\frac{W}{W_o}\right)[\mathrm{dB}]$$

여기서 W는 측정하고자 하는 음의 파워이고 W_o는 음의 기준파워로써 인간이 들을 수 있는 가장 작은 소리의 파워($=10^{-12}\ W$)를 의미한다. 그리고 라우드스피커의 파워

(출력)는 아래와 같이 다시 쓸 수 있다.

파워 = 입력파워 × 효율

5.8. 음속(sound velocity, c)

소리(음파)가 공기 중에서 전파되어 가는 속도를 음속(sound speed, m/s)이라고 한다. 공기 중에서의 음속은 공기(대기)의 온도에 비례하며, 아래와 같이 표현할 수 있다.

$$음속(c) = 331.6 + 0.6 \times T_t(℃)$$

일반적으로 상온 15℃에서의 음속(=340m/s)을 대표적인 공기 중의 음속으로 간주하여 사용하고 있다. 그리고 주파수와 파장을 알게 되면 음속을 아래와 같이 구할 수 있다.

$$음속(c) = 파장(\lambda) \times 주파수(f)$$

5.9. 입자속도(particle velocity, u)

소리는 공기입자들의 운동(진동)에 의해 발생하게 되는데, 이 때 공기입자의 운동속도를 입자속도라고 한다. 여기서 "공기입자"란 "집단적 차원에서 작은 양의 공기 입자들의 집단"을 의미한다. 즉 공기입자들이 운동하게 되면 공기의 압력(음압)이 공간상에서 지역적으로 달라지며, 이러한 음압을 입자속도의 분포로도 표시될 수 있다. 따라서 음압과 입자속도와의 관계를 뉴톤의 제2법칙으로 적으면 다음과 같다.

$$F_p = m_p \times a_p$$

$$\frac{\partial_p}{\partial_x} = -\rho\left(\frac{\partial_u}{\partial_t}\right) \quad \left[F_p = \frac{\partial_p}{\partial_x},\ m_p = \rho,\ a_p = \frac{-\partial_u}{\partial_t}\right]$$

여기서 F_p, m_p, a_p 그리고 ρ는 힘, 질량, 가속도, 공기밀도를 각각 의미한다.

단일주파수에서 입자속도는 $e^{j\omega t}$에 비례하게 된다. 따라서 $\partial_u/\partial_t = j\omega u$이며, $u(x, f)$는

$$u(x, f) = \frac{-1}{j\omega\rho} \times \frac{\partial_p}{\partial_x}$$

그리고 평면파에서 음압(p)은 e^{-jkt}에 비례하기 때문에, ∂_p/∂_x는 $-jkp$가 된다. 그러므로

$$u(x, f) = \frac{-p(x, f)}{\rho_o c}$$

여기서 $\rho_o c$는 공기의 특성임피던스(characteristic impedance of air)를 의미한다. 입자속도는 음속에 비하여 매우 작은 값을 가지며, 거의 영향을 주지 않는다. 예를 들면, 일반적인 음압레벨에서의 입자속도는 0.1mm/s 정도이고 제트기의 엔진소리에서는 약 50m/s정도로서, 340m/s에 해당하는 음속에 비하여 매우 작은 편이다.

5.10. 공명진동수 또는 공명주파수(resonance frequency, f_s 또는 f_o)

용수철에 질량이 m인 물체가 달려 있는 시스템을 고려하여 보자. 이 물체를 잡아 당겼다가 놓으면, 물체는 위와 아래의 방향으로 운동(진동)하게 될 것이다. 이 때 물체를 많이 당기든지 아니면 조금 당기든지 간에 상관없이 물체가 한번 올라갔다가 제 자리에 오는 시간(주기)은 일정하게 된다. 다시 말하면, 물체가 운동하는 속도에만 차이가 있을 뿐이지, 왕복운동에 걸리는 시간은 일정하다는 것이다. 이 때 용수철이 진동하는 진동수를 용수철시스템의 공명진동수(f_s)라고 하며, 아래와 같이 쓸 수 있다.

$$2\pi f_s = \left(\frac{s}{m}\right)^{1/2}$$

여기서 s와 m은 용수철의 강성계수와 질량을 의미한다.

이러한 용수철시스템을 스피커와 비교하여 보자. 우선 용수철에 매달려 있는 물체는 스피커의 진동판과 보이스 코일을 포함한 진동계로 볼 수 있고, 용수철은 스피커의 지지계에 해당하는 에지와 댐퍼로 간주할 수 있다. 다시 말하면, 스피커의 진동계(진동판+보이스 코일)가 에지와 댐퍼에 매달려 있는 것으로 볼 수 있다. 따라서 스피커의 진동계를 당겼다고 놓았을 경우에 진동계가 스스로 운동(진동)하는 진동수를 스피커의 고유진동수라고 할 수 있다. 이는 스피커의 진동판을 손끝으로 "톡톡" 건드렸을 경우에 "퉁퉁"하고 나는 소리의 진동수를 말한다. 그리고 스피커에 인가되는 교류전류를 외부에서 스피커를 강제적으로 진동시키려 하는 외력이라 할 수 있다. 이 때 교류전류의 진동수를 강제진동수라고 한다. 만약 스피커에 교류전류를 인가시키면, 스피커는 강제적으로 진동하기 시작할 것이다. 이 때 스피커에 인가된 강제진동수가 스피커의 고유진동수 근처로 접근하게 되면 진동의 진폭은 급격히 커지게 될 것이다. 그리고 스피커의 강제진동수와 고유진동수가 서로 일치하게 되면, 진폭은 최대가 된다. 이를 스피커의 공명진동수(f_s)라 하며, 용수철시스템에서와 같이 계산할 수 있다.

$$f_s = \frac{1}{2\pi} \times \left(\frac{s}{m} \right)^{1/2} \qquad (5.10\text{-}1)$$

여기서, s와 m은 지지계(에지와 댐퍼)의 강성계수와 진동계의 질량을 말한다.

5.11. 임피던스(impedance, Z)

임피던스(impedance, Z)란 전류의 흐름을 방해하는 일종의 저항이라 할 것이다. 실질적으로 직류 전류의 흐름을 방해하는 것을 저항이라고 한다면, 전기적인 임피던스는 교류 전류의 흐름을 방해하는 일종의 저항으로써 오옴(Ω)을 단위로 사용한다. 여기서 직류와 교류로 구분하는 것은 직류는 주파수를 가지고 있지 않아서 전체 저항이 주파수에 관계없이 일정한 반면에, 교류는 주파수를 가지고 있어 전체저항이 주파수에 의존하는 것을 임피던스라고 부르는 것이다. 다시 말하면, RLC 교류회로에서 저항성분은 주파수에 관계없이 일정하지만, 코일과 콘덴서는 주파수에 따라서 저항값인 유도성 리액턴스(X_L)와 용량성 리액턴스(X_C)가 달라지기 때문이다. 그리고 스피커에 관련한 여러 종류의 임피던스는 아래와 같이 분류할 수 있다.

1) 전기적 임피던스(electrical impedance)

틸과 스몰(*Thiele & Small*)은 스피커를 저항(R), 콘덴서(C)와 인덕터(L, 코일)로 구성된 일종의 전기필터로 간주하였다. 여기서 콘덴서의 임피던스(Z_C)와 인덕터의 임피던스(Z_L)는 저항(R)과 리액턴스(X)의 항들로 구성된다. 콘덴서의 임피던스(Z_C)를 다시 쓰면 아래와 같다.

$$\text{콘덴서의 임피던스}(Z_{C,}\ \Omega) = \text{저항}(R) + \text{용량성 리액턴스}(X_C)$$

여기서

$$\text{콘덴서의 용량성 리액턴스}(X_C,\ \Omega) = \frac{1}{2\pi \times \text{주파수}(f) \times \text{커패시턴스}(C)}$$

콘덴서의 용량성 리액턴스는 주파수 또는 커패시턴스가 증가함에 의하여 감소하고, 주파수 또는 커패시턴스의 감소에 의하여 증가한다. 또 인덕터의 임피던스(Z_L)는

$$\text{인덕터의 임피던스}(Z_L,\ \Omega) = \text{저항}(R) + \text{유도성 리액턴스}(X_L)$$

여기서

$$\text{인덕터의 유도성 리액턴스}(X_L,\ \Omega) = 2\pi \times \text{주파수}(f) \times \text{인덕턴스}(L)$$

인덕터의 유도성 리액턴스는 주파수 또는 인덕턴스가 증가함에 의하여 커지고, 주파수 또는 인덕턴스의 감소에 의하여 작아진다. 이러한 특성은 콘덴서의 용량성 리액턴스(X_C)의 경우와 정반대에 해당한다.

전체적인 임피던스(Z)는 아래와 같이 저항성분과 리액턴스로 정의되며, 전체 임피던스의 크기와 저항성분 및 리액턴스성분 사이의 위상차이(Φ)를 구할 수 있다(그림60).

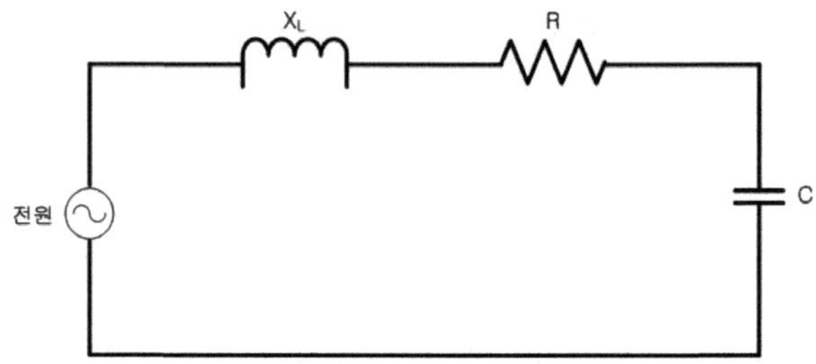

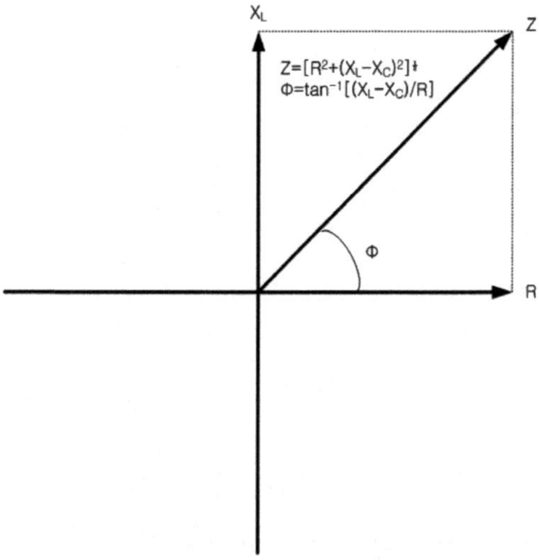

[그림 60] 전기 임피던스의 특성

$$Z = R + jX = R + j(X_L - X_C) = R + j(\omega L + \frac{1}{j\omega C}) \qquad (5.11)$$

$$(X = X_L - X_C)$$

$$Z = [R^2 + (X_L - X_C)^2]^{1/2}$$

$$\Phi = \tan^{-1}[\frac{X_L - X_C}{R}] \qquad (5.12)$$

여기서 $j = (-1)^{1/2}$ 로써, 여기에 j를 다시 곱하여 j^2 이 되면 −1이 되어 반시계 방향으로 위상이 90° 씩 변하게 된다.

2) 기계적 임피던스(mechanical impedance)

스피커가 소리를 재생하기 위해서는 보이스 코일에 입력된 전기적인 에너지가 일차적으로 진동판의 기계적인 에너지로 전환되어야 한다. 이 때 진동판의 기계적인 운동에 따르는 임피던스를 기계적 임피던스(Z_m)라고 하며, 진동판에 주어지는 힘과 운동 속도 사이의 비율로 정의된다. 여기서 기계적 임피던스는 진동판의 기계적 운동에만 관련된 순수한 임피던스로써 공기가 없는 진공에서 얻게 된다. 이러한 기계적 임피던스는 진동계의 질량(m), 진동계의 운동에 대한 댐핑(R_m)과 지지계의 강성(s)에 의존하게 된다. 기계적 공명주파수(f_s)에서 진동계가 운동할 때의 댐핑이 최소가 되어 진동판의 운동속도가 최대가 되며, 지지계의 강성와 진동계의 질량으로 구할 수 있다. 여기서 진동계의 질량에는 $8\rho_o a^3/3$kg에 해당하는 공기의 질량은 포함하지 않는다.

$$f_s = \frac{1}{2\pi} \times (\frac{s}{m})^{1/2}$$

3) 방사 임피던스(radiation impedance)

진동판의 운동으로 소리가 발생하는 원리는 진동판이 공기 중에서 기계적으로 운동할 때에 진동판에 가장 인접해 있는 공기입자들이 진동판과 동일한 속도로 운동을 하게 된다. 이처럼 공기입자들이 진동판에 의해 운동을 하게 되면 공기입자들이 앞으로 이동하여 공기밀도(음압)를 높이게 될 것이다. 공기의 밀도(음압)가 주변보다 높아지게 되면, 이처럼 높아진 음압을 다시 낮추기 위해 주변의 공기입자들을 운동시키는 원인이 된다. 다시 말하면, 전압으로 인하여 전기회로내에 전류를 흐르게 하듯이 주변과의 공기압력(음압) 차이로 인하여 주변의 공기들을 이동(입자속도)시키는 결과를 가져오는 것이다. 이처럼 어떤 주기를 가진 연속적인 공기압력의 변화가 공기 중으로 전달되는 것을 소리의 전파라고 할 수 있다.

진동판이 진동하게 되면 진동판에 인접한 공기입자들이 진동을 하게 되어 소리가 발생하게 된다. 이 때 공기입자들은 진동판의 운동에 대해 저항을 하게 된다. 여기에는 방사저항을 의미하는 공기입자들의 직접적인 저항성분과 방사 리액턴스로 대변되는 공기의 질량에 의한 저항성분들로 분류할 수 있다. 따라서 이들 두 가지 성분들이 합쳐진 저항을 방사 임피던스(radiation impedance)라고 한다.

방사 임피던스는 기계적 임피던스처럼 힘과 입자속도(u, = 진동판의 속도)의 비로 정의되기 때문에 방사 임피던스는 일종의 기계적 임피던스(Z_m)에 해당한다. 기계적 또는 방사 임피던스의 차이는 진공 또는 공기 중에서 진동판의 기계적 운동에 관한 임피던스를 말한다.

스피커 진동판의 기계적 진동이 진동판에 가장 인접해 있는 공기입자들로의 진동운동으로 전환되는 과정에서 발생하는 일종의 저항을 말한다. 다른 방식으로 표현하면, 기계적 운동 차원에서 진동판이 가지는 힘과 음향적 차원에서 진동판에 인접한 공기입자들의 속도(진동판의 속도와 동일)와의 관계로서, 이는 기계에너지와 음향에너지 사이의 실제적인 관계를 표현하는 것일 수 있다. 따라서 방사 임피던스는 진동판 표면에서의 음향 임피던스(뒷 절에서 설명)로써, 방사저항이 클수록 음향파워가 커지게 된다. 진동판 표면에서의 특성 임피던스(characteristic impedance 또는 specific acoustic impedance)에 밀접하게 관계된다. 특히 단위 입자속도당 진동판으로부터 방사된 음향파워가 얼마인지를 나타내는 방사효율(radiation efficiency)은 방사저항(R_1)을 공기의 특성임피던스로 나눈 값에 해당한다.

$$\text{방사 임피던스}[Z_r(f)] = \frac{\text{힘}[F_{ext}(f)]}{\text{입자속도}[u(f)]}$$
$$= \text{특성 임피던스}(\rho_o c) \times \text{진동판 면적}(S_D)$$
$$= \text{방사저항}(R_r) + \text{방사 리액턴스}(X_r, = j\omega L)$$

방사 임피던스는 실수부와 허수부로 구성되어 있다. 여기서 실수부는 전기적 파워를 열로 소모되는 방사저항(R_r) 성분으로써 측정이 가능한 반면에 허수부는 파워를 소모하지 않는 기운데 자기 갭의 자기장 속에 에너지를 지장하였다가 회로로 돌려주는 방사리액턴스(X_r) 성분으로 구성된다. 만약 방사 임피던스의 방사저항이 없이 방사리액턴스만 존재하는 경우에는 음원에서 음압을 만들어내도 음향파워가 나오지 않게 된다. 이런 방사 임피던스의 특성을 이해하기 위하여, 저항(R)과 인덕터(L)로 구성된 전기적인 회로의 분석법을 이용할 수 있다(그림61①). [그림 61②]에서 보면, 전체 임피던스는 저항성분에 의한 R과 리액턴스 성분에 의한 $j\omega L$의 합이 될 것이다. 여기서 L은 인덕터의 인덕턴스와 ω는 각진동수를 의미한다. 그리고 j는 저항성분(R_r)과 리액턴스 성분(X_r)이 서로 위상차이가 있음을 의미하는데, 이러한 이유로 인하여, 방사임피던스를 얻기 위하여 방사저항과 방사임피던스를 곧바로 더할 수 없는 이유이다.

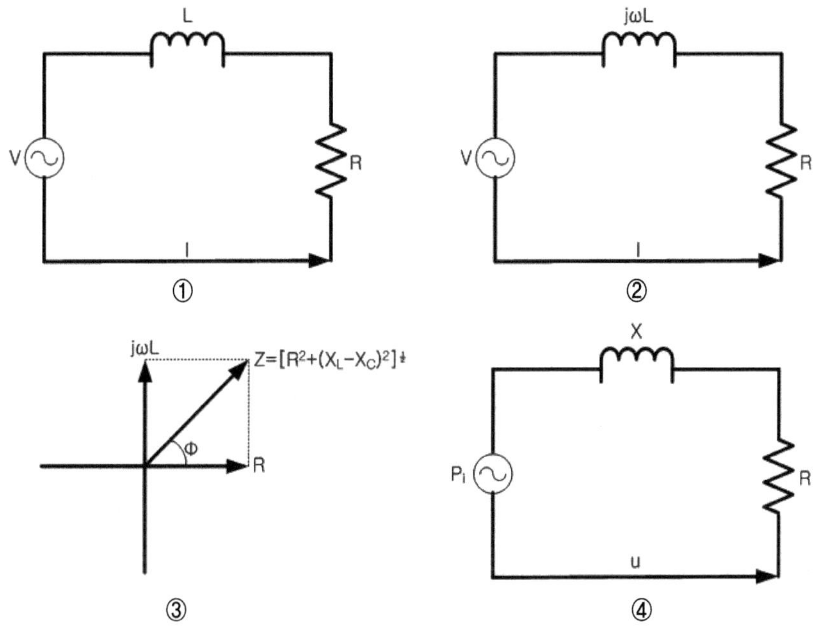

[그림 61] 전기 임피던스와 음향 임피던스 사이의 유사성

이들 사이의 위상차이(위상각)는 아래의 식에 의하여 주어진다(그림61③).

$$\text{위상}(\Phi) = \tan^{-1}(\frac{X_r}{R_r}) = \tan^{-1}(\frac{j\omega L}{R}) \qquad (5.13)$$

위상각이 큰 양수의 경우에는 인덕터의 인덕턴스(L, 방사 리액턴스)에 의하여 그리고 큰 음수의 경우에는 방사저항(R_r)에 의해 음향파워가 주도된다. 그리고 방사 임피던스(Z_r)의 크기는 $(R_r^2 + j^2\omega^2L^2)^{1/2}$로 주어진다.

[그림 61①]에서는 전류는 전압의 차이에 의하여 전기회로에 흐르게 된다. 반면에 [그림 61④]에서와 같이 음향회로에서는 공기입자들이 대기압의 차이에 의하여 움직이게 된다. 그리고 공기입자의 움직임으로 인하여 입자속도가 발생하게 된다.

4) 음향 임피던스(acoustic impedance, Z_a)

음향 임피던스(acoustic impedance)란 소리를 전파시키기 위해 공기입자들이 얼마나 쉽게 또는 어렵게 움직이는가를 나타내는 특성이다. 즉 작은 음향 임피던스 값은 어떤 음압에 의하여 공기 입자들이 쉽게 움직일 수 있다는 것을 의미(저음압, 고입자속도)하며, 큰 음향 임피던스 값은 어떤 음압으로 인하여 공기 입자들이 힘들게 움직인다는 것(고음압, 저입자속도)을 말한다. 여기서, 특정한 주파수(f)에서의 음향 임피던스는 음압과 체적속도의 비로써 정의된다.

$$\text{음향 임피던스}[Z_a(f)] = \frac{\text{음압}[p(f)]}{\text{체적속도}[U(f)]}$$

5) 임피던스 정합(impedance matching)

CD 플레이어에서 파워앰프 그리고 스피커로 연결되는 오디오 컴포넌트들을 생각하여 보자. CD 플레이어의 출력은 파워앰프의 입력으로, 파워앰프의 출력은 스피커 입력으로 이어진다. 이 때 이들 컴포넌트 사이의 임피던스를 잘 정합시켜야만 왜곡과 잡음이 적은 우수한 품질의 출력을 최대로 얻을 뿐만 아니라 각 음향기기들을 보호할 수 있게 된다. 이처럼 입력 임피던스와 출력 임피던스를 올바른 값으로 설정하는 것을 임피던스 정합(impedance matching)이라 한다.

각 컴포넌트 사이의 임피던스를 정합시키는 방법으로는 두 가지가 있다. 첫 번째는 매칭 트랜스(matching transformer)를 사용하여 입력 임피던스와 출력 임피던스를 동일하게 맞추는 방법이다. 즉 트랜스를 사용하여 낮은 임피던스를 증폭하여 높은 임피던스와 정합시키는 방법으로써, 컴포넌트 사이의 전류손실이 거의 없어서 전력손실을 가장 적게 할 수 있는 방법이다.

두 번째는 출력 임피던스보다도 입력 임피던스를 더 높여 컴포넌트 사이를 연결하는 방법("low out, high in" 법칙)이다. 예를 들면, CD 플레이어의 출력 임피던스보다 파워앰프의 입력 임피던스를 높이는 것이다. CD 플레이어와 파워앰프 사이에서 입력과 출력 임피던스 차이는 5배 이상이 되는 것이 바람직하다. 예를 들면, 출력 임피던스를 낮추게 되면 낮은 전압강하에 의하여 높은 전압으로 큰 구동력을 얻을 수 있는 반면에 높은 입력 임피던스는 입력부에 거의 전류가 흐르지 않아서 매우 약한 신호라도 정확하게 받아 드릴 수 있게 된다. 만약에 높은 출력 임피던스의 음향기기를 낮은 입력 임피던스의 음향기기에 연결하면 출력레벨이 저하되거나 고음역이나 저음역이 감소하게 된다.

한 예로써, 아래와 같이 CD 플레이어 출력(1kΩ)과 파워앰프 입력(100kΩ) 그리고 파워앰프 출력(0.5Ω)과 스피커 입력(8Ω) 사이들을 들 수 있다.

CD 플레이어 출력(1kΩ) → 파워앰프 입력(100kΩ) ≡ 파워앰프 출력(0.5Ω) → 스피커 입력(8Ω)

이 때의 전력손실[= 1 − {8/(0.5 + 8)}]은 약 5.9%에 해당한다. 만약에 앰프의 출력 임피던스가 스피커의 입력 임피던스보다 큰 경우에는, 스피커에서 요구되는 전류양이 불충분하게 된다. 이런 경우에 전력손실이 94.1%에 해당하기 때문에 이득이 크게 감소하고 음질의 열화가 심화될 것이다.

5.12. 근거리(near field)와 원거리(far field)

음원(예를 들면 스피커)으로부터 방사된 음파가 음원으로부터 멀리 전파되어 갈 때에 어느 특정한 거리까지를 근거리(near field)로 그 이후의 거리를 원거리(far field)로 규정하고 있다. 이처럼 근거리와 원거리를 규정하기 위해서는 유체역학적인 방법과 기하학적인 방법이 있다.

음압과 입자속도의 관계에 따른 유체역학적인 측면에서 보면, 음압(p)은 거리(r)에 역비례($p \propto 1/r$)하는 반면에, 입자속도(u)는 음원으로부터 근거리($kr < 1$)에서는 거리의 제곱에 역비례($u \propto 1/r^2$)하고 원거리($kr > 1$)에서는 거리에 역비례($u \propto 1/r$)하게 된다. 따라서 음압과 입자속도가 동시에 거리에 역비례하는 거리(음원으로부터)까지를 근거리(near field)라고 하고, 그 이상의 거리를 원거리(far field)라고 한다. 여기서 근거리와 원거리의 경계를 $kr = 1$로 규정하며, 근거리에서는 순시음압과 입자속도가 동위상을 이루지 않는 반면에 원거리에서는 동위상을 갖게 된다.

두 번째 기하학적 측면에서는, 음원을 점음원으로 가정한 상태에서 거리에 따른 음압의 변화가 거리의 역자승법칙에 적용되지 않는 거리까지를 근거리로 그 이후부터를 원거리로 규정하고 있다. 원거리에서는 거리가 두 배가 됨에 따라서 음압이 6dB씩 감소(역자승법칙)하게 된다. 음원의 크기가 클수록 그리고 주파수가 낮을수록 근거리 음장의 영역은 넓어지게 된다.

5.13. 스펙트럼(spectrum)

일반적으로 소리는 순음(pure tone)보다 복합음(complex tone)인 경우가 대부분이다. 이러한 소리를 두 가지의 도메인(domain)을 사용하여 분석할 수 있다. 우선 타임 도메인(time domain)으로써, 분석 장비의 화면에 x축은 시간을 그리고 y축은 전압을 표시하여 마치 오실로스코프의 화면처럼 시간에 따른 전압의 변화를 분석한다. 이 때 어떤 순간적인 전압은 그 시간에 발생된 모든 순음들의 전압이 합쳐진 전체전압을 나타낸다. 반면에 주파수 도메인(frequency domain)은 분석 장비의 화면에 x축은 주파수를 그리고 y축은 음압을 표시한다. 이런 경우에는 타임 도메인에서 특정한 시간에 대한 전압(복합음)을 FFT(Fast Fourier Transform)를 거쳐 각각의 주파수 성분(순음)들로 분해하게 되는 것이다. 일반적으로 스펙트럼이라 함은 주파수 도메인에서 x축은 주파수를 y축은 음압을 표시한 주파수 도메인에서의 분석결과를 의미한다.

5.14. 지향특성(directivity)

지향특성은 라우드스피커에서 발생하는 소리가 어느 방향으로 얼마의 음향세기를 가지고 퍼져 나가는지를 표시하는 특성이다. 저음의 경우에는 라우드스피커를 중심으로 360° 의 모든 방향에 대체로 균일하게 퍼져 나가지만, 주파수가 높아지면서 라우드스피커의 측면(90°)으로 퍼짐이 점차 줄어들며 여러 개의 로브(lobe)들을 나타나는 지향특성을 갖게 된다. 그리고 고음의 경우에는 라우드스피커 뒷면으로 방사되던 소리도 마그네트와 같은 부품들로 인하여 음압이 줄어들게 되어 대체적으로 앞 방향으로만 빔의 형태로 방사된다.

5.15. 주파수특성(frequency response)

주파수 차원(domain)에서 x축의 각 주파수(20~20,000Hz) 성분들에 대한 음압의 분포를 나타내는 스펙트럼을 의미한다. 스피커에서 실용적으로 재생할 수 있는 실효주파수대역은 최저공명진동수와 최고공명진동수 사이의 주파수대역이라고 KS C 6026에서 규정하고 있으며, 이에 대한 측정방법이 KS C 6027에 나타나 있다. 그러나 엔지니어들 사이에서는 스피커의 주파수대역을 최저공명진동수와 최고공명진동수로부터 3dB가 감소한 주파수들의 대역을 의미하기도 한다.

5.16. 다이나믹 레인지(dynamic range)

소리의 녹음 또는 재생에 관련한 음향기기들이 정상적으로 작동할 수 있는 입력 또는 출력레벨의 범위를 의미한다. 특히 라우드스피커의 경우에는 라우드스피커가 정상적으로 발생할 수 있는 음압레벨의 범위를 말한다.

제 06 장.
스피커 특성

6.1. 주파수 특성

진동판이 완전한 강체라고 가정하였을 경우에 대한 스피커의 주파수특성을 이론적으로 예측할 수 있다. 이 때 진동판으로부터 거리가 r이 되는 지점에서의 음압(P)을 다음과 같이 쓸 수 있다.

$$|P| = \frac{\rho_o \omega a^2}{2r} \times |v|$$

여기서, ρ_o, ω, a와 v는 공기밀도, 진동판의 각진동수, 진동판의 반지름, 그리고 진동판의 속도를 의미한다. 그리고 r는 F_{ext}/Z_m으로 다시 쓸 수 있다($v = F_{ext}/Z_m$). 따라서 음압을 다시 쓰면

$$|P| = \frac{\rho_o \omega a^2}{2r} \times \left| \frac{F_{ext}}{Z_m} \right| \qquad (6.1\text{–}1)$$

여기서, F_{ext}와 Z_m는 진동판에 주어지는 외력과 임피던스를 의미한다. 특히 임피던스는 아래의 식(6.1–2)처럼 저항들의 항으로 구성된 실수부와 질량과 컴플라이언스의 항으로 이루어진 복소수부로 나누어 쓸 수 있다. 이 식에서 B, ℓ, R, R_m, R_r, m_v, m_d, m_{load}와 C_s는 자속밀도, 보이스 코일의 길이, 전기저항, 기계저항, 방사저항, 보이스 코일의 질량, 진동판의 질량, 부가질량 그리고 컴플라이언스를 각각 의미한다.

$$Z_m = [\frac{B^2 \ell^2}{R} + R_m + 2R_r] + j[\omega(m_v + m_d + 2m_{load}) + \frac{1}{\omega C_s}] \quad (6.1\text{-}2)$$

1) 강성(s)이 제어하는 영역($Z_m = j/\omega C_s$)

식(6.1-1)과 식(6.1-2)로부터, 음압이 주파수($\omega = 2\pi f$)의 제곱에 비례하는 것을 알 수 있다. 이는 주파수가 높아짐에 따라서 음압이 주파수의 제곱에 비례하여 증가한다는 것을 의미한다.

$$|P| = \frac{\rho_o \omega^2 a^2 C_s}{2r} \times |F_{ext}| \quad (6.1\text{-}3)$$

2) 저항(R)이 제어하는 영역[$Z_m = (B^2\ell^2/R) + R_m + 2R_r$]

$$|P| = [\frac{\rho_o \omega a^2}{2r(\frac{B^2 \ell^2}{R} + R_m + 2R_r)}] \times |F_{ext}| \quad (6.1\text{-}4)$$

1)에서와 같이 강성이 제어하는 영역과는 달리 음압이 주파수에 직접적으로 비례하게 된다.

3) 관성(m)이 제어하는 영역[$Z_m = \omega(m_v + m_d + 2m_{load})$]

$$|P| = [\frac{\rho_o a^2}{2r(m_v + m_d + 2m_{load})}] \times |F_{ext}| \quad (6.1\text{-}5)$$

이 영역에서는 음압이 주파수에 관계없이 일정함을 보여준다.

가청주파수 대역에서의 음압특성을 식(6.1-3)~식(6.1-5)들을 이용하여 이론적으로 구하면 [그림 62]와 같다. 이 주파수특성은 지지계의 강성(s)이 지배적으로 영향을 주는 강성제어영역, 기계저항(R_m)이 지배적인 저항제어영역 그리고 진동계의 질량(m)이 지배적인 관성제어영역(inertia controlled zone)으로 나눌 수 있다. 강성제어영역은 주파수가 상승함과 동시에 음압도 높아지는데, 주파수가 한 옥타브 증가할 때마다

음압이 12dB씩 증가하는 음향특성(12dB/oct.)을 가진다. 그러나 저항제어영역은 강성제어영역처럼 주파수가 증가함에 따라서 음압이 증가하지만 한 옥타브당 6dB만이 높아지게 된다. 이 영역은 강성제어영역과 관성제어영역을 연결하는 영역이기도 하다. 관성제어영역에서는 스피커의 진동판에 주어지는 외력(F_{ext}, 스피커에 인가되는 전류를 외력으로 간주할 있음)이 일정하게 되면 음압이 변하지 않게 된다. 만약 스피커에 주어지는 외력이 일정하다면 강성제어영역에서는 변위(x)가, 저항제어영역에서는 속도(dx/dt)가, 그리고 관성제어영역에서는 가속도(d^2x/dt^2)가 일정하지만, 실질적으로 스피커에 들어오는 전압은 일정하지를 않고 지속적으로 바뀌게 된다.

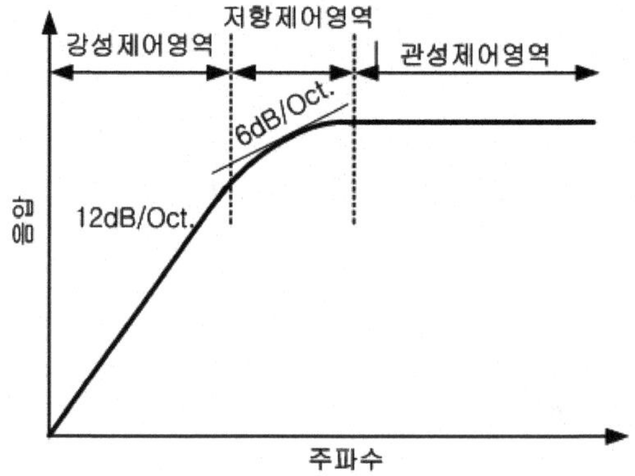

[그림 62] 주파수에 따른 이론적 음압특성

6.2. 효율(efficiency)

스피커는 앰프로부터 들어온 전기신호를 음향신호로 전환시키는 일종의 변환장치이다. 다시 말하면, 전기에너지를 음향에너지로 바꾸는 에너지 변환장치이다. 이 때 스피커에 입력된 전기에너지가 얼마만큼 음향에너지로 전환되는지가 스피커의 효율(능률)이 될 것이다. 그리고 전기에너지가 음향에너지로 실질적으로 전환되기까지는 기계적 에너지의 형태를 거치게 된다. [그림 63]는 전기적 에너지(오디오 신호)가 기계적 에너지의 형태를 거쳐 음향에너지로 변환되는 과정에서 에너지가 소모되는 각각의 형태를 보여준다. 이처럼 파워앰프에서 공급된 전기에너지는 보이스 코일에 의한 열에너지, 기계적인 댐핑과 음향에너지의 형태들로 변환된다. 이 때 보이스 코일에서 열에너지로 변환되는 것이 가장 주된 에너지 변환인 반면에, 기계적인 댐핑이나 음향에너지는 작은 편이다.

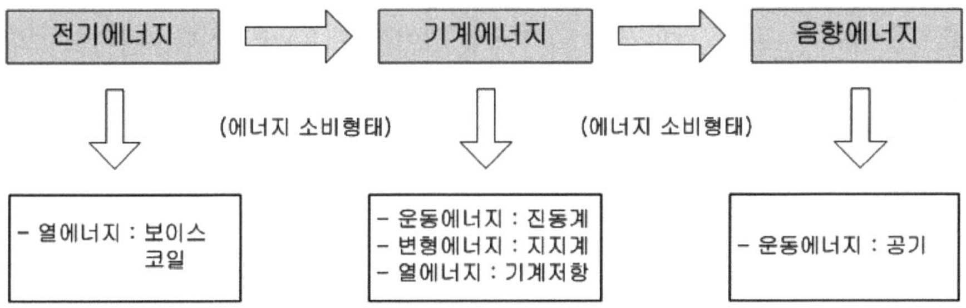

[그림 63] 에너지의 소비형태

스피커의 효율(half-space efficiency)은 무한크기의 배플이 장착된 상태에서 스피커의 전면으로 방사된 소리의 음향파워와 전기적 입력파워 사이의 비율을 측정하는 것이다. 전체적인 효율은 전기-기계적 차원들 사이의 변환효율과 기계-음향적 차원들 사이의 변환효율을 서로 곱하여 구하게 된다. 이들 각각의 변환효율은 주파수에 따라서 변하지만, 이들의 곱은 일정한 값을 가지게 될 것이다.

진동판의 운동이 공기의 질량에 의존하여 주파수특성이 평탄하고 대체로 무지향적 특성을 갖는 주파수 대역에서의 효율(η_{EA})이 Small에 의해 아래와 같이 구할 수 있다.

$$\eta_{EA} = \frac{\rho_o (B\ell)^2 \ S_D^{\ 2}}{2\pi c \cdot R \cdot m^2}$$

여기서 ρ_o, B, ℓ, S_D, c, R와 m들은 공기의 밀도, 자기밀도, 보이스 코일의 길이, 진동판 면적, 음속, 보이스 코일의 저항과 진동계의 질량을 의미한다.

일반적으로 콘 스피커의 효율은 0.5~10%에 해당된다. 예를 들면, 북 셀프형 스피커는 대체로 구경(크기)이 작은 반면에 저음영역까지 재생이 가능하도록 설계되어 있다. 이러한 특성을 얻기 위하여, 스피커의 진동판을 다소 무겁게 제작하게 된다. 이로 인하여, 진동판의 운동변위가 감소함과 동시에 효율도 0.5~1%정도로 감소하게 된다. 그러나 확성기나 악기용 스피커의 경우에는 효율을 약 10%까지 높이기도 하지만, 일반적인 다이나믹 스피커의 경우에는 3~5% 정도의 효율을 갖는다. 이처럼 스피커의 효율이 낮은 것은 공기의 특성임피던스($\rho_o c$)와 진동판의 임피던스가 서로 동일하지 않기 때문이다. 다시 말하면, 공기의 밀도가 진동판의 밀도에 비하여 매우 낮아서 진동판에서의 방사임피던스가 낮기 때문이다. 실제로 파워가 낮은 임피던스를 갖는 매질 안으로 소리를 전달하기 위해서는 진동판의 높은 속도가 요구된다. 이처럼 낮은 에너지 변환효율을 높이는 것은 스피커의 출력면에 있어서 매우 중요하다. 따라서 스피커의 음향효율을 높일 수 있는 방법들은 아래와 같다.

① 진동계의 질량을 낮추거나,

② 기계저항을 줄이거나,

③ 지지계를 유연하게 하거나,

④ 자속밀도를 높이거나,

⑤ 보이스 코일의 턴수를 높이거나(길이를 늘이거나),

⑥ 진동판의 면적을 크게 한다.

특히, 효율을 높이기 위해 진동계의 질량을 제어할 수 있는 방법은 여러 가지가 있다. 우선 진동판의 질량(공기를 포함)과 보이스 코일의 질량이 서로 같을 경우에 효율이 최대가 되는 것으로 알려져 있다. 우퍼의 경우에는 공기의 질량(방사저항)이 주도적이라서, 전기에너지와 기계에너지 사이의 변환효율을 높이기 위해서는 보이스 코일의 재질로 질량이 더 무거운 구리가 알루미늄보다도 유리하게 된다. 그러나 트위터에서는 공기를 포함한 진동판의 질량보다 보이스 코일의 질량이 주도적이라서 보이스 코일로 구리보다 알루미늄이 더 유리한 편이다. 여기서 이들의 질량을 합친 진동계의 질량이 최대한으로 낮아야 하는 것은 이미 앞에서 설명한 바 있다.

6.3. 지향특성(directivity)

스피커의 진동판에서 방사되는 소리에 대해 측정거리는 일정하게 하는 반면에 각도에 따른 음압특성을 의미하는 지향특성은 무한배플을 가진 원형으로 제작된 강체 진동판의 지향특성과 유사하다. 따라서 강체 진동판이 가지는 지향특성을 통하여 스피커의 지향특성을 살펴보면, 주파수가 낮을수록 스피커의 중심으로부터 균일한 음압레벨을 가진 소리가 모든 방향으로 고루 퍼져나감을 알 수 있다. 그러나 주파수가 높아지게 되면, 스피커의 옆 방향으로 퍼지는 소리의 강도가 약해지게 된다(그림64). 주파수가 더욱 높아지게 되면 소리가 스피커의 앞 방향으로만 퍼져나가며, 그 지향각(중심축의 음압레벨보다 6dB 작아지는 양방향의 각도)이 주파수의 상승과 함께 크게 줄어들게 된다. 이처럼 스피커에서 재생주파수가 높아짐에 의하여 지향각이 좁아지는 이유는 진동판의 여러 지점에서 나온 소리가 어느 한 청취점에 도달할 때 발생하는 위상차에 의한 것이다(그림64).

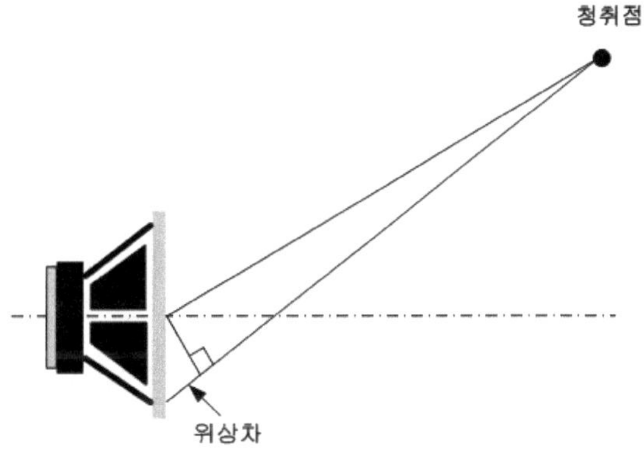

[그림 64] 한 청취점에서 음파들 사이의 위상차

만약에 주파수가 낮으면 파장이 길기 때문에, 어느 한 청취점에 도달하는 음파들 사이의 위상차이가 작아서 소멸간섭이 크게 일어나지 못하게 된다. 따라서 스피커로부터 같은 거리에 있는 모든 청취점에서의 음압이 거의 같게 된다. 그러나 주파수가 높아지게 되면 파장이 감소하게 되고, 이로 인하여 한 청취점에서 진동판의 여러 부분에서 방사된 음파들 사이의 위상차이가 크게 발생하기 시작한다. 그 결과로써 소멸간섭이 서서히 크게 일어나기 시작하여 스피커의 옆 방향에서의 소리전파가 지장을 받게 된다. 특히 고음영역에 도달하게 되면 큰 위상차이로 인해 소멸간섭이 크게 발생하여 소리가 잘 전파되는 방향과 그렇지 못한 방향을 갖는 지향특성(Γ)이 나타난다.

$$\Gamma(a) = \frac{2J_1(ka \cdot \sin\theta_{mea})}{ka \cdot \sin\theta_{mea}} \qquad (6-3)$$

여기서 J_1, k, a와 θ_{mea}는 베셀함수(Bessel function), 파수, 진동판의 반경, 측정 각도를 말한다. 주파수에 따라서 소리가 전파되는 지향특성이 달라지는 것을 위의 식

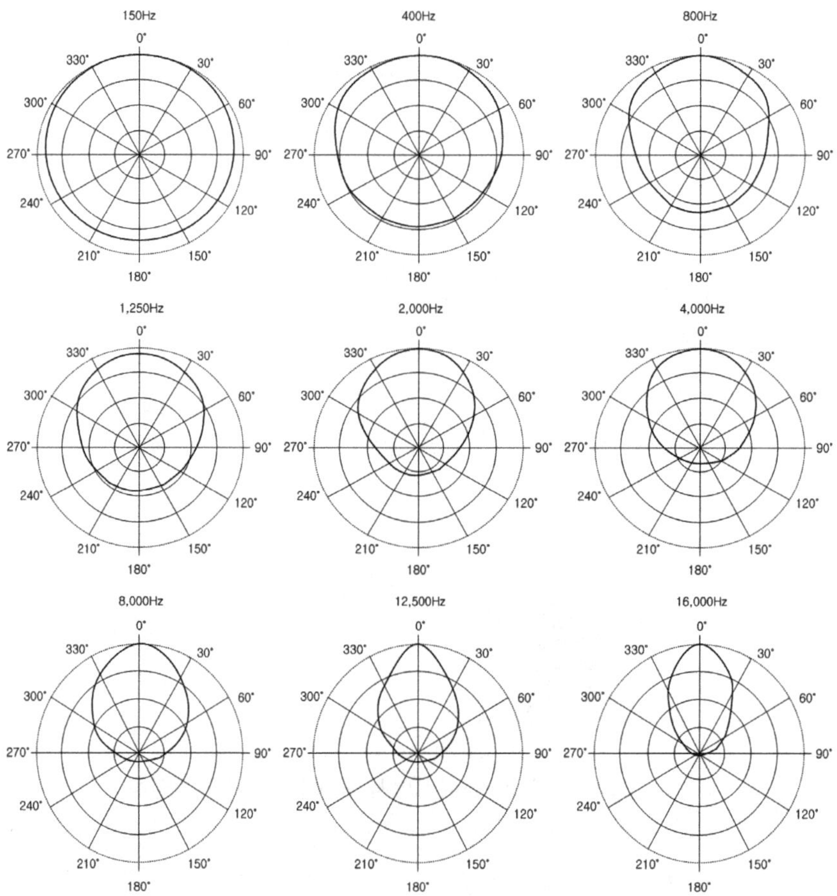

[그림 65] 주파수에 따른 지향특성

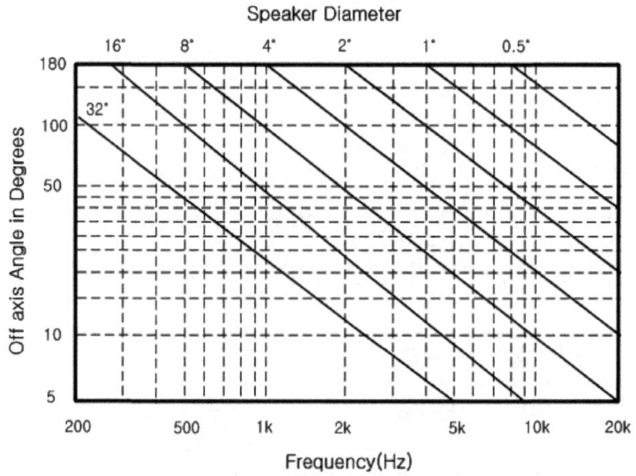

[그림 66] 주파수와 진동판의 크기에 따른 지향각

(6-3)으로부터 알 수 있다(그림65). 그리고 주파수와 진동판의 크기에 따른 지향각을 [그림 66]으로부터 알 수 있다. 진동판의 중심축 상에서의 음압과 특정한 각도에서의 음압들의 비를 DI(Directivity Index, dB)라고 하며, DI가 클수록 지향성이 커지는 것을 의미한다.

지향특성은 두 가지 방법으로 나타낸다. 첫째는 극좌표를 이용하여 어느 특정한 주파수에서의 지향특성(그림67)으로써, 스피커에서 같은 거리(1m)에 있는 모든 방향의 음압을 표시하는 특성이다. 따라서 특정한 주파수의 소리가 어느 방향으로 잘 전파되고, 어느 방향으로 소리가 잘 전파되지 않는지를 알 수 있게 된다. 두 번째는 스피커의 정면으로부터 특정한 각도에서 20Hz~20kHz의 주파수에 대한 음압을 표시하는 방법이다(그림68).

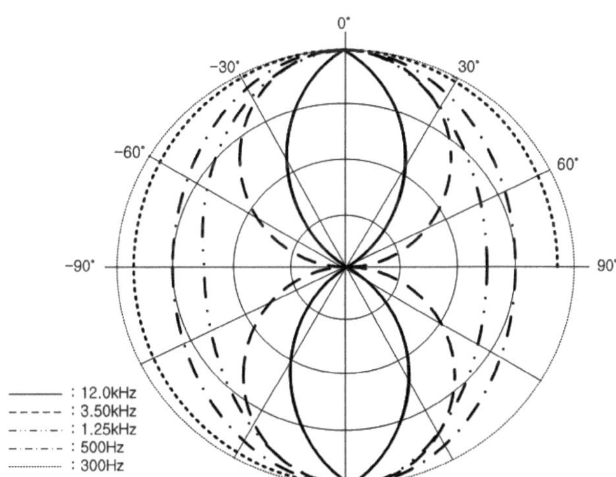

[그림 67] 스피커의 극좌표 지향특성

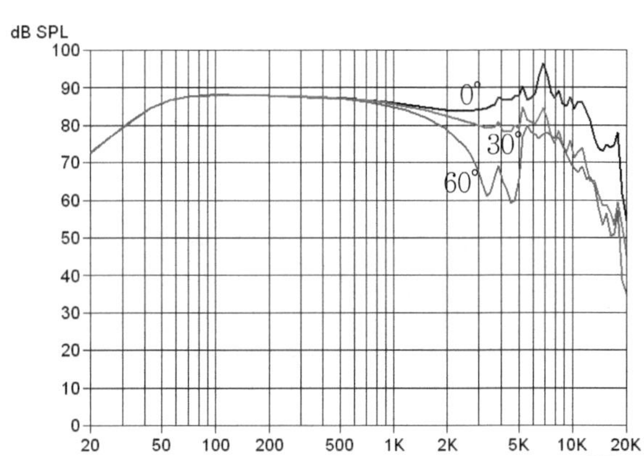

[그림 68] 주파수에 따른 지향특성

6.4. 전기임피던스 특성

도선에 전류가 흐르면 도선 주위에 자기장이 형성되는 것은 기본적인 자연현상들 중에 하나이다. 이처럼 보이스 코일에 전류가 흐르면 자기장이 형성되고, 이 자기장의 변화는 전류가 흐르던 본래의 방향에 정반대로 흐르는 전류(역기전력)를 보이스 코일에 만들어 내게 된다. 실질적으로 스피커에서는 두 가지 종류의 역기전력이 존재한다. 주된 성분은 위에서 설명한 보이스 코일 주변에서 자기장의 변화에 의한 역기전력이고, 다른 하나는 폴피스와 탑 플레이트에서 발생되는 맴돌이 전류에 의한 역기전력 성분이다. 스피커에 입력된 교류전류를 살펴보았을 때, 공명진동수(f_S)보다 매우 낮은 주파수의 경우에는 직류저항(DC 저항)에 가깝다. 그러나 공명진동수 근처가 되면 보이스 코일의 운동속도(변위)가 증가하면서 역기전력(counter-EMF)이 커지게 된다(그림69). 그리고 주파수가 공명진동수에 도달하게 되면, 스피커가 전기에서 기계에너지로 변환되는 기계적 공명이 발생하여 진동판의 속도가 최대가 된다. 이로 인하여 역기전력이 최대가 되기 때문에 임피던스가 직류저항의 수 배에서 수십 배에 도달하기도 한다. 재생주파수가 공명진동수를 지나서 지속적으로 높아지게 되면, 용량성 리액턴스는 감소하고 유도성 리액턴스는 증가하게 된다. 어떤 재생주파수가 되면 용량성 리액턴스와 유도성 리액턴스가 같아지게 되고, 이 때의 임피던스는 식(5.11)에 의해 순수한 DC저항값만을 가지며 최소가 될 것이다. 이 재생주파수를 스피커의 공칭임피던스라고 부른

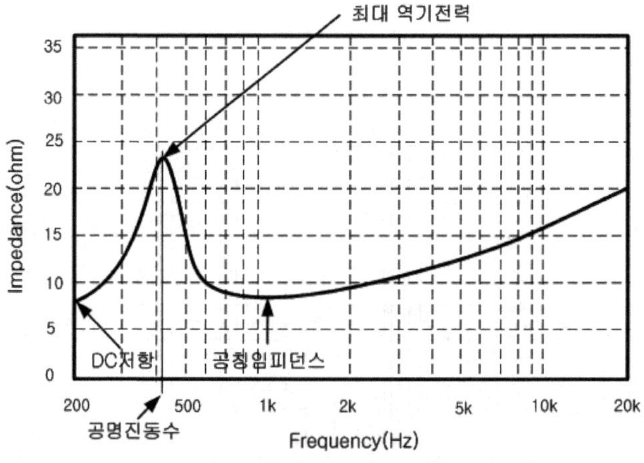

[그림 69] 스피커에서의 전기적 임피던스 특성

다. 스피커의 공칭임피던스가 아닌 다른 주파수에서는 임피던스가 저항성분과 리액턴스 성분으로 구성되는데, 리액턴스 성분은 유도성 성분(전압상승 전류)과 용량성 성분(전압하강 전류)으로 다시 분류됨을 5.11절에서 이미 지적한 바 있다. 전체 리액턴스에서 이들 각각에 대한 비중은 주파수에 따라서 달라진다. 예를 들어, 공칭 임피던스를 갖는 주파수를 지나게 되면 보이스 코일에서 인덕턴스 (유도성 리액턴스)의 증가로 인하여 스피커의 임피던스는 [그림 69]처럼 다시 증가하게 된다.

6.5. 위상특성(phase property)

스피커에서 20Hz~20kHz의 소리를 동시에 재생하였다. 이들 각각의 주파수 성분들의 소리를 특정한 시간에서 살펴보면 위상의 차이가 존재하게 된다. 왜냐 하면 이들 주파수 성분들이 동시에 재생을 시작하여 어느 특정한 시간이 되면 서로 다른 주기로 인하여 위상이 달라지기 때문이다. 이처럼 스피커의 입력과 출력 사이에 주파수에 따른 위상의 차이를 스피커의 위상특성이라고 한다(그림70). 이러한 위상의 변화는 스피커의 공진(f_S)현상, 보이스 코일의 인덕턴스와 분할진동에 의한 진동부위의 이동에 의해 달라질 수 있다.

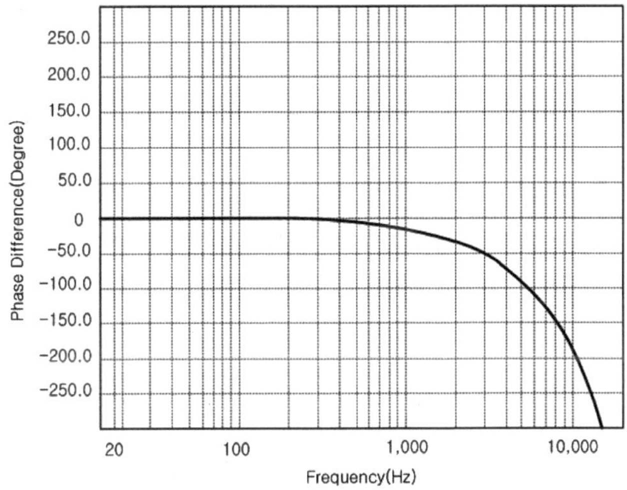

[그림 70] 스피커의 위상특성

6.6. 과도특성(transient response)

만약 스피커에서 크고 작은 분할진동이 많이 발생할 경우의 주파수특성은 많은 피크(peak)와 딥(dip)이 존재하여 편평(plat)한 특성을 얻기가 매우 어렵게 된다. 이러한 분할진동에 의한 공진이 많이 없을 경우의 주파수 특성은 대체로 편평한 특성을 갖게 될 것이다. 이처럼 스피커에서 주파수에 따른 음압의 증가 또는 감소특성을 톤 버스트(tone burst) 파형을 이용하여 분석(과도특성)할 수 있다. 만약 스피커에서 공진이 많이 존재하게 되면, 각각의 공진 점에서 기계 임피던스(Z_m)의 리액턴스(Reactance) 성분의 기여도가 커져서 과도특성이 나빠지게 된다. [그림 71]에서 보여주는 것처럼, 정상적인 톤 버스트 파형을 스피커에 입력시켰을 경우에

▷ 만약 피크가 존재하면, [그림 71①]에서 [그림 71②]의 형태로 변하고,

▷ 만약 딥이 존재하면, [그림 71①]에서 [그림 71③]의 형태로 변하고,

▷ 만약 여러 개의 피크와 딥이 동시에 존재하면, [그림 71①]이 여러 개의 [그림 71②]와 [그림 71③]가 서로 합쳐진 형태로 변하게 될 것이다.

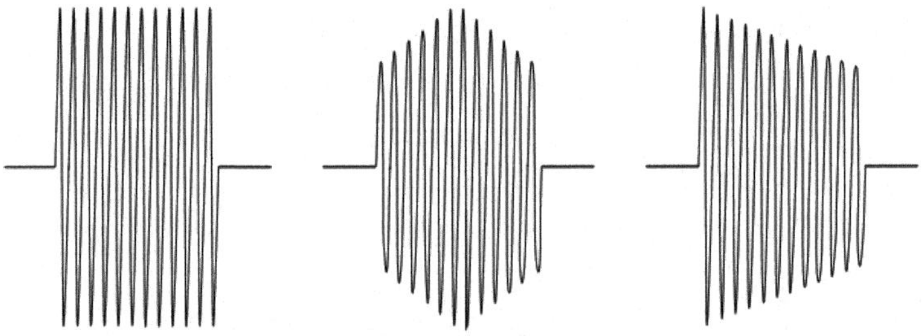

① 톤 버스트 파형 ② 피크 응답특성 ③ 딥 응답특성

[그림 71] 스피커의 과도응답특성

6.7. 왜곡(distortion)

진동판이 완전한 선형운동만을 할 수 없다는 것은 다이나믹형 라우드스피커가 가지고 있는 기본적인 약점이라고 할 것이다. 이러한 약점은 스피커 음질의 왜곡이라는 결과로 나타나게 되며, 조화왜(harmonic distortion), 변조(modulation)와 소음발생 등으로 크게 나눌 수 있다. 여기서 왜곡이라 함은 스피커의 비선형적인 운동으로 발생되는 결과로 정의할 수 있는데, 보이스 코일의 변위에 의한 비선형적 운동의 요소가 가장 크다고 볼 수 있다. 스피커의 입력과 출력의 파형들 사이에서 진폭을 제외한 차이점을 왜곡으로 말하는 경우도 있다. 그리고 조화왜라고 하는 것은 원래의 소리신호에 존재하지 않는 소리성분으로써, 소리신호의 주파수 성분으로부터 만들어진 배음들을 말한다. 음악이나 악기들의 연주에 조화왜 성분들이 많이 포함되어 있기 때문에 조화왜 성분의 양이 다소간 많아져도 크게 문제가 되지 않는 경우도 있다. 그러나 변조의 경우에는 조화왜와 다른 특성을 가지고 있는데, 변조는 원래 소리신호의 주파수들로부터 배음이 아닌 새로운 주파수의 소리가 만들어지는 것을 말한다. 따라서 작은 양의 변조라 하여도 음질에 미치는 영향은 커지게 된다. 소음발생의 경우에도 왜곡에 영향을 주게 된다. 특히 스피커의 댐퍼운동에 의한 소음과 인클로저의 덕트에서 발생하는 "chuffing" 등의 소음들을 예로 들 수 있다. 그러나 이들 소음을 장비를 통하여 실제적으로 측정하기는 매우 어려운 상태이다. 이러한 소음들을 제거하기 위해서 폴피스에 구멍을 뚫거나 덕트의 지름을 늘려 덕트에서 공기의 운동속도를 낮추어 주기도 한다.

[표 20] 스피커의 조화왜 변형

조화왜 변형의 종류	특 성
구동력의 변형	▸보이스 코일에 흐르는 전류의 변형 ▸맴놀이 전류에 의한 변형 ▸자속의 비대칭에 의한 변형 ▸직류자속과 교류자속의 중첩에 의한 변형
지지계의 변형	▸지지계의 비선형성에 의한 변형
분할진동의 변형	▸진동판의 분할진동 경계면에서 강성의 변형
변조에 의한 변형	▸진폭변조변형 ▸주파수변조변형

조화왜에 의한 변형은 크게 네 가지 형태의 원인에서 발생한다고 할 수 있다(표20). 그들 중에서 보이스 코일에 생성되는 구동력과 지지계의 변형에 의한 영향이 매우 크다고 할 것이다. 다시 말하면, 구동력은 전류의 크기에만 영향을 받아야지 보이스 코일의 위치와 같은 다른 요소들에 의해 영향을 받지 않아야 한다. 그리고 지지계의 복원력은 진동판의 변위에 정확하게 비례하여야 할 것이다. 이러한 영향들은 진동판의 변위가 큰 저음영역에서 다른 주파수 영역보다 크게 나타난다.

1) 구동력의 변형

스피커에서 구동력은 보이스 코일에 흐르는 전류에 의해 만들어진 자기장(자속 A)과 영구자석에 발생된 자기장(자속 B)들 사이의 상호작용(플레밍의 왼손법칙)에 의해 발생된다(그림72). *Olson*은 그의 한 논문(1962년)에 스피커의 구동력(F)을 크게 두 가지 형태로 기술하고 있으며, 이들의 힘이 서로 합쳐진 형태로 존재한다고 말하고 있다. 첫 번째는 제3차 고조파를 발생시키는 형태로써, 힘과 운동변위를 다음과 같이 쓸 수 있다.

$$F(x) = ax + bx^3$$

$$x = A\cos\omega t + B\cos 3\omega t$$

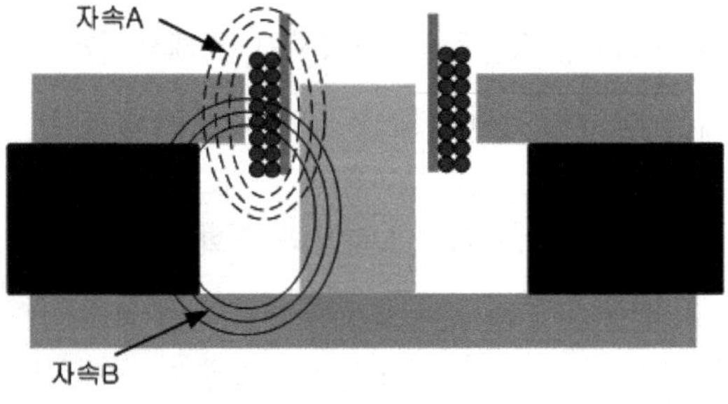

[그림 72] 스피커의 자기회로

제3차 고조파가 발생되는 원인들 중에 하나가 보이스 코일로부터 발생되는 자기장의 비균일성이다. 다시 말하면, 보이스 코일에 전류가 흐르게 되면 보이스 코일 주변에 자기장이 자연적으로 발생되는 것은 이미 지적해 오고 있다. 이 때에 보이스 코일의 내부(폴피스 방향)와 외부(탑 플레이트 방향)에 발생되는 자기장이 서로 균일하지 못하게 되면 구동세기가 변하게 되어 제3차 고조파가 발생된다. 그리고 에지나 댐퍼와 같은 지지계의 댐핑력이 비선형적일 경우에도 제3차 고조파가 발생하게 된다. 이처럼 발생된 제3차 고조파는 보이스 코일의 최대변위(X_{max})와 밀접한 관계를 가진다.

두 번째 형태의 힘과 운동변위를 아래와 같이 쓸 수 있으며, 제2차 고조파의 원인이 된다.

$$F(x) = ax + bx^2$$

$$x = A\cos\omega t + B\cos2\omega t$$

제2차 고조파는 보이스 코일이 정지한 위치와 구동세기가 최대인 지점들 사이에서 스피커의 진동판에 미치는 중력의 비대칭성, 입력전류속의 DC성분, 자기 갭 근처에서의 직선자속밀도(linear flux density)와 플렌지 자속밀도(fringe flux density) 사이의 비대칭성과 정류(rectification)등을 비롯한 다른 여러 가지 영향들에 의해 발생하게 된다. 그리고 보이스 코일의 솔레노이드 작용에 의하여 전류방향에 관계없이 철을 끌어당기는 현상에 의하여 낮은 레벨의 제2차 고조파 왜곡이 발생하기도 한다. 4차 이상의 고조파들은 제2차와 제3차 고조파 성분들의 영향에 비하여 미약하기 때문에 무시할 수도 있다.

구동력에 관련한 네 가지 형태의 변형을 좀 더 자세히 설명하면 다음과 같다.

(1) 보이스 코일에 흐르는 전류의 변형

스피커의 보이스 코일에 입력된 전류는 주변에 자기장을 형성시키고, 이로 인하여 폴피스가 자화된다. 폴피스는 일반적으로 순철로 제작되는데, 철은 히스테리시스 곡선에 따라서 비선형적으로 자화된다. 따라서 폴피스의 비선형적인 자화는 보이스 코일에 흐르는 전류에 변형을 만들게 된다. 이러한 전류변형을 감소시키기 위하여, 폴피스를 자기포화상태로 만들거나 보이스 코일의 권선폭을 줄여 폴피스의 비선형적인 요소를 줄일 수 있다.

[그림 73]에 나타낸 방법으로 폴피스의 비선형적인 요소를 줄여 보이스 코일에 흐르는 전류의 변형을 억제하고 있다. 우선 보이스 코일이 위치하게 되는 폴피스의 상단을 도전율이 높은 구리로 코팅(shorted turn)을 하거나 캡을 씌우기도 한다(그림73①~③). 만약 자기 갭의 너비를 코팅이나 캡이 없는 경우와 동일하게 유지하고자 할 경우

에는 자기 갭의 너비를 차폐(코팅 또는 캡)의 두께만큼을 증가시켜야 할 것이다. 이로 인하여 자기 갭에서의 자기밀도(B)가 감소될 수 있어 영구자석의 크기 또는 강도를 높여주어야 동일한 출력을 유지하게 될 것이다. 그리고 보이스 코일에서 인덕턴스의 발생을 감소시켜 중고음에서의 음압을 증가시킬 수 있는 반면에, 보이스 코일에서 형성된 자기장에 따른 폴피스 표면의 자화로 인한 제3차 고조파의 형성을 감소시킬 수 있다. [그림 73③]의 경우에는 제2차 고조파 또는 홀수차 배음에 의한 왜곡을 감소시키거나, 맴놀이 전류의 발생으로 인한 출력감소를 무시할 수 있을 정도로 낮추기도 한다.

폴피스에 쇼트 링(shorting ring, Faraday loop)을 사용하는 경우(그림73④)에는 링이 폴피스의 하단에 자리하기 때문에 자기 갭에서 자기밀도의 감소가 없을 뿐만 아니라, 중고음부의 주파수특성이나 보이스 코일의 인덕턴스에 영향을 주지 않게 된다. 그러나 링의 크기와 위치를 신중하게 선정하여 고음부의 특성을 조정하는 경우도 있다. 그리고 링의 사용에 따라서 제2차 고조파 왜곡을 감소시킬 수도 있다(그림74).

보이스 코일의 위치에 따른 인덕턴스의 변화에 의해 중고음대역에서 왜곡이 발생하기도 한다. 왜냐 하면, 보이스 코일의 내부에 존재하는 폴피스의 양이 달라짐에 따라서 보이스 코일의 인덕턴스가 변화하기 때문이다. 이처럼 보이스 코일의 위치에 따른 자기장의 분포 및 인덕턴스의 변화에 의한 왜곡을 감소시키기 위하여, [그림 73]에서 보여주는 여러 방법들을 이용하기도 한다.

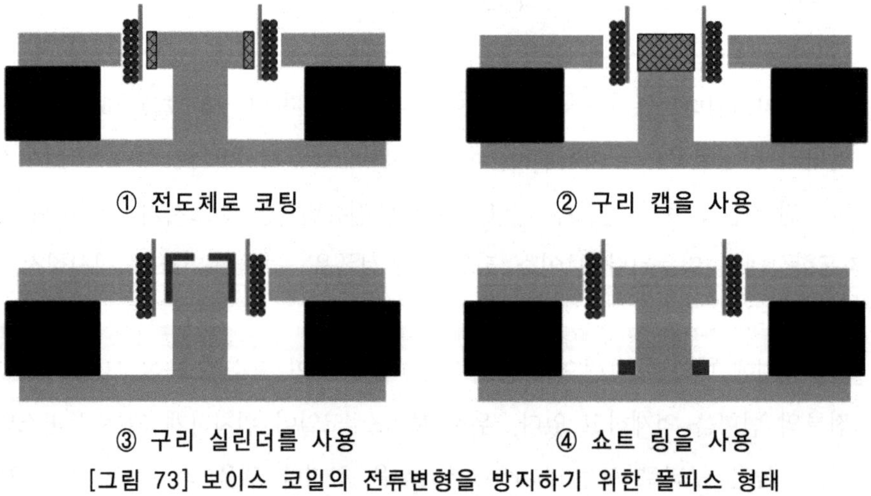

[그림 73] 보이스 코일의 전류변형을 방지하기 위한 폴피스 형태

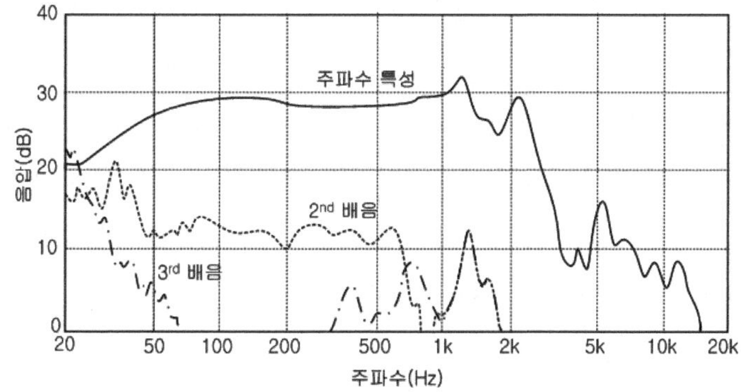

① 쇼트 링이 없는 경우

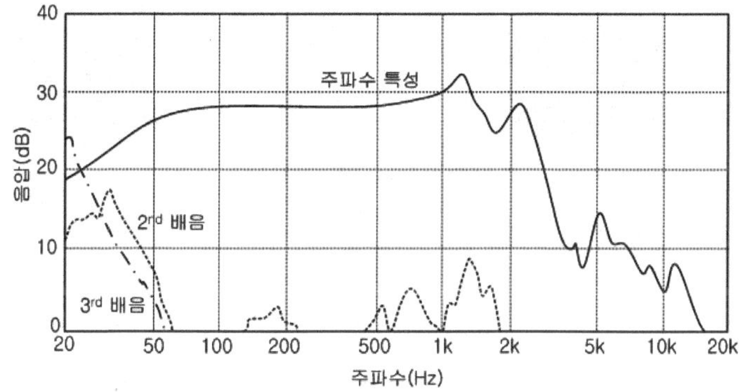

② 쇼트 링이 있는 경우

[그림 74] 쇼트 링의 사용에 따른 제2차 고조파 왜곡의 특성

(2) 맴놀이 전류(Eddy current)

도체에 자기장이 주어지고, 자속(magnetic flux)이 변하게 되면 도체의 표면에 맴놀이 전류라고 하는 원형 형태의 환전류가 무수히 많이 만들어진다. 스피커의 자기회로에서는 폴피스, 탑 플레이트와 전도성 보빈등의 표면에 보이스 코일에 흐르는 전류의 변화에 따른 [그림 72]에서 자속 A 의 변화로 맴놀이 전류를 만들게 된다. 이는 보이스 코일에 발생하는 전체 역기전력의 한 성분이기 때문에 전기임피던스 값을 변화시키며, 제3차 고조파 변형의 발생에 주된 원인이 되기도 한다. 맴놀이 전류가 발생하는 도체의 깊이(δ_d)는 표면으로부터 다음과 같이 계산할 수 있다.

$$\delta_d = (\frac{2}{\mu \times \sigma \times \omega})^{1/2}$$

여기서, μ, σ와 ω는 폴피스와 플레이트의 투자율, 전도도 그리고 각진동수 등을 각각 의미한다. 맴돌이 전류의 발생을 감소시킬 수 있는 방법을 살펴보면, 폴피스와 탑 플레이트에 low conductivity polymer-based magnetic powder composite처럼 전도성이 낮은 재료들로 링(ring)을 만들어 사용하거나 슬롯을 만든다(그림75). 이런 경우에, 전기 임피던스는 유도성 리액턴스 성분이 증가하게 되고 저항성분이 감소하는 것으로 나타난다. 그리고 제3차 고조파 변형이 크게 감소하게 되는데, 이는 임피던스의 유도성 리액턴스 성분이 증가하기 때문인 것으로 판단된다.

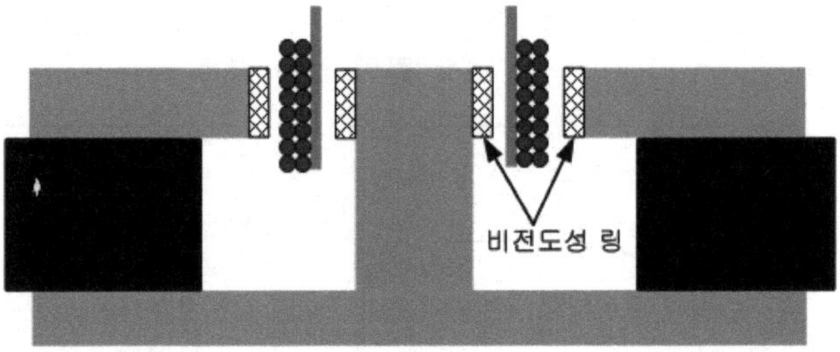

[그림 75] 맴돌이 전류를 방지하기 위한 비전도성 링

알루미늄과 같이 전도성 재료로 제작된 보빈은 표면에 맴돌이 전류를 발생시킨다. 보빈의 표면에 상자적(parasitic) 특성을 가진 맴돌이 전류의 발생은 보빈으로부터 열을 발생시킬 뿐만 아니라 구동력의 변형도 초래하게 된다. 이처럼 발생된 열은 보이스 코일의 부가적인 전력소모의 원인이 되기도 한다. 그리고 비전도성 보빈의 Q_{MS}값에 비해 대체적으로 2~4정도가 낮아진다. 일반적으로 비전도성 보빈을 사용할 경우의 Q_{MS}값은 4에서 12사이 놓여진다. 이는 비전도성 재질을 사용하기 때문에 맴돌이 전류가 발생하지 않아 왜곡이 다소 적어졌기 때문이다. 그리고 캡톤으로 제작된 비전도성 보빈의 경우에는 맴돌이 전류에 의한 손실이 없기 때문에 고음영역에서 높은 출력을 갖는다(그림76, 이 결과는 비전도성 보빈의 종류에 따라서 다른 결과를 가져 올 수도 있음). 이처럼 전도성 재료의 보빈에서 맴돌이 전류의 발생을 막기 위하여 [그림 77]처럼 슬롯을 만든다.

그러나 슬롯을 알루미늄 보빈에 만든다고 하여도 맴돌이 전류의 발생을 완벽하게 방지할 수는 없다. 왜냐 하면, 보빈의 일부분은 영구자석의 자기장에 직접적으로 노출되어 있고, 보빈의 왕복운동에 따라서 이 부분에 작용하는 자속의 양이 변화되어 맴돌이 전류를 발생시키기 때문이다.

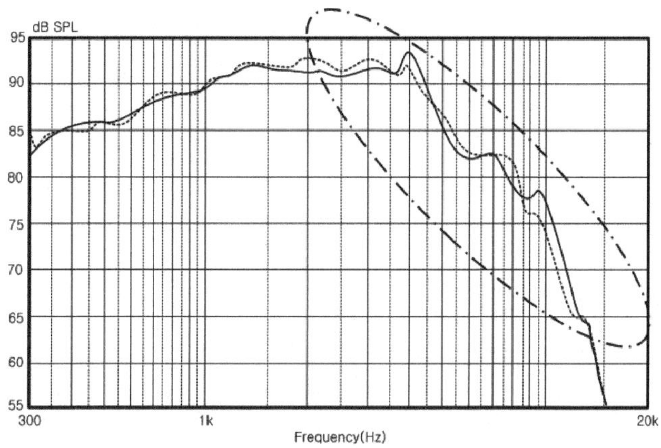

[그림 76] 보빈의 재료에 따른 고음특성

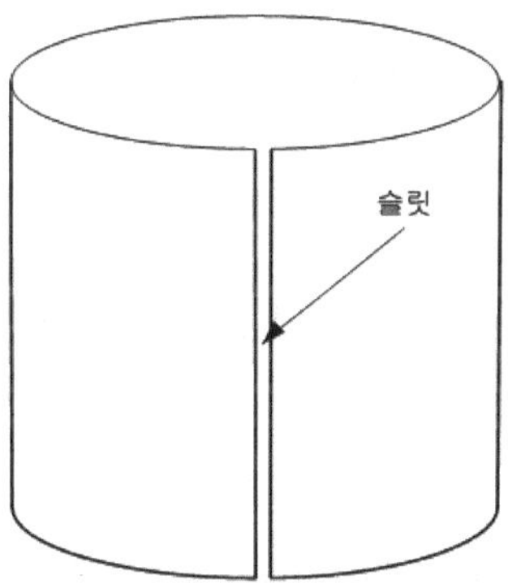

[그림 77] 맴돌이 전류의 발생을 방지하기 위한 알루미늄 보빈

(3) 자속의 비대칭에 의한 변형

[그림 78]의 자기회로에서 보이스 코일의 상하운동에 의한 위치변화는 탑 플레이트와 폴피스 사이의 자기 갭을 통과하는 자속 중에서 보이스 코일에 직접적으로 영향을 주는 자속의 양을 달라지게 한다. 이와 같이 보이스 코일의 위치에 따른 자속의 변화가 비선형적이라서 구동력에 변형이 발생하게 된다.

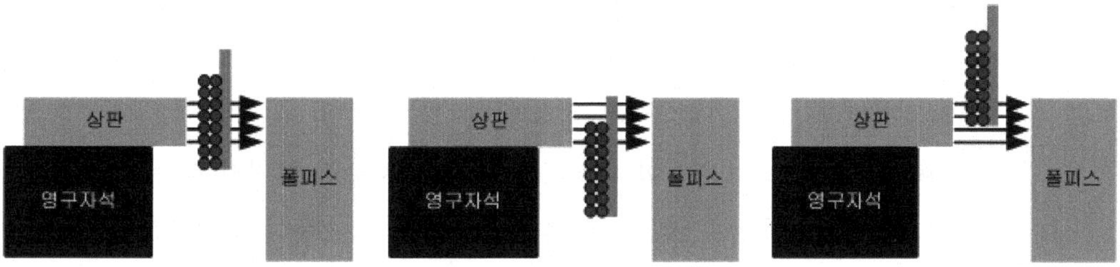

[그림 78] 스피커의 자기회로에서 보이스 코일의 상하운동

영구자석에서 나온 자기장이 탑 플레이트를 걸쳐 폴피스로 이동하는 과정에서, 폴피스의 형태에 의해 자기 갭에서의 자속이 비대칭적으로 형성될 수 있다. 다시 말하면, 탑 플레이트에서 폴피스로 자기장이 이동할 때에 직선적으로 이동하는 자속(linear field)과 원형경로를 통해 이동하는 플렌지 자속(fringe field)이 동시에 존재하게 된다. 자기회로의 자기 갭 근처에서 프렌지 자속의 존재는 진동판의 선형적인 운동해석에 매우 중요한 요소가 된다.

자기 갭의 내부에 위치하는 직류 자기장과 외부에 존재하는 플렌지 자속들의 자기밀도가 서로 동일하지 않음으로 인하여 보이스 코일의 운동속도는 자기 갭 외부에서 가속을 하게 된다. 왜냐 하면, 보이스 코일이 자기 갭을 벗어나기 시작하면서 구동세기가 약해지는 가운데 보이스 코일은 일정한 시간 동안에 운동변위량을 일정하게 유지하려 할 것이다. 이를 위하여, 파워앰프로부터 공급되는 파워를 더 많이 사용하게 되어 보이스 코일의 운동속도가 가속(jump-out)되는 것이다. 이러한 현상은 진동판의 가속으로 이어져 왜곡을 매우 크게 발생시키게 된다. 이를 억제하기 위하여, 지지계의 강성에 대한 비선형을 활용하든지 아니면 보이스 코일 또는 자기 갭을 오버형형으로 설계하기도 한다. 만약 보이스 코일의 가속과 지지계의 강성을 잘 매칭시켜 진동판을 선형적으로 운동시키면 약 3dB정도의 출력증가를 기대할 수도 있다. 그리고 역기전력의 발생을 억제하는 전도성 링을 보이스 코일의 상단 또는 하단에 삽입하여 과도한 진동판의 변위를 억제하기도 하는데, 이는 맴놀이 전류의 발생도 억제하는 효과를 동시에 갖기도 한다.

자기 갭의 근처에서 발생하는 직류 자속과 플렌지 자속이 조합된 형태는 [그림 79]와 같이 세 가지 형태로 분류할 수 있다. 첫 번째는 플렌지 자속이 없이 자기 갭의 내부에서만 자기장이 균일하게 존재하는 경우이다(그림79①). 두 번째는 플렌지 자속이 자기 갭의 근처에 존재하지만 자기장 분포가 대칭적으로 형성되는 경우이다(그림79②). 세 번째는 두 번째와 유사하지만, 자기장 분포가 대칭적이지 못한 경우를 보여준다(그림79③). 만약 [그림 79①]처럼 자속이 직선적으로만 폴피스로 이동한다면 아무런 문제가 없을 것이다.

플렌지 형태로 이동하는 자속이 존재하기 때문에 자속의 대칭적 이동이 어려워진다. 예를 들어, 폴피스를 원통형으로 만들 경우에 플렌지 자속들이 비대칭적으로 형성되기가 쉽다(그림80①).

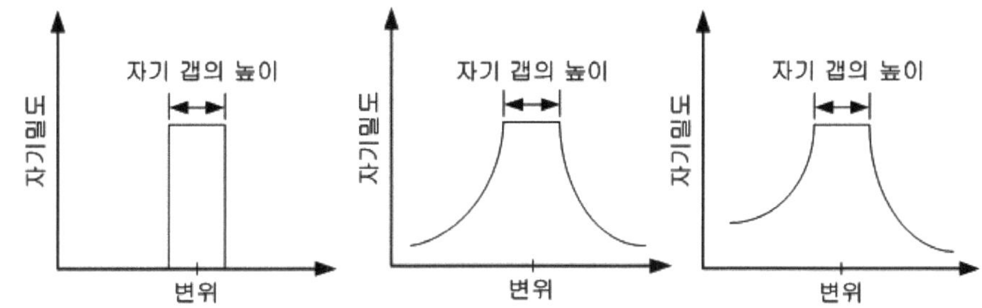

① 이상적인 경우　② 대칭인 경우　③ 비대칭인 경우

[그림 79] 자기 갭 근처에서의 자기밀도 분포

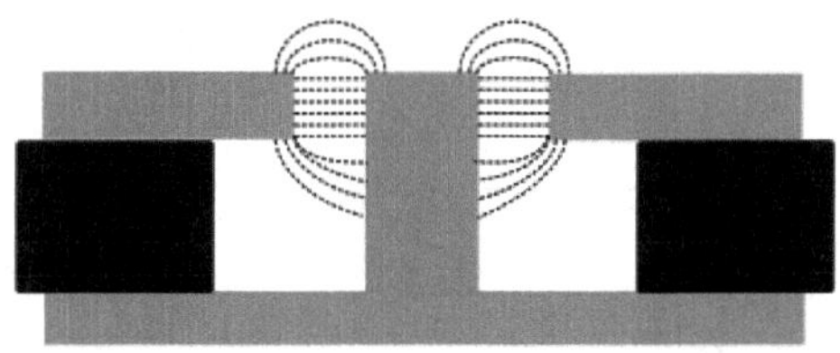

① 직선형 폴피스 : 비대칭적 프렌지 자속

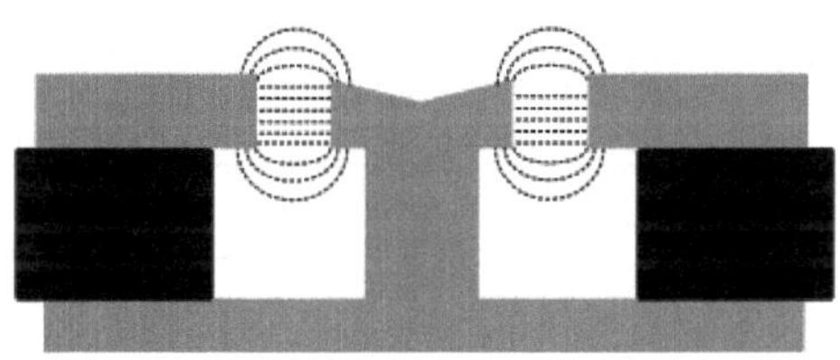

② 언더커트형 폴피스 : 대칭적 프렌지 자속

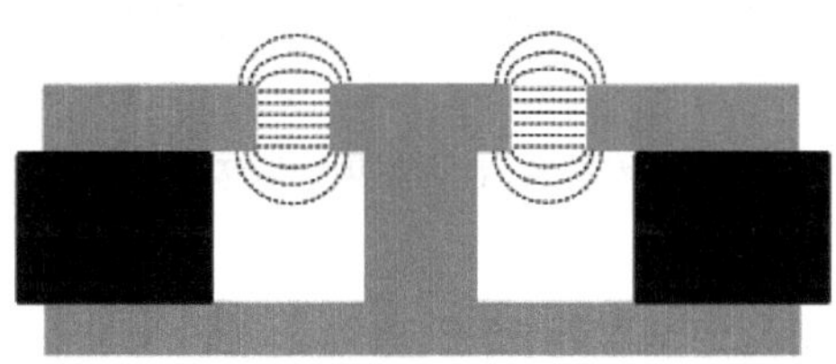

③ 각형 폴피스 : 대칭적 프렌지 자속

[그림 80] 폴피스의 형태

이를 보완하기 위하여, 폴피스를 언더커트형(그림80②, T-type) 또는 각형(그림80③)으로 제작하기도 한다. 만약 플렌지 자속이 서로 비대칭일 경우에, 진동판이 전방으로 운동할 경우와 후방으로 운동할 경우에 받는 구동세기가 서로 달라서 소리의 재생이 변형될 수 있다. 언더커트형(T-type)의 경우에는 제2차와 제3차 조화왜를 크게 감소시킬 수도 있다(그림81).

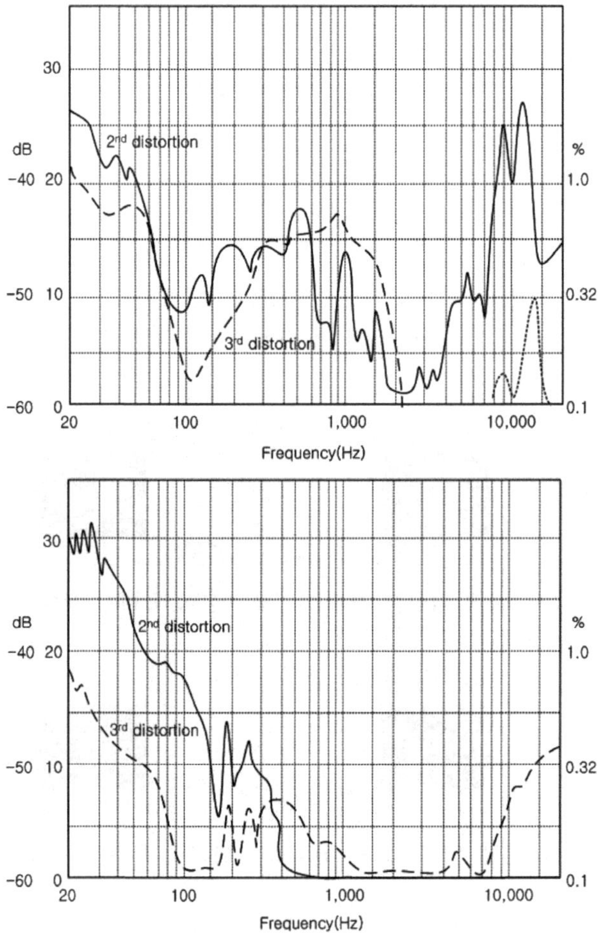

[그림 81] 언더커트형의 경우에 제2차와 제3차 조화왜 특성

(4) 직류자속과 교류자속의 중첩에 의한 변형

스피커의 자기회로에는 영구자석에 의한 자기장과 보이스 코일에 흐르는 전류에 의한 자기장들이 서로 중첩된다. 이 때 보이스 코일에 발생되는 힘(F)에 제2차 고조파 변형이 발생되기도 한다. 이들 자기장의 중첩에 의한 변형은 보이스 코일에서 발생된 자기장이 자기회로 전체에 영향을 주지 않도록 보이스 코일의 권선폭을 줄이거나 또는 자기회로의 내부에 전도체로 만들어진 쇼트 링을 삽입함으로써 변형을 줄일 수 있다. 뿐만 아니라, [그림 73]에 나타낸 방법들로도 자기장의 중첩에 의한 변형을 감소시킬 수 있다. 만약 도체 링을 자기 갭의 내부에 설치하게 되면(그림73①~③), 자기 갭의 유효간격이 커지게 되어 자기저항과 플렌지 자속의 영향이 증가하게 되는 결과를 가져

올 것이다. 따라서 동일한 자속밀도를 유지하기 위해서는 보다 큰 영구자석을 요구하게 된다. 만약 폴피스에 캡을 씌우게 되면(그림73②), 자기 갭의 대칭성이 감소하여 자기장의 분포를 비대칭으로 만들게 된다. 도체 링 또는 캡이 보이스 코일의 안쪽 어딘가에 존재하게 되면, 고음부에서 발생하는 보이스 코일의 인덕턴스를 감소시켜 음압을 증가시키게 된다. 그리고 보이스 코일에서 형성된 자기장에 따른 폴피스 표면의 자화로 인해 만들어지는 제3차 고조파의 형성을 감소시킬 수도 있다. 만약 폴피스의 둘레에 도체 링을 삽입할 경우(그림73④)에는 보이스 코일에서 발생하는 인덕턴스의 커다란 변화를 방지하기 위하여 링의 크기와 위치를 신중히 선정해야 할 것이다.

2) 지지계에 의한 변형

스피커의 진동판을 지지하기 위하여 댐퍼와 에지가 사용된다. 이들 지지계의 비선형적 작용은 진동의 변위가 최대선형변위보다 클 경우에 발생하게 된다. 특히, 고출력을 갖는 저주파수의 소리를 재생시킬 경우에 많이 발생하게 된다. 만약 진동판의 변위가 큰 경우에 대하여 세 가지로 분류하여 다음과 같이 살펴보자. 우선 변위가 매우 클 경우에는 보이스 코일, 댐퍼와 진동판이 접착되는 3접점이 보빈과 바텀 플레이트의 충돌로 인하여 보빈과 더불어 망가지는 경우가 있다. 두 번째는 이보다 약간 작은 변위를 갖는 경우로써, 댐퍼가 찢어지거나 원래 상태로의 복원이 어려울 정도로 늘어나게 된다. 세 번째는 바텀 플레이트의 표면에 충격을 완화시킬 수 있는 완충제를 사용하는 경우로써, 왜곡률을 대폭 감소할 수 있게 된다.

만약 스피커가 비대칭적인 구조로 제작되었을 경우에, 에지에서 왜곡을 일으킬 수 있는 비선형적인 힘이 발생하게 된다. 이 때에는 주름형의 에지가 다른 모양들에 비하여 좀 더 선형적이라고 할 수 있다. 그러나 에지의 비선형성에 의한 왜곡은 그다지 크게 중요하지 않을 수 있다. 왜냐하면 지지계에서 에지의 역할이 댐퍼에 비하여 매우 작기 때문이다.

보이스 코일이 자기 갭을 벗어날 때에 보이스 코일의 운동속도가 증가되어 최대가 됨을 앞에서 지적한 바 있다. 그 이유는 보이스 코일의 속도를 높은 자기밀도에 의해 전자기적으로 감소시킬 수 있는 능력이 감소하기 때문이다. 이는 홀수 조화왜의 원인이 되기도 하며, 이 효과를 줄이기 위해 3차 조화왜를 갖는 댐퍼를 사용하면 역학적으로 보이스 코일의 운동속도를 감소시킬 수 있다.

스피커의 지지계에 히스테리시스가 있다면, 정상적인 정현파 입력이 히스테리시스에 의해 변형된 형태의 출력으로 나타나게 된다(그림82).

① 입력된 정현파 ② 지지계의 비선형성 ③ 출력

[그림 82] 비선형적인 지지계에 의한 입출력 응답

3) 분할 진동(vibration mode)에 의한 변형

스피커에 인가되는 주파수가 높아짐에 의하여 진동판은 분할진동을 시작하게 된다. 이처럼 진동판이 분할진동을 하면, 서로 다른 위상을 갖는 분할진동 사이의 경계면에 대한 강성이 증가하게 된다. 이 결과로써 분할진동에 의해 진동판의 강성에 대한 히스테리시스가 형성되어 스피커의 운동에 변형이 나타나게 된다.

4) 변조에 의한 변형

스피커에서 소리를 재생시키면 여러 가지의 주파수들이 동시에 재생된다. 이 때 저음과 고음이 동시에 재생되기도 하며, 서로 배음의 관계를 갖지 않는 두 개의 주파수(f_1, f_2....)들이 혼합되어 이들 주파수들의 차이(f_2-f_1) 또는 합(f_2+f_1)이 되는 주파수의 소리가 만들어지기도 한다. 비록 전체적인 변형에 기여도가 크지는 않지만, 저음의 배음과 고음이 서로 더해지거나(f_2+2f_1, f_2+3f_1...) 빼진(f_2-2f_1, f_2-3f_1...) 측파대(sideband)들이 형성되기도 한다. 이러한 특성들에 의해 진폭 또는 주파수의 변조 변형이 발생하게 된다. 여기서 전체적으로 변조에 의한 변형(total modulation distortion)은 진폭 변조변형과 주파수 변조변형들의 조합들로 구성된다.

(1) 진폭 변조변형(amplitude modulation distortion)

진폭변조변형 조화왜를 일으키는 비선형성으로부터도 동시에 발생된다. 만약 스피커에서 낮은 주파수의 소리와 높은 주파수의 소리가 동시에 재생될 경우에 저음성분의 진폭이 크기 때문에 지지계등의 비선형적 운동에 영향을 쉽게 받게 된다. 다시 말하면 [그림 83①]에서와 같이 저음과 고음이 혼합된 파형(단, 그들의 음압이 각각 일정)이 지지계의 비선형성에 의해 [그림 83②]처럼 저음의 진폭이 억제되었다. 이 때에 [그림 83③]처럼 고음의 경우에도 저음의 영향을 받아서 마찬가지로 진폭이 변조된다.

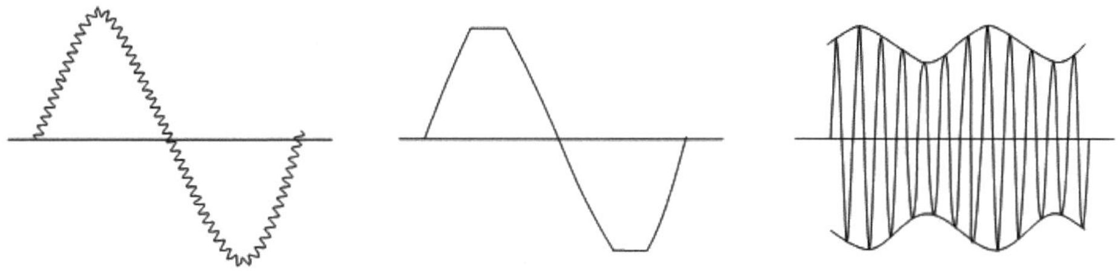

① 고음과 저음이 혼합된 파형　② 저음의 진폭억제　③ 고음의 진폭억제

[그림 83] 진폭변조에 의한 변형

(2) **주파수 변조변형**(frequency modulation distortion)

진폭변조변형처럼 낮은 주파수의 소리와 높은 주파수의 소리가 동시에 재생될 경우에, 일반적으로 저음은 고음보다 진동판의 운동속도가 작게 된다. 도플러 효과(Doppler effect)에 의하여, 저음(f_1)의 재생을 위하여 진동판이 앞으로 전진할 경우에는 고음(f_2)의 파장이 감소하여 주파수가 높아지고, 진동판이 뒤로 후진할 경우에는 파장이 증가하여 주파수가 낮아지게 된다(그림84). 이처럼 고음에 있어서 주파수 변조의 양(Δf_2)은 아래와 같이 구할 수 있다.

$$\Delta f_2 = \frac{f_2 \times a_1 \times \omega_1}{c}$$

여기서 a_1, ω_1과 c는 저음(f_1)의 진폭, 저음의 각진동수($=2\pi f_1$)와 음속을 의미한다. 이는 저음의 진폭 그리고 저음과 고음의 주파수들이 높아질수록 주파수 변조의 양이 증가함을 보여준다. 이처럼 주파수변조변형을 감소시키기 위하여, 가청주파수대역의 소리를 저음, 중음과 고음용 스피커로 분리하여 재생하던지 아니면 스피커에 혼을 부착하게 되면 주파수변조변형을 감소시킬 수 있게 된다. 그리고 커다란 우퍼를 사용하게 되면 주파수변조변형을 좀 더 감소시킬 수가 있는데, 이는 동일한 출력의 크기를 얻는데 필요한 변위 또는 진동판의 운동속도가 작아지기 때문이다. 커다란 주파수변조특성은 공기 중에서 주파수 변조를 쉽게 일으키는 동축형 스피커에서 자주 발생된다. $f_2 \pm 2f_1$과 $f_2 \pm 3f_1$ 등에 해당하는 측파대(sideband)들의 진폭(또는 왜곡지수, d_a, distor-tion factor)은 아래와 같이 구해진다.

$$d_a = 0.033 \times a_1 \times f_2 (\%)$$

여기서, a_1과 f_2는 저음(f_1)의 진폭과 고음(f_2)의 주파수를 각각 말한다.

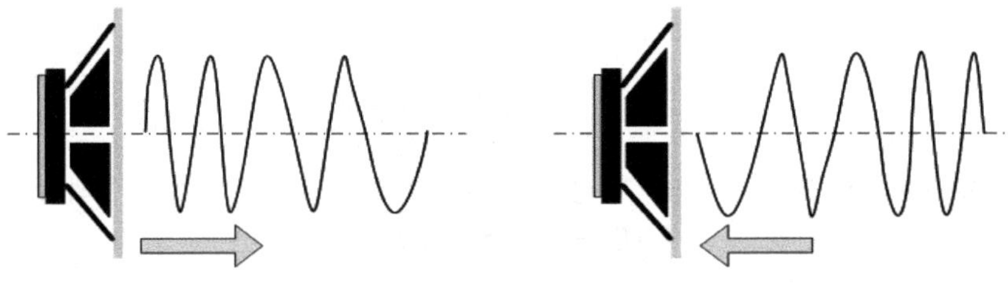

[그림 84] 주파수변조에 의한 변형

5) 분수조화파(subharmonic wave)의 발생

스피커에 입력된 주파수(f)에 대하여 정수배(harmonic)가 아닌 분수형태의 주파수($f/2$, $f/3$, $f/4$...)를 갖는 소리가 발생되는 현상을 말한다. 질량이 매우 가벼운 콘형 또는 돔형 진동판에서 높은 출력을 내고자 할 경우에 진동판의 분할진동을 그 원인으로 들 수 있다. 이러한 진동판의 분할진동을 강성의 조정으로 분수조화파의 발생을 억제할 수도 있다. 정현파를 스피커에 입력하여 시험할 경우에는 잘 들리는 편이지만, 음악을 사용할 경우에는 거의 들리지 않게 된다.

6) 다이나믹 오프셋(dynamic offset)

스피커에서 진동판 위치가 자기 갭의 중앙에서 아래 또는 위로 이동하는 현상으로써, 그 원인들을 살펴보면 다음과 같다. 우선 정지상태의 진동판에 주어지는 지지계의 댐핑이 균일하지 못한 가운데 중력작용에 의해 부분적으로 발생할 수 있다. 고출력을 위한 큰 진폭에서 보이스 코일이 자기 갭에서 벗어남에 의해 구동세기($B\ell$)의 감소를 원인으로 들 수 있다. 이를 억제하기 위하여, 보이스 코일이 자기 갭을 벗어남에 따라 구동세기의 감소를 상쇄할 수 있도록 댐퍼를 설계하기도 한다. 그리고 앰프로부터 큰 전류가 흐를 경우에 지지계의 댐핑이 전체적으로 균일하게 작용하지 못하여 진동판이 한쪽으로 크게 또는 적게 작용하는 경우에도 발생할 수 있다.

7) 전류의 방향에 따른 영구자석의 자화정도 변형

보이스 코일에 흐르는 전류에 의한 자기장이 영구자석의 자화강도에 영향을 줄 수 있다. 다시 말하면, 전류에 의한 자기장이 영구자석에 순방향으로 작용하면 영구자석의 자화강도를 좀 더 높여주게 되고, 역방향으로 형성되면 영구자석을 탈자시켜 자화강도를 낮추는 결과를 가져 올 수 있다. 이는 보이스 코일에 흐르는 전류가 교류이기 때문에 가능한 일이 된다. 알리코 V처럼 탈자곡선이 직선에 가까우면 영향이 적으나, 페라이트처럼 탈자곡선이 어느 일정한 기울기를 갖게 되면 페라이트의 자기장이 전류에 의한 자기장의 변화에 따라 달라진다(그림31). 이러한 왜곡은 폴피스의 하단에 알루미늄 링을 삽입해 상호인덕턴스를 발생시킴으로 인해 전류에 의한 자기장으로부터 영구자석에서 나온 자기장의 변형을 최소화할 수 있다.

8) 인클로저에 의한 왜곡률 변화

스피커의 비선형성에 의한 왜곡은 진동판의 변위에 많이 의존하게 된다. 진동판의 변위가 커질수록 왜곡이 증가하는 경향을 갖게 된다. 따라서 스피커의 왜곡률을 줄일 수 있는 방법들 중에 한 가지가 스피커에 혼 또는 인클로저를 부착하여 진동판의 변위를 감소시키는 것이다. 특히 인클로저의 경우에 밀폐형, 덕트형 그리고 패시브형등의 형태에 따라서 왜곡률이 달라진다. 그리고 스피커에서의 여러 가지 경우들에 따른 왜곡의 현상들에 대하여 [표 21]에 나타내었다.

[표 21] 스피커의 여러 가지 경우에 따른 왜곡현상

원 인	조화왜 또는 변조
보이스 코일이 자기장의 중심에 놓여있지 않은 경우	낮은 짝수의 조화왜(2차, 4차 조화왜등)
본드의 접착지점이 느슨한 경우	높은 차수의 조화왜(10차, 12차 조화왜등)
스피커의 구조가 비대칭적인 경우	짝수의 조화왜(변조도 동반 가능)
보이스 코일이 자기 갭의 대부분을 벗어나서 운동속도가 증가한 경우	홀수 차수의 조화왜
자기 갭에서 자기장의 분포가 비대칭인 경우	짝수의 조화왜(변조도 동반 가능)

6.8. 최대변위(maximum displacement)

스피커의 구동력(F)은 다음과 같이 다시 쓸 수 있다.

$$F = nqv_qA \times B \times \ell \times \sin\theta_a$$
$$= I \times B \times \ell \times \sin\theta_a \qquad (I = nqv_dA)$$

여기서 n, q, v_q, A, B, ℓ 그리고 θ_a는 단위체적당 전하의 수, 전하량, 전하운반체의 유동속도, 단면적, 자기밀도, 자기 갭의 내부에 위치한 보이스 코일의 길이 그리고 보이스 코일과 자기장 사이의 각도 등을 각각 의미한다. 만약에 보이스 코일과 자기장 사이의 각도가 직각(θ_a=90°, $\sin\theta_a$=1)이라면,

$$F = I \times B \times \ell \qquad (6.8\text{-}1)$$

식(6.8-1)은 입력전압(V), 전기(Z) 및 기계 임피던스(Z_m)의 항으로 아래와 같이 다시 적을 수 있다.

$$F = \frac{B\ell V}{Z + \dfrac{(B\ell)^2}{Z_m}}$$

특히, 공명진동수($Z_{em} = (B\ell)^2/Z_m \gg Z$)의 근처에서는 아래와 같이 쓸 수 있는데, Z_{em}은 역기전력이 발생될 때의 전기적 운동 임피던스를 의미한다.

$$F \approx \frac{VZ_m}{B\ell}$$

만약 식(6.8-1)에서 전류(I)가 일정하다면, 힘(F)은 자기장(B)과 보이스 코일의 길이(ℓ)에 비례하게 된다. 그러나 스피커의 구동세기를 의미하는 $B\ell$이 항상 일정한 값을 가지는 것은 아니다. 왜냐하면, 자기 갭의 내부에서 자기장의 분포가 일정하지 않고, 탑 플레이트의 위와 아래 부분에서는 플렌지 자기장(fringe magnetic field)에 의해 자기장(B)이 감소하기 때문이다. 따라서 보이스 코일이 자기 갭의 내부에서도 일정한 세기의 자기장에 노출되지 못할 뿐만 아니라, 자기 갭의 외부에서는 자기장이

매우 미약하게 미칠 수도 있기 때문이다. 실질적인 $B\ell$값은 보이스 코일의 모든 길이에 대하여 자기장(B)을 적분하던지 아니면 실제적으로 측정하여야 한다.

식(6.8-1)에 의해 계산될 수 있는 힘은 선형적(linearity)이거나 혹은 비선형적(nonlinearity)으로 진동판에 작용하게 된다. 이는 지지계의 선형성과 더불어 진동판을 선형적 또는 비선형적으로 변위(운동)시키는 결과를 가져오게 된다. 6.2절에서 설명한 강성제어영역과 저항제어영역(대체적으로 150Hz 이하, 공명진동수 이하)에서는 진동판의 변위에 대한 선형성이 주로 보이스 코일과 자기 갭의 크기에 의해 결정된다. 그러나 관성제어영역(공명진동수 이상)에서는 자기회로의 통풍효과(venting effect) 또는 자기장의 비선형성에 의해 비선형적인 특성이 결정된다. 일반적으로 자기회로의 통풍은 열의 냉각이나 파워 핸들링을 위해 설계하지만, 왜곡의 원인이 되는 공기의 비선형적 운동에도 영향을 줄 수 있다. 자기회로의 통풍은 다공성 재료의 더스트 캡, 구멍을 만들어 넣은 더스트 캡 또는 보빈, 그리고 자기회로 뒷면(폴피스)의 중앙에 구멍을 뚫어서 만든다. 특히 자기회로의 중앙에 있는 구멍의 크기는 비선형적 특성이 제거될 수 있도록 충분히 커야 하며, 자기 갭의 내부로 이물질이 들어가는 것을 방지하기 위하여 폼이나 스크린으로 막아야 한다.

유닛에서 스피커시스템의 설계로 연결시켜 주는 보이스 코일의 최대변위(X_{max}, maximum displacement)는 자기회로의 기하학적 특성법, 조화왜율이나 변조변형의 측정법, 그리고 매개변수법을 통하여 결정할 수 있다. 우선 자기회로의 기하학적 특성을 활용한 경우로써, *Small*과 *Grander*는 보이스 코일의 DC 오프셋, 자기장의 비대칭성, 지지계의 비선형성등을 포함시키지 않는 가운데, 자기 갭과 보이스 코일의 권선폭만을 가지고 정의하였다. 실제적인 측정의 경우에, Small은 공명진동수에서의 조화왜 측정에 의해 최대변위를 결정하는 제안을 다시 제시하였다. 이 제안에는 출력음압에서 10%의 전체 조화왜(THD, total harmonic distortion)를 제공하는 보이스 코일의 변위를 최대변위로 규정하고 있으며, AES2-1984에도 포함되어 있다. *Grander*는 출력음압에서 제3차 조화왜율이 3%가 되는 점을 찾는 방법으로 최대변위를 제안하였다. *Clark*는 저음(bass tone)과 고음(voice tone)을 함께 발생시킨 후에 저음으로 인한 고음의 진폭변조 성분을 측정함으로써 최대변위를 결정하였다. 이 때의 첫 번째 방법은 고음이 3dB 감소하는 것과 동일한 의미를 갖는 변조상수(modulation factor)가 29.29%에 해당하는 변위를 최대변위로 설정하게 된다. 지지계의 비선형성을 포함하기 위하여, 저음의 전압과 변위들 사이의 비율을 측정하여 진동판의 변위감도(excursion sensitivity)가 50%까지 감소하는 경우를 최대변위로 인정하는 두 번째 방법을 제시하기도 하였다. 그리고 *Clark*는 비선형적 구동세기($B\ell$)와 컴플라이언스의 감소와 같은 매개변수들의 변화로부터 최대변위를 결정하는 방법을 제안하기도 하였다.

진동판의 최대변위를 결정하기 위한 4가지 방법에 대하여 자세히 살펴보면 다음과 같다.

1) 기하학적 특성법

자기회로의 기하학적 특성법에 의한 보이스 코일의 최대변위를 살펴보면 다음과 같다. 최대변위는 자기 갭의 높이와 보이스 코일의 권선폭에 의한 값과 이를 보정한 값으로 결정되며 크게 두 가지 형태로 나눌 수 있다. 이 방법은 자기장의 비대칭성, 지지계의 비선형성, 보이스 코일의 오프셋(offset)등 그 밖의 결함들을 고려하지 않는다. [그림 85]에서처럼 스피커의 자기회로는 오버헝(overhung)형 또는 언더헝(underhung)형으로 나눌 수 있다.

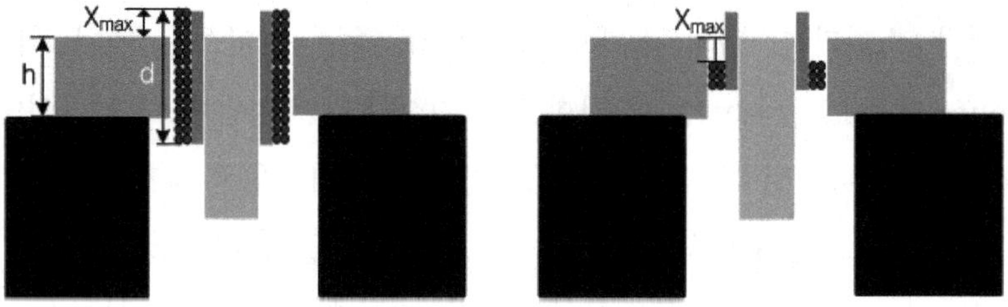

① 오버헝형　　② 언더헝형

[그림 85] 보이스 코일의 형태에 따른 자기 갭

(1) 오버헝형과 언더헝형에서의 최대변위(X_{max})

① 오버헝형

최대변위(X_{max})는 자기 갭의 내부에서 보이스 코일의 턴 수를 일정하게 유지(선형적 운동을 유지)하는 가운데 보이스 코일(진동판)이 가질 수 있는 최대변위를 말하고, d와 h는 보이스 코일의 권선폭과 탑 플레이트의 높이(자기 갭의 높이)를 의미한다. 이 때 최대변위는 다음과 같다.

$$X_{max} = \frac{d-h}{2} \tag{6.8-2}$$

이들 보이스 코일의 형태에 따른 구동세기($B\ell$, motor strength)와 변위 사이의 특성을 [그림 86]에서 보여주고 있다. 오버형형 보이스 코일의 경우를 살펴보면, 보이스 코일에 인가되는 전압이 증가하였을 때에 보이스 코일은 점차 앞으로 움직이게 될 것이다. 그리고 자기 갭의 내부에 위치해 있던 보이스 코일들은 점차 자기 갭의 외부로 이동하지만, 스피커의 구동력은 크게 변하지 않는다. 그 이유는 보이스 코일이 자기 갭의 외부로 이동하더라도 내부에 있는 보이스 코일의 길이(ℓ)가 변하지 않기 때문이다. 이런 경우에 전압의 증가에도 불구하고 보이스 코일에 미치는 영구자석의 자속밀도(B)가 변하지 않는다면 보이스 코일(진동판)의 운동은 매우 선형적이 될 것이다. 그러나 구동세기($B\ell$)에 직접적으로 영향을 주는 자기 갭의 내부에 위치한 보이스 코일의 길이(ℓ)가 전체길이에 비해 상대적으로 적고, 전반적으로 보이스 코일의 DCR과 질량의 증가에만 기여하는 보이스 코일의 비율이 큰 편이라서 효율은 좋지 않은 편이다.

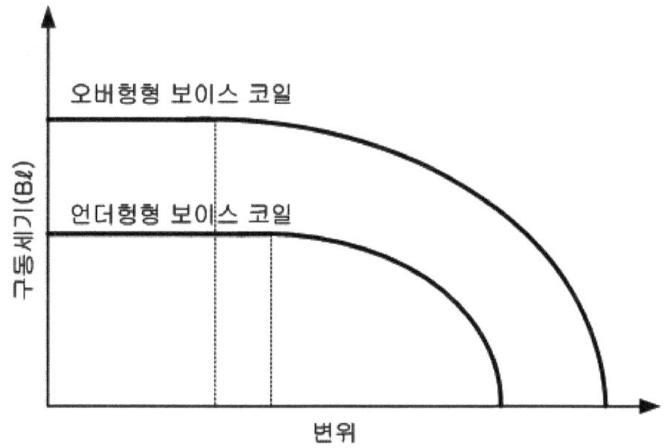

[그림 86] 보이스 코일의 형태에 따른 변위특성

② 언더형형

언더형형 보이스 코일의 경우에는 권선 폭이 자기 갭의 높이보다 작기 때문에 최대 변위를 아래와 같이 구하게 된다.

$$X_{max} = \frac{h-d}{2}$$

위 식에 보정항을 고려하여 최대변위를 결정하는 경우도 있는데, 보정값은 자기 갭에서의 직류자속과 플렌지 자속들 사이의 차이를 고려하여 권선폭의 15%를 보정한다. 그리고 오버형형의 보이스 코일보다 권선폭이 짧아서 보이스 코일의 질량을 가볍게 만들 수 있다. 그 결과로써, 스피커의 구동세기인 $B\ell$값이 변하게 된다. 그러나 오버형형에 비하여 보이스 코일의 운동이 더 멀리까지 매우 선형적인 것을 [그림 86]에서 볼 수 있다. 특히 보이스 코일의 권선폭을 감소시키는 반면에 자기 갭의 폭(너비)을 증가시키면, 보이스 코일이 선형적으로 운동하는 영역이 넓어지게 될 것이다.

(2) 탑 플레이트의 높이와 권선폭의 비율에 따른 특성

식(6.8-2)에서 보면, 같은 X_{max}라고 하여도 여러 가지의 h와 d의 조합으로 이루어 질 수 있다. 예를 들면, 탑 플레이트의 높이(h)가 8mm이고 보이스 코일의 권선폭(d)이 12mm인 경우에 X_{max}은 2mm가 된다. 그리고 탑 플레이트의 높이(h)가 2mm이고 보이스 코일의 권선폭(d)이 6mm인 경우에도 X_{max}가 2mm로 동일하다. 비록 이들의 X_{max}값들이 서로 동일하다고 하여도 이들의 특성은 다르게 될 것이다. 탑 플레이트의 높이와 X_{max}의 비율을 살펴보면, 첫 번째의 경우에는 4 : 1 그리고 두 번째의 경우에는 1 : 1이 된다. 이들의 비율을 높은 경우와 낮은 경우로 가정할 수 있다. 각각의 경우에 대한 $B\ell$과 변위사이의 특성을 (그림87)에서 살펴보면, $B\ell$이 최대변위(X_{max})까지는 서로 동일하게 일정한 값을 가진다.

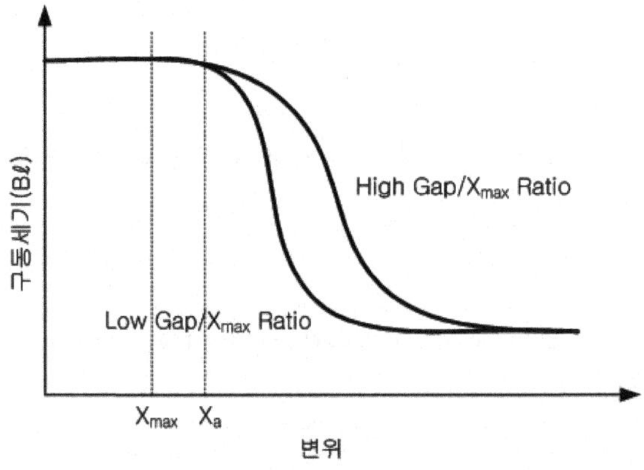

[그림 87] 탑 플레이트의 높이와 X_{max}의 비율에 따른 구동력 특성

그러나 이 최대변위 지점에서부터 최대변위의 두 배가 되는 지점(X_a)까지는 구동세기($B\ell$)가 서서히 감소한다. 그러나 X_a이후부터는 낮은 비율을 갖는 경우(low gap/$X_{\max}$ ratio)가 높은 비율(high gap/$X_{\max}$ ratio)에 비하여 매우 급격히 변화되는 것을 볼 수 있다. 그리고 $X_{\max}$부터 X_a까지의 구동세기($B\ell$)가 서서히 변한다고는 하지만, 제3차 고조파(the 3rd harmonic)에 따른 왜곡이 급격히 상승하게 된다. 제3차 고조파 왜곡률은 자기밀도의 변화에 의한 구동세기의 비균일성에 의해서도 발생할 수 있다.

(3) 최대피크변위(X_{peak})

스피커의 최대피크변위를 피스톤의 운동해석을 통해 이론적으로 구해보면 다음과 같다. 무한배플에 부착된 피스톤의 중심축 상에서 음의 세기(I_{ac}, intensity)를 아래와 같이 쓸 수 있다.

$$I_{ac} = 2\rho_o c u^2 \sin^2\left[\frac{k(r^2 + a^{2})^{1/2} - r}{2}\right] \qquad (6.8\text{-}3)$$

여기서 ρ_o, c, u, k, r과 a는 공기밀도(= 1.21kg/m), 음속(343m/s), 입자속도, 파수, 피스톤으로부터의 거리와 피스톤의 반경을 의미한다. 만약 피스톤의 반경에 비하여 거리가 매우 클 경우에는($r \gg a$) 식(6.8-3)을 아래와 같이 다시 쓸 수 있다.

$$I_{ac} = \frac{\rho_o c k^2 a^4 u^2}{8r^2} \qquad (6.8\text{-}4)$$

만약 피스톤에서 나온 음의 세기(I_{ac})를 음압의 형태로 다시 적으면 다음과 같다.

$$I_{ac} = \frac{p^2}{2\rho_o c} \qquad (6.8\text{-}5)$$

식(6.8-4)과 식(6.8-5)으로부터 음압과 입자속도를 다시 쓰면,

$$p = \frac{\rho_o c k a^2 u}{2r} \qquad (6.8\text{-}6)$$

$$u = \frac{2rp}{\rho_o cka^2} \qquad (6.8\text{-}7)$$

여기서 피스톤의 최대피크변위(X_{peak}, maximum peak displacement)를 이론적으로 구하면,

$$X_{peak} = \frac{u}{\omega} \quad (\omega: 각속도) \qquad (6.9\text{-}8)$$

식(6.8-7)을 식(6.8-8)에 대입하여 최대피크변위(X_{peak})를 다시 구하면,

$$X_{peak} = \frac{rp}{2\rho_o \pi^2 f^2 a^2} \qquad (6.8\text{-}9)$$

피스톤에서 나온 소리가 마이크로폰을 통해 음압으로 측정될 경우에 음압레벨(SPL)은 다음과 같이 정의된다.

$$p = 2^{1/2} p_{rms}$$

$$\mathrm{SPL} = 20 \log \left(\frac{p_{rms}}{p_o} \right) \qquad (p_o = 20 \mu N/m^2)$$

그러므로

$$p_{rms} = 10^{\mathrm{SPL}/20} p_o \qquad (6.8\text{-}10)$$

식(6.8-10)을 사용하여 최대피크변위를 다시 쓰면,

$$X_{peak} = \frac{(1.18 \times 10^3) \times 10^{\mathrm{SPL}/20}}{f^2 a^2} \qquad (6.8\text{-}11)$$

여기서 X_{peak}와 a는 mm단위로 환산되었으며, 스피커에서 음압을 측정하는 거리(r)는 일반적으로 1m이다. 식(6.8-11)을 사용하여 최대피크변위를 결정하려면 진동계의 유효반경을 알아야 한다. 따라서 진동계의 유효반경을 정확히 결정하는 것은 매우 어렵지만, 일반적으로 진동판의 반경에 에지 폭의 절반을 더한 값으로 사용한다. 그리고 권선폭에 15%를 더하여 최대피크변위(X_{peak})를 다음과 같이 자기 갭의 높이와 권선폭

을 이용하여 결정할 수도 있다.

$$X_{peak} = \frac{d-h}{2} \text{ (오버헝형 경우)} \qquad (6.8\text{-}12)$$

$$X_{peak} = \frac{h-d}{2} + 0.15d \text{ (동일형과 언더헝형 경우)} \qquad (6.8\text{-}13)$$

실제적으로 측정된 주파수 및 제3차 고조파 특성에서 최대피크변위를 다음과 같이 구한다. 만약 주파수 특성과 제3차 고조파 특성이 [그림 88]과 같다고 하자. 여기서 주파수 특성과 제3차 고조파의 음압레벨 차이가 10dB가 되는 주파수를 찾는다. 이 주파수에서 음압이 10dB의 차이를 갖는 것은 실제적으로 제3차 고조파의 왜곡률이 3.16%에 해당되고 음압으로는 30dB가 감소한 것을 말한다. 이처럼 10dB가 감소하는 주파수와 음압을 식(6.8-11)과 식(6.8-12) 또는 식(6.8-13)에 대입하여 최대피크변위를 구하면 된다. 이들 사이의 차이가 다소 있지만, 그 결과들이 대체로 잘 일치하고 있다.

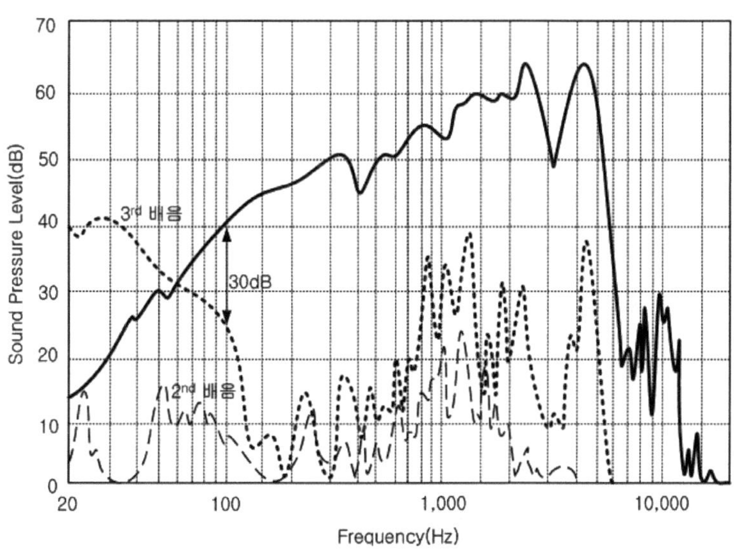

[그림 88] 주파수 특성과 제3차 고조파 특성

2) 조화왜율과 변조변형의 측정법

조화왜의 왜곡율이나 변조변형의 측정법은 스피커의 기하학적 매개변수와 비선형적 요소들에 대한 정보를 요구하지 않는다. 그러나 공명진동수에서 변위에 따른 입력전류를 측정하면, 전체 조화왜가 10%에 해당하는 최대변위가 매우 작게 나타나고 있어서 실질적인 최대변위인가에 대해 의문을 갖게 한다. 조화왜율의 측정법에 대하여 *Small*와 *Gander*가 제안한 방법과 AES2-1984에서 다음과 같이 규정하고 있다.

*Small*은 입력전류가 아닌 출력음압에서 전체 조화왜의 10%에 해당하는 변위를 최대변위로 적용하였다. 이 경우에는 보다 현실적으로 최대변위를 결정할 있으나, 출력음압이 전체 조화왜의 10%에 해당하는 변위가 한 개 이상 만들어질 수 있다는 것이다. 따라서 어떤 변위를 최대변위로 선택할 것인지에 대한 문제점을 갖게 된다. 이처럼 입력전류와 출력음압을 사용하는 경우에 최대변위가 크게 달라지는 이유는 매우 간단하다. 공명진동수에서 임피던스 값이 최대가 되기 때문에 전류값이 최소가 되는 반면에 음압은 그렇지 않기 때문이다.

1986년 *Gander*는 음압레벨의 제3차 고조파 조화왜가 3%인 진동판의 진폭을 최대변위로 결정하였다. 사실상 첫 번째 방법으로 자기회로의 기하학적 특성에 의해 결정된 최대변위와 두 번째 방법인 전체 조화왜의 측정에 의한 최대변위는 잘 일치하지 않는다. 그러나 스피커의 비선형성에 있어서 구동세기($B\ell$)가 주동적이고 지지계의 비선형적 요소가 작을 경우에는 첫 번째 방법과 *Gander*에 의한 측정방법의 결과들이 잘 일치한다.

AES2-1984에서는 다음과 같은 몇 가지 가정을 두고 보이스 코일의 최대변위(X_{max}, maximum displacement)를 정의하고 있다.

- ▷ 자기회로(보이스 코일 + 보빈)의 선형성(linearity)이 최대변위에 가장 많이 또는 유일하게 영향을 주는 요소임
- ▷ 입력전류 또는 변위에 대한 조화왜의 측정값들이 최대변위에 서로 유사하게 작용함
- ▷ 왜곡의 크기와 피크변위 사이에는 서로 단순한 관계를 가짐
- ▷ 왜곡은 입력전류의 크기와 정비례의 관계를 갖고, 왜곡률이 10%가 되는 변위를 최대변위로 함
- ▷ 공명진동수에서 조화왜의 측정은 자기회로의 비선형적 효과를 적당히 포함함

이들 가정에 의하여, 최대변위(X_{max})는 "자기회로의 선형성이 10%까지 왜곡(distortion)되는 보이스 코일의 피크변위(peak displacement)"로 정의된다. 여기서 선형

성은 공명진동수에서 입력전류의 왜곡률이나 보이스 코일의 변위에 대한 편차율로 결정한다고 규정하고 있다. 이 때 모든 측정은 인클로저가 없는 상태로 스피커의 공명진동수에서 이루어져야 한다. 그러나 이 규정에서 자기회로의 선형성은 변위에 대한 구동세기($B\ell$)의 변화만을 포함하는 것인지 아니면 보이스 코일의 인덕턴스와 지지계의 컴플라이언스 등의 비선형적 요소들을 포함시키는 것인지에 대해 모호한 상태이다. 입력전류의 왜곡율을 사용하는 첫 번째의 경우에는, 공명진동수에 해당하는 순음에서의 조화왜율을 활용할 수 있다. 그러나 조화왜율을 틸-스몰 또는 IEC 60268에 의해 제시된 전체 조화왜로 사용할 것인지 아니면 Gander에 의해 제시된 제3차 왜율로 사용할 것인지에 대한 규정이 모호하다. 입력전류에 대한 보이스 코일의 변위에 대한 편차율로 결정하는 두 번째 방법은 많이 사용되고 있지 않다.

(1) 전체 조화왜율에 의한 최대변위

정현파의 입력에 대한 FFT(Fast Fourier Transformation) 분석은 전체 조화왜로부터 기본주파수 성분을 분리하여 주고, IEC 60268에 의해 아래와 같이 정의된 공명주파수(f_s)에 대한 전체 조화왜를 계산하여 준다.

$$\mathrm{THD}(f_s,\ \%) = \frac{\{P(f_1)^2 + P(f_2)^2 + \cdots + P(f_n)^2\}^{1/2}}{\{P(f_s)^2 + P(f_1)^2 + \cdots + P(f_n)^2\}^{1/2}} \times 100$$

여기서, 전체 조화왜에 대해 주된 영향을 미치는 제2차 조화왜(d_{h2})와 3차 조화왜(d_{h3})를 아래와 같이 쓸 수 있다.

$$d_{h2} = \frac{P(f_2)}{\{P(f_s)^2 + P(f_1)^2 + \cdots + P(f_n)^2\}^{1/2}} \times 100 \qquad (6.8\text{-}14)$$

그리고

$$d_{h3} = \frac{P(f_3)}{\{P(f_s)^2 + P(f_1)^2 + \cdots + P(f_n)^2\}^{1/2}} \times 100 \qquad (6.8\text{-}15)$$

한 논문에 제시된 스피커의 특성을 예제로 들어가면서 전체 조화왜율과 변조변형의 측정에 의한 최대변위 결정법을 설명하기로 한다. 스피커의 공명진동수에서 보이스 코일의 변위에 따른 전류, 음압, 그리고 진동판 변위의 전체 조화왜를 [그림 89]에 나타내었다. AES2-1984의 규정에 의해 입력전류의 10%에 해당하는 전체 조화왜를 살펴보면, 최대변위는 0.6mm정도에 불과하였다. 이는 보이스 코일의 권선폭(=5mm)에 비하여 매우 작은 값에 해당할 뿐만 아니라, $B\ell$값은 5% 정도만이 그리고 음압의 왜곡률은 단지 2%만이 변하게 된다. 따라서 AES2-1984에서 규정하고 있는 이 방법에 의해 최대변위를 결정하는 제조업체는 실제로 거의 없다.

진동판의 변위에 대한 경우에 있어서, 전체 조화왜가 10%에 해당하는 보이스 코일의 변위는 존재하지 않는다. 만약 보이스 코일이 완전히 자기 갭의 외부($x = 20$mm)로 이동한다고 하여도, 전체 조화왜가 10%에 해당하는 보이스 코일의 변위가 존재하지 않을 수도 있다.

*Small*에 의해 제안된 출력음압의 전체 조화왜를 활용한 최대변위를 살펴보면, 불행하게도 출력음압의 전체 조화왜가 10%에 해당하는 보이스 코일의 변위가 세 개(1.5mm, 8mm, 13.5mm) 존재한다. 따라서 이들 세 개의 변위들 중에서 어떤 보이스 코일의 변위를 최대변위로 정해야 하는지가 모호하게 된다.

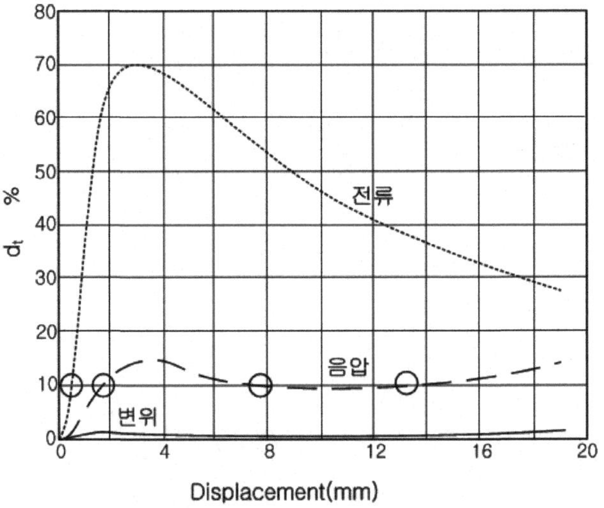

[그림 89] 공명진동수에서 보이스 코일의 변위에 따른 전류, 음압, 진동판 변위의 전체 조화왜(d_t) 특성

최대변위에 대한 AES2-1984의 규정에는 이와 같이 몇 가지 약점들이 존재한다. 공명진동수에서 보이스 코일의 전류와 변위에 대한 조화왜율의 정도가 서로 다른 것을 우선적으로 들 수 있다. 그 이유는 공명진동수에서 역기전력의 발생에 의한 임피던스가 최대가 되는 반면에 보이스 코일에 입력되는 전류는 역으로 작아지기 때문이다.

스피커의 구동력은 변위와 입력전압 사이의 선형적 관계가 매우 높은 형태로 주어지게 된다. 다시 말하면, 보이스 코일이 자기 갭으로부터 멀리 빠져 나가더라도 구동세기는 거의 일정하다는 것이다. 그 이유를 두 가지로 들 수 있는데, 전기적 Q_{ES}의 역할이 감소하는 반면에 기계적 Q_{MS}의 역할이 증가하여 전체 Q_{TS}값을 주도하게 되기 때문이다. 따라서 기계적 Q_{MS}의 역할이 증가됨에 의한 전체 Q_{TS}값의 증가가 Q_{ES}의 감소로 인한 구동력($F=B\ell I$)의 감소를 보상하는 것이다. 또 다른 한 가지 이유는 공명진동수에서 전류와 변위 사이에 90°의 위상차이가 존재한다는 것이다. [그림 90]에서 보여주는 것처럼, 전류 또는 전압이 최대인 시간(t_1)에서 구동세기도 최대가 된다. 이 때의 구동력($=B\ell I$)은 최대가 되지만, 전기적 $Q_{ES}(=2\pi f_s mR_e/B\ell^2)$는 작은 값을 갖게 된다. 그리고 높은 역기전력으로 인하여 보이스 코일의 최대 전류값에 작은 딥(dip)이 만들어져 보이스 코일에는 낮은 전류가 실질적으로 흐르게 된다(그림90). 보이스 코일이 자기 갭으로부터 완전히 빠져 나오게 되는 최대변위 지점(t_2)에서는 구동세기가 최소가 되는 것과 마찬가지로 전류 및 전압도 최소가 된다.

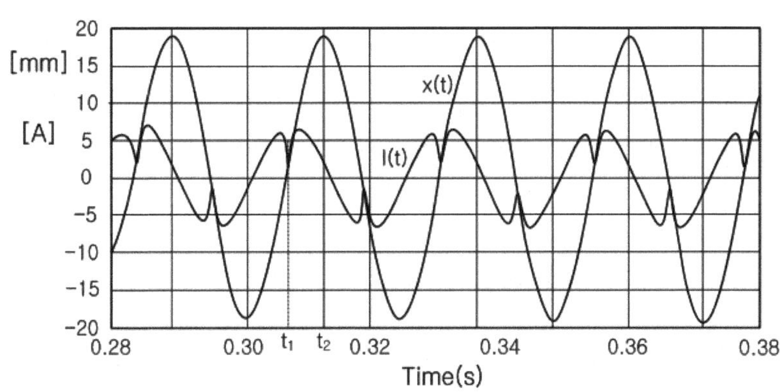

[그림 90] 공명진동수에서 전류와 변위 사이에 위상특성

공명진동수 이하의 또는 이상의 주파수에서 최대전류가 되는 시간과 최대변위가 되는 시간이 서로 다르게 된다. 다시 말하면, 전류값이 최대가 되더라도 구동세기가 최대가 되지 않기 때문에 입력전압이 증가하여도 변위가 크게 증가하지 않게 된다(amplitude compression, 그림91).

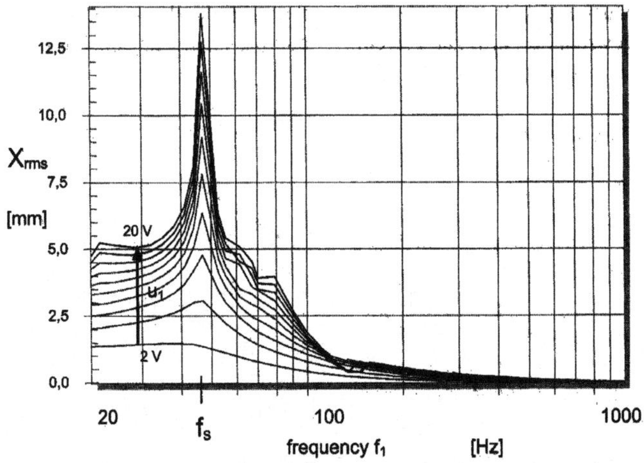

[그림 91] 전압변화에 따른 최대변위특성[15]

[그림 92]은 주파수에 따른 음압의 전체 조화왜를 보여준다. 공명진동수 이하의 주파수에서 조화왜가 최대가 되는 것을 볼 수 있다. 이는 전류와 구동세기가 서로 동위상이 아닌 역위상의 관계를 가져서 구동력이 낮아지기 때문이다. 공명진동수가 되면, 비선형적 구동력과 댐핑이 서로 역으로 작용하여 조화왜가 최소로 된다(그림92). 그러나 공명진동수로부터 한 옥타브정도 높은 주파수에서 두 번째의 최대 조화왜가 나타나게 된다(그림92). 그 이유는 앞에서와 같이 전류와 변위 사이의 위상차이로 인하여 비선형적 운동을 유발하기 때문인 것으로 보인다. 주파수가 공명진동수의 10배 이상으로 높으면 운동변위가 작아서 조화왜도 무시할 정도로 작아지게 된다.

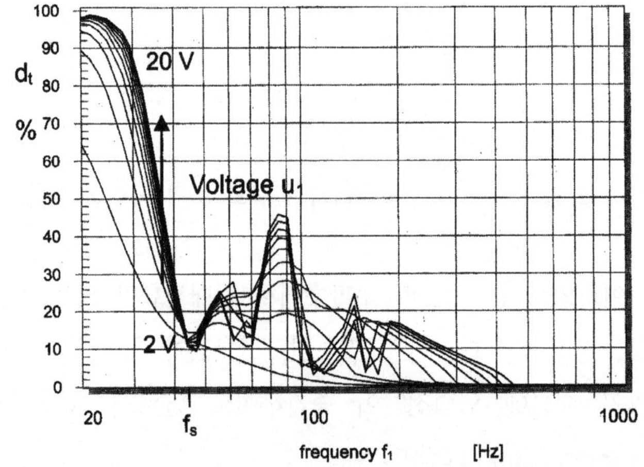

[그림 92] 주파수에 따른 음압의 전체 조화왜특성[15]

(2) 변조변형에 의한 최대변위

단일 주파수를 통한 조화왜의 측정법은 단일 주파수의 재생이 수월하고 배음들과 기본음 사이의 관계를 쉽게 얻을 수 있기 때문에 매우 일반적으로 사용되고 있다. 그러나 단일 주파수에 의한 조화왜의 분석법은 복합음의 형태를 갖는 소리신호의 왜곡을 완전히 해석하기에 충분하지 않을 수 있다. 따라서 변조변형을 측정하는 것이 오히려 스피커의 왜곡현상을 좀 더 넓게 이해할 수도 있다. 변조변형을 측정하기 위하여 두 개 이상의 주파수를 사용하게 되는데, 주파수의 성분이 많을수록 스피커의 왜곡에 관련한 분석이 보다 정확해지지만 데이터의 양이 많아져서 분석자체가 어려워질 수 있다. 따라서 IEC 60268에서도 변조변형분석을 위하여 두 개의 주파수 사용을 권장하고 있다. 만약 두 개의 주파수를 세심하게 선정한다면, 스피커에 관련한 대부분의 중요한 정보들을 얻을 수 있기 때문이다. 일반적인 스피커에서 가장 지배적인 비선형성은 보이스 코일에서 만들어지기 때문에 낮은 주파수(bass tone, $f_1=f_S$)는 보이스 코일의 변위를 충분히 반영할 수 있는 주파수가 되어야 한다. 반면에 두 번째 주파수(voice tone, f_2)는 고음에 해당된다. 이 때 제2차 변조변형(d_2)과 제3차 변조변형(d_3)을 다음과 같이 구할 수 있다.

$$d_2 = 100 \times \frac{P(f_2 - f_1) + P(f_2 + f_1)}{P(f_2)} \qquad (6.8\text{-}16)$$

$$d_2 = 100 \times \frac{P(f_2 - 2f_1) + P(f_2 + 2f_1)}{P(f_2)} \qquad (6.8\text{-}17)$$

비록 f_1과 f_2에 입력된 전압이 서로 같다고 하여도, f_1과 f_2의 출력음압들이 크게 차이가 날 수 있다. 그 이유는 고음에 해당하는 f_2의 경우에 출력감소현상(amplitude compression)이 일어나기 때문이다. [그림 93]에서 보면, 입력전압이 2V이하일 경우에는 f_1과 f_2에서 입력에 대한 출력이 모두 선형적으로 증가하는 것을 볼 수 있다. 그러나 입력 전압이 지속적으로 높아지게 되면, 보이스 코일의 대부분이 자기 갭의 외부로 나오게 되어 f_2의 실질적인 구동의 증가가 어려워져서 출력음압의 증가율이 둔화되어 출력감소현상이 나타나게 된다(그림93).

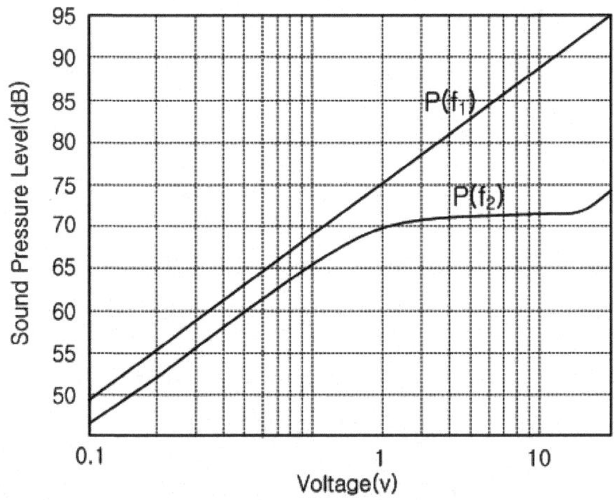

[그림 93] 전압변화에 따른 변위특성

실제적으로 변조변형을 측정하고자 할 경우에, IEC 60268은 다음과 같이 f_1과 f_2를 선정하도록 권하고 있다.

▷ f_1(bass tone) : 공명진동수(f_S)로 활용하고, 보이스 코일의 변위가 크며, 입력전류가 작고, 출력음압이 높음

▷ f_2(voice tone) : 보이스 코일의 변위가 크지 않지만 입력전류가 큼

▷ f_1과 f_2의 주파수 비율 : $f_1 < 8f_2$

▷ f_1과 f_2의 입력전압 비율 : $V_1 = 4V_2$. 만약 $V_1 = V_2$이라면, 제2차 변조변형과 제3차 변조변형이 서로 비슷한 값을 가지고, 변조변형의 S/N비율이 높아지고, f_1과 f_2 사이의 배음들에 대한 비교가 가능해짐

이처럼 변조변형을 이용하여, 보이스 코일의 피크변위는 아래와 같이 세 가지 방법으로 결정할 수 있다.

▷ *Gander*의 제시방법 : S/N비를 높이고 반사효과를 줄이기 위하여 진동판 근처의 근거리(near field) 내에서 출력음압을 측정하되, 평면형 무한배플을 사용하여 피크변위를 아래와 같이 계산함

$$X_{peak} = \frac{p_n}{4\rho_o \pi^2 f^2 a} \qquad (6.8\text{–}18)$$

▷ 레이저 분석기를 활용하여 진동판의 변위를 직접적으로 측정함

▷ 음압에 대한 FFT를 통하여 피크변위를 결정함

식(6.8-18)과 위의 방법들에 의하여 보이스 코일의 피크 변위를 측정한 후에, 전체 조화왜, 제2차 변조변형과 제3차 변조변형을 분석하게 된다. 이 때 AES-1984의 규정에서처럼 왜곡률의 경계치를 10%로 선정하고 있다. 따라서 두 개의 주파수를 사용하여 보이스 코일의 최대변위를 결정할 경우에 "근거리에서 측정된 스피커의 방사음압에서 전체 조화왜(d_t), 제2차 변조변형(d_2) 또는 제3차 변조변형(d_3)이 10%와 같은 변위"를 보이스 코일의 최대변위로 정의하게 된다. 예를 들어,

$$X_{\max} = 3.8\text{mm},\ @\mathrm{d}_2 = 10\%\ (d_t,\ d_3 < 10\%)$$

로 표시된 경우는, 전체 변조변형, 제2차 변조변형, 제3차 변조변형들 중에서 제2차 변조변형의 왜곡률이 가장 높고, 전체 변조변형과 제3차 변조변형의 왜곡률은 10%보다 적음을 의미한다. 그리고 제2차 변조변형의 왜곡률이 10%가 되는 보이스 코일의 변위가 3.8mm임을 말한다. 만약 본 스피커의 왜곡을 제2차 변조변형이 주도하고 있다면, DC 오프셋, Bℓ 의 비대칭성과 도플러 현상들을 그 원인으로 들 수 있다. 이처럼 두 개의 주파수 변조변형법에 의한 스피커의 왜곡원인들을 아래의 [표 22]와 [표 23]에 나타내었다.

[표 22] 비선형적 결과와 왜곡현상

원 인	X_{DC}	$d_{h2,f1}$	$d_{h3,f1}$	d_2	d_3	$d_{2,i}$	$d_{3,i}$	$d_{h2,f2}$	$d_{h3,f2}$
DC 오프셋 & $B\ell$ 의 비대칭성		X		X					
보이스 코일의 높이			X		X				
지지계의 비대칭성	X	X							
지지계의 대칭적 한계			X						
$L_e(x)$의 비대칭성				X		X			
$L_e(x)$의 대칭적 변화					x		x		
저항력								x	
자기장 변조								x	x
도플러 현상				X					
비선형적 소리방사				x	x				
분할진동								x	x

※ 대문자 & 굵은 글씨 : 주요 원인을 표시

[표 23] 표에 나타낸 왜곡의 형태에 따른 설명

왜곡	설 명
X_{DC}	▸변위의 직류성분으로 매개변수의 비대칭성으로 인한 신호정류효과에 의해 동적인 상태로 발생(일종의 클리핑 현상으로 고려할 수 있음) ▸강성[$K_{MS}(x)$]의 비선형 성분이 최소화되도록 보이스 코일이 이동하는 지지계의 비대칭성으로 인해 주로 발생
$d_{h2,f1}$	▸식(6.8-14)의 $P(f_2)$에서 제2차 고조파 조화왜는 $K_{MS}(x)$의 비대칭성을 나타내는 지표 ▸ $B\ell(x)$의 비대칭성에 의한 영향을 잘 반영 ▸공명진동수에서 전류진폭이 매우 작기 때문에 $L_e(x)$의 비선형성에는 둔감
$d_{h3,f1}$	▸식(6.8-15)의 $P(f_3)$에서 제3차 고조파 조화왜는 $K_{MS}(x)$의 대칭성을 나타내는 지표 ▸ $B\ell(x)$의 대칭성에 의한 영향을 부분적으로 반영 ▸공명진동수에서 전류진폭이 매우 작기 때문에 $L_e(x)$의 비선형성에는 둔감
d_2	▸식(6.8-16)의 $P(f_2 \pm f_1)$에서 제2차 변조변형은 $L_e(x)$, $B\ell(x)$과 도플러효과의 비대칭 변화를 나타내는 지표 ▸ $K_{MS}(x)$의 비대칭 효과는 무시
d_3	▸식(6.8-17)의 $P(f_2 \pm f_1)$에서 제3차 변조변형은 보이스 코일의 한계높이에서 $B\ell(x)$의 대칭적 변화를 나타내는 지표 ▸ $L_e(x)$, $K_{MS}(x)$과 도플러효과와 같은 나머지 비선형성에 의한 영향은 무시
$d_{2,i}$	▸식(6.8-16)의 $Iac(f_2 \pm 2f_1)$에서 제2차 변조변형은 $L_e(x)$의 비대칭적 변화를 나타내는 지표 ▸ $B\ell(x)$, $K_{MS}(x)$과 도플러효과와 같은 나머지 비선형성에 의한 영향은 무시
$d_{3,i}$	▸식(6.8-17)의 $I_{ac}(f_2 \pm 2f_1)$에서 3차 변조변형은 $L_e(x)$의 대칭적 변화를 나타내는 지표 ▸ $B\ell(x)$, $K_{MS}(x)$과 도플러효과, 방사와 같은 나머지 비선형성에 의한 영향은 무시
$d_{h2,f2}$	▸식(6.8-14)의 $P(2f_2)$에서의 제2차 고조파 조화왜는 인덕턴스 $L_e(x)$의 비대칭성에 의한 저항력(reluctance force)을 나타내는 지표 ▸보이스 코일의 전류에 대한 $B\ell(i)$의 비대칭적 변화에 의한 자기장 변조(flux modulation)와 진동판의 분할진동과 같은 구동부의 다른 비선형성들을 나타냄 ▸ $B\ell(x)$, 변위에 대한 $K_{MS}(x)$과 도플러효과에 따른 변화에는 둔감
$d_{h3,f2}$	▸식(6.8-15)의 $P(3f_2)$에서의 제3차 고조파 조화왜는 전류에 대한 $B\ell(i)$의 대칭적 변화에 의한 자기장 변조를 나타내는 지표 ▸진동판의 분할진동과 같은 구동부의 부수적인 비선형성들을 나타냄 ▸ $B\ell(x)$, $K_{MS}(x)$, 변위에 대한 $L_e(x)$와 도플러효과에 따른 변화에는 둔감

(3) 매개변수법

기하학적 특성 또는 전체 조화왜와 변조변형의 측정법이 아닌 매개변수를 활용하는 방법이다. 매개변수법이 아닌 다른 방법들에 있어서, 기하학적 특성법은 자기적 비선형 요소들을 고려하고 않고 단지 자기회로의 기하학적 특성만을 고려한다고 이미 지적한 바 있다. 반면에 전체 조화왜와 변조변형법은 최대변위의 결정에 주도적으로 역할을 하게 되는 원인들을 정성적으로 지적하게 된다. 그러나 매개변수법은 각각의 비선형적인 요소별로 허용할 수 있는 최대변위를 정량적으로 제시하게 된다. 이들 중에서 가장 작은 값의 피크변위가 스피커의 최대변위가 된다. 매개변수법에 의한 보이스 코일의 최대변위는 아래의 세 가지 요소들에 의하여 제한을 받게 된다.

▷ 지지계(특히 댐퍼)에서 기계적 컴플라이언스의 과도한 감소,

▷ 보이스 코일이 하판과 부딪침에 의해 주로 제한되는 운동변위,

▷ 출력음압의 주요 왜곡

이들을 다섯 가지 요소들로 자세히 다시 쓸 수 있으며, 각각에 대하여 다음과 같다.

▷ X_C : C_S의 비선형성으로 인해 허용될 수 있는 지지계에 부과된 기계적 부하 및 왜곡율

▷ X_{clip} : 보이스 코일이 하판과의 충돌 또는 어떤 결함에 의한 보이스 코일의 충돌에 의한 기계적인 클리핑(clipping)이 없는 운동변위

▷ $XB\ell$: $B\ell(x)$의 비선형성으로부터 허용될 수 있는 왜곡율

▷ X_L : $L_e(x)$, $L_2(x)$와 $R_2(x)$의 비선형성으로부터 허용될 수 있는 왜곡율

▷ X_D : 도플러 효과의 비선형성으로부터 허용될 수 있는 왜곡율

① X_C

지지계의 기계적 특성에 관련된 최대변위(X_C)는 강성 또는 컴플라이언스의 비선형적 특성으로부터 얻을 수 있다. Clark는 지지계 복원력(elastic restoring force, $F_R(x)$)의 변화율($=dF_R(x)/dx$)을 통해 이를 평가할 수 있다고 제안하였다. 뿐만 아니라, $-X_C$로부터 X_C까지의 운동범위(x)에서 결정된 $C_{\min}(X_C)$의 경계치(threshold)를 사용하여 비선형적 $C_s(x)$의 특성으로부터 X_C를 알 수 있다고 주장하였다.

$$C_{\min}(X_C, \%) = \min\left[\frac{C_s(x)}{C_s(0)}\right] \times 100$$

$C_{\min}(X_C)$은 지지계에 영향을 줄 수 있는 기계적 부하를 결정하는데 신뢰할 수 있는 값으로 인정받고 있다.

② X_{clip}

기계적인 클리핑(clipping)은 자기회로의 구조로부터 구해질 수 있으며, 실제적인 측정을 통해 확인할 수 있다. 잘 설계된 스피커의 경우에서는 보빈이 하판에 부딪치는 기계적 충격을 없애기 위하여 X_{clip}을 X_C보다 높도록 설계하는 것이 일반적이다.

③ $X_{B\ell}$

자기회로에서 초과된 왜곡율에 의해 제한되는 최대변위($X_{B\ell}$)는 비선형적 구동세기 특성에 의하여 얻어질 수 있다. $C_{\min}(X_C)$에서와 마찬가지로 $B\ell_{\min}(X_{B\ell})$은 아래와 같이 쓸 수 있다.

$$B\ell_{\min}(X_{B\ell}, \%) = \min\left[\frac{B\ell(x)}{B\ell(0)}\right] \times 100$$

$-X_{B\ell}$로부터 $X_{B\ell}$까지의 운동범위(x)에서 $B\ell_{\min}(X_{B\ell})$의 경계치(threshold)를 결정한 후에 비선형적 $B\ell(x)$의 특성으로부터 $X_{B\ell}$을 알 수 있다.

④ X_L

공명진동수 이상에서의 전기적인 임피던스(Z_e)는 주파수와 보이스 코일의 변위에 의존하게 된다. 변위에 따른 임피던스의 변화는 전류와 방사된 출력음압에서 발생된 변조변형의 크기에 직접적으로 관계된다. 따라서 임피던스에 의한 최대변위(X_L)를 $-X_L$과 X_L의 구간에서 다음과 같이 쓸 수 있다.

$$Z_{\max}(X_L, \%) = \max\left[\frac{|Z_e(x, f_2) - Z_e(0, f_2)|}{|Z_e(0, f_2)|}\right] \times 100$$

여기서 f_2는 voice tone으로 bass tone($f_1 = f_s$)의 8.5배에 해당하고, f_2 에서의 임

피던스는 다음과 같이 근사적으로 쓸 수 있다.

$$Z_e(x,\ f_2) \approx Re + L_e(x)S_2 + \frac{R_2(x)L_2(x)S_2}{R_2(x) + L_2(x)S_2}$$

여기서 R_e, L_e, S_2, R_2와 L_2는 보이스 코일의 DC 저항, 주파수에 무관한 인덕턴스, $2\pi f_2(-1)^{1/2}$, Eddy Current에 의해 보이스 코일에 추가된 저항과 주파수에 유관한 인덕턴스를 각각 의미한다.

⑤ X_D

도플러 효과에 관련한 최대변위(X_D)는 *Beer*와 *Belar*에 의해 제안된 밀리미터 단위의 피크변위(X_{peak})로부터 구할 수 있다.

$$X_{peak} = \frac{770d_2}{f_2}$$

여기서 d_2와 f_2는 제2차 변조변형과 Voice tone을 말한다. 이 때 도플러 효과에 관련한 최대변위(X_D)는

$$X_D = \frac{90.5d}{f_s}$$

여기서 d는 전체 조화왜와 변조변형의 측정법에서 사용하고 있는 왜곡율의 경계치(일반적으로 = 10%)를 의미한다.

지금까지 설명한 5가지 형태의 최대변위를 아래와 같은 측정과 순서에 의하여 결정할 수 있다.

▷ 공명진동수의 작은 신호로부터 변위가 없는 정지상태($x = 0$)의 R_e, $R_2(0)$와 $L_2(0)$를 측정하라.

▷ $C_s(x)$, $B\ell(x)$와 $L_e(x)$의 비선형적 특성을 변위(x)에 대하여 측정하라. 단 X_{clip}는 X_{peak}로 대치한다.

▷ $C_{\min}$, $B\ell_{\min}$, $Z_{\max}$, d와 비선형적 특성 등을 사용하여 X_C, X_{BL}, X_L과 X_D들에 관련한 피크변위를 결정하라.

▷ $C_{\min}$, $B\ell_{\min}$, $X_{\max}$와 d들의 경계치를 사용하여 X_C, $X_{B\ell}$, X_L과 X_D들을 결정하라.

이들의 경계치는 스피커의 형태에 따라서 달라지는데, 전체 조화왜(d_t)와 제2차 또는 3차 조화왜율(d_2 또는 d_3)의 한계치(= 10%)에 대응하는 $B\ell_{\min}$, $C_{\min}$과 $Z_{\max}$값으로 X_C, $X_{B\ell}$와 X_L를 결정하게 된다(표24). 그리고 $B\ell(x)$, $C_s(x)$와 $L_e(x)$가 스피커의 형태에 따른 변위와의 관계를 [표 24]에 마찬가지로 나타내었다.

[표 24] 방사된 출력음압에서 10%의 왜곡율을 발생시키는 매개변수들의 한계치

예 제	비선형적 매개변수	왜곡의 한계치	한계치
동일형 보이스 코일	$B\ell(x) = b_o + b_2x^2$	$d_3 = 10\%$	$B\ell_{\min} \approx 82\%$
오버형형 보이스 코일	$B\ell(x) = b_o + b_4x^4$	$d_3 = 10\%$	$B\ell_{\min} \approx 82\%$
비선형적 댐퍼	$C_s(x) = c_o + c_2x^2$	$d_t = 10\%$	$C_{\min} \approx 74\%$
제한적 특성의 에지를 가진 선형적 댐퍼	$C_s(x) = c_o + c_4x^4$	$d_t = 10\%$	$C_{\min} \approx 77\%$
지지계의 비선형성	$C_s(x) = c_o + c_1x$	$d_t = 10\%$	$C_{\min} \approx 78\%$
일반적인 인덕턴스 특성	$L_e(x) = l_o + l_1x$	$d_2 = 10\%$	$Z_{\max} \approx 10\%$

(4) 조화왜와 변조변형 측정법과 매개변수법의 측정 예제

한 스피커의 조화왜와 변조변형 측정법과 매개변수법을 사용하여 최대변위를 구하는 예를 들어보자. 본 예제로 사용하는 스피커는 선형적 지지계를 가진 약간의 오버형형의 자기회로를 가지고 있다. 그리고 $B\ell(x)$, $C_s(x)$, $L_e(x)$와 전체 조화왜와 변조변형 측정결과를 [그림 94]에 나타내었다.

[그림 94①]에서 보면, $B\ell(x)$의 비선형적 특성 때문에 약 0.8mm 정도의 DC 오프셋을 가지고 있다. $B\ell_{\min}$이 82%에 해당하는 $X_{B\ell}$이 1.8mm임을 알 수 있다. 매우 선형적 특성을 갖는 지지계에서 변위(x)가 4mm 이상이어도 $C_{\min}$이 75% 이상으로 나타나고 있음을 [그림 94②]에서 보여주고 있다. $L_e(x)$의 경우에는 마이너스(−) 방향으로의 변위에서 최대가 되는 일반적인 특성을 [그림 94③]에서 보여주고 있다. 공명진동수는 44Hz, DC 저항(R_e)은 3.8Ω그리고 $Z_{\max}$는 10%로써, X_L이 4mm이상으로 볼 수 있다. 그리고 도플러 효과에 따른 X_D는 20.5mm로 계산되었다.

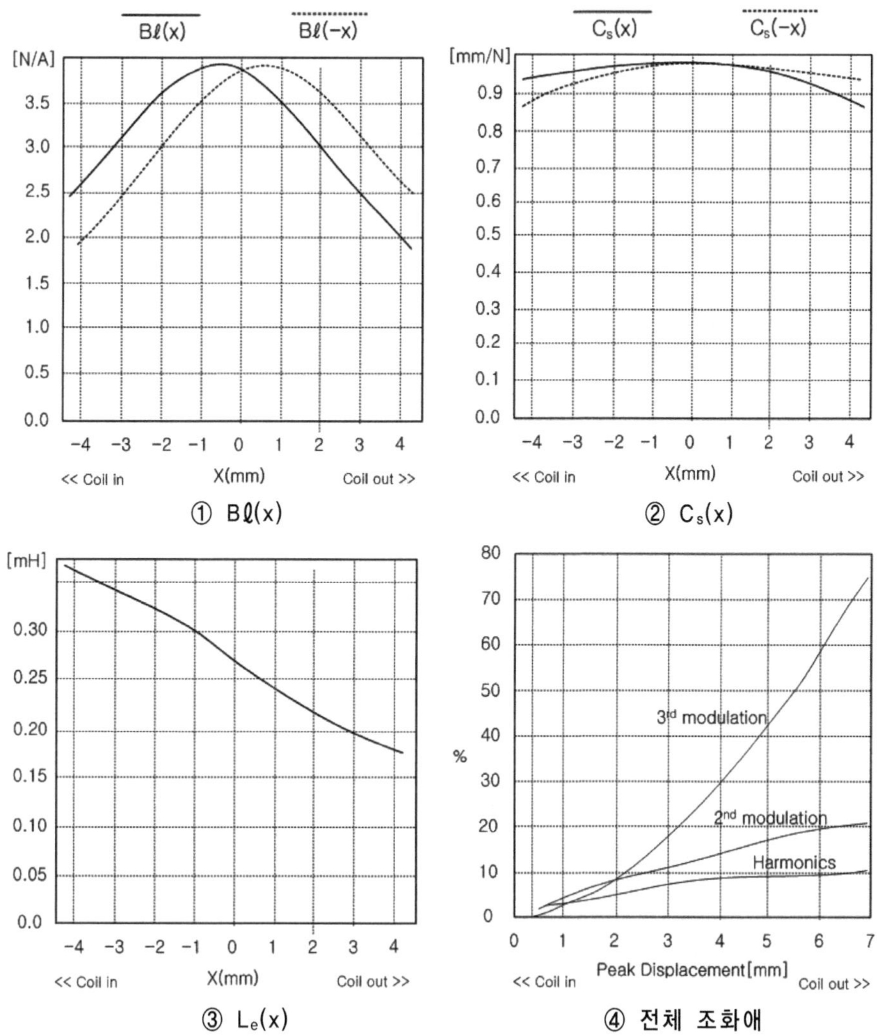

[그림 94] Bℓ(x), C_s(x), L_e(x)와 전체 조화왜와 변조변형특성

[그림 94④]에서는 피크변위에 대한 전체 조화왜율과 2차 그리고 3차 변조변형율을 보여준다. 제3차 변조변형이 가장 주도적이며, 10%의 경계치에 해당하는 피크변위가 2.1mm로써 최대변위에 해당된다. 반면에 전체 조화왜의 경우에는 7mm 그리고 제2차 변조변형의 경우에는 약 2.7mm정도에 해당한다. 이들 두 가지 방법에 의해 결정된 최대변위가 서로 유사함을 아래에서 알 수 있다.

▷ $X_{BL} = 1.8\text{mm} \ @ \ B\ell_{\min} = 82\%$

▷ $X_C > 4\text{mm} \ @ \ C_{\min} = 75\%$

▷ $X_L > 4\text{mm}$ @ $Z_{max} = 10\%$

▷ $X_D = 20.5\text{mm}$ @ $d_2 = 10\%$

▷ $X_{max} = 2.1\text{mm}$ @ $d_3 = 10\%$ ($d_2, d_3 < 10\%$)

6.9. 감도(sensitivity)

감도는 스피커를 배플(half-space)이나 규정된 지스박스에 장착한 후에, 1m의 거리에서 1W의 전기 파워를 입력하여 스피커에서 방사된 소리를 진동판의 중심축 상에서 측정한 음압레벨을 말한다.

만약 스피커의 효율을 알고 있다면, 스피커로부터 특정한 거리(r)에서의 음압(L_r)을 아래와 같이 계산할 수 있게 된다.

$$L_r = 10\log W + 10\log \rho_o c + 94 + 10\log(1/4\pi r^2) \qquad (6.10\text{-}1)$$

위 식에서 배플을 이용한 half-space에서의 감도는 3dB가 높아지게 될 것이다.

6.10. 진동계의 운동특성

진동계의 왕복운동은 어떤 물체가 용수철의 한쪽 끝에 매달려 진동하는 모습으로 가정할 수 있다. 이상적인 스프링의 경우에 변위와 복원력이 서로 정비례하는 특성을 가진다. 이 때 변위와 복원력 사이의 비례상수가 강성(stiffness)이며, 강성의 역수가 컴플라이언스(compliance)이다. 이러한 스프링의 운동을 단조화 운동(simple harmonic motion, SHM)이라 부르며, 물체의 운동변위가 사인함수(sinusoidal function)적으로 변하게 된다. 주파수가 동일하게 유지되는 가운데, 그 물체에 큰 외력이 주어지면 진폭이 커지게 되어 복원력이 증가하게 된다. 이러한 진동운동은 점차적으로 운동에너지를 상실하게 되어 최종적으로는 운동이 정지하게 된다. 물체의 운동에너지가 급속히 감소할수록 진동이 감쇠하는 비율이 커지게 되는 것이다. 이 때 물체의 운동에너지가 감소하는 메커니즘(mechanism)을 댐핑(damping)이라 부른다. 스피커에서는 기계적인 댐핑이 댐퍼와 에지에서 그리고 전자기적인 댐핑이 보이스 코일에서 일어나게 된다. 스피커의 진동판이 왕복운동을 할 때에 진폭, 속도 및 가속도 사이의 위상 차이를 [그림 95]에서 보여준다.

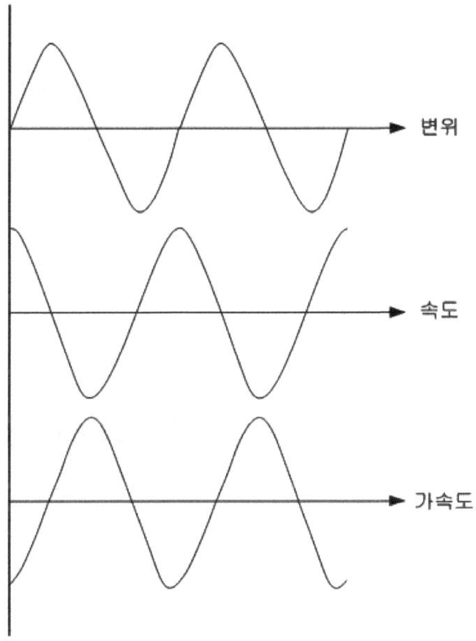

[그림 95] 단조화 운동에서 물체의 변위, 속도 및 가속도 사이의 위상차이

용수철에서 운동하는 물체가 강체인 경우에, 이 물체의 진동운동은 질량, 강성 그리고 댐핑인자로 완벽하게 설명될 수 있다. 만약 일정한 진폭을 갖는 여러 가지 가청주파수에서 강체에 대한 변위, 속도 그리고 가속도들 사이의 관계를 [그림 96]에서 보여준다. 공명진동수 이하의 낮은 주파수에서는 강체를 가속시킬 수 있는 힘이 없다. 스프링을 변위시키기 위해서는 큰 힘이 필요하기 때문에 강성에 의해 제어되는 영역으로 분류되며, 한 옥타브당 6dB씩 증가하게 된다. 공명진동수 이상의 높은 주파수에서는 물체의 질량에 의한 관성이 강성을 앞서기 때문에 질량에 의해 제어되는 영역으로 불린다. 외력이 일정할 경우에, 주파수가 높아지더라도 물체를 가속시키는 시간이 짧아져서 일정한 값의 가속도를 유지하게 된다. 따라서 속도는 주파수에 역비례하여 한 옥타브당 6dB씩 감소하는 특성을 가진다. 그러나 진동판의 음향방사능력은 속도에 역비례하여 한 옥타브당 6dB씩 증가한다. 따라서 이 영역에서의 주파수 특성을 살펴보면 6dB 곡선이 서로 상쇄되어 일정한 음압레벨을 유지하게 된다.

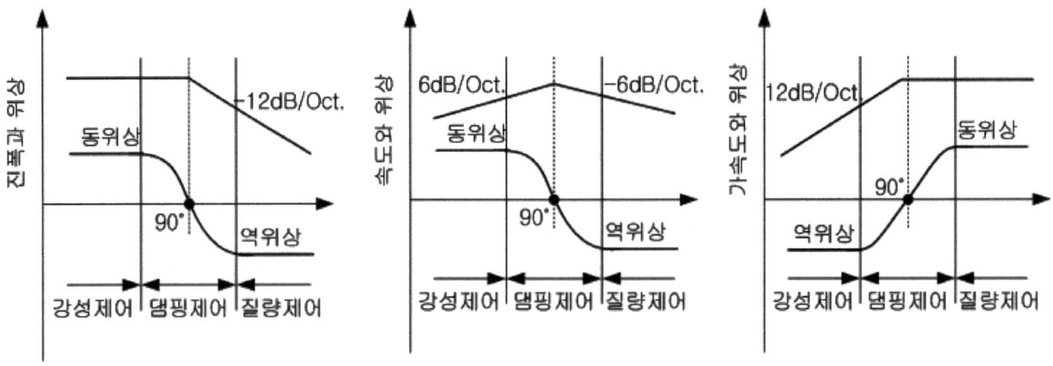

[그림 96] 강성, 저항과 질량제어영역에서 진폭, 속도 및 가속도와 위상특성

6.11. 정격파워(rated power) 및 최대파워(maximum power)

"정격파워"는 "일반적으로 제조자에 의해 지정되며, 음향특성이 특정한 왜곡률(예, 10%)을 넘지 않는 조건에서 출력할 수 있는 정현파의 연속적인 파워"를 의미한다. 그러나 스피커 분야에서 말하는 파워의 의미는 스피커에서 발생되는 소리의 출력파워를 의미하는 것이 아니고, 스피커에서 받아들일 수 있는 입력파워를 실제적으로 의미한다. 입력파워의 종류는 다시 정격파워와 최대파워로 나눌 수 있다. 정격파워(정격입력)의 경우에는 스피커가 프로그램 모의신호(IEC 60225에서 규정)와 유사한 스펙트럼 분포를 갖는 잡음을 이용하여 연속적으로 사용해도 이상이 없는 내입력 값의 평균적인 실효치를 나타낸다. 이처럼 정격파워는 다음과 같은 사항들에 의해 영향을 받을 수 있다.

▷ 보이스 코일의 열적특성과 온도 상승,

▷ 허용 조화왜(acceptable harmonic distortion)

▷ 진동계의 최대편향(deflection)

▷ 스피커의 작동에 따른 기계적 손상(mechanical damage)

오디오 신호를 오슬로스코프로 관측하면, 순간적으로 큰 파워를 가지는 파형을 자주 볼 수 있다. 이러한 신호는 오랜 시간 동안 지속되는 것이 아니기 때문에, 스피커는 정격입력보다 다소 크고 순간적인 이런 입력에 왜곡을 발생시키지는 않는다. 따라서 최대파워란 스피커가 왜곡을 일으키지 않는 가운데 순간적인 오디오 신호를 받아들일 수 있는 최대의 입력파워를 말한다. 정격파워와 최대파워를 측정하는 방법은 한국산업규격인 KS C IEC 60268-5에 규정되어 있다.

어떤 크기의 방에서 스피커의 효율에 따라 원하는 음압(dB)을 얻는데 필요한 앰프의 파워를 예상할 수 있다. 만약 스피커의 음향효율이 0.5%이고, 앰프의 파워가 50W인 경우에 방의 체적에 따라 얻을 수 있는 음압레벨(dB)을 [그림 97]에서 보여준다. 예를 들어, $100m^3$의 체적을 갖는 방에서 0.25W의 음향파워로 100dB를 얻기 위해서 다음과 같이 [그림 97]을 활용할 수 있다. $100m^3$의 크기를 갖는 방에서 0.25W의 음향파워는 약 97dB의 음압을 갖는다. 이 때의 기준은 50W이기 때문에 100dB가 되기 위한 3dB를 추가로 얻기 위해서는 100W가 필요하게 된다.

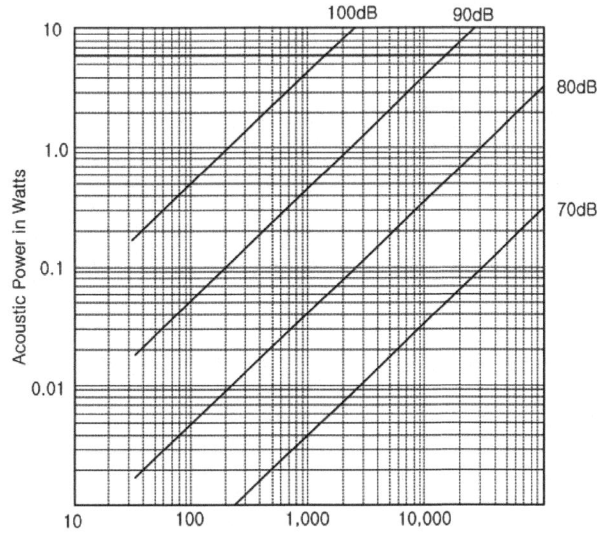

[그림 97] 공간의 체적에 따른 음향효율과 음압특성

6.12. 열(파워) 압축(thermal 또는 power compression)

스피커에 높은 전류가 입력되면, 보이스 코일에서 많은 열이 발생하게 되어 자기회로 주변의 온도를 높이는 결과를 가져오게 된다. 이처럼 주변온도가 높아지게 되면 영구자석의 온도가 상승하게 되고, 그 결과로써 영구자석의 자기밀도(B)가 낮아져서 자기 갭에서의 구동세기가 감소하게 된다. 알니코, 페라이트(세라믹)와 네오디움 자석들의 온도에 따른 자기밀도의 변화를 [그림 98]에서 보여준다.

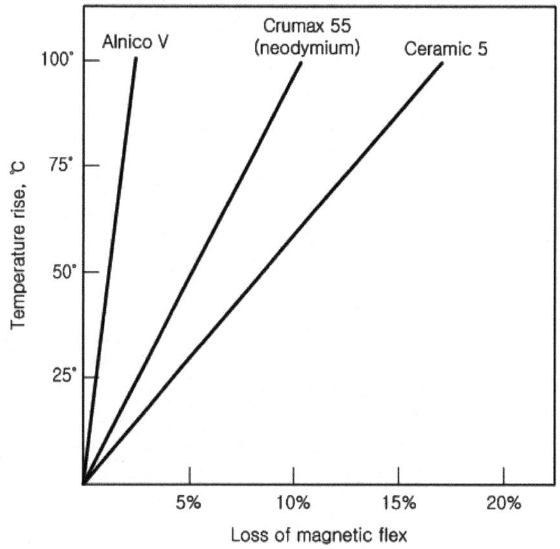

[그림 98] 온도에 따른 영구자석의 자기장의 감소율

보이스 코일의 온도가 상승하면 저항이 높아지게 되는데, 온도에 따른 구리 또는 알루미늄의 전기저항(R)은 아래의 식으로부터 구할 수 있다.

$$R = R_{20}[1 + \alpha(T_f - T_{20})]$$

여기서 R_{20}, α, T_f 그리고 T_{20}는 상온에서의 저항, 온도저항계수(thermal resistance coefficient, 구리와 알루미늄 = 0.004/℃), 최종온도 그리고 상온을 각각 의미한다. 이러한 현상을 열적 선형성(thermal linearity)이라고 부르며, 보이스 코일의 높아진 저항은 또 다시 스피커의 효율을 낮추는 결과로 작용하게 된다. 이처럼 보이스 코일의 저항증가로 인해 스피커의 효율이 감소하는 현상을 파워 또는 열 압축(thermal 또는 power compression)현상이라 부른다. 예를 들면, 알루미늄과 구리의 경우에 온도가 1℃ 올라가는데 0.393%의 저항이 증가하게 된다. 다시 말하면, 온도가 250℃ 증가하면 이들의 저항이 두 배가 되는 것을 의미한다. 만약 200W의 스피커 출력이 같은 전압으로 계속 유지된다면, 보이스 코일의 온도상승으로 인하여 출력이 100W로 줄어들게 되는 것이다. 왜냐 하면 보이스 코일의 온도가 상승하게 되면 보이스 코일에 흐르는 전압을 일정하게 하기 위하여 전류값이 낮아져야 하기 때문이다. 이러한 전류값의 감소는 보이스 코일에서 발생하는 자기밀도를 약화시키고, 진동판의 전자기적 댐핑을 나타내는 Q_{ES}값이 감소하게 될 것이다. 효율이 낮은 스피커의 경우에는 열 압축현상으로 인한 파워감소가 작지만, 효율이 높아질수록 파워감소가 증가하게 될 것이다. 이처럼 보이스 코일에서 발생한 열에 의한 파워손실의 특성은 Hi-Fi용 스피커의 개발에 있어서 매우 중요한 요소들 중에 하나이다.

특별하게 설계한 앰프에서 요구하는 전압형 액티브 스피커(voltage driven active speaker)는 파워압축현상에 의하여 직접적인 영향을 받지만, 전류형 스피커(current driven speaker)의 경우에는 파워압축문제를 피할 수 있다. 정전형 또는 혼형 스피커의 경우에도 왜곡의 정도가 소리의 레벨과 관계가 없기 때문에 파워압축문제로부터 벗어날 수 있게 된다.

높은 파워 핸들링을 갖는 스피커의 진동판은 역학적으로 심한 진동에 견딜 수 있도록 무겁게 설계된다. 이처럼 무거운 진동판을 진동시키게 되면, 보이스 코일에서 열이 많이 발생하게 된다. 이로 인하여 보이스 코일은 열팽창을 하게 되는데, 만약 250℃가 증가할 경우에 50mm의 보이스 코일은 약 0.4mm까지 열적으로 팽창을 할 수 있다. 보이스 코일이 자기 갭에서 운동을 원활하게 하기 위해서는 자기 갭이 보이스 코일의 열팽창을 고려하여 좀 더 넓게 설계되어야 한다. 이는 자기 갭에서의 자기저항이 증가하게 되고, 이는 다시 구동세기의 감소로 이어져서 출력의 추가적인 감소로 나타나게 된다. 이러한 점이 높은 파워-핸들링(power handling)을 갖는 스피커의 효율이 좋지 않은 이유이다.

6.13. 열적 시간상수(thermal time constant, duration effect)

보이스 코일에 전류가 공급되면, 보이스 코일에는 열이 발생한다. 이처럼 발생된 열은 폴피스, 탑 플레이트와 영구자석의 온도를 상승시키는 가운데 이들로부터 공기 중으로 퍼져 나가게 된다. 이러한 과정 속에서 어느 순간이 되면, 보이스 코일에서 발생된 열과 이들을 통해 발산되는 열의 양이 서로 동일하게 되어서 이들의 온도변화가 없게 될 것이다. 이처럼 보이스 코일에서 열이 발생하게 된 이후에 온도의 상승이 멈추고 열적평형상태를 이루는데 걸리는 시간을 열적시간상수(thermal time constant, duration effect)라고 부른다. 다이나믹 스피커의 경우에는 열적시간상수가 일반적으로 길지 않지만, 대출력을 갖는 P.A.용 스피커의 경우에는 한 시간 이상이 되는 경우도 있다.

6.14. 냉각작용

스피커에 입력된 파워는 크게 세 가지 형태의 열을 발생시킨다(그림99). 그들 중에서 보이스 코일에 입력된 전류에 의해 발생된 열(Joule effect)의 양이 어느 정도 이상이 되면, 보빈과 접착제 그리고 코팅의 고유기능을 저하시키고 재료의 구조에도 영향을 주게 된다. 만약 온도가 지나치게 높아질 경우(약 250℃이상)에는 스피커 자체가 망가지는 경우가 발생할 수도 있다. 예를 들면, Nd자석의 경우에 120~150℃이상 올라가게 되면 자력의 감소를 영원히 초래할 수도 있다. 그러나 라우드스피커의 경우에는 다른 장치들보다도 열을 빨리 방사시킬 수 있기 때문에 다른 장치들에 비하여 열적파워가 높다고 할 수 있다. 여기서 열을 방사시킬 수 있는 능력은 그 장치의 열적저항(thermal resistance, ℃/W)으로 표시된다.

스피커에 전류가 입력되었을 경우 온도 상승은 아래의 식에 의해서 구할 수 있다.

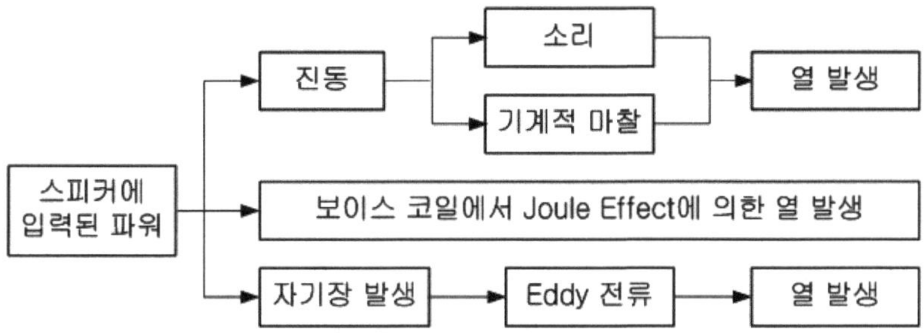

[그림 99] 스피커에서 열이 발생하는 세 가지 형태

$$T_f = T_O + I^2 R_E R_{TH}$$

여기서, T_f, T_O, I, R_E, R_{TH}는 최종온도, 초기온도, 전류, 초기온도에서의 DC저항 그리고 전체 열저항(℃/W)을 각각 의미한다. 전체 열저항은 보이스 코일 자체의 열저항(R_V), 보이스 코일의 내부표면에서 폴피스로 열이 이동할 때의 열저항(R_I), 보이스 코일의 외부표면에서 탑 플레이트로 열이 이동할 때의 열저항(R_O), 그리고 영구자석과 프레임으로부터 공기로 열이 이동할 때의 열저항(R_{HS})들의 합으로 구해진다(그림100).

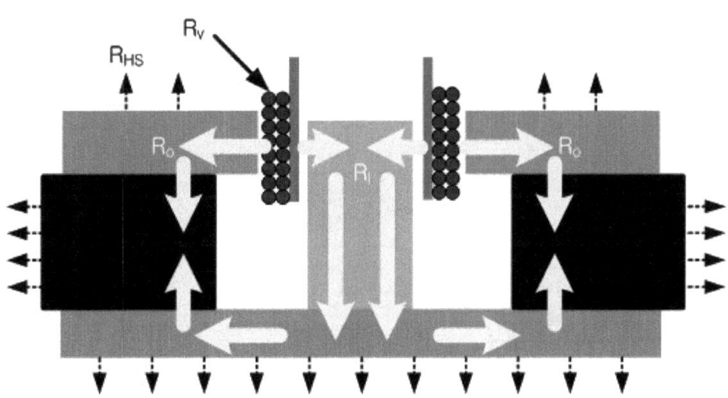

[그림 100] 보이스 코일에서 발생한 열의 전도

라우드스피커의 보이스 코일에서 발생한 열을 냉각시키는 형태는 열전도(heat conduction), 열방사(heat radiation), 대류(convection), 열에너지의 저장(thermal energy storage) 등 4가지로 크게 나눌 수 있다(그림101).

첫 번째의 열전도 방식은 온도가 높은 곳에서 낮은 곳으로 열이 전달되는 원리로써 고체에서 일반적으로 발생한다. 스피커에서 보면, 보이스 코일에서 발생한 열이 탑 플레이트 또는 폴피스와 바텀 플레이트를 통하여 영구자석과 프레임으로 전달된다. 이는 열이 온도가 높은 지점에서 낮은 지점으로 전달되는 원리로써, 그 재료의 열전도도(thermal conductivity)가 매우 중요하게 작용한다. 만약 보빈, 댐퍼 그리고 진동판들이 열이 잘 통하지 않는 재료로 제작된 경우라면, 댐퍼 또는 진동판으로의 열전도에 의한 냉각효과를 기대하기는 어렵게 된다. 그러나 보빈과 진동판을 열 전도체인 알루미늄으로 설계한 경우에는 진동판으로의 열전도에 의한 냉각효과를 추가적으로 기대할 수 있게 된다. 여기서 보빈의 지름을 증가시키면, 보빈의 표면적이 넓어져서 열전도에 의한 냉각효과를 조금이라도 더 높일 수 있게 된다. 단위시간 동안에 표면적이 S인 주변으로 열이 흐르는 양(Q)을 다음과 같이 구할 수 있는데, K와 ΔT는 열전도도와 온도 차이를 말한다.

$$dQ = \frac{KS\Delta T}{} dt$$

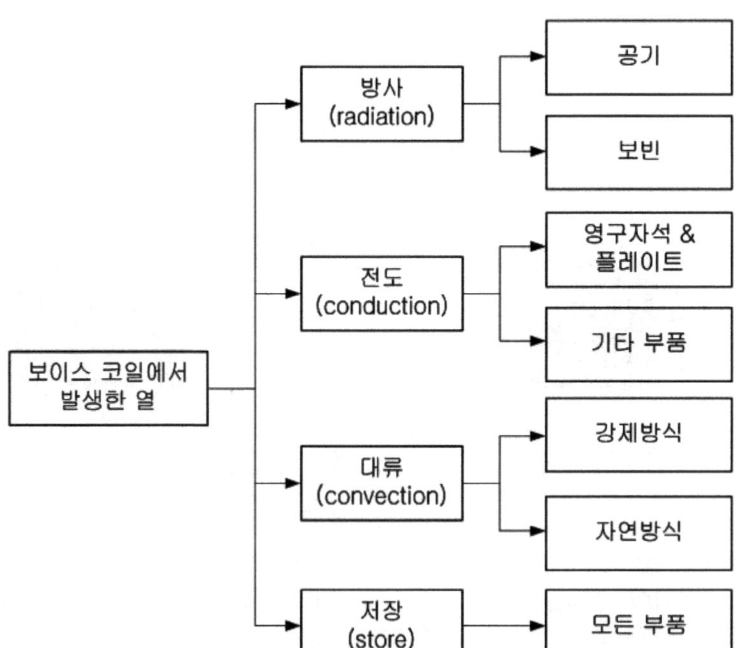

[그림 101] 보이스 코일에서 발생한 열의 냉각 형태

자기 갭의 너비는 높이에 비하여 상대적으로 작은 경우가 매우 일반적이다. 이처럼 보이스 코일의 표면적(권선폭)을 크게 하고, 자기 갭의 폭(너비)을 작게 하는 것은 보이스 코일에서 발생한 열의 전도를 높이는데 유리하다. 이런 경우에 있어서, 자기 갭에서의 열전도량(Q)은 아래의 식에 의해 구할 수 있다.

$$Q = \frac{AK(T_2 - T_1)}{\ell_{heat}}$$

여기서, A, T_1, T_2, 그리고 ℓ_{heat}은 열이 흐르는 단면적, 한 쪽 표면에서의 온도, 다른 쪽 표면에서의 온도와 열 회로의 길이를 의미한다. 언더형형과 오버형형의 자기 갭에서 열전도가 일어날 수 있는 네 가지의 표면을 [그림 102]에 표시하였다. 다시 말하면, A_{TP}는 탑 플레이트의 면적을, A_{PP}는 폴피스의 면적을, A_{CO}는 보이스 코일의 외부면적을, 그리고 A_{CI}는 보이스 코일의 내부면적을 각각 가리킨다. 일반적으로 A_{CI}가 A_{CO}보다 표면적이 더 큰 특징을 가지고 있다. 그리고 언더형형의 경우에 있어서, 열전도는 A_{CO}와 A_{CI}에 의존한다고 할 수 있는 반면에, 오버형형의 열전도는 A_{TP}와 A_{PP}에 주로 영향을 받게 된다.

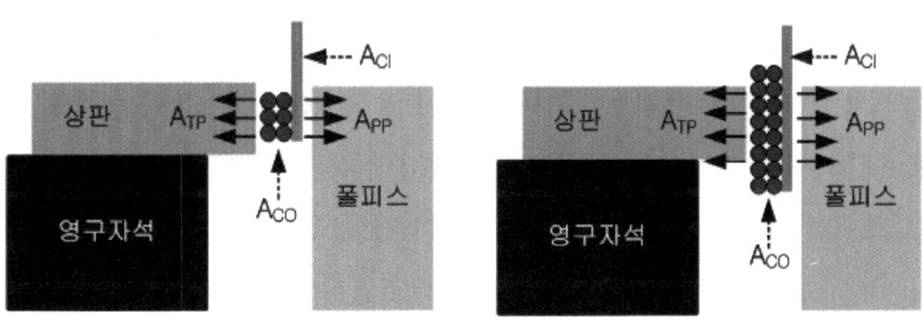

[그림 102] 자기 갭에서의 열전도 형태

냉각효율을 높이기 위하여, 1974년부터 "ferrofluid"를 [그림 103][처럼 자기 갭 안에 넣는 경우가 있다. ferrofluid는 "ethylhexyl-azelate"의 캐리어 유체(carrier fluid)에 0.01㎛의 지름을 갖는 Fe_3O_4 입자들을 첨가한 콜로이드(colloid) 형태로써, 입자들이 작은 자석 덩어리처럼 엉기는 것을 방지하기 위하여 코팅이 되어 있다. ferrofluid의 자기레벨(flux level)이 포화상태(일반적으로 100~300gauss)가 되면, 자기 갭에서의 자기저항(reluctance)에 대한 영향을 최소화시키는 가운데 구동세기($B\ell$)가 ferrofluid가 없는 상태와 대체로 동일하게 유지된다고 제조업체는 주장하고 있다. Fe_3O_4 입자들의 브라운 운동은 콜로이드의 온도를 −10℃에서 100℃ 사이로 유지시키기 위하여 보이스 코일에서 발생한 열을 폴피스나 탑 플레이트로 이동시키는 작용을 하게 된다. 이처럼 ferrofluid를 자기 갭에 사용하게 되면, 자기 갭에서의 열전도가 5~10배 정도 높아지는 것으로 알려져 있다. 그 결과로써, 스피커의 파워 핸들링 용량(power handling capacity)이 증가하게 된다.

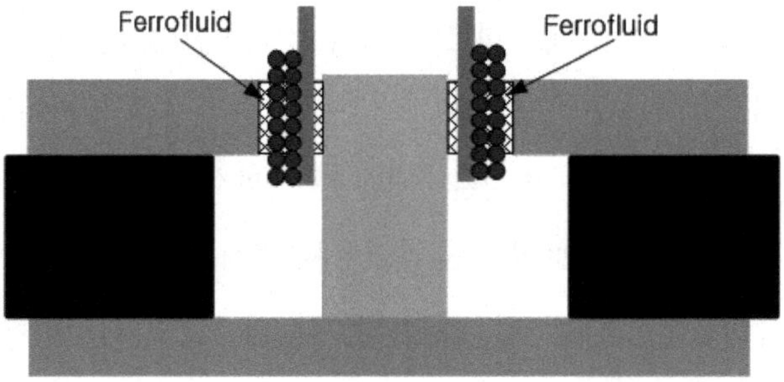

[그림 103] 자기장에 의해 ferrofluid가 자기 갭에 놓여 있는 상태

그리고 대체로 동일하게 유지된다고 제조업체는 주장하고 있다. Fe_3O_4 입자들의 브라운 운동은 콜로이드의 온도를 −10℃에서 100℃ 사이로 유지시키기 위하여 보이스 코일에서 발생한 열을 폴피스나 탑 플레이트로 이동시키는 작용을 하게 된다. 이처럼 ferrofluid를 자기 갭에 사용하게 되면, 자기 갭에서의 열전도가 5~10배 정도 높아지는 것으로 알려져 있다. 그 결과로써, 스피커의 파워 핸들링 용량(power handling capacity)이 증가하게 된다. 그리고 보이스 코일이 ferrofluid 안에서 운동을 할 때에 두 가지 기능이 추가적으로 만들어지게 된다. 첫 번째는 보이스 코일의 수직운동에 있어서 다소간의 수평적 운동성분(세차운동)을 완전히 무시할 수는 없다. 따라서 자기 갭 내부에 있는 ferrofluid가 O링(O-ring)처럼 작용하여, 이러한 수평적 운동성분을 감소시킴과 동시에 보이스 코일이 제 위치에서 운동할 수 있도록 도움을 주게 된다. 두 번째는 ferrofluid의 점성에 비례하는 댐핑효과가 만들어진다. 점성은 온도에 따라서 변하는데, 온도가 높을수록 점성이 감소하게 된다. 만약 자기 갭에서의 온도변화가 크지 않거나 또는 온도를 제어할 수 있는 경우에 공명진동수에서의 전기적 임피던스를 낮

추거나 기계적 Q값을 조정하는데 ferrofluid를 사용할 수도 있다. 예를 들어 25mm 돔 트위터의 경우에, ferrofluid의 점성이 높아짐에 따라서 공명진동수(f_s)와 공명진동수에서의 임피던스 피크의 폭이 넓어지는 반면에 공명진동수에서의 임피던스와 DC저항 사이의 비율과 기계적 댐핑(Q_{MS})는 감소된다고 관련업체에서 보고하고 있다. 여기서 기계적 댐핑(Q_{MS})가 감소하는 것은 공기저항에 비하여 ferrofluid의 저항이 몇 배 이상 크기 때문이다. 보이스 코일의 온도상승을 감소시켜 열팽창에 의한 출력감소도 줄일 수 있게 된다. 그러나 ferrofluid가 자기 갭에 채워짐에 따라서 스피커의 질량이 다소 증가하게 될 것이다. 캡톤(Kapton)의 경우에는 ferrofluid를 약간 흡수하지만, 이로 인한 특별한 영향이 발생되지는 않는다. 일반적인 트위터의 경우에 ferrofluid를 사용한 경우와 사용하지 않은 경우의 냉각효과를 [그림 104]에서 보여준다. 그러나 모든 스피커에 무조건 ferrofluid를 사용할 수는 없다. 만약 원활한 공기 통풍을 위해 보이스 코일의 펌핑운동을 설계한 스피커의 경우에 ferrofluid를 자기 갭 내부에 사용하게 되면, 공기의 통풍 구멍이 막히는 결과를 초래할 수도 있다. 뿐만 아니라, 보이스 코일의 펌핑운동은 ferrofluid 안에 기포를 생성시켜 소음의 원인이 되기도 한다. 그리고 ferrofluid가 자기 갭의 외부로 흘러나오는 경우도 있는데, 이로 인하여 펄프 진동판이나 지지계가 ferrofluid에 의해 젖는 경우도 있다.

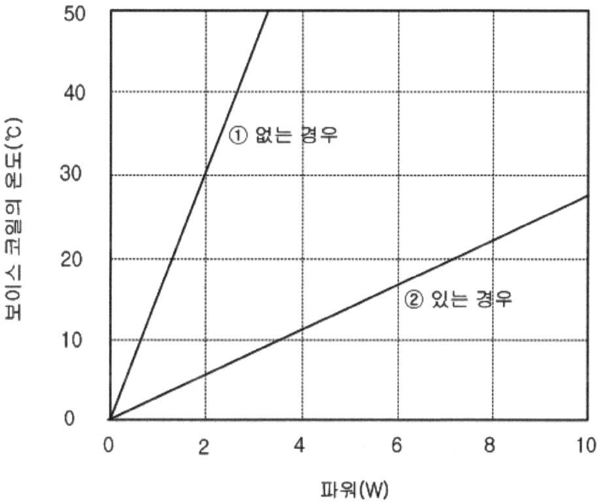

[그림 104] ferrofluid 유/무에 따른 보이스 코일 온도특성

고출력을 목적으로 하는 스피커의 경우에, 자기 갭에서의 열전도를 높이기 위하여 폴피스와 탑 플레이트에 자기회로의 자기장에 영향을 주지 않는 비자성재료로 만들어진 조각들을 추가적으로 사용하기도 한다. 특히 오버헝형 보이스 코일의 경우에, 보이스 코일의 오버헝 영역에 이들의 추가적인 조각들을 사용하여 열전도 효율을 높이기도 한다. 그리고 보빈, 진동판과 프레임을 열전도성이 높은 재료들을 사용하여 냉각효율을 높이기도 한다.

두 번째 형태인 열방사는 온도가 다른 두 개의 표면들 사이에 또는 하나의 표면과 인접한 공기 사이에서 일어난다. 스피커에서 열전도 방식에 비하여 열방사가 효율적으로 일어나기 위해서는 온도가 적어도 150℃ 이상이 되어야 한다. 스피커에서 열방사가 일어나는 대표적인 경우들을 살펴보면, 다음과 같다.

▷ 보이스 코일의 표면에서 자기 갭 내부의 공기로,

▷ 자기 갭 내부의 공기에서 폴피스 또는 탑 플레이트로,

▷ 탑/바텀 플레이트, 폴피스와 영구자석들이 서로 접합되는 부분

여기서 열방사가 일어나는 재료의 표면 방사율(emissivity)과 방사 표면적(radiation surface area)들이 중요한 요소들이다. 그리고 순수한 열방사 밀도(q_{heat}, net radiation flux density)는 아래와 같이 구할 수 있다.

$$q_{heat} = \sigma_o \times \xi_{surface} \times (T_{high}{}^4 - T_{mat}{}^4)\, W/m^2K^4$$

여기서, σ_o, $\xi_{surface}$, T_{high}와 T_{mat}는 Stefan-Boltzmann 상수(= 5.67×10^{-8}), 표면 방사율, 온도가 높은 표면의 절대온도 그리고 그 표면을 둘러싸고 있는 재료의 절대온도를 말한다. 그리고 열방사 표면적이 S_r인 보이스 코일과 보빈의 온도를 T에서 T_o로 낮추는데 필요한 열방사의 양(Q_r)은 다음과 같다.

$$Q_r = S_r \times \sigma_o \times \xi_{surface} \times (T_{high}{}^4 - T_{mat}{}^4)$$

여기서 열방사 표면적(S_r)을 자세히 살펴보면, 아래의 [그림 105]처럼 3개의 영역(S_{up}, S_{aff}, S_{lo})으로 나누어서 계산할 수 있다.

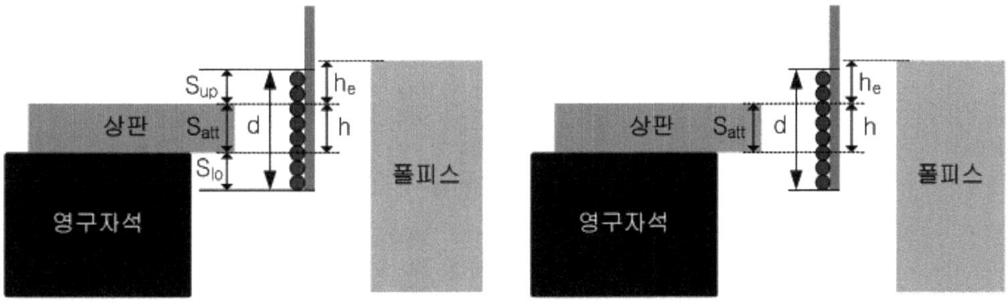

① 언더형형 ② 오버형형

[그림 105] 열방사 표면의 형태

오버형형의 경우에,

▷ 보이스 코일의 상단부에서 진동판, 프레임과 댐퍼로 열이 직접적으로 방사되는 영역(S_{up}) :

$$S_{up} = (h_b - h_t - h_e) \times \pi \times d_v$$

▷ 보이스 코일의 중앙부에서 탑 플레이트로 열이 방사되는 영역(S_{aff}) :

$$S_{aff} = [(\frac{d}{2} + \frac{h}{2} + h_e) + h] \times \pi \times d_v$$

▷ 보이스 코일의 하단부에서 영구자석으로 열이 직접적으로 방사되는 영역(S_{lo}) :

$$S_{lo} = (\frac{d}{2} - \frac{h}{2}) + h] \times \pi \times d_v$$

여기서, d_v는 보이스 코일의 직경을 말한다. 이들 영역에서 S_{aff}와 S_{lo}는 플레이트와 영구자석으로 열을 방사하여 온도가 T_a가 되고, S_{up}의 경우에는 열이 대기 중으로 방사되기 때문에 대기의 온도(T_f)가 될 것이다.

언더형형의 경우에는 보이스 코일의 권선폭이 탑 플레이트의 높이보다 작기 때문에, S_{up}와 S_{lo}들은 존재하지 않고 S_{aff}만을 아래와 같이 구할 수 있다.

$$S_{aff} = 2\pi \times d \times d_v$$

오버형형과 언더형형에서, 방사 에너지(Q_r)는 아래와 같이 다시 쓸 수 있다.

$$Q_r = \frac{S_r \times \sigma_o \times | \ T_v^4 - T_m^4 \ |}{\frac{1}{a_v} + \frac{1}{a_b} - 1}$$

여기서, T_v, T_m, a_v와 a_b는 보이스 코일의 온도, 자석과 플레이트의 온도, 보이스 코일의 흡수계수(adsorption coefficient) 그리고 자석과 플레이트의 흡수계수를 말한다. 위 식에서 보면, 이론적으로 $a_v = a_b = 1$일 경우에 에너지 전달이 최대가 된다. 실제적으로, 코팅된 구리나 알루미늄의 흡수계수(a_v)는 일반적으로 0.90에서 0.95의 범위에 놓인다. 그러나 luster plated steel의 흡수계수(a_b)는 0.01에서 0.10의 범위에 놓여, 흡수계수는 낮아지는 대신에 에너지의 반사계수가 높아지는 것을 볼 수 있다. "black plating"이라는 방법에 의하면 자석과 플레이트의 흡수계수(a_b)를 0.95이상까지 끌어 올릴 수 있다고 주장하기도 한다. 따라서 구리나 알루미늄의 보이스 코일이 luster plated steel과 짝을 이루는 경우에는 $a_v = 0.95$와 $a_b = 0.1$이 되고, black plating과 짝을 이루면 $a_v = 0.95$와 $a_b = 0.95$가 된다. black plating의 경우는 이론적으로만 가능한 흑체(black body, $a_v = 1$, $a_b = 1$)에 매우 가까워져서 보이스 코일에서 플레이트나 영구자석으로의 방사 에너지가 매우 커지게 될 것이다.

실질적으로 순수한 열방사 밀도가 스피커에서는 매우 작기 때문에, 열방사에 의한 전반적인 열전달 효과가 미미한 것으로 나타나고 있다. 따라서 이러한 열방사 방법이 라우드스피커의 주된 냉각방식이 되기에는 어려운 것으로 볼 수 있다. 그러나 폴피스와 플레이트에 검은색 페인트를 칠함에 의하여 방사효과를 다소 높일 수 있는 것으로 알려져 있다. 이는 페인트를 칠함에 의해 방사효율이 높아졌다고 하기 보다는 표면적이 증가함에 의하여 방사량이 약간 증가하는 것으로 알려지고 있다.

세 번째는 대류방식으로써, 강제대류와 자연대류로 나누어지고, 강제대류는 내부강제방식과 외부강제방식으로 다시 분류할 수 있다. 내부강제방식의 한 예는 자기 갭의 내부에 있는 공기를 보이스 코일로 퍼내는(pumping) 방식을 들 수 있다. 이 때 공기가 자기 갭의 외부로 잘 빠져 나갈 수 있도록 보빈, 폴피스 또는 더스트 캡에 구멍을 뚫게 되며, 진동판의 속도가 클수록 보이스 코일의 온도감소가 크게 나타나게 된다. 그러나 진동판의 운동변위가 클 경우에는, 공기의 펌핑이 비선형적으로 발생하는 가운데 "chuffing"이라는 소음이 만들어질 수 있어서 조심하여야 한다. 이처럼 펌핑에 세

심한 주의를 기울이지 않는다면, 공기의 펌핑이 한쪽 방향으로만 일어나게 되어 진동판의 중립적 위치가 변하는 요인도 될 수 있다. 그리고 외부강제방식은 스피커의 외부에서 공기를 불어 넣어 주거나 펑핑할 수 있는 장치를 만드는 방법이다. 뿐만 아니라, 자기회로의 바깥주변에 물과 같은 냉각수를 흘려주어 온도를 감소시키기도 한다.

자연대류 형식으로써, 뜨거운 공기는 위로 올라가고 차가운 공기는 밑으로 내려오는 원리이다. 영구자석, 프레임과 바텀 플레이트에서 열이 자연적으로 제거되는 방식을 말한다. 만약 영구자석의 크기를 증가시키거나, 금속성 프레임을 사용하거나 또는 바텀 플레이트를 두껍게 만들면, 열이 저장되는 장소(sink)의 표면적이 증가되어 자연적으로 대류에 의해 열이 냉각될 수 있는 효율을 높여주는 결과를 가져오게 될 것이다.

네 번째로는 재료의 비열(specific heat), 크기와 밀도 등을 이용하여 열을 재료 자체에 저장하는 방식(열저장)이다. 이는 실제적으로 열이 다른 곳으로 전달되는 것이 아니기 때문에, 보이스 코일에서 발생한 열의 양은 그 재료의 온도 상승에 직접적인 영향을 주게 된다. 대체로 질량이 가벼운 구조로 되어 있는 스피커의 경우에는 열을 저장할 수 있는 능력이 작으며, 열이 스피커를 모두 채워지는데 걸리는 시간도 매우 짧다. 그러나 무거운 구조를 가지고 있는 스피커의 경우에는 열이 모두 채워지는데 몇 시간이 소요되는 경우도 있다.

6.15. 파워 핸들링(power handling)

스피커가 받아들일 수 있는 전기적 파워의 한계를 크게 두 종류로 나눌 수 있다. 첫 번째는 음향특성의 왜곡을 고려한 정격파워와 최대파워이다. 그러나 음향특성의 왜곡을 염두에 두지 않고, 스피커의 전기적 입력파워에 의한 파손이나 변형에만 기초를 둔 것이 파워 핸들링(power handling)이다. 파워 핸들링이란 스피커가 기계적으로 또는 기구적으로 파손이나 변형되지 않는 가운데 정상적으로 작동할 수 있는 최대의 전기적 입력파워를 의미하는 것이다. 그러나 파워 핸들링을 스피커로부터 방사할 수 있는 최대음향파워에 관련한 능력으로 인식하기에는 무리가 있다. 다시 말하면, 파워 핸들링을 효율로 단순히 나눈 것이 실질적으로 스피커에서 방사할 수 있는 음향파워로 보기에는 어려움이 있기 때문이다. 왜냐 하면, 파워 핸들링에는 음향특성의 왜곡이라는 개념이 없기 때문이다. 따라서 파워 핸들링보다는 왜곡을 기초로 하여 결정한 스피커의 정격파워가 더 중요할 수도 있다.

스피커에서 방사된 음향파워를 파워 핸들링과 효율을 곱한 입력파워로 보기에 무리가 있음을 위에서 지적한 바 있다. 왜냐 하면, 스피커의 방사 임피던스는 순수한 방사저항만이 아닌 방사 리액턴스 성분을 동시에 포함하는 형태로 주어져 있을 뿐만 아니라, 온도에 대한 의존성을 가지고 있기 때문이다. 따라서 스피커를 하나의 순수한 저항으로만 단순히 가정한 경우의 전기적 파워보다는 스피커에서 방사된 파워가 리액턴스 성분으로 인하여 대체로 작아지게 될 것이다.

제 07 장. 스피커 특성변수의 계산 및 측정법

7.1. 방사 임피던스

스피커에서 소리가 방사되는 특성을 전기적 회로의 형태로 해석이 가능하다는 것은 8장에서 논의하게 될 것이다. 이에 따르면 전기회로에서의 저항과 인덕턴스는 스피커에서 공기의 저항과 질량으로 바꾸어 말할 수 있다. 여기서 저항은 파워를 열로써 소비하는 역할을 하는 반면에, 인덕턴스는 자기장 안에 에너지를 저장하지만 파워를 소비하지는 않는다. 이처럼 자기장에 저장된 에너지가 회로의 내부에너지로 다시 돌아오기도 한다.

방사 임피던스에서 저항, 유도성과 용량성 성분들의 양을 결정하는 것이 어려운 것은 아니지만, 임피던스의 위상측정기(phase meter)가 요구된다. 여기서 위상(Φ)이라 함은 인덕터와 저항 사이의 차이를 의미하며, 방사 임피던스의 변화율을 가리키는 기울기(그림61)에 의해 결정되며 아래처럼 계산할 수 있다.

$$위상(\Phi) = \tan^{-1}\left(\frac{jwL}{R}\right)$$

위상(Φ)이 양(+)의 각도이면 유도성 리액턴스를 말하고, 음(−)의 각도이면 용량성 리액턴스 의미하게 된다. 예를 들어, 1,000Hz에서 100Ω의 저항과 0.1H 인덕터를 사용한다면,

$$jwL = 2 \times 3.14 \times 1,000 \times 0.1 = j628\Omega$$

$$\Phi = \tan^{-1}(\frac{jwL}{R}) = \tan^{-1}(\frac{628}{100}) = 80.95°$$

어떤 주파수에서 저항성분의 크기는 방사 임피던스 값에 위상(Φ)의 코사인 값을 곱하여 주어진다.

$$R_r = Z \times \cos\Phi$$

그리고 유도성 리액턴스(X_L)와 용량성 리액턴스(X_C)는 임피던스 값에 위상(Φ)의 사인 값을 곱하여 주어진다.

$$X_L = Z_r \times \sin\Phi$$

$$X_C = Z_r \times \sin\Phi$$

7.2. 스피커의 공기질량

공기질량(air mass)은 스피커의 진동판이 왕복운동을 할 때에 저항과 인덕터로 작용하게 된다. 진동판의 유효질량을 계산할 경우에, 진동판의 운동에 직접적으로 영향을 주는 공기의 질량을 포함하기도 한다. 이 때의 공기질량은 아래와 같이 계산할 수 있다.

$$m_{air} = 0.575 \times S_d^{1.5} \quad (7.2\text{-}1)$$

여기서 m_{air}과 S_d는 공기의 질량과 진동판의 면적을 의미한다.

7.3. 진동계의 유효질량

스피커의 진동판이 운동할 때에 진동계의 유효질량(m_{eff})은 진동계 자체의 질량(m_d)에 공기의 질량(m_{air})을 더하여 아래와 같이 구하게 된다.

$$m_{eff} = m_d + m_{air}$$

여기서 유효질량의 의미는 진동판의 운동에 실제로 참여하는 부품들의 질량을 모두 합친 것이다. 예를 들면, 진동판, 보이스 코일, 보빈, 더스트 캡, 에지, 보빈 또는 댐퍼와 진동판을 접착하기 위해 사용하는 접착제와 에지와 댐퍼들의 절반에 해당하는 질량과 식(7.2-1)에 해당하는 공기의 질량들을 모두 더한 총 질량이다. 그러나 어떤 경우에는 진동판을 포함하여 에지와 댐퍼의 모든 부분이 진동에 참여할 수도 있고, 또 다른 경우에는 진동판의 전체가 진동에 참여하지 않고 일부분만이 진동하는 경우가 있을 수 있다. 따라서 어떤 스피커에서 실질적으로 진동운동에 참여하는 부품들만의 총 질량을 정확이 구하기란 쉽지 않지만, 공기를 제외한 진동계 자체의 질량(m_b)은 직접적으로 측정하여 결정할 수 있다. 스피커의 완제품 상태에서는 진동계만을 분리하여 진동계의 질량을 측정한다는 것은 매우 어려울 것이다. 따라서 진동계를 스피커에서 별도로 분리하지 않고도 진동계의 질량을 결정할 수 있는 두 가지 방법을 소개하겠다.

1) 델타질량법(Delta Mass Method, 질량추가법, Mass Add Method)

스피커의 공명진동수는 진동계의 질량에 의존하게 된다. 진동계의 질량이 달라지면 공명진동수가 변하는데, 만약 질량이 증가하게 되면 식(5.10-1)에 의해 공명진동수가 낮아지는 결과를 가져 올 것이다. 이처럼 진동계의 질량을 변화시켜 얻어진 서로 다른 공명진동수들을 가지고 진동계의 질량을 계산할 수도 있다. 따라서 더스트 캡의 중앙에 동전과 같은 작은 물체를 부가시켜 새로운 공명진동수를 얻어서 진동계의 질량을 구할 수 있다. 이 때 물체가 부가되었을 경우의 공명진동수(f_{load})가 물체가 부가되지 않았을 경우의 공명진동수(f_s)로부터 25~50% 정도 낮아지도록 부가되는 물체의 질량(m_{load})을 결정하는 것이 바람직하다. 일반적으로 6인치보다 작은 스피커는 약 10그램 정도를, 그리고 6인치 이상인 경우에는 약 40그램 정도가 적당하다고 추천하고 있다. 이 때에 유의해야 할 점은, 그 물체를 진동판의 어느 한쪽에 붙여서는 안되며, 더스트 캡의 정중앙에 붙여 물체의 질량이 진동판의 모든 방향으로 균일하게 작용할 수 있도록 하여야 한다. 이 때 진동계의 질량은 다음과 같이 결정한다.

$$m_{eff} = \frac{m_{load}}{(\frac{f_s}{f_{load}})^2 - 1}$$

2) 델타 컴플라이언스법(Delta Compliance Method, 시험상자법)

만약에 물체를 부가하였을 경우의 공명진동수(f_{load})가 10Hz이하가 되면, 음향특성을 분석하기 위한 측정장비의 한계로 인하여 문제가 발생할 수 있다. 이 경우에는 델타질량법보다 인클로저형 시험상자를 이용한 델타 컴플라이언스법이 더 유용하다고 할 것이다. 우선 시험상자는 완벽하게 밀봉되어 공기의 유출입이 없어야 한다. 그리고 스피커는 아래의 [그림 106]처럼 시험상자의 밖에 부착한다.

[그림 106] 시험상자 형태

스피커를 시험상자에 완벽하게 틈새없이 부착하기 위하여 폼(foam)으로 만들어진 개스켓을 사용하기도 한다. 시험상자는 스피커의 공명진동수를 50~100% 정도를 변화시킬 수 있는 크기를 갖는 것이 좋다. 이러한 시험상자의 크기는 스피커의 등가체적(V_{AS})의 절반 정도에 해당하지만, 일반적으로 아래의 [표 25]와 같은 크기들로 많이 사용한다. 여기서 시험상자의 체적은 상자의 내부체적에 스피커를 부착하기 위한 통로의 체적을 합한 것이 된다. 그리고 진동판의 앞부분인 콘의 체적을 고려하기 위하여, 이 체적에 다시 1.02를 곱하여 시험상자의 크기를 최종적으로 결정하게 된다. 시험상자에 스피커를 부착하여 0.1Hz 단위까지 공명진동수(f_{test})를 측정한다.

[표 25] 스피커 크기에 따른 시험상자의 크기

지름(인치)	시험상자 크기(cm^3)
4~5	2,985
6~7	11,940
8	23,880
10	34,992
12	47,761
15	59,702

시험상자의 컴플라이언스(C_{test})는 다음과 같이 계산할 수 있다.

$$C_{test} = \frac{V_{test}}{1.42 \times 10^5 \times S_d^2}$$

여기서 C_{test}, V_{test}와 S_d는 m/N, m^3과 m^2의 단위를 가지며, V_{test}는 시험상자의 체적을 의미한다.

최종적으로 진동계의 질량은 아래와 같이 구해진다.

$$m = \frac{C_{test}^{-1} - m_{air}[39.47 \times (1.85 \times f_{test}^2 - f_s^2)]}{39.47 \times (f_{test}^2 - f_s^2)}$$

7.4. 스피커의 컴플라이언스

스피커의 지지계에 대한 컴플라이언스(C_s)는 아래와 같이 구할 수 있다.

$$C_s = \frac{1}{39.47 \times f_s^2 \times m_{eff}}$$

7.5. 구동세기(Bℓ) 측정

자기 갭에서의 구동세기는 영구자석에 의한 자기장(B)과 자기 갭의 내부에 위치한 보이스 코일의 길이(ℓ)의 곱으로 계산된다. 여기서 $B\ell$값(T·m)을 측정하는 방법은 여러 가지가 있지만, 다음과 같이 직류전류(I_{DC}, A)와 부가질량(m_{load}, kg)으로 계산할 수 있다.

$$B\ell = \frac{9.8 \times m_{load}}{I_{DC}}$$

우선, 스피커를 편평한 곳에 수평하게 놓고, 부가질량을 더스트 캡의 중앙에 올려놓는다. 이처럼 부가질량을 더스트 캡에 올려놓게 되면 진동판이 아래 방향으로 약간 내려가게 될 것이다. 그리고 진동판의 위치가 부가질량을 올려놓기 이전의 위치로 다시 돌아올 때까지 직류전류(I_{DC})를 높여준다. 이 때 부가질량의 크기가 중요하지 때문에, 질량을 0.1그램 단위까지 정확하게 측정하여야 한다. 그리고 진동판이 정확하게 원래의 위치로 돌아온 것을 알기 위하여 여러 가지 기구를 사용하기도 한다.

7.6. 보이스 코일의 질량

스피커의 출력과 운동에 관련되는 보이스 코일의 질량은 매우 중요하다. 여기서 보이스 코일의 질량은 보이스 코일의 직경, 단면적, 길이 그리고 층수 등에 직접적인 관계를 가지고 있기 때문이다. 만약 보이스 코일의 직경이 달라지면, 저항이 변함으로 인하여 보이스 코일의 길이에도 영향을 줄 것이다. 여기서 보이스 코일의 질량(m_v)은 아래와 같이 구해진다.

$$\text{보이스 코일의 질량}(m_v) = \text{길이}(\ell_{total}) \times \text{단면적}(A) \times \text{보이스 코일의 밀도}(\rho_v)$$

7.7. 보이스 코일의 인덕턴스 계산

스피커의 보이스 코일에 전류가 흐르면 인덕턴스가 발생하게 되며, 주파수에 따라서 그 값이 변하게 된다. 예를 들어, 10kHz에서의 인덕턴스(L)는 다음과 같이 계산할 수 있다.

$$L = 1.592 \times 10^{-5} \times (Z^2 - R_E^{\ 2})^{1/2}$$

여기서 Z와 R_E은 측정된 임피던스와 보이스 코일의 DC저항을 말한다. 보이스 코일의 인덕턴스를 좀 더 명확하게 결정하기 위해서는 아래의 순서로 계산할 수 있다.

① 1kHz(일반적으로 주파수를 1kHz로 선정)에서 보이스 코일의 임피던스(Z_{1kHz})를 0.1Ω의 단위까지 측정한다.

② 보이스 코일의 DC저항(R_T, Ω)을 결정한다. 여기서 보이스 코일의 DC저항은 주파수에 관계없이 보이스 코일의 길이와 굵기에만 의존한다.

$$R_T \approx R_E \times (1 + 0.038 \times B\ell)$$

③ 전체 리액턴스(X, Ω)는

$$X = (Z_{1kHz}^{\ 2} - R_T^{\ 2})^{1/2}$$

④ 진동판의 질량으로 인한 리액턴스(X_C, Ω) 성분을 제거함에 의한 유도성 리액턴스(X_L, Ω)는

$$X_L = \frac{X \times B\ell^2}{6,283 \times m_d}$$

여기서, m_d와 $B\ell$의 단위는 kg과 T·m이다.

⑤ 보이스 코일의 인던턴스(L, H)는

$$L = \frac{B\ell^2}{6,283}$$

7.8. 앰프저항의 계산

스피커의 Q값을 계산하기 위해서는 앰프의 저항($R_{amp.}$)이 필요하며, 1kHz에서 아래의 식에 의해 결정할 수 있다.

$$R_{amp.} = \frac{Z}{D_{amp.} - 1}$$

여기서 Z와 $D_{amp.}$는 스피커의 임피던스와 앰프의 댐핑인자를 의미한다. 앰프의 제작사에서 제공하는 댐핑인자를 사용하여 앰프저항을 구할 수 있다. 그러나 앰프의 댐핑인자는 주파수에 따라서 그 값이 달라지는데, 이런 경우에 하나의 댐핑인자 값을 대부분의 주파수에 적용하는 결과를 가져온다. 따라서 좀 더 정확한 댐핑인자를 결정하기 위하여, 주파수를 50Hz로 바꾸어 선정한다. 다시 말하면, 50Hz에 해당하는 정현파를 앰프에 입력시키고 멀티미터를 앰프의 출력단에 연결한다. 그리고 앰프의 볼륨과 신호발생기의 출력레벨을 아래의 전압(E_O)까지 높여준다.

$$E_O = (W \times Z)^{1/2}$$

여기서 W는 앰프의 최대출력이다. 만약 50W의 앰프를 4Ω의 스피커와 연결할 경우의 E_O는 14.14V가 될 것이다. 그리고 앰프의 출력단에 스피커의 임피던스와 같은 저항을 연결한 후에 전압(E_L)을 측정하라. 이와 같이 E_O와 E_L를 이용하여 $R_{amp.}$를 구하면 아래와 같다.

$$R_{amp.} = \frac{Z \times (E_O - E_L)}{E_L}$$

7.9. 전체저항의 계산

스피커의 Q값을 계산하기 위해서는 앰프저항 뿐만 아니라, 앰프와 스피커를 연결하는 케이블, 인클로저의 터미널과 내부 와이어 그리고 크로스오버의 내부저항 등을 모두 고려하여야 한다. 스피커와 크로스오버 사이에 연결되어 있는 스피커 케이블 양단(앰프의 출력단에 연결하고자 하는 스피커 케이블의 양단)에서의 저항(R_t)을 이용하여 전체저항(R_X)을 구할 수 있다.

$$R_X = R_t - R_E$$

7.10. 스피커 극성결정

만약 스피커가 하나만 사용되는 아니고 여러 개가 2-way 또는 3-way 방식으로 동시에 사용될 경우에, 각 스피커들의 극성들을 확인하여 모두 같은 극성으로 연결하는 것이 매우 중요하다. 따라서 1.5V 건전지를 스피커에 연결한 후에 진동판의 운동방향을 관찰한다. 만약 진동판이 앞으로 이동하게 되면, 건전지의 +극을 스피커의 +극으로 선정하여 빨간색으로 표시하여 둔다. 그러나 진동판이 후진하게 되면, 건전지의 −극을 스피커의 −극으로 표시하면 된다. 각 스피커에 대한 이들 극성을 크로스오버에 순리적으로 연결하면 된다. 공명진동수 이상의 주파수에서 교류전류의 양(+)성분을 스피커에 입력하면 진동판이 앞으로 이동하게 되며, 이를 스피커의 양방향으로 취급한다.

7.11. 진동판의 가속도 계산

스피커에 입력된 전류에 의하여 진동판이 운동을 하게 되는데, 이 때 진동판 운동의 가속도(a_{peak})를 아래의 4가지 식들에 의해 계산할 수 있다.

① $P = I^2 \times R$

② $F = B \times \ell \times I$

③ $F_{ext} = m_p a_p$

④ $a_{peak} = 2^{1/2} a_{rms}$

그리고

$$a_{peak} = \frac{2^{1/2} \times B \times \ell \times (P/R)^{1/2}}{m}$$

예를 들어, 만약 m_p= 0.05kg, P = 100W, R = 8Ω이고, I = 3.5A일 때 $B\ell$이 10N/A이라면, 이 때 스피커에서 진동판의 가속도(a_{peak})는 아래와 같다.

$$a_{peak} = \frac{2^{1/2} \times 10 \times \ell \times (100/8)^{1/2}}{0.05} = 1,000\,\mathrm{m/s^2}$$

7.12. 진동판의 최대변위

진동판의 최대변위를 구하는 것은 스피커의 최적화 설계를 위하여 매우 중요한 일이며, 실질적으로 스피커로부터 방사된 음향파워(W_r)를 이용해 식(7.12-1)로부터 구할 수 있다(그림107).

$$W_r = \frac{\{X_{\max}(f^2 a^2)\}^2}{2.32} \times 10^{17} \qquad (7.12\text{-}1)$$

여기서 $X_{\max}$, f와 a는 최대변위, 주파수와 진동판의 반경을 의미한다. 그리고 이들 최대변위를 이용하여 어느 특정한 거리(r)에서의 음압레벨을 식(7.12-2)과 (그림108)을 이용하여 구할 수 있다.

$$L_p = 112 + 10\log W_r - 20\log r \qquad (7.12\text{-}2)$$

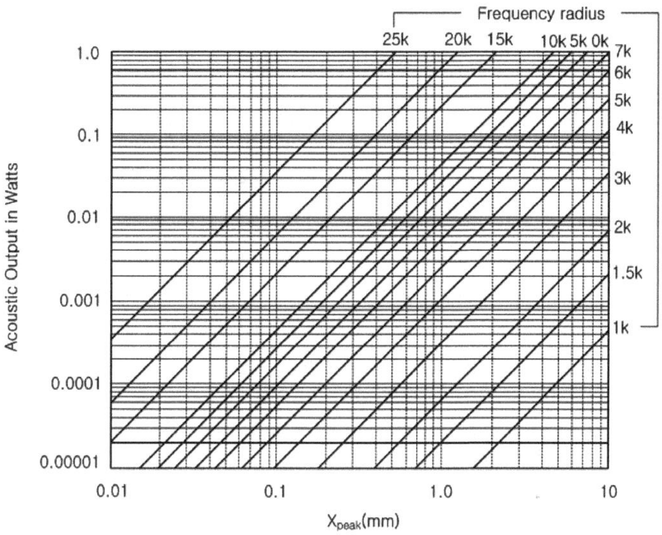

[그림 107] 음향출력과 최대변위의 관계

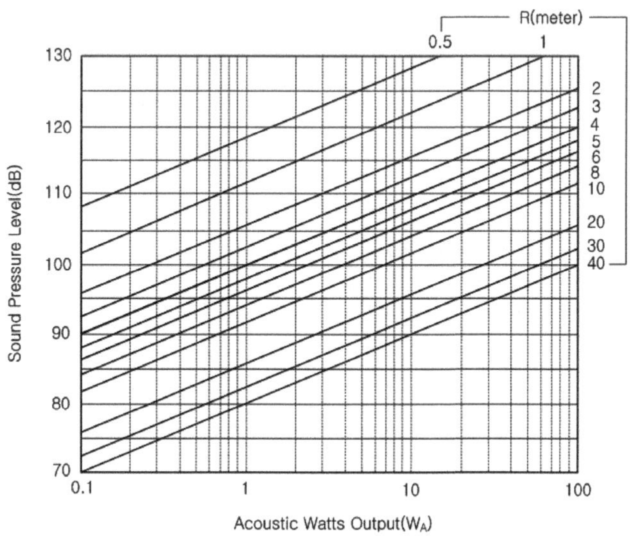

[그림 108] 음향출력과 음압레벨의 관계

제 08 장.
등가회로 해석법

8.1. 스피커의 해석법

스피커의 보이스 코일에 전류가 입력되면 진동판이 운동을 하게 되고, 이로 인하여 소리가 발생하게 된다. 이 때 소리가 진동판으로부터 발생되기까지는 전기적 에너지가 기계적 에너지의 형태를 거쳐 음향에너지의 형태로 전환되는 과정을 거치게 된다. 다시 말하면, 보이스 코일에 입력된 전기적 신호는 진동판을 수직적으로 왕복운동을 시키는 기계적 에너지의 형태로 전환된다. 이처럼 진동의 형태로 전환된 기계적 에너지는 진동판에 인접한 공기입자들을 진동시켜 음향에너지의 형태인 소리를 발생시키는 것이다. 이와 같이 서로 다른 에너지들 사이의 연관성을 전기적인 등가회로로 해석할 수 있는데, 이들에 대해 각각을 살펴보면 다음과 같다.

1) 전기적 해석

인덕터, 저항과 콘덴서들이 직렬로 연결된 RLC 직렬공진회로(그림109)를 생각해 보자.

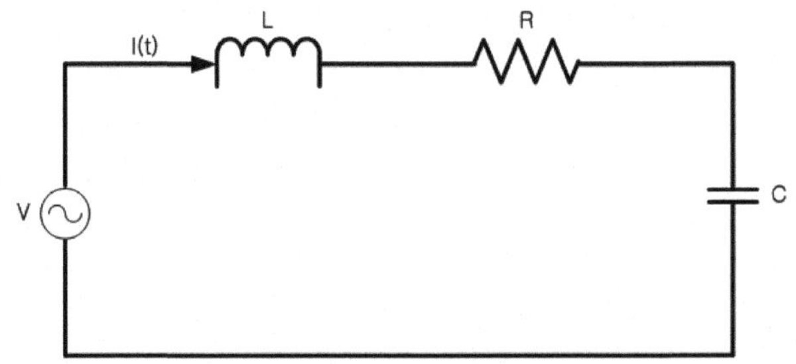

[그림 109] RLC 직렬공진회로

입력전압(V)은 $V_{ext}(j\omega t)$의 형태를 가지며, 전하량($q(t)$)에 대한 미분방정식은 아래와 같이 쓸 수 있다.

$$L \cdot \frac{d^2q}{dt^2} + R \cdot \frac{dq}{dt} + \frac{q}{C} = V \qquad (8.1\text{-}1)$$

여기서 q, L, R과 C는 전하량, 인덕턴스, 저항, 커패시턴스를 각각 의미한다. 식(8.1-1)에서 전하량($q(t)$)에 대한 일반해를 구하면 아래와 같다.

$$q(t) = \frac{V(t)}{j\omega[j\omega L + \frac{1}{j\omega C} + R]} \qquad (8.1\text{-}2)$$

여기서 전류($I(t)$)는 dV/dt이므로 $j\omega q(t)$가 되어, 식(8.1-2)을 $V(t)$에 대하여 다시 적으면 다음과 같다.

$$V(t) = I(t)[j\omega L + \frac{1}{j\omega C} + R] \qquad (8.1\text{-}3)$$

오옴의 법칙($V = IZ$)에 의하면, 식(8.1-1)에서의 전기적 임피던스(Z_e)와 공명진동수(f_s)는 아래와 같이 쓸 수 있게 된다.

$$Z_e = R + j\omega L + \frac{1}{j\omega C} \qquad (8.1\text{-}4)$$

$$f_s = \frac{1}{2\pi} \times (\frac{1}{LC})^{1/2} \qquad (8.1\text{-}5)$$

식(8.1-4)에서 주파수가 증가함에 따라서 인덕터에 의한 리액턴스($j\omega L$)는 증가하게 되고 콘덴서에 의한 리액턴스($1/j\omega C$)는 감소하게 된다. 따라서 식(8.1-5)에서와 같이 공명이 일어나는 주파수에서는 이들의 리액턴스들이 크기는 같아지면서 서로 상쇄되어 전기적 임피던스는 전기저항만으로 주어지면서 최소가 되어 전류가 최대가 된다. 그리고 전기적 파워(W)와 공명주파수의 형상을 나타내는 Q값은 아래와 같다.

$$W = \frac{V(t)^2}{R} = I(t)^2R \qquad (8.1\text{-}6)$$

$$Q = \frac{\omega_o L}{R} \tag{8.1-7}$$

여기서 $\omega_o L$는 공명주파수에서 인덕터에 의한 리액턴스를 말한다.

2) 기계적 해석

질량이 M인 물체가 용수철의 탄성력에 의해 진동운동이 시작된 후에 이 운동은 진폭이 점차적으로 줄어들어 마침내 정지하게 될 것이다. 이처럼 진동운동을 댐핑시키는 힘(저항력)은 진동의 형태에 따라서 점성력을 포함하여 여러 가지로 나타날 수 있다. 만약 물체의 진동이 계속될 수 있도록 외부에서 힘이 지속적으로 주어진다면, 물체의 진동은 지속될 것이다. 이러한 형태의 진동을 강제진동(그림110)이라고 부르며, 스피커 진동판의 운동을 강제진동과 동일하게 취급할 수 있다. 왜냐하면 스피커에 입력되는 전기적 파워를 외부의 힘(외력)으로 취급할 수 있기 때문이다.

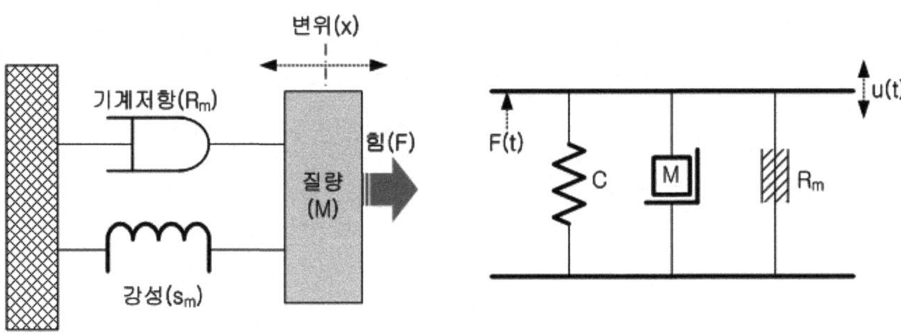

① 강제진동 형태-1 ② 강제진동 형태-2

[그림 110] 스피커 운동의 기계적 대치도

만약 [그림 110]에서 질량이 M인 물체에 작용하는 힘($F(t)$)이 $Fe^{j\omega t}$의 형태를 갖게 되면, 힘에 관련한 운동방정식을 아래와 같이 쓸 수 있다.

$$M \cdot \left(\frac{d^2x}{dt^2}\right) + R_m \cdot \left(\frac{dx}{dt}\right) + s_m x = F(t) \tag{8.1-8}$$

여기서 M, R_m과 s_m들은 질량, 저항과 강성(=$1/C_m$, 기계적 컴플라이언스= C_m)에 관련한 계수들이다. 식(8.1-8)에서 $x(t)$에 대한 일반해를 구해 보면, 아래와 같이 쓸 수 있다.

$$x(t) = \frac{F^{ej\omega t}}{j\omega\,[\,j\omega M + \frac{s_m}{j\omega} + R_m\,]} \qquad (8.1\text{–}9)$$

진동판의 운동속도($u(t)$)는 dx/dt로써 $j\omega x(t)$이므로, 이를 사용하여 식(8.1–9)을 다시 적어보면 다음과 같다.

$$F(t) = u(t)\,[\,j\omega M + \frac{s_m}{j\omega} + R_m\,] \qquad (8.1\text{–}10)$$

위 식을 식(8.1–3)과 비교하여 보면, 기계적 측면에서의 $F(t)$와 $u(t)$는 전기적 측면에서의 $V(t)$와 $I(t)$에 해당하게 된다. 그리고 오옴의 법칙($V = IZ$)에 의해 기계적 임피던스(Z_m)를 아래와 같이 정의할 수 있으며, 식(8.1–5)에 의해 기계적 공명진동수(f_s)를 식(8.1–12)과 같이 쓸 수 있게 된다.

$$Z_m = [\,j\omega M + \frac{s_m}{j\omega} + R_m\,] \qquad (8.1\text{–}11)$$

$$f_s = \frac{1}{2\pi} \times (\frac{s_m}{M})^{1/2} \qquad (8.1\text{–}12)$$

그리고 기계적 파워(W_m)는 아래의 식과 같다.

$$W_m = \frac{F(t)^2}{R} = u(t)^2 R \qquad (8.1\text{–}13)$$

3) 음향적 해석

진동판이 분할진동을 하지 않는 비교적 낮은 주파수에서 스피커의 진동을 피스톤 운동으로 가정할 수 있다. 이처럼 진동판의 기계적 진동에 의하여 피스톤의 표면에 가장 가까이 인접해 있는 공기입자들이 진동운동을 하게 된다. 이 때 공기입자들의 진동변위를 $\zeta(t)$로 표시하고, 이러한 입자들이 집단적으로 진동할 때의 체적속도는 $d\zeta/dt$로써 $U(t)$로 나타내기로 하자. 피스톤의 표면에 가장 인접한 공기입자들의 운동방정식을 쓰면 다음과 같다.

$$M_A \cdot (\frac{d^2\zeta}{dt^2}) + R_A \cdot (\frac{d\zeta}{dt}) + sx = p(t) \tag{8.1-14}$$

여기서 M_A, R_A과 s들은 음향질량, 음향저항과 지지계의 강성($1/C_s$)에 관련한 계수인데, 기계적 해석에서와 같이 아래와 같은 관계를 갖게 된다.

$$M_A = \frac{R_m}{{S_D}^2} \; (R_m\text{:기계적 저항, } S_D\text{:피스톤 또는 진동판 면적})$$

$$R_A = \frac{m_m}{{S_D}^2} \; (m_m\text{:기계적 질량})$$

$$s = \frac{{S_D}^2}{s_m} \; (s_m\text{:기계적 강성})$$

식(8.1-11)의 $\zeta(t)$에 대한 일반해를 구하면, 아래와 같이 쓸 수 있다.

$$\zeta(t) = \frac{Pe^{j\omega t}}{j\omega[\,j\omega M_A + \frac{s}{j\omega} + R_A]} \tag{8.1-15}$$

공기입자들의 체적속도($U(t)$)는 $j\omega\zeta(t)$이므로, 이를 사용하여 식(8.1-15)를 다시 적으면 아래와 같다.

$$p(t) = U(t)[\,j\omega M_A + \frac{\varepsilon}{j\omega} + R_A] \tag{8.1-16}$$

기계적 차원에서와 같이 위 식을 식(8.1-3)과 비교하여 보면, 음향적 측면에서의 $p(t)$와 $U(t)$는 전기적 측면에서의 $V(t)$와 $I(t)$에 해당하며, 오옴의 법칙($V = IZ$)에 따라 방사 임피던스(Z_r)를 아래와 같이 정의할 수 있다. 그리고 식(8.1-5)에 의해 스피커로부터 방사된 소리의 공명진동수(f_s)를 식(8.1-18)과 같이 쓸 수 있다.

$$Z_r = [\,j\omega M_A + \frac{s}{j\omega} + R_A] \tag{8.1-17}$$

$$f_s = \frac{1}{2\pi} \times (\frac{s}{m})^{1/2} \tag{8.1-18}$$

8.2. 임피던스 및 운동분석법

1) 임피던스 분석법(impedance analogy)

전기적, 기계적 그리고 음향적 해석에 대해 살펴보면, 식(8.1-1), 식(8.1-6) 그리고 식(8.1-11)들에 해당하는 운동방정식들의 형태가 서로 유사함을 볼 수 있다. 뿐만 아니라, 식(8.1-3), 식(8.1-10)과 식(8.1-16)들의 일반해들을 살펴보면, 이들 일반해를 구성하는 물리량들은 서로 달라도 동일한 형태의 식임을 아래에서 다시 알 수 있다.

$$V(t) = I(t)\left[\, j\omega L + \frac{1}{j\omega C} + R \,\right] \qquad (8.1\text{-}3)$$

$$F(t) = u(t)\left[\, j\omega M + \frac{s_m}{j\omega} + R_m \,\right] \qquad (8.1\text{-}10)$$

$$p(t) = U(t)\left[\, j\omega M_A + \frac{s}{j\omega} + R_A \,\right] \qquad (8.1\text{-}16)$$

위의 식들로부터 전기적, 기계적 그리고 음향적 해석에 관련한 일반해에서 서로의 물리량에 대응하는 관계를 살펴보면 아래의 [표 26]과 같다.

[표 26] 임피던스 해석법에서 전기-기계-음향적 매개변수들의 대응관계

전기적 해석	기계적 해석	음향적 해석
전압 (voltage)	힘 (force)	음압 (pressure)
전류 (current)	진동판 속도 (velocity)	공기입자의 체적속도 (volume velocity)
인덕턴스 (inductance)	진동계 질량 (mechanical mass)	음향적 질량 (acoustical mass)
커패시턴스 (capacitance)	기계적 컴플라이언스 (mechanical compliance)	음향적 컴플라이언스 (acoustical compliance)
저항 (resistance)	기계적 댐핑 (mechanical damping)	음향적 댐핑 (acoustical damping)

2) 운동 분석법(mobility analogy)

운동분석법은 임피던스 해석법에서 사용되는 세 개의 일반해로부터 물리적 매개변수들을 모두 동일한 형태로 사용한다. 그러나 스피커에 대한 실질적인 해석에서 $F(t)$, $u(t)$, $I(t)$와 $V(t)$ 들이 아래와 같이 관계된다.

$$F(t) = B \cdot \ell \cdot I(t) \qquad (8.2\text{-}1)$$

$$V(t) = B \cdot \ell \cdot u(t) \qquad (8.2\text{-}2)$$

여기서 B와 ℓ은 자기 갭에서의 자기장과 자기 갭 안에 놓인 보이스 코일의 길이를 말한다. 따라서 $F(t)$는 $I(t)$와 그리고 $V(t)$는 $u(t)$와 대응관계를 갖는 반면에, 임피던스 해석법(표26)에 의하면 $F(t)$는 $V(t)$에 그리고 $u(t)$는 $I(t)$에 대응하게 된다. 이는 전기적과 기계적인 차원 사이의 임피던스 해석법에서 서로 대응하는 물리량들이 실질적인 스피커에서의 그들과 역으로 대응되고 있는 것을 보여주는 것이다. 그러므로 임피던스 분석법에서의 물리량들을 식(8.2-1과 2)처럼 역으로 대응시켜 스피커의 특성을 실질적이고 용이하게 하는 방법을 운동분석법이라 한다. 전기-기계-음향적 물리량들의 대응관계(표27)가 임피던스 분석법에서의 그들(표26)과는 달라진다. 그러나 기계적 차원과 음향적 차원 사이에서의 물리량들에 대한 대응관계는 운동분석법이라 하여도 변함이 없다. 뒷 절에서 다시 설명하겠지만, 운동분석법에 대한 등가회로에서의 RLC 성분들은 직렬이 아닌 병렬로 연결하게 될 것이다.

[표 27] 운동 해석법에서의 전기-기계-음향적 매개변수들의 대응관계

전기적 해석	기계적 해석	음향적 해석
전압 (voltage)	힘 (force)	음압 (pressure)
전류 (current)	진동판 속도 (velocity)	공기입자의 체적속도 (volume velocity)
인덕턴스 (inductance)	진동계 질량 (mechanical mass)	음향적 관성 (acoustical inertance)
커패시턴스 (capacitance)	기계적 컴플라이언스 (mechanical compliance)	음향적 컴플라이언스 (acoustical compliance)
저항 (resistance)	반응 (responsiveness)	음향적 반응 (acoustical responsiveness)

8.3. 전기-기계적 등가해석

진동판의 기계적 운동을 나타내는 식(8.1-10)을 RLC 공진회로에 대한 식(8.1-3)식과 비교하였을 때에 서로 동일한 형태로 이루어졌음을 이미 지적한 바 있다. 이 식들 사이에서 임피던스 분석법과 운동분석법에 의한 물리량들의 대응관계를 [표 26~27]에서 보여주었다. 이는 식(8.1-10)을 구성하는 물리량들을 이용하여 식(8.1-3)의 RLC 공진회로와 같이 등가적인 회로를 그릴 수 있음을 의미한다(그림111). 이는 진동판의 기계적 운동에 관련된 특성들을 전기적인 RLC 회로에서의 각 성분들에 대한 전기적 해석법을 활용하여 분석할 수 있음을 말한다.

스피커의 보이스 코일에 전류가 입력되면 진동판이 진동운동을 시작하게 된다. 이는 스피커에 입력된 전기적 에너지가 진동판의 기계적 운동에너지로 변환되었음을 의미한다(그림112). 따라서 보이스 코일에 입력된 전압과 전류는 진동판의 운동속도와 힘으로 식(8.2-1과 2)과 같이 전환되는 것이다. 이처럼 전기적 장치에서 기계적 장치로의 에너지 변환에서 이들 사이의 파워가 보존[전기적 파워(= 전압×전류) = 기계적 파워(= 힘×속도)]된다고 가정할 경우의 기계적 장치도와 전기적 등가회로를 [그림 113]에서 보여주고 있다.

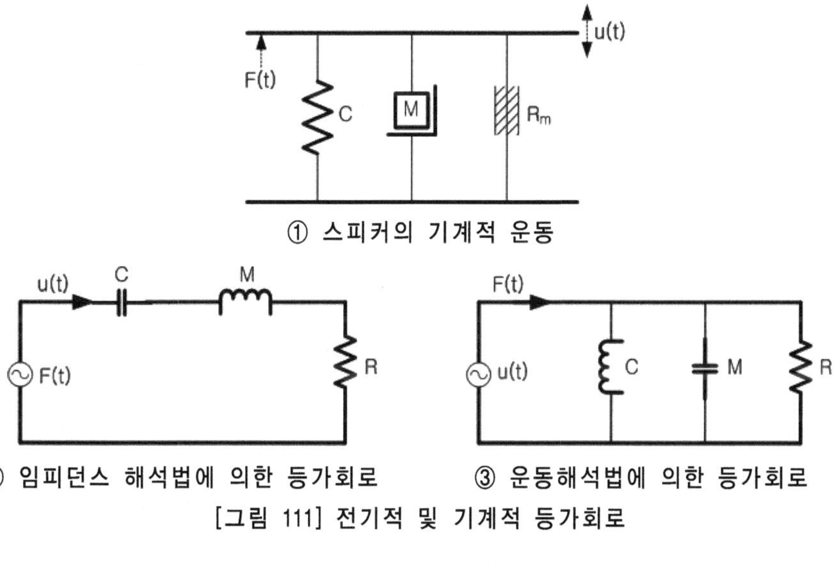

[그림 111] 전기적 및 기계적 등가회로

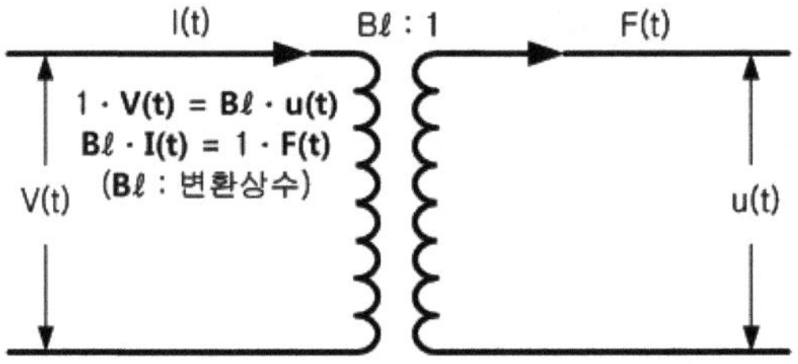

[그림 112] 전기-기계적 에너지 변환관계

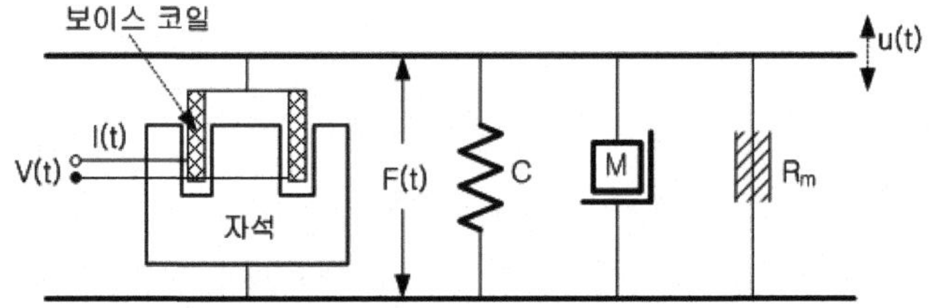

① 전기-기계적 장치도

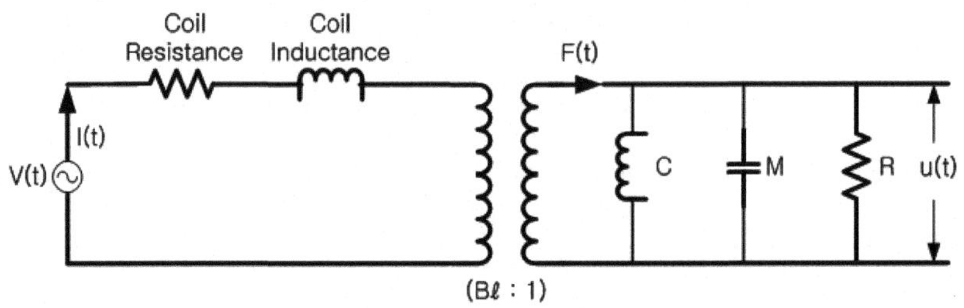

② 운동해석법에 의한 전기-기계적 등가회로

[그림 113] 전기-기계적 장치도 및 등가회로

전기신호가 스피커에 입력되어 기계적인 운동으로 변환되는 과정에서 전기 및 기계적인 측면에서의 특성변수들을 [표 27]에서의 보여주는 운동분석법으로 아래와 같이 쓸 수 있다.

$$F = B\ell I \qquad \& \qquad V = B\ell u$$

여기서 F, B, ℓ, I, u와 V는 구동력, 자기밀도, 자기 갭 내부에 위치한 보이스 코일의 길이, 전류, 진동판의 속도 그리고 전압을 의미한다. 다시 말하면, 전기적 관점에서의 전압은 기계적 측면에서의 진동판 속도와 그리고 기계적 차원에서의 힘이 전기적 측면에서의 전류와 관계시킬 수 있게 된다. 이들은 스피커에서 전기와 기계적 차원 사이를 직접적으로 연결하는 의미를 갖는데, [그림 114A]은 자기장 안에서 어느 속도

(u)로 운동하는 도선에 전압(V)가 발생하는 것을 그리고 [그림 114B]는 자기장에 놓인 도체에 작용하는 힘이 도선에 전류(I)를 발생시키는 것을 보여주는 것이다. 이처럼 전기적 신호가 기계적인 운동으로 전환될 때의 변환상수가 구동세기($B\ell$)임을 알 수 있다.

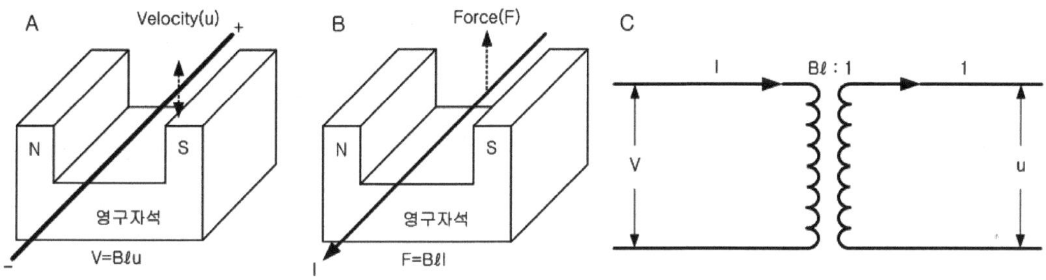

[그림 114] 전기신호가 기계적인 운동으로 변환되는 과정

8.4. 기계-음향적 등가해석

진동판의 기계적 운동은 진동판 표면에 인접해 있는 공기입자들을 진동시켜 소리를 발생시키는 결과로 이어지게 된다. 이처럼 진동판의 기계적 진동에너지가 소리의 음향에너지로 어떻게 전환되는지를 [그림 115]에 나타내었다.

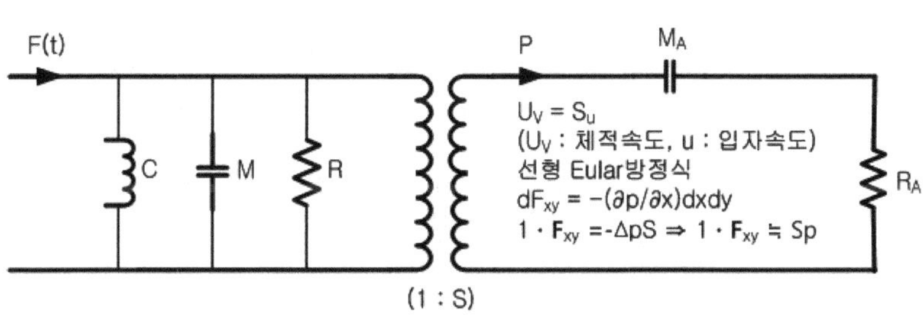

[그림 115] 기계-음향적 등가회로

스피커의 진동판으로부터 소리가 방사될 때의 방사임피던스는 공기의 특성임피던스(characteristic impedance 또는 specific acoustic impedance, 415 rayls)와 진동판의 면적을 서로 곱한 값으로 주어진다. 이 때 방사임피던스는 에너지를 소모하지 않

고 저장하는 리액턴스 성분(R_r)과 실질적으로 에너지를 소모하는 저항성분(X_r)으로 구성된다.

$$Z_r = (R_r^{\ 2} + X_r^{\ 2})^{1/2}$$
$$R_r = \rho_o c \cdot S_d \cdot R_1(2ka)$$
$$X_r = \rho_o c \cdot S_d \cdot X_1(2ka)$$

위 식들에서 $R_1(2ka)$과 $X_1(2ka)$은 아래의 식(8.4-1과 2)들을 이용하여 정확하게 계산할 수 있다. 그 결과들을 [표 28]에 나타내었으며, [그림 116]에 그래프로 그려 놓았다.

$$R_1(2ka) = \frac{(2ka)^2}{8} - \frac{(2ka)^4}{192} + \frac{(2ka)^6}{9,216} \qquad (8.4-1)$$

$$X_1(2ka) = \frac{4}{\pi} \times \left[\frac{2ka}{3} - \frac{(2ka)^3}{45} + \frac{(2ka)^5}{1,575} \right] \qquad (8.4-2)$$

[표 28] 방사임피던스에 관련되는 R_1(2ka)와 X_1(2ka) 값

2ka	R_1(2ka)	X_1(2ka)	2ka	R_1(2ka)	X_1(2ka)	2ka	R_1(2ka)	X_1(2ka)
0.0	0.0000	0.0000	1.7	0.3201	0.5924	8.0	0.9413	0.1219
0.1	0.0020	0.0424	1.8	0.3539	0.6134	9.0	0.9455	0.1663
0.2	0.0050	0.0847	1.9	0.3883	0.6301	10.0	0.9913	0.1784
0.3	0.0113	0.1272	2.0	0.4233	0.6468	10.5	1.0150	0.1668
0.4	0.0198	0.1680	2.2	0.4946	0.6711	11.0	1.0321	0.1464
0.5	0.0308	0.2120	2.4	0.5665	0.6862	11.5	1.0397	0.1216
0.6	0.0443	0.2486	2.6	0.6378	0.6925	12.0	1.0372	0.0973
0.7	0.0600	0.2968	2.8	0.7073	0.6903	12.5	1.0265	0.0779
0.8	0.0779	0.3253	3.0	0.7740	0.6800	13.0	1.0108	0.0662
0.9	0.0991	0.3816	3.2	0.8367	0.6623	13.5	0.9944	0.0631
1.0	0.1199	0.3969	3.4	0.8946	0.6381	14.0	0.9809	0.0676
1.1	0.1438	0.4296	3.6	0.9470	0.6081	14.5	0.9733	0.0770
1.2	0.1695	0.4624	3.8	0.9932	0.5733	15.0	0.9727	0.0880
1.3	0.1969	0.4915	4.0	1.0330	0.5349	15.5	0.9784	0.0973
1.4	0.2257	0.5207	5.0	1.1310	0.3232	16.0	0.9887	0.1021
1.5	0.2561	0.5460	6.0	1.0922	0.1594			
1.6	0.2876	0.5713	7.0	1.0013	0.0989			

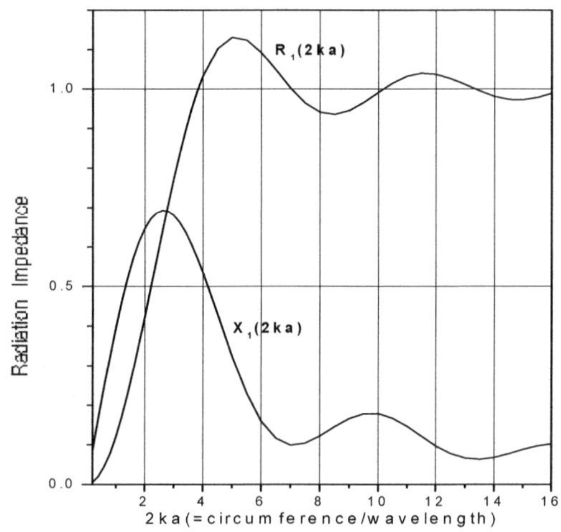

[그림 116] ka값과 방사임피던스의 관계

[그림 116]에서 ka는 파수($k = 2\pi/\lambda$)와 진동판의 반경(a)을 서로 곱한 값에 해당하며, 진동판의 원주($= 2\pi a$)를 파장(λ)으로 나눈 값의 의미도 가진다. 그리고 $2ka$값이 약 3정도까지는 방사임피던스의 리액턴스(X_r)가 저항(R_r)보다 크다는 것을 알 수 있다. 이는 진동판에 인접한 공기들의 질량에 의해 주파수에 비례하는 리액턴스가 주도하는 것을 의미한다. $2ka$값이 3을 넘게 되면 방사리액턴스가 감소하여 방사저항보다 작아지게 된다. 이는 방사 임피던스가 방사리액턴스(X_r)보다는 방사저항(R_r)에 의해 주도되기 시작하는 것을 말한다. [그림 116]의 $2ka$값이 0부터 4정도까지의 대역에서 주파수가 두 배가 됨에 따라 방사저항이 4배로 증가함으로 보아서 방사저항이 주파수의 제곱에 비례한다고 할 수 있다. 이는 일정한 진동판의 변위를 위해서 주파수가 증가함에 따라 음압이 12dB/Oct.씩 또는 진동판의 속도를 일정하게 하기 위하여 진동판의 속도가 6dB/Oct.(그림117)씩 일정하게 증가하는 것과 같은 의미이다. 그리고 방사임피던스가 약 1정도 되는 $2ka = 4$인 주파수는 스피커의 최고한계주파수(f_h)에 해당하며, 이 주파수에서의 파장은 진동판 원주의 절반(1/2)에 해당하게 된다. $2ka$값이 4보다 큰 주파수에서는 에너지를 자기 갭 안의 자기장에 저장시켰다가 전기회로로 돌려주는 방사 리액턴스가 작아지는 반면에 전기적인 파워를 열로 손실시키는 방사저항이 방사 임피던스를 주도하게 된다. 그러나 스피커의 공명진동수(f_s)에서부터 $2ka = 4$인 주파수 대역에서의 음향출력은 일정하게 된다. 그 이유는 파워가 진동판의 속도의 제곱

과 방사저항의 곱으로 주어지는데, 속도는 주파수에 역비례하는 반면에 방사저항은 주파수의 제곱에 비례하기 때문이다.

$$W \propto \frac{1}{f^2} \cdot f^2 = 1(\text{일정})$$

실질적인 스피커의 특성에서 보면, 음향출력이 일정하게 유지되는 경계주파수가 고음이기 때문에 음향출력의 지향성으로 인한 중심축에서의 출력상승으로 $2ka = 4$보다는 $2ka = 6$에까지 확장되어진다.

[그림 117]에 나타낸 방사 임피던스에서 방사저항(R_r)과 방사 리액턴스(X_r) 사이의 위상($= \tan^{-1}(X_r/R_r)$) 차이를 살펴보자. 우선 위상차이가 큰 양수의 각도로 나오는 저음에서는 방사저항보다는 방사 리액턴스(X_r)가 방사 임피던스를 주도하는 반면에, 고음에서는 큰 음수의 각도를 가지게 되어 방사 리액턴스(X_r)보다는 방사저항이 방사 임피던스를 주도하게 된다.

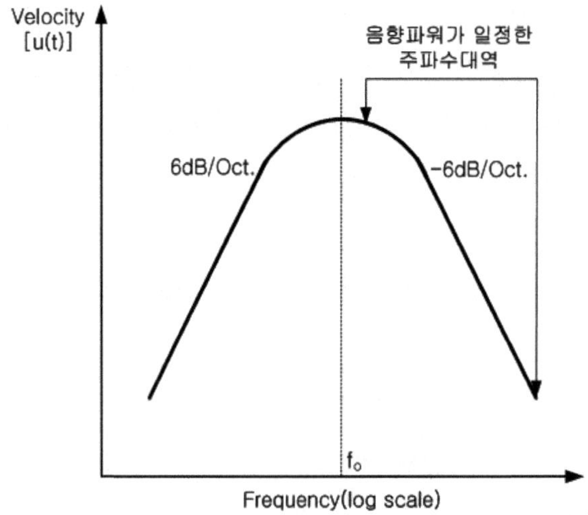

[그림 117] 진동판의 속도특성

8.5. 전기-기계-음향의 3중적 등가회로

앞의 두 절에서 스피커를 전기적 해석과 기계적 해석에 의한 등가회로와 기계적 해석과 음향적 해석에 의한 등가회로를 구성하였다. 이는 진동판의 운동을 전기적, 기계적 그리고 음향적 해석의 연계가 서로 가능하다는 것을 의미하며, 이들 모두를 3중적 등가회로로 구성할 수 있음을 말한다(그림118). 따라서 진동판의 기계적 특성뿐만 아니라 음향적 특성을 RLC 공명회로의 전기적 해석법으로 설명할 수 있게 되는 것이다. 이는 스피커를 제작할 경우에, RLC 공명회로의 전기적 해석법을 활용하여 스피커의 특성을 설계 또는 분석할 수 있음도 함께 의미한다. 이는 8.6절에서 좀 더 자세히 설명하게 될 것이다.

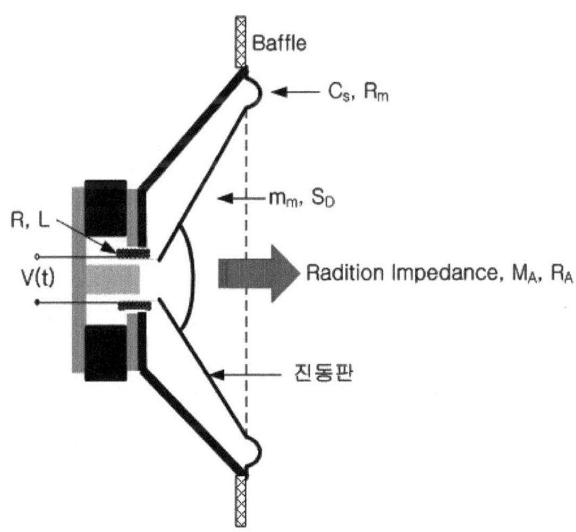

① 등가회로에 대응하는 스피커의 물리량

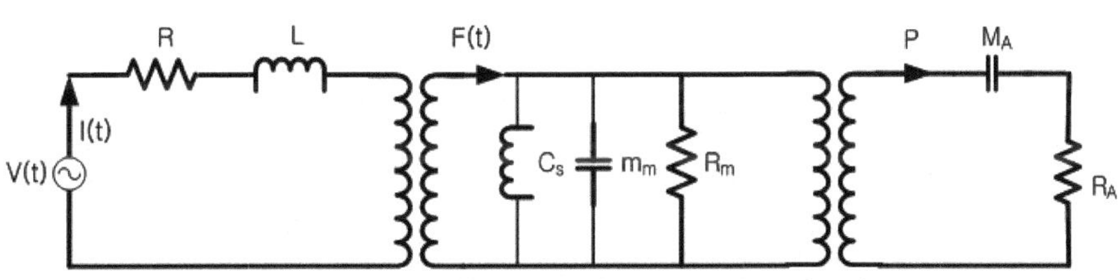

② 전기-기계-음향 3중적 등가회로

[그림 118] 운동해석법에 의한 스피커의 전기-기계-음향적 등가회로

8.6. 등가회로 그리기

스피커의 음향특성은 각 부품의 특성과 설계방식에 의하여 크게 변하게 된다. 이처럼 스피커의 부품설계 및 재료특성을 변화시켰을 경우에 기계적 운동의 변화를 전기적 등가회로를 활용하여 해석할 수 있다. 따라서 이러한 기계적인 변화를 전기적인 등가회로에 어떻게 반영시킬 것인가가 매우 중요한 관건이 될 것이다. 실질적으로 특정한 부품의 추가/제거 또는 특성변화를 전기적 회로에서 어떤 성분에 어떻게(직렬 또는 병렬방식) 연결할 것인가를 결정하게 된다. 이러한 결정은 전기적 회로에서 얻어지는 순수한 이론적 결과와 실제 스피커에서 보여주는 결과들 사이에 차이로 나타나게 된다. 이런 시행착오에 의한 오류를 감소시키기 위하여, 샘플의 제작에 따른 실험적 결과와 비교해 가면서 전기적 등가회로를 적합하게 구성하는 것이 가장 바람직할 것이다. 이처럼 구성된 전기적 등가회로는 그 이후부터 특정한 변화에 따른 스피커의 음향특성을 이론적으로 예측하는데 사용될 수 있게 된다. 전기적 등가회로를 구성하는 방법에 대하여 임피던스 해석법(표26)을 활용하여 몇 가지 예를 들어 보기로 하자.

예제 1. 질량이 용수철에 연결되어 용수철 한쪽 끝에 힘이 작용하는 경우

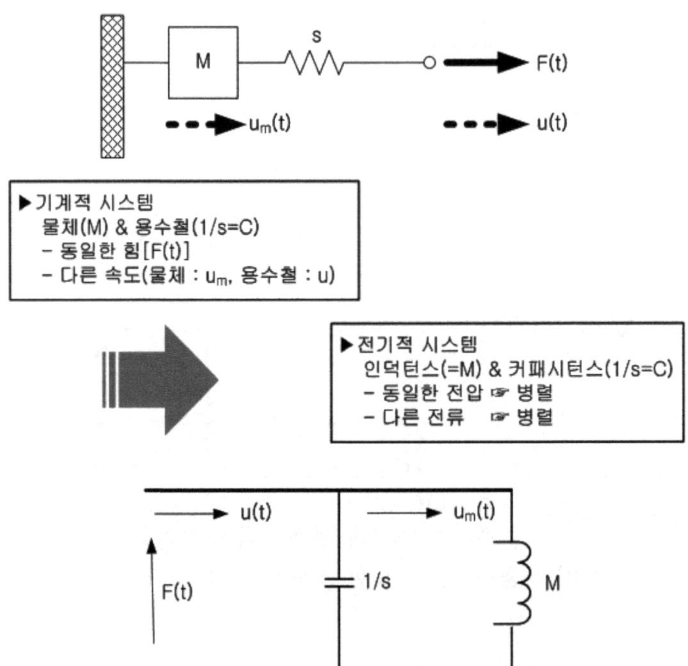

예제 2. 질량과 용수철이 서로 직렬로 연결되고 감쇠기가 용수철과 병렬로 연결되어 있으며, 용수철+감쇠기의 한쪽 끝에 힘이 작용하는 경우

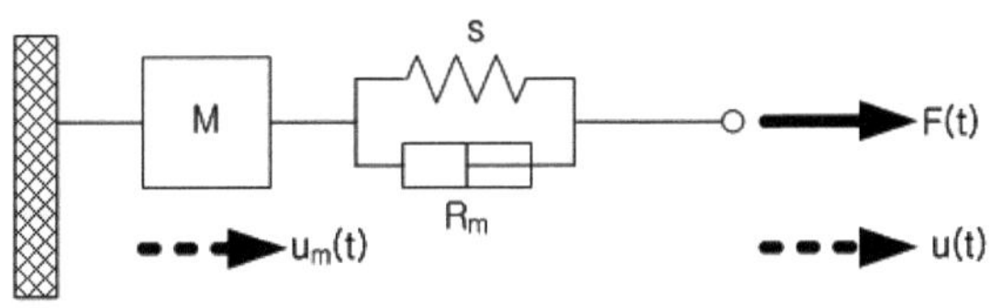

▶기계적 시스템
① 저항(R_m) & 용수철(1/s)
- 동일한 속도(u)
- 다른 힘(물체 : F_{Rm}, 용수철 : $F_{1/s}$)
② 물체(M) & [저항(R_m) + 용수철(1/s)]
- 동일한 힘($F_m = F_{Rm} + F_{1/s}$)
- 다른 속도(물체 : u_m, 용수철+저항 : u)

▶전기적 시스템
① 저항(=R_m) & 커패시턴스(=1/s)
- 동일한 전류 ☞ 직렬
- 다른 전압 ☞ 직렬
② 인덕턴스(=M) & [저항 + 커패시턴스]
- 동일한 전압 ☞ 병렬
- 다른 전류 ☞ 병렬

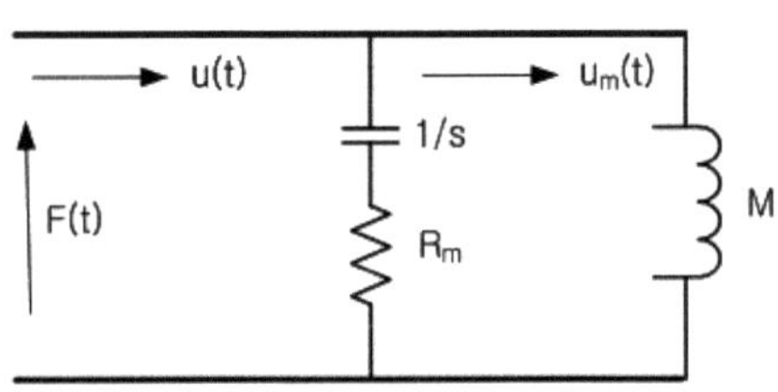

예제 3. 질량, 용수철 그리고 감쇠기가 모두 직렬로 연결되어 있으며, 감쇠기의 한쪽 끝에 힘이 작용하는 경우

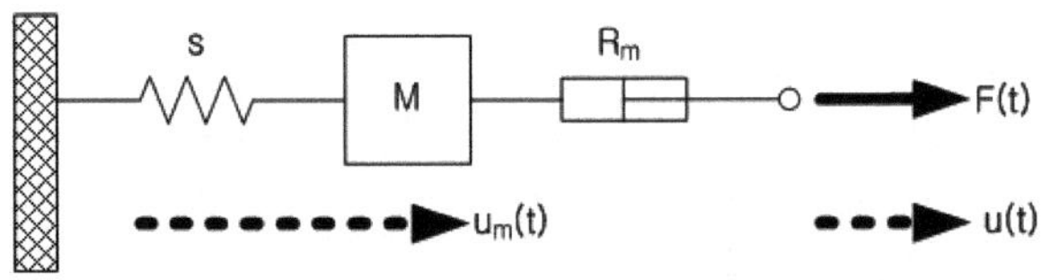

▶기계적 시스템
① 용수철(1/s) & 물체(M)
- 다른 힘(용수철 : $F_{1/s}$, 물체 : F_m)
- 동일한 속도(u_m)
② [용수철(1/s) + 물체(M)] & 저항(R_m)
- 동일한 힘($F_{Rm} = F_m + F_{1/s}$)
- 다른 속도(용수철 + 물체 : u_m, 저항 : u)

▶전기적 시스템
① 커패시턴스(=1/s) & 인덕턴스(=M)
- 다른 전압 ☞ 직렬
- 동일한 전류 ☞ 직렬
② [커패시턴스=1/s) & 인덕턴스(=M)] & 저항(R_m)
- 동일한 전압 ☞ 병렬
- 다른 전류 ☞ 병렬

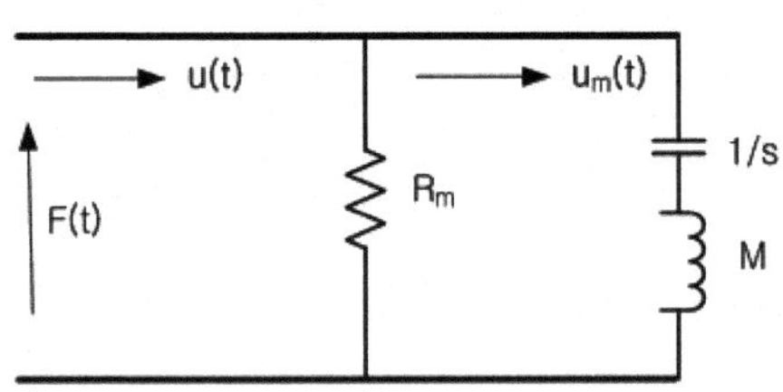

8.7. 등가회로의 활용법

스피커에서 등가회로를 어떻게 사용할 수 있는지에 대하여 알아보기로 하자. 아래와 같이 기계적 또는 방사특성을 갖는 스피커를 예로 들어 보기로 하자.

▷ 공기의 질량을 제외한 진동계의 질량(m_b): $10g$ (8.7-1)

▷ 진동판의 반경(a): 0.1m (8.7-2)

▷ 강성(s): 2,000N/m (8.7-3)

▷ 기계적 저항(R_m): 1N · s/m(= Ω) (8.7-4)

▷ 보이스 코일의 인덕턴스(L): 0.2mH (8.7-5)

▷ 보이스 코일의 저항(R): 5Ω (8.7-6)

▷ 보이스 코일의 길이(ℓ): 5m (8.7-7)

▷ 자기장(B): 0.9T (8.7-8)

▷ 방사 저항(R_r): $13R_1(0.00366f)$N · s/mb(= Ω) (8.7-9)

$$[R_r = \rho_o c \cdot S_D \cdot R_1(2ka) = 415 \cdot (3.14 \cdot 0.1^2) \cdot R_1(2ka) = 13 \cdot R_1(2ka),$$

$$2ka = 2 \cdot (2\pi f/c) \cdot a = 4 \cdot 3.14 \cdot 0.1 \cdot f/343 = 0.00366f]$$

▷ 방사 리액턴스, X_r: $13X_1(0.00366f)$N · s/m_b(= Ω) (8.7-10)

$$[X_r = \rho_o c \cdot S_D \cdot X_1(2ka) = 415 \cdot (3.14 \cdot 0.1^2) \cdot X_1(2ka) = 13 \cdot X_1(2ka),$$

$$2ka = 2 \cdot (2\pi f/c) \cdot a = 4 \cdot 3.14 \cdot 0.1 \cdot f/343 = 0.00366f]$$

식(8.7-7 & 8)의 B와 ℓ로부터 변환상수(transformation factor, ϕ_M)는 아래와 같이 구해진다.

$$\begin{aligned}\phi_M &= B \cdot \ell \\ &= 0.9 \times 5 \\ &= 4.5\,\mathrm{T \cdot m}\end{aligned}$$

저음영역($2ka < 1$)인 273Hz이하에서, 방사저항 및 방사 리액턴스와 방사 임피던스를 다시 쓰면 다음과 같다. 여기서 식(8.7-9~10)의 $2ka$는 $0.00366f$이므로, $2ka = 1$에 해당하는 주파수는 273Hz이다.

$$R_r \approx (1/2) \cdot \rho_o c \cdot S_D \cdot (ka)^2 \qquad \text{[식(8.4-1)에서 1차항만 고려]}$$
$$= (1/2) \cdot 415 \cdot (3.14 \cdot 0.1^2) \cdot (2 \cdot 3.14 \cdot f \cdot 0.1/343)^2$$
$$= 2.2 \times 10^{-5} \cdot f^2$$
$$X_r \approx (8/3\pi) \cdot \rho_o c \cdot S_D \cdot ka \qquad \text{[식(8.4-2)에서 1차항만 고려]}$$
$$= [8/(3 \cdot 3.14] \cdot 415 \cdot (3.14 \cdot 0.1^2) \cdot (2 \cdot 3.14 \cdot f \cdot 0.1/343)$$
$$= 0.02 \cdot f$$

방사 임피던스와 저항 그리고 인덕턴스 사이의 위상(Φ)을 다음과 같이 결정할 수 있다.

$$Z_r = (R_r^{\ 2} + X_r^{\ 2})^{1/2}$$
$$= [(2.2 \times 10^{-5} \cdot f^2)^2 + (0.02 \cdot f)^2]^{1/2}$$
$$\text{위상}(\Phi) = \tan^{-1}\left(\frac{R_r}{X_r}\right)$$
$$= \tan^{-1}\left(\frac{2.2 \times 10^{-5} \cdot f}{0.02}\right)$$

고음영역($2ka > 4$)인 1,093Hz이상에서, 식(8.4-1과 2)와 식(8.7-9)로부터 방사저항을 다시 쓰면 다음과 같다. 여기서 $2ka = 4$일 때에 $R_r(2ka) \approx 1.0$임을 (그림117)에서 보여주며, 이는 진동판의 거의 모든 기계적 에너지가 음향에너지로 변환된다는 것을 의미한다. 본 예로 사용되고 있는 스피커에서의 $2ka$는 $0.00366f$이므로, $2ka = 4$에 해당하는 주파수는 1,093Hz이 된다.

$$R_r \approx 13 \cdot R_1(2ka)$$
$$= 13 \cdot \left[\frac{(2ka)^2}{8} - \frac{(2ka)^4}{192} + \frac{(2ka)^6}{9,216}\right]$$
$$X_r \approx 13 \cdot X_1(2ka)$$
$$= 13 \cdot \left[\frac{4}{\pi} \times \left(\frac{2ka}{3} - \frac{(2ka)^3}{45} + \frac{(2ka)^5}{1,575}\right)\right]$$

방사 임피던스[$Z_r = (R_r^{\ 2} + X_r^{\ 2})^{1/2}$]는 다음과 같이 주어질 것이다.

$$Z_r = 13\left[\left\{\frac{(2ka)^2}{8} - \frac{(2ka)^4}{192} + \frac{(2ka)^6}{9,216}\right\}^2 + \left\{\frac{4}{\pi} \times \left(\frac{2ka}{3} - \frac{(2ka)^3}{45} + \frac{(2ka)^5}{1,575}\right)\right\}^2\right]^{1/2}$$

기계적 임피던스(Z_m)에 관련한 저항성분과 리액턴스 성분들의 주파수에 따른 거동을 [그림 119]에서 보여준다. 여기서 저항성분은 $(R_r + R_m)$의 형태로 주어지고, 리액턴스 성분은 $|X_r + \omega m_b - s/\omega|$로 주어진다.

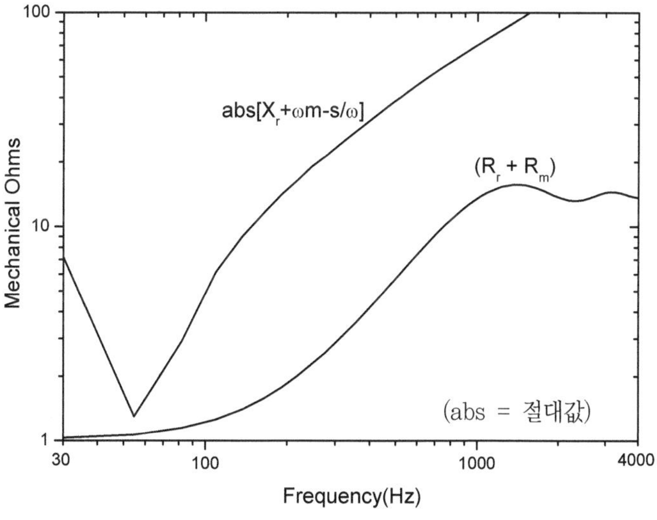

[그림 119] 기계적 임피던스의 저항성분과 리액턴스 성분

[그림 119]에서 보면 저항성분은 $1N \cdot s/m_b(=\Omega)$으로부터 서서히 증가하다가 100Hz와 1,000Hz 사이의 주파수에서 급격히 증가하게 된다. 기계저항은 주파수에 관계없이 $1N \cdot s/m_b(=\Omega)$으로 항상 일정하기 때문에 전체의 저항성분은 방사저항(R_r)에 의해 실질적으로 주도되며 고음영역에서는 $14\mathrm{N \cdot s/m}(=\Omega)$정도에 해당한다. 강성이 주도하는 저음영역에서는 주파수가 증가함에 따라서 리액턴스가 감소하여 기계적 공명진동수에서는 0에 접근하게 된다. 그리고 주파수가 기계적인 공명진동수 이상으로 높아짐에 의하여 리액턴스는 다시 증가하게 된다. 기계적인 공명진동수에서 기계적 임피던스는 최소값을 갖게 되며, 방사저항의 값과 거의 동일하게 된다. 기계적인 공명진동수

(f_s)를 식(8.1-14)과 식(8.7-1과 3)을 이용하여 이론적으로 구하여 보자.

$$f_s = \left(\frac{1}{2\pi}\right) \cdot \left(\frac{s}{m_b}\right)^{1/2} \quad (8.7\text{-}11)$$

$$= \left(\frac{1}{6.28}\right) \cdot \left(\frac{2,000}{0.01}\right)^{1/2}$$

$$= 71.2\text{Hz} \quad (8.7\text{-}12)$$

위의 기계적인 공명진동수(f_s)에 관련한 식은 기계적 임피던스(Z_m)가 리액턴스 값과 근사적으로 동일하다는 조건을 이용하여 다시 확인할 수 있다.

$$Z_m = X_r + \omega_o m_b - \frac{s}{\omega_o} \approx X_r$$

$$☞ \ \omega_o m_b - \frac{s}{\omega_o} = 0$$

$$☞ \ \omega_o = \left(\frac{s}{m_b}\right)^{1/2} \quad (8.7\text{-}13)$$

$$\therefore f_s = \left(\frac{1}{2\pi}\right) \cdot \left(\frac{s}{m_b}\right)^{1/2} \qquad (\omega = 2\pi f)$$

스피커의 전기-음향적 효율(η_{EA})을 아래의 식으로 구할 수 있다.

$$\eta_{EA} = \eta_{EM} \times \eta_{MA}$$

$$= \frac{R_r}{\dfrac{R\phi_M{}^2}{Z^2{}_{MOT}} + (R_r + R_m)} \quad (8.7\text{-}14)$$

여기서, η_{EM}과 η_{MA}은 전기에너지가 기계에너지로 변환될 때의 효율과 기계에너지가 음향에너지로 변환될 때의 효율을 각각 의미한다. 그리고 위의 식(8.7-14)에서 운동 임피던스를 의미하는 Z_{MOT}는 다음과 같은 양들에 의하여 구할 수 있다.

$$Z_{MOT} = (\ R_{MOT}{}^2 - X_{MOT}{}^2)^{1/2}$$

$$R_{MOT} = \frac{1/R}{1/R^2 + (\omega C - 1/\omega L)^2} \quad (8.7\text{-}15)$$

$$X_{MOT} = -\frac{\omega C - 1/\omega L}{1/R^2 + (\omega C - 1/\omega L)^2} \qquad (8.7\text{-}16)$$

$$R = \frac{{\phi_M}^2}{R_r + R_m}$$

$$L = \frac{{\phi_M}^2}{s}$$

$$C = \frac{m_b + X_r/\omega}{{\phi_M}^2}$$

[그림 120]에서 보면, 주파수의 증가와 함께 전기-음향적 효율(η_{EA})이 급격히 증가하다가 기계적 공명진동수(f_s)에서 약 6%에 도달하게 된다. 이는 이론적으로 식(8.7-17)에 의해서도 구할 수 있다. 기계적 공명진동수 이하에서의 방사저항은 주파수의 제곱(f^2)에 비례하며 방사 임피던스는 주파수에 역비례($1/f$)하기 때문에 효율은 주파수의 4제곱(f^4)에 비례하게 된다. 200Hz와 700Hz 사이의 주파수에서는 방사저항과 방사 임피던스가 모두 증가하기 때문에 효율이 약 1~2%까지 서서히 감소하게 된다. 그리고 고음영역에서는 방사저항이 거의 일정하게 되고 방사 임피던스가 주파수에 따라 증가하기 때문에, 효율은 주파수의 제곱(f^2) 형태로 감소하게 된다.

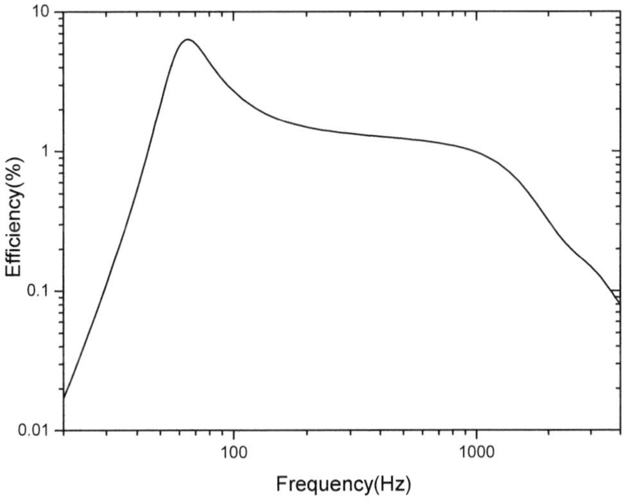

[그림 120] 전기-음향적 효율

$$\eta_o = \frac{R^2 \cdot R_r}{(R_o + R) \cdot \phi_M{}^2} \qquad (8.7-17)$$

운동 임피던스(motional impedance, Z_{MOT})도 다른 임피던스의 형태처럼 운동저항성분(R_{MOT})과 운동리액턴스성분(X_{MOT})들로 구성되는데, 식(8.7-15와 16)으로 계산할 수 있다. 이들을 [그림 121]에 그래프로 그려 놓았으며, 기계적 공명진동수에서 운동저항이 최대값(= 약 19Ω)을 가진다. 기계적 공명진동수의 전과 후에서는 운동리액턴스가 주도적인데, 기계적 공명진동수이하에서는 양(+)의 값을 그리고 이상에서는 음(−)의 값을 가지게 된다.

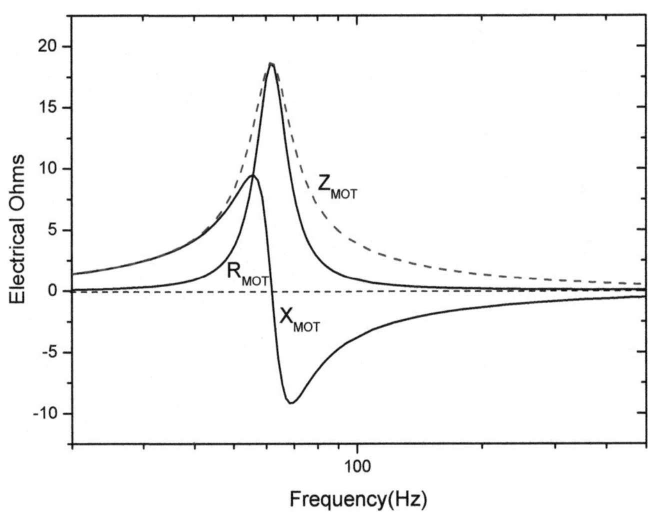

[그림 121] 운동 임피던스의 주파수에 따른 거동

이번에는 전체 임피던스를 구해 보기로 하자. 식(8.7-18)에서 보여주는 것처럼, 운동 임피던스(Z_{MOT})는 음향적 측면에서의 방사 임피던스(Z_r)와 기계적 측면에서의 기계 임피던스(Z_m)가 결합된 형태이다. 여기에 아래의 식(8.7-19)처럼 전기적 측면에서의 전기 임피던스(Z_{EB})와 운동 임피던스를 합치게 되면, 스피커에 실질적으로 작용하는 전체적 개념(실제로 스피커에서 측정하는)에서의 전기적으로 입력된 임피던스(Z_E)가 된다.

$$Z_{MOT} = \frac{{\phi_M}^2}{Z_m + Z_r} \quad (8.7-18)$$

$$Z_E = Z_{EB} + Z_{MOT} \quad (8.7-19)$$

[그림 122]에서 보면, 입력전기임피던스(Z_E)의 입력저항성분(R_E)은 운동 임피던스의 저항성분(R_{MOT})과 동일한 곡선의 형태를 가지게 된다. 그러나 전기적 임피던스(Z_{EB})의 저항성분(R_o)인 보이스 코일의 저항값($=5\Omega$)만큼 모든 주파수에서 높아지게 된다. 낮은 주파수 영역에서의 입력저항성분은 보이스 코일의 저항값($=5\Omega$)이 된다. 그리고 주파수가 증가함에 의하여 입력저항 및 입력리액턴스 성분들이 기계적 공명진동수 위치에서 공명현상이 일어나고 있음을 [그림 122]에서 보여준다. 음(−)의 값을 가지는 운동리액턴스 성분은 양(+)의 값을 가지는 보이스 코일의 리액턴스 성분에 의하여 입력 리액턴스 성분이 양의 값으로 바뀌게 된다. 이처럼 양의 입력 리액턴스 값으로 전환(입력리액턴스 = 0)되는 주파수를 전기적 공명진동수(= 약 450Hz)라고 한다. 그리고 4kHz 이상의 고음영역에서는 보이스 코일의 인덕턴스가 입력임피던스를 주도하게 된다.

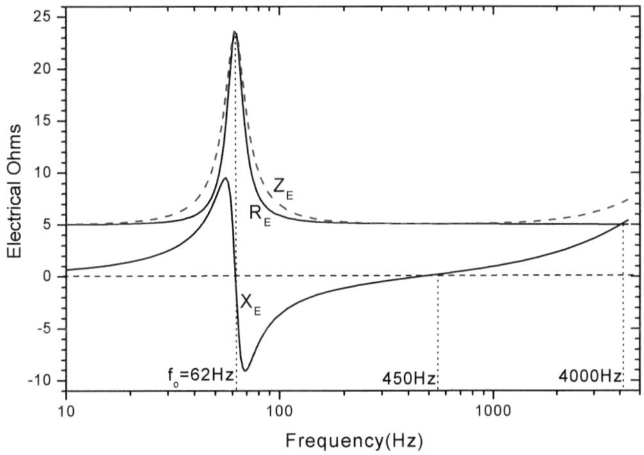

[그림 122] 스피커의 입력임피던스

일반적으로 스피커의 공명진동수는 입력전기임피던스 값이 최대값을 가지는 주파수로 결정한다. 따라서 [그림 122]에서 보여 주는 것처럼, 본 스피커의 공명진동수는 62Hz임을 알 수 있다. 이처럼 입력전기임피던스의 최대값으로 결정된 공명진동수는 식(8.7-11)에 의해 이론적으로 구해진 71.2Hz와 좀 차이가 나타난다. 이들 사이의 차이는 식(8.7-11)에서 진동계의 질량(m)에서 발생된다. 다시 말하면, 좀 더 정확한 기계적 공명진동수(f_s)는 진동판의 전방에 있는 공기의 방사질량(m_{air})이 포함된 진동계의 질량(m)에 의해 식(8.7-20)에서 구해진다.

$$\omega_o = \left(\frac{1}{LC}\right)^{1/2} = \left(\frac{s}{m_b + m_{air}}\right)^{1/2}$$

$$\therefore f_s = \frac{1}{\pi}\left(\frac{s}{m_b + m_{air}}\right)^{1/2} \tag{8.7-20}$$

여기서,

$$\begin{aligned} m_{air} &= X_r/\omega \\ &= \rho_o c S_D (8a/3\pi c) \\ &= 415 \cdot (3.14 \cdot 0.1 \cdot 0.1) \cdot [8 \cdot 0.1/(3 \cdot 3.14 \cdot 343)] \\ &= 3.226 \cdot 10^{-3} \end{aligned}$$

그러므로

$$\begin{aligned} f_s &= 1/(2 \cdot 3.14) \cdot [2000/(0.01 + 0.003226)]^{1/2} \\ &= 62\text{Hz} \end{aligned}$$

이와 같이 식(8.7-20)에 의해 주어진 공명진동수는 [그림 122]에서 입력전기임피던스의 최대값에 의해 구해진 공명진동수와 정확하게 일치하는 것을 볼 수 있다. 따라서 이론적으로 기계적 공명진동수를 구하는 식(8.7-11)에서 공기를 제외한 진동계의 질량에 방사질량(m_{air})이 포함되어야 한다.

스피커의 기계적 Q_{MS}값은 아래의 식에 의해 구할 수 있다.

$$\begin{aligned} Q_{MS} &= \omega_o RC = \frac{\omega_o(m_b + m_{air})}{R_r + R_m} \\ &= \frac{394.45 \cdot (0.01 + 0.003226)}{1.08577} \\ &= 4.80 \end{aligned}$$

Q_{MS}값을 알게 되면, 다시 Q_{ES}값과 Q_{TS}값을 계산할 수 있다(자세한 것은 뒤의

14.4절에서 논의함).

$$Q_{ES} = \frac{Q_{MS}}{R_o - 1} = 1.2$$

그리고

$$Q_{TS} = \frac{Q_{MS}}{R_o} = 0.96$$

[그림 123]에서는 세 가지 형태의 입력에 대한 이론적 Q_{TS}값의 형태를 보여준다. 이 때에 1kHz에서의 음향파워와 거의 동일한 입력전류, 입력파워 그리고 입력전압을 선정하였다. 스피커의 공명진동수인 62Hz에 접근하면서 이들 사이의 차이가 확연하게 드러나는 것을 [그림 123]에서 볼 수 있다. 예를 들면, 입력전압이 10V로 일정한 경우(곡선C)에 입력전류(2A)가 일정한 경우(곡선A)에 비하여 출력이 약 20배 정도가 낮다. 이는 입력전압이 일정한 경우가 입력전류나 입력파워가 일정한 경우보다 음향파워를 훨씬 더 일정하게 내 보낼 수 있음을 보여주는 것이다(그림123). 이러한 점이 Hi-Fi용 앰프로 입력전압형을 많이 쓰는 이유이다. 이 경우에 음(−)전압 피드백 회로를 가지고 있으며, 조화왜와 내부 임피던스를 매우 낮추게 된다.

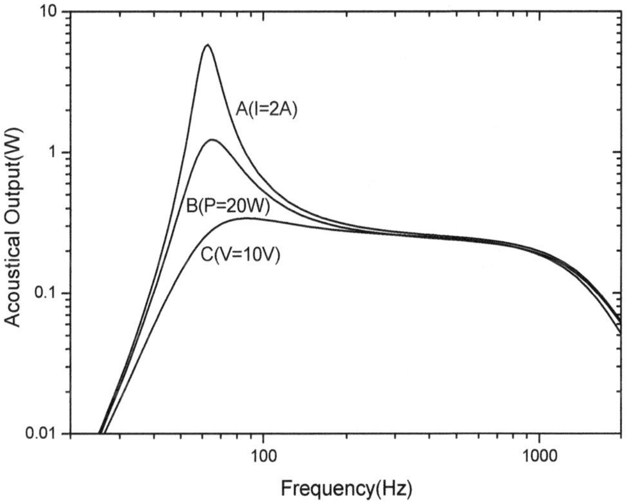

[그림 123] 스피커의 Q_{TS} 특성

제 09 장.
라우드스피커의 전기역학적 해석

다이나믹 스피커에 전기신호가 입력되어 음향신호가 출력되는 과정을 전기-역학적으로 해석할 수 있다. 제9장에서는 스피커에서 소리가 재생되는 과정을 전기-기계-음향의 3-포트 방식이 아니고, 음향과 기계를 합친 전기-기계의 전기역학적 2-포트의 형태(그림124)로 해석하게 될 것이다. 이에 대한 이론적 접근을 위하여, 스피커의 진동판이 피스톤처럼 모든 부분이 동일한 속도로 운동하여 저음을 재생한다고 가정하게 된다.

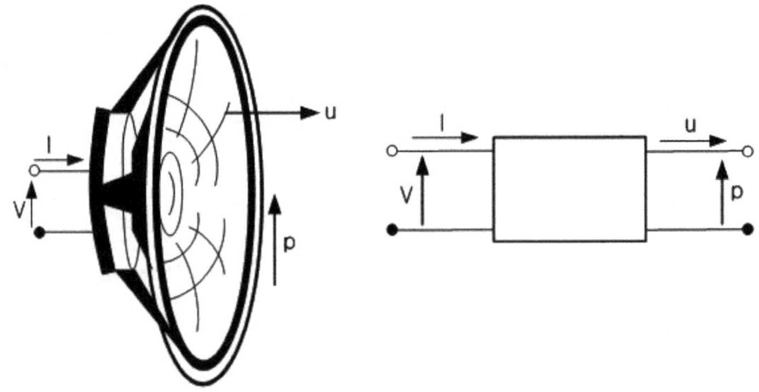

[그림 124] 다이나믹 스피커의 전기-역학적 포트

전기적인 포트에서 보면, 스피커의 양단에 전압(V)이 걸리게 되면 전류(I)가 스피커로 입력된다. 이처럼 전기적인 신호가 스피커에 입력되면 진동판이 일정한 속도(u)로 운동하게 되고, 그 결과로써 공기 중에 음압(p)이 발생하게 된다.

전기역학적인 2-포트 방식에서의 스피커의 특성을 전압(V), 전류(I), 진동판의 속도(u)와 음압(p)에 의해 분석할 수 있다. 주파수 영역에서 이들 네 개의 매개변수들은 아래의 두 연립방정식처럼 쓸 수 있다. 여기서 α, β, γ와 δ는 스피커의 특성을 규정하기 위해 주파수에 대한 함수로 주어진다.

Electrical	:	Air Load	:	Mechanical Velocity	
V	=	α_p	+	β_u	(9-1)
	:		:		
i	=	γ_p	+	δ_u	(9-2)
	:		:		
		isolated by blocking		isolated in a vacuum	

위의 식들을 연립방정식의 행렬로 기술하면 아래와 같다.

$$\begin{bmatrix} V \\ i \end{bmatrix} = \begin{bmatrix} \alpha & \beta \\ \gamma & \delta \end{bmatrix} \begin{bmatrix} p \\ u \end{bmatrix}$$

여기서 음압(p)에 관련한 첫 번째 식은 진동판에서 공기의 작용에 관계되는 반면에, 진동판의 속도(u)에 관계되는 두 번째 식은 진동판의 운동을 나타낸다. 진동판의 순수한 기계적 운동은 공기가 존재하지 않는 진공에서 얻어지는 반면에, 음압(p)은 공기가 존재해야 하기 때문에 공기의 역할에 대하여 논하게 될 것이다.

9.1. 기계적 해석

스피커에서 진동판의 순수한 기계적인 운동에 대한 해석은 공기가 없는 진공 중에서 이루어져야 할 것이다. 다시 말하면, 스피커를 유리종에 넣고 완전히 밀폐한 후에 공기를 제거하여 진공상태로 만든다. 이 상태에서 전기적 신호를 입력하여 스피커의 진동판을 구동시키게 되면 진동판의 순수한 기계적인 운동만을 해석할 수 있게 될 것이다. 이런 경우에 스피커의 진동판 주변에 공기가 없어서 소리가 발생되지 않기 때문에 음압(p)이 존재하지 않게 된다($p=0$). 따라서 공기가 존재하지 않는 진공상태에서 진동판의 속도에 관련한 β와 δ를 식(9.2)로부터 아래와 같이 다시 쓸 수 있다.

$$\delta = \frac{I}{u|_{p=0}} \tag{9.1-1}$$

그리고 스피커에서 보이스 코일에 흐르는 전류(I)는 식(6.8-1)로부터 구동력(F)에 비례하여 아래와 같이 쓸 수 있다.

$$I = \frac{F}{B\ell} \tag{6.8-1}$$

위의 두 식들로부터 δ를 구하면,

$$\delta = \left(\frac{1}{B\ell}\right)\left(\frac{F}{u|_{p=0}}\right) \tag{9.1-2}$$

식(9.1-2)에서 $F/u|_{p=0}$는 지지계의 강성(stiffness), 진동판의 기계적 댐핑과 질량에 의존하는 기계적 임피던스(Z_m, mechanical impedance)에 해당하게 된다.

$$Z_m = \frac{F}{u|_{p=0}} \tag{9.1-3}$$

진동판의 기계적 운동은 지지계의 강성에 의하여 제어되는 영역과 진동판의 질량에 의해 제어되는 영역으로 크게 나눌 수 있다(그림125).

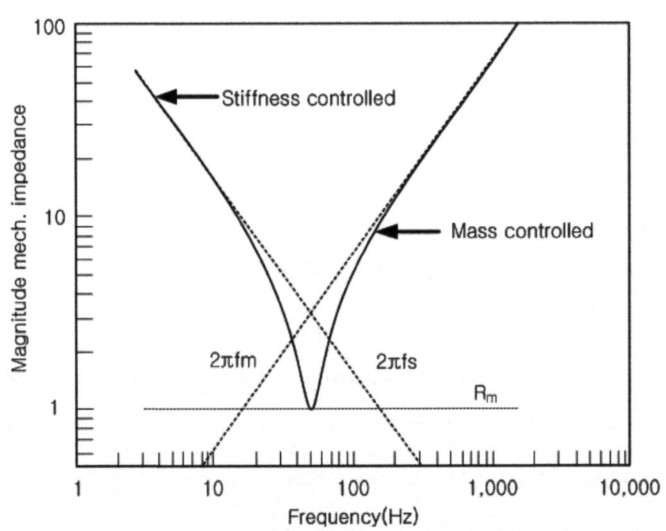

[그림 125] 진동판의 기계적 임피던스 특성

기계적인 임피던스에 대한 특성을 아래의 임피던스의 정의로부터 살펴보자.

$$Z = R + j(X_L - X_C) \qquad (9.1\text{-}4)$$

직류저항(DCR)에 해당하는 저항성분(R)은 주파수에 관계없이 일정한 반면에, 주파수가 증가함에 따라서 용량성 리액턴스는 증가($X_L = 2\pi fL$)하고 저장성 리액턴스는 감소($X_C = 1/2\pi fC$)하게 된다. [그림 125]에서 보면, 주파수가 증가함에 따라서 기계적 임피던스가 감소하다가 최소가 된 후에 다시 증가하는 것을 볼 수 있다. 이는 용량성 리액턴스(X_L)와 저장성 리액턴스(X_C)가 서로 같아지면서 기계적인 임피던스가 저항에 의해서반 주어져서 최소(= 직류저항)가 되는 주파수가 존재하기 때문이다. 이처럼 기계적 임피던스가 최소값이 되는 주파수를 기계적 공명진동수(f_o)라고 하며, 기계적인 댐핑(≈저항)에 의해 제어될 것이다. 주파수가 공명진동수보다도 낮을 경우에는 지지계의 강성(stiffness)에 관계되는 저장성 리액턴스(X_C)에 의해 주도되는 반면에, 공명진동수보다 높게 되면 진동판의 질량에 관계되는 용량성 리액턴스(X_L)에 의해 주도된다.

공기가 존재하지 않는 진공에서 진동판의 속도특성을 살펴보면, [그림 125]의 기계적 공명주파수에서 진동판의 속도는 최대가 될 것이다(그림126). 이는 기계적 공명(natural resonance)이 발생하면서 진동이 매우 수월하게 일어나기 때문이다. 전류에 의해 구동되는 진동판의 속도는 식(9.1-1)로부터 아래와 같이 다시 쓸 수 있다.

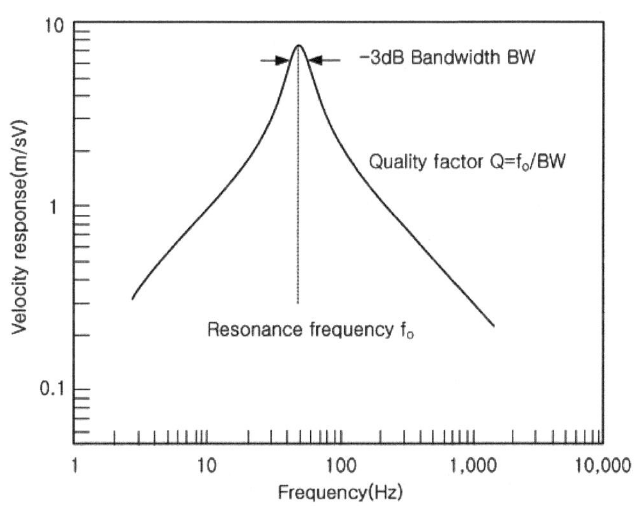

[그림 126] 전류형 스피커에서 진동판의 속도특성

$$\frac{u}{I|_{in\ vacuum}} = \frac{1}{\delta} \quad : 전류\ 구동형$$

스피커의 보이스 코일에 흐르는 전류는 크게 두 종류로 나눌 수 있다. 첫 번째는 파워앰프에서 공급되는 전류로써, 오옴의 법칙에 의하여 아래와 같이 쓸 수 있다.

$$I = \frac{V}{Z_{EB}}$$

여기서 Z_{EA}는 보이스 코일의 "blocked electrical impedance"로써, 보이스 코일이 정지(stationary)해 있을 때에 측정된 임피던스를 의미한다. 두 번째는 보이스 코일에 생성된 역기전력($V = B\ell u$)에 의한 전류이다. 그러나 이 전류의 방향은 파워앰프에서 보이스 코일에 공급된 전류의 반대가 된다. 따라서 보이스 코일에 흐르는 실질적인 실효전류는 아래와 같이 쓸 수 있다.

$$I = \frac{V - B\ell u}{Z_{EA}}$$

식(9.1-1) 과 식(6.8-1)에 의하여, 전압의 변화에 의한 진동판의 속도특성이 [그림 127]에 나타나 있다.

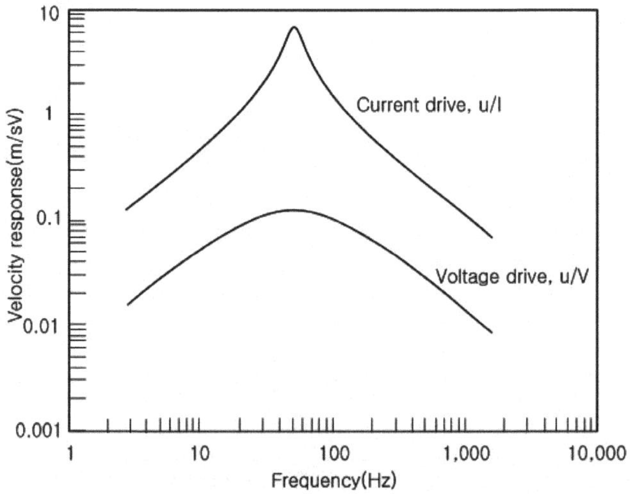

[그림 127] 전류 및 전압 구동형 진동판의 속도특성

$$\frac{u}{V|_{in\ vacuum}} = \frac{B\ell}{Z_m Z_{EA} + (B\ell)^2} : \quad \text{전압 구동형}$$

$$= 1/\beta \qquad (9.1\text{-}5)$$

[그림 127]에서 보면, 전류구동형보다 전압구동형의 경우에 Q값이 훨씬 낮아지는 것을 알 수 있다. 그 원인은 역기전력이 앰프에서 공급된 기전력을 댐핑시키는 역할을 하기 때문으로써, 이를 운동 임피던스(motional impedance)라고 한다.

스피커에 전기신호가 입력되면 진동판은 운동을 시작하게 되고 공기의 저항에 직면하게 된다. 만약 전기입력의 의한 구동력이 공기의 저항에 비해 작을 경우에는 진동판이 운동을 하지 못하고 정지상태($u=0$)를 유지하게 될 것이다. 이처럼 진동판이 정지상태($u=0$)에 있을 경우에 식(9-1)과 식(9-2)은 아래와 같이 다시 쓸 수 있다.

$$V = \alpha p|_{u=0} \qquad \& \qquad I = \gamma p|_{u=0}$$

여기서 'blocked pressure($p|_{u=0}$)' 란 진동판에 어떤 구동력(F)이 만들어졌지만 진동판이 공기의 저항에 의하여 운동을 시작하지 못하는 최대의 공기음압을 의미한다. 다시 말하면, 'blocked pressure($p|_{u=0}$)' 상태를 유지하기 위해서는 진동판에 두 종류의 힘이 존재하게 된다. 보이스 코일에 전류가 입력되면서 구동력(F)이 발생하게 된다.

$$\text{구동력}(F) = B\ell I = \frac{B\ell V}{Z_{EB}} \qquad (9.1\text{-}6)$$

그리고 진동판 전체에 작용하는 압력은 $p_{u=0}S_D$로 주어지는데, 여기서 S_D는 진동판의 면적이다. 따라서 'blocked pressure($p|_{u=0}$)' 상태에서는 구동력과 진동판의 압력이 동일($B\ell I = B\ell V/Z_{EA} = p_{u=0}S_D$)하다는 조건을 이용하여 α와 γ를 구할 수 있게 된다. 이들 식들로 하여금, α, β, γ와 δ를 정리하여 쓰면 아래와 같다.

$$\alpha = \frac{S_D Z_{EA}}{B\ell} \qquad (9.1\text{-}7)$$

$$\beta = \frac{Z_m Z_{EA} + (B\ell)^2}{B\ell} \qquad (9.1\text{-}5)$$

$$\gamma = \frac{S_D}{B\ell} \qquad (9.1\text{–}8)$$

$$\delta = \frac{Z_m}{B\ell} \qquad (9.1\text{–}2)$$

9.2. 공기의 영향

스피커의 목적은 전기적인 신호를 소리로 바꿔주는데 있다. 이처럼 전기신호를 소리로 전환시키는데는 공기가 절대적으로 필요하다. 만약 공기가 없다면 소리가 발생되지 않기 때문이다. 따라서 앞 절에서 논의한 진공 중에서의 순수한 기계적인 운동에 공기의 존재를 추가하여 진동판의 운동을 유한요소법(FEM)에 의해 이론적으로 해석하게 된다. 이러한 해석을 위하여, [그림 128]처럼 무한평면에 장착된 진동판의 크기가 파장에 비해 매우 작으면, 진동판을 무한평면상의 원형 피스톤으로 간주한다. 이 경우에 피스톤의 모든 점에서의 운동속도가 동일한 0th 모드로 피스톤의 진동을 가정함과 동시에, 피스톤의 면적을 다시 작은 구역들로 분할하여 유한요소법으로 해석하게 된다(그림128).

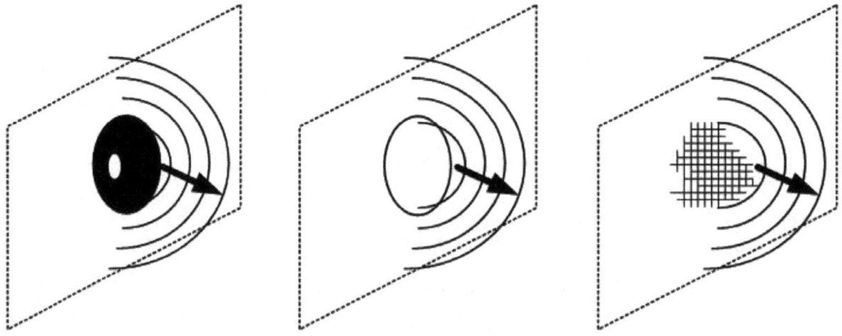

[그림 128] 진동판의 유한요소법에 의한 해석

공기는 진동판의 앞면과 뒷면에 모두에 존재하게 된다. 이러한 공기의 존재를 후면이 아닌 전면에 있는 공기만의 역할을 우선적으로 살펴 본 후에 후면의 공기를 나중에 고려하게 될 것이다. 진동판에 공기가 존재한다고 하는 것은 진동판의 기계적 운동이 음향에너지인 소리로 전환(=방사)되는 과정을 포함하게 된다. 따라서 스피커에서 전기적인 신호가 소리로 전환되는 순간의 임피던스를 방사 임피던스(Z_r, radiation impedance)라고 부르며, 음압(p)을 진동판 속도(u)로 나눈 값으로 정의된다. 이는 주파수와 피스톤의 반경에 의존하며, 일반 전기 임피던스처럼 실수부와 허수부(리액턴스)로 구성된다(그림129). 여기서 방사저항에 해당하는 실수부는 진동판의 속도와 동위상으로써 스피커에서 실제적으로 출력되는 파워인 반면에, 방사 리액턴스에 해당하는 허수부는 자기 갭 내에 있는 자기장에 에너지를 저장하게 된다. 스피커에서 생성되는 전체 에너지(음압)는 방사저항에 의해 실제적인 음향파워로 전환되는 에너지(음압)와 방사 리액턴스에 의해 자기장에 저장되는 에너지(음압)의 합이 될 것이다. 따라서 진동판의 전면에 존재하는 공기의 역할은 [그림 125]에서의 2-포트 시스템에 [그림 130]처럼 방사 임피던스를 추가하는 결과로 나타나게 된다.

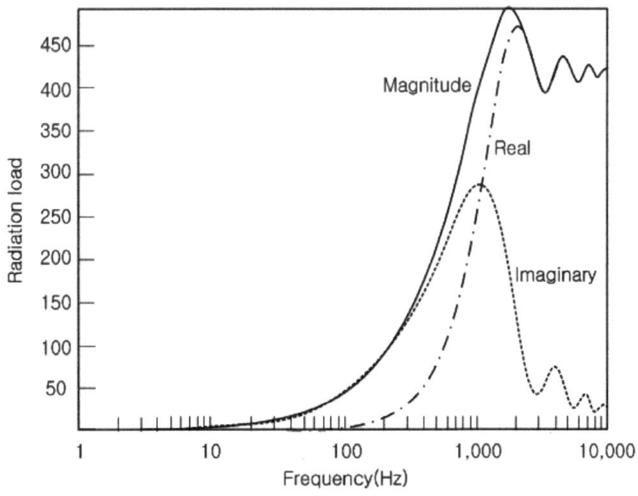

[그림 129] 유한요소법에 의한 방사 임피던스 특성

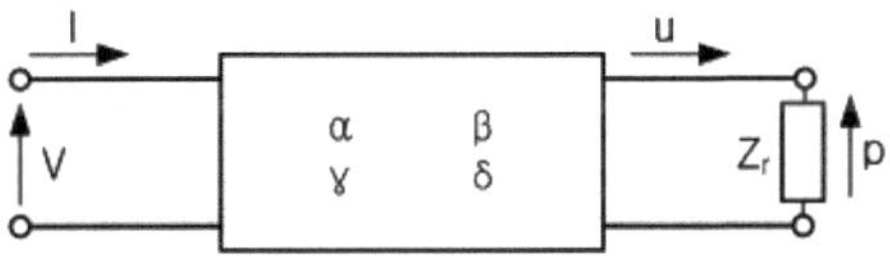

[그림 130] 전면의 공기에 의해 방사 임피던스가 추가된 2-포트 시스템)

진동판의 전방에만 공기가 존재할 때에 진동판의 속도특성을 (식9-1)과 방사 임피던스($=p/u$)를 사용하여 다시 쓰면 아래와 같다.

$$\frac{u}{V}=\frac{1}{\alpha Z_r+\beta} \qquad (9.2\text{-}1)$$

[그림 131]에서 보여주는 바와 같이, 공기가 진동판의 전면에만 있을 경우의 속도특성과 진공에서 진동판의 속도특성이 거의 동일한 것을 알 수 있다. 이는 진동판의 전면에 존재하는 공기에 의한 영향이 거의 없음을 의미하는 것이다. 다만, 식(9.2-1)은 식(9.1-5)에 비해 공기의 존재로 인한 αZ_r의 항이 추가됨으로써 공명진동수가 약간 낮아지는 것을 [그림 131]의 오른쪽 상단에 있는 그림에서 알 수 있다. 이처럼 공명진동수가 약간 높아지는 것은 공기의 질량($=2.6667\rho a^3$kg)만큼 진동계의 실효질량이 증가하기 때문이다.

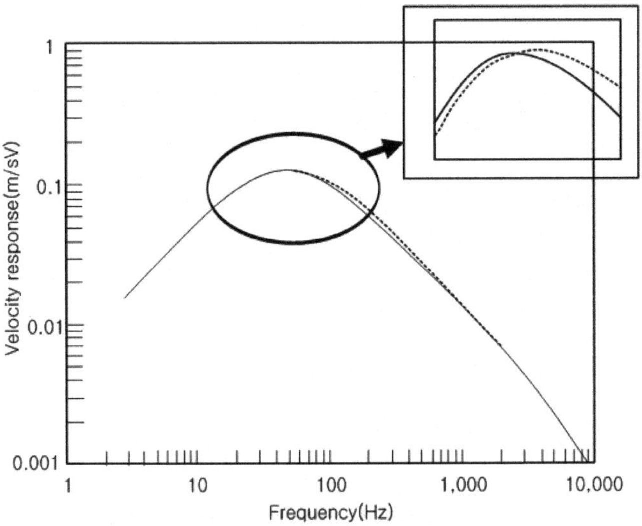

[그림 131] 진공과 공기 중에서 진동판 속도의 특성비교

진동판의 전면이 아닌 후면에 공기가 존재할 경우에는 스피커의 특성에 미치는 공기의 영향이 매우 커지고 복잡해진다고 할 수 있다. 우선 후면에 존재하는 공기에 의한 임피던스는 전면에서의 방사 임피던스의 방향에 정반대로 작용하게 될 것이다. 따라서 전면 방사음만을 고려한 [그림 130]에서의 2-포트 시스템에 [그림 133]처럼 후면 방사음에 대한 방사 임피던스(Z_{back})가 추가될 것이다.

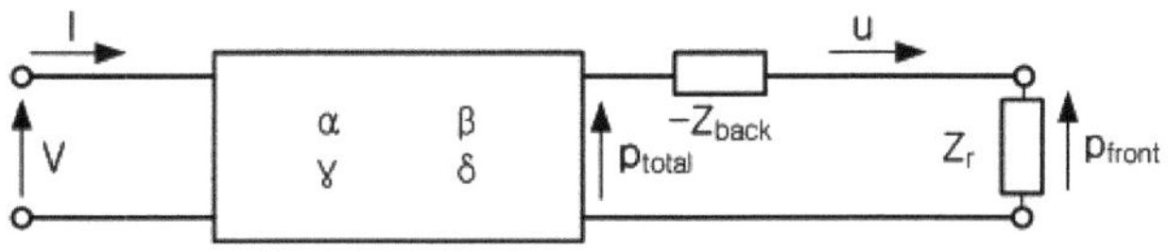

[그림 133] 전/후면에 공기에 존재할 때의 2-포트 시스템

후면에 존재하는 공기에 의한 대표적인 영향들 중에 하나가 인클로저에 의한 것이다. 인클로저는 스피커의 후면에 장착되어 후면 방사음을 제어하는 것이 기본적인 역할들 중에 하나이기 때문이다. 한 예로써, 밀폐형 인클로저의 경우에 진동판의 후면에 존재하는 공기는 인클로저 안에 갇히게 될 것이다. 이로 인하여 진동판의 전진 또는 후진운동에 의해 공기의 압력이 변화되어 마치 스프링처럼 서스펜션의 역할을 할 것이다. 따라서 스피커에 관련한 지지계의 전체적인 강성은 댐퍼와 에지의 강성에 인클로저 내부의 존재하는 공기에 의한 강성이 합쳐져서 커지게 될 것이다. 그 결과로써, 스피커의 유닛에 대한 공명진동수는 인클로저가 장착된 스피커시스템에서 높게 나타나게 될 것이다(그림134). 공명진동수 이하의 주파수에서는 진동판의 변위가 커서 인클로저 내부에 있는 공기의 압력을 변화시킬 수 있어서 진동판의 속도가 주파수에 따라 달라지는 것을 [그림 134]에서 볼 수 있다. 그러나 주파수가 공명진동수보다 높아지게 되면, 진동판의 변위가 작아서 인클로저 내부의 공기압력을 크게 변화시키지 못해 진동판의 속도에 변화를 거의 주지 못하게 된다.

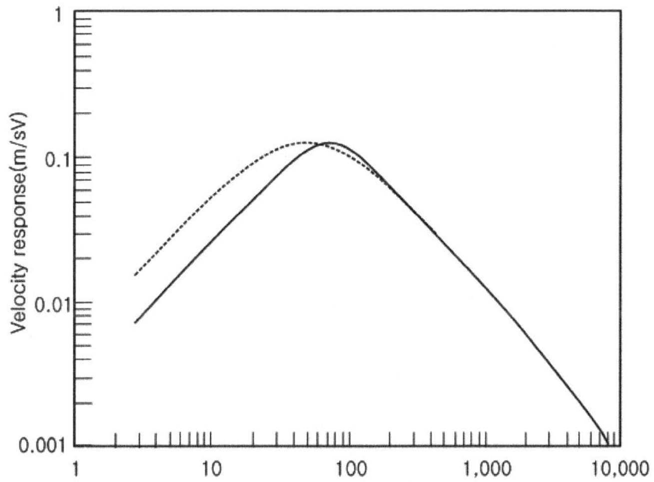

[그림 134] 밀폐형 인클로저의 유/무에 따른 진동판의 속도특성

9.3. 전기적 입력 임피던스(input impedance)

스피커에 입력되는 전기적인 임피던스는 오옴의 법칙에 의하여 보이스 코일에 인가된 전압과 실효 전류의 비로써 정의된다. 이를 식(9-1)과 식(9-2)를 이용하여 입력 임피던스를 구하면 아래와 같이 쓸 수 있다.

$$\frac{V}{i} = \frac{\alpha p + \beta u}{\gamma p + \delta u}$$
$$= \frac{\alpha Z_r + \beta}{\gamma Z_r + \delta}$$

위 식에 Z_r항이 포함된 것으로 보아서, 진공이 아닌 공기가 존재할 때에 입력되는 임피던스임을 알 수 있다.

[그림 135]는 주파수에 따른 입력 임피던스의 특성을 보여주고 있다. 스피커의 보이스 코일에 입력되는 전기적인 임피던스는 파워앰프에서 공급되는 전류에 대한 임피던스와 보이스 코일에서 발생하는 인덕턴스(역기전력)에 의한 임피던스 성분으로 구성된다. 여기서 파워앰프에서 공급되는 전류에 대한 임피던스는 보이스 코일이 운동을 시작하기 직전의 'blocked electrical resistance(r_{eb})' 로써, 일종의 직류저항처럼 주파수에 관계없이 항상 일정하게 된다. 보이스 코일의 인덕턴스는 주파수가 높아질수록 임피던스가 커지기 때문에 주파수가 커질수록 입력 임피던스가 높아지는 반면에, 낮은 주파수에서는 인덕턴스가 매우 작아서 인덕턴스로 인한 입력 임피던스는 낮아진다. 이런 인덕턴스로 인한 입력 임피던스의 증가가 [그림 131]의 2kHz이상에서 진공에서 진동판의 속도를 약간 낮추는 원인이 되기도 한다. 그러나 스피커의 기계적인 공명진동수에서는 진동판의 속도가 매우 커짐에 따라서 역기전력에 의한 운동 임피던스(motional impedance) 효과가 커져서 입력 임피던스가 최대가 될 것이다. 따라서 [그림 135]에 나타난 주파수에 따른 인덕턴스, 공명주파수에서의 인덕턴스와 파워앰프에 공급된 전류에 대한 입력 임피던스들이 모두 합쳐진 임피던스가 스피커의 입력 임피던스가 된다.

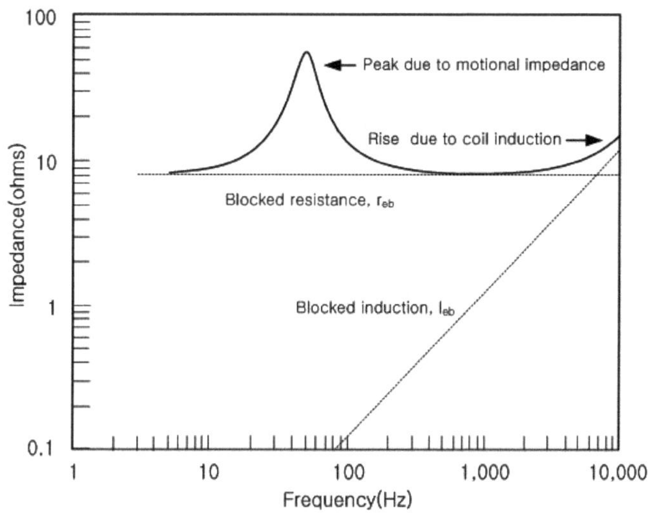

[그림 135] 스피커에 입력된 전기 임피던스의 특성)

9.4. 테브닌의 등가회로(Thevenin equivalent circuit)

1) 전압구동형

스피커에 입력단에 전압이 생기게 되면 전류가 흐르게 될 것이고, 이로 인하여 소리가 발생하여 음압이 생기게 될 것이다. 이처럼 스피커의 에너지 변환과정을 (그림136)처럼 입력단(①영역), 에너지 변환(②영역)과 출력단(③영역)으로 구성된 음향회로로 나타내었다. 식(9-1)을 α로 나누어 아래와 같이 다시 쓸 수 있다.

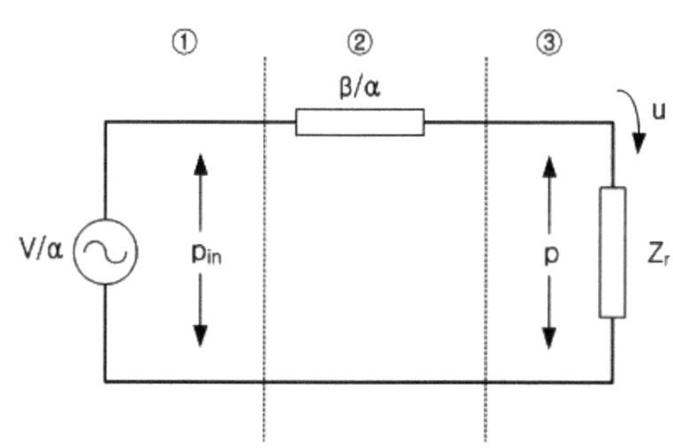

[그림 136] 전압구동형의 2-포트 모델

$$\frac{V}{\alpha} = p + \left(\frac{\beta}{\alpha}\right) u \qquad (9.3\text{-}1)$$

여기서 V/α는 음향회로의 입력이 될 것이고, β/α의 변환과정을 거쳐 음압(p)과 진동판의 속도(u)로 출력될 것이다.

만약 식(9.3-1)로부터 진동판의 속도(u)가 0이면, 음압(p)는 V/α가 될 것이다. 이때의 음압을 입력음압(p_{in})으로 표현할 수 있게 된다. 입력음압(p_{in})과 β/α은 다시 식(9.1-7)과 식(9.1-8)에 의하여 다시 쓸 수 있다.

$$p_{in} = \frac{V}{\alpha} = \frac{VB\ell}{S_D Z_{EA}}$$

$$\frac{\beta}{\alpha} = \frac{Z_m Z_{EA} + (B\ell)^2}{S_D Z_{EA}} = \frac{(B\ell)^2}{S_D Z_{EA}} + \frac{Z_m}{S_D}$$

여기서, $(B\ell)^2/S_D Z_{EA}$에서 Z_{EA}는 파워앰프에서 입력되는 전류의 저항성분과 보이스 코일에서 발생하는 인덕턴스 성분이 서로 병렬로 연결된 것이다(그림137). 그러나 기계적 임피던스(Z_m/S_D)는 질량(≈인덕터), 댐핑(≈저항)과 강성(≈콘덴서)들이 [그림 137]처럼 서로 직렬로 연결된 것으로 볼 수 있다.

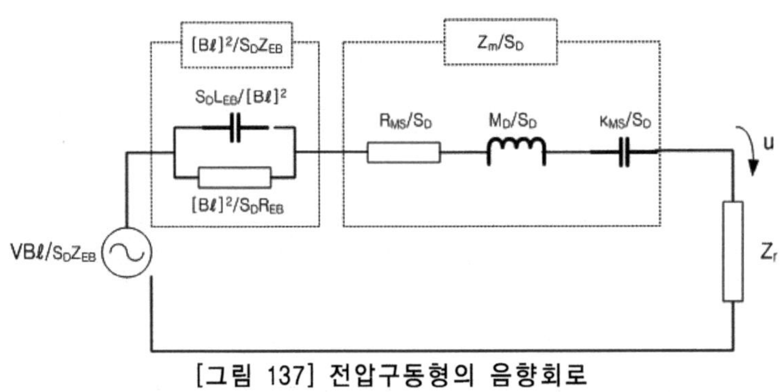

[그림 137] 전압구동형의 음향회로

2) 전류구동형

식(9-2)에 의하여 2-포트 모델을 세우면, [그림 138]처럼 두 성분으로 나눌 수 있다. 다시 말하면, 전기적인 전압과 전류를 진동판과 지지계를 구동하는 기계적인 힘과 속도로 치환하는 모터(motor) 성분과 기계적인 요소들을 음향분야로 전환하는 진동판과 지지계의 성분으로 구성된다.

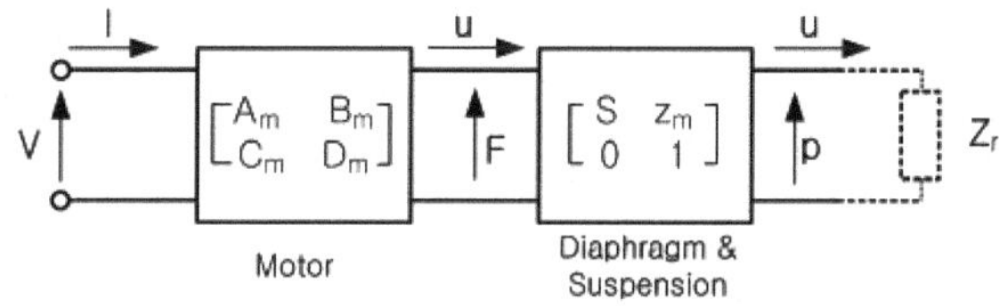

[그림 138] 전류구동형의 2-포트 모델

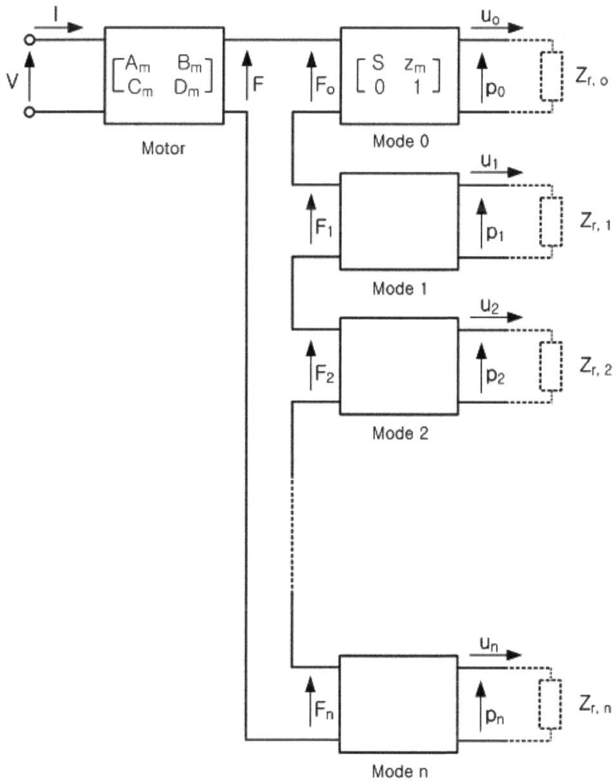

[그림 139] 전류구동형의 음향회로

진동판에서 분할진동이 발생하는 것은 진동판이 지역적으로 서로 다른 모드로 진동을 할 뿐으로써 구동력을 전달하는 모터는 진동판 전체에서 동일한 속도로 운동하게 된다. 따라서 모터의 동일한 속도는 앞의 8장에서 논의한 임피던스 분석법에 의하여 각각의 분할진동 모드에 동일한 전류가 입력되는 것을 의미한다. 따라서 각각의 분할진동모드는 동일한 전류를 받기 위하여 [그림 139]처럼 모두 직렬로 연결되어야 할 것이다. 그러나 각 분할진동들은 별도의 속도(u_i), 방사 임피던스(Z_r, i), 음압(p_i)와 형상을 가지며, 각 분할진동 모드들의 특성들이 합쳐져 스피커의 특성으로 나타나게 된다.

제 10 장.
돔 스피커

돔 형태의 진동판을 갖는 스피커는 대체로 트위터 또는 미드레인지용으로 많이 사용된다. 특히, 트위터의 경우에 크기가 작아서 에지와 댐퍼를 동시에 사용하기 어렵기 때문에 댐퍼없이 에지만을 사용하며, 주파수가 높아질수록 소리가 방사되는 지향각이 좁아지게 된다. 따라서 소리가 방사되는 지향각을 조금이라도 넓혀주기 위하여 돔 형태의 진동판을 사용하게 된다. 돔 스피커(dome speaker)의 출력 또는 지향각과 같은 음향특성들이 진동판의 곡률에 의하여 달라지며, 진동판에서 중심축 상의 특정한 거리에 소리가 없는 지점(null)이 존재하고, 돔의 높이가 파장의 절반(1/2)이 되는 주파수에서 딥(dip)이 발생한다고 가정하고 있다. 그러나 *J.M. Kates* 경우에는 그의 논문에서 돔 진동판의 지향각이 피스톤 진동판에서와 유사할 뿐만 아니라, 돔과 역돔 형태의 진동판에 대한 지향각도 피스톤과 거의 동일한 특성을 가진다고 주장하고 있다. 그리고 딥의 경우에도 돔의 높이가 파장의 절반이 아닌 좀 더 높은 주파수에서 일어난다고 말하고 있으며, 돔의 높이가 커질수록 딥이 발생하는 주파수가 감소하는 것을 [그림 140]에서 보여주고 있다. 그리고 돔의 형태에 의하여 돔형(dome 또는 convex dome, 그림141①)과 역돔형(concave dome 또는 inverse dome, 그림141②)으로 크게 두 가지 종류로 나눌 수 있다. 돔 스피커의 형태에 따라서 진동판의 외부에는 원 형태의 링 소스(ring source)가 존재할 수 있다. 이 영역에 진동판이 실제적으로 존재하는 것은 아니지만 이 부분으로부터 소리가 만들어져 방사된다. 돔 스피커의 음향특성은 이론적으로 피스톤의 운동해석을 통해 접근할 수 있으며, 그들의 이론과 실제적인 특성분석은 아래와 같다.

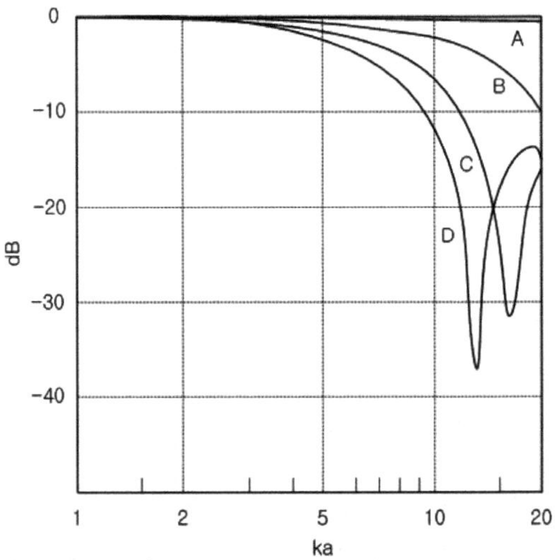

[그림 140] 돔 높이에 따른 주파수 특성, A=0, B=반경/4, C=반경/2, D=반경

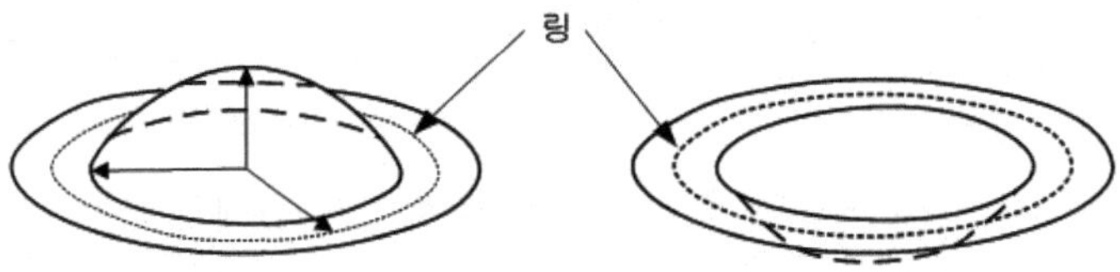

[그림 141] 돔의 형태

하드 돔의 경우에 출력 또는 지향각이 진동판의 곡률에 의해 달라지며, 스피커에서 중심축 상의 돔 높이가 파장의 절반(1/2)이 되는 주파수에서 딥(dip, null)이 발생하는 것을 [그림 142]에서 보여준다. 그 원인은 콘형 진동판에서와 마찬가지로 진동판의 가장자리(rim)와 중심(apex)에서 발생하는 소리들의 위상차이에 의해 딥이 생기는 위상손실(phase loss)현상 때문이다. 이 때에 돔의 높이가 커지면 딥이 가청주파수에서 만들어질 수 있으며, 이는 콘 진동판에서 분할진동에 의하여 발생하는 딥(break-up)과는 다르다.

소프트 돔에서는 재생주파수가 높아지면 진동부위가 좁아지게 되어 돔의 질량은 진동계의 총 질량으로부터 감소(decoupling)되기 시작한다. 따라서 실제 진동에 참여하는 진동계의 실효질량은 매우 작게 될 것이다. 최종적으로는 보이스 코일과 진동판이 접촉되는 부분에서만 소리가 방사(ring radiation)되기 때문에 진동계의 내부에너지는 주파수에 관계없이 일정해지고 피크와 딥이 발생하지 않아 평탄한 주파수특성을 얻을

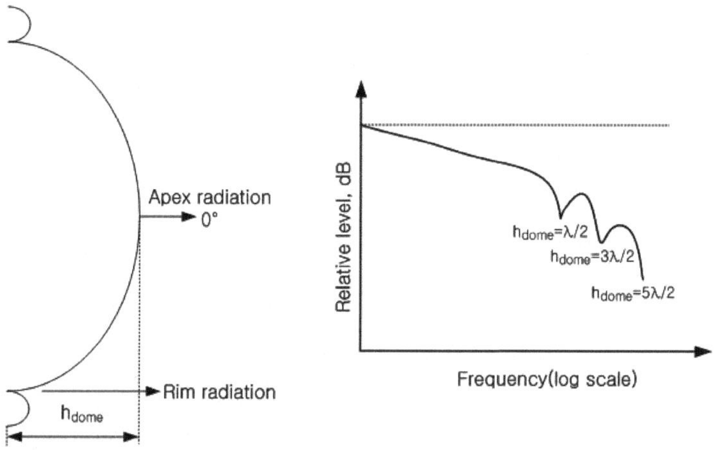

[그림 142] 돔 스피커에서의 위상손실현상

수 있게 된다. 일반적으로, 하드 돔이나 소프트 돔에 관계없이 약 20kHz까지는 평탄한 주파수 특성을 얻을 수 있다.

만약 평판형 진동판의 경우와 동일한 재질과 두께를 가진 돔이나 콘의 경우는 탄성이 매우 높아져서 공명진동수도 크게 높아지게 된다. 이는 콘 또는 돔의 형상이 공명진동수의 주파수를 변화시키기 때문일 것이다. 그리고 우퍼용 콘형 진동판의 경우에는 분할진동모드들이 위상손실현상이 발생하지 않은 주파수에서 발생하게 된다. 왜냐하면 콘의 높이가 파장의 절반에 해당하는 주파수는 대체로 고음쪽에 해당하지만, 분할진동은 그 이하의 주파수에서 시작되기 때문이다.

콘형 진동판에서와 같이 돔의 중심부와 가장자리에서의 운동이 [그림 143]처럼 역위상이 되면 분할진동(break-up)이 발생하게 된다. 돔 스피커에서의 첫 번째 분할진동이 일어나는 주파수(f_d)는 첫 번째 위상손실(phase loss)현상이 발생하는 주파수(f_d)의 근처 또는 약간 아래에서 발생한다.

$$f_d = 0.523 \times \frac{t_d}{a} \times \left(\frac{E}{\rho}\right)^{1/2}$$

여기서 t_d, a, E와 ρ는 진동판의 두께, 피스톤의 반경, 영률 그리고 밀도를 의미한다. 이 주파수 근처에서의 출력은 첫 번째 분할진동과 위상손실현상들의 공동적인 영향으로 결정된다. 그러나 진동판의 내부손실특성과 위상손실현상을 좀 더 고음방향으로 이동시켜 출력을 조정할 수도 있다.

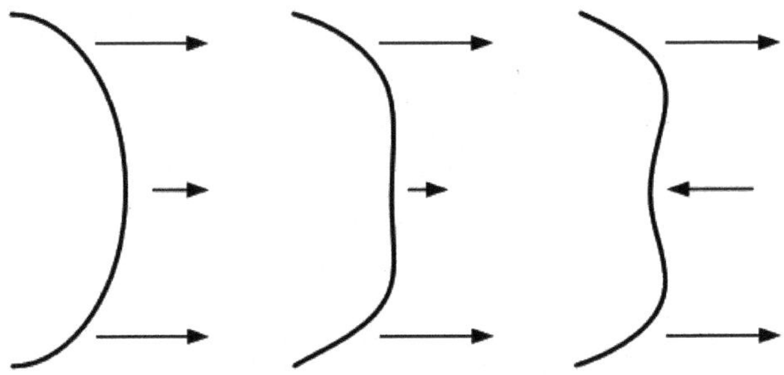

[그림 143] 돔 스피커에서 break-up mode

보빈에서 전달된 구동력이 진동판의 중심에서 가장자리로 전파되는 속도(음속)는 진동판의 탄성이나 밀도와 같은 물성뿐만 아니라, 진동판의 형태에도 크게 의존하는 특성을 가진다. 저음에서 평판형 진동판이 피스톤 운동을 할 때의 음속(c)은

$$c = [\frac{E}{\rho(1-\sigma_p^2)}]^{1/2}$$

여기서 E, ρ와 σ_p는 진동판의 영률과 밀도 그리고 포아송 비율(Poisson ratio)를 의미한다(그림144). 그리고 진동판에서의 음속은 주파수가 증가함에 의하여 하이퍼블릭 곡선(hyperbolic law)에 따라서 감소하게 된다. 예를 들면, 200mm(8인치)의 펄프로 제작된 콘 스피커에서 750Hz(대략 첫 번째 분할진동모드)에 대한 진동판에서의 음속은 공기 중의 음속(340m/s)과 같고, 주파수가 이보다 높아지게 되면 음속이 100m/s 이하로 감소하는 것으로 나타났다.

진동판의 중심에서 방사된 소리가 가장자리의 높이(돔의 높이)를 지날 갈 때까지 걸리는 시간이 파장의 $\frac{1}{2}$이 진행되는 시간을 갖는 주파수에서 발생하게 된다. 이는 진동판의 중심에서 가장자리로 소리가 전달되는 음속과도 관련되기 때문에 진동판 재료의 탄성에 크게 의존하게 될 것이다. 이러한 위상손실현상은 피스톤의 가장자리와 중심에서 방사된 소리들이 어느 한 청취점에 도달할 때에 발생하는 시간차이에 의한 위상간섭과 유사하다고 할 수 있다. 따라서 위상손실과 한 청취점에서 소리의 도달시간(위상)차이에 의해 발생하는 현상들은 가장자리와 중심에서의 위상차이를 최적화시킴으로 인하여 이들의 영향을 최소화시킬 수 있게 된다.

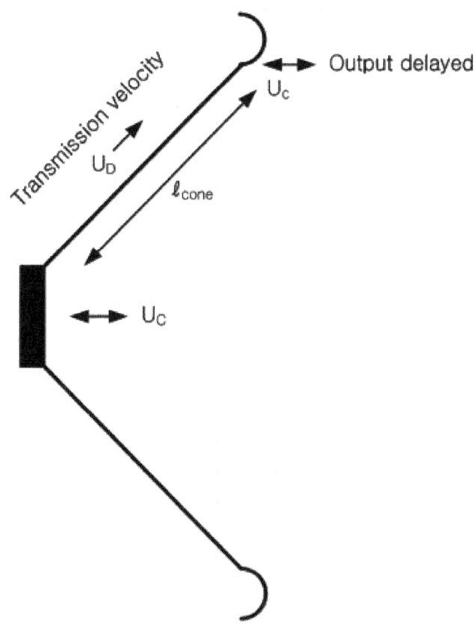

[그림 144] 진동판에서의 음속,
U_c=진동판의 운동속도, U_D=진동판에서 전파속도의 지연시간=ℓ_{cone}/U_D

10.1. 중심축에서 음압특성

돔 스피커에서의 음압특성을 살펴보면 [그림 145]와 같다. 여기서 H/A는 돔의 높이와 반경의 비율을 말하며, (L)은 최소자승법(least-square error method)과 (G)는 근사식(geometrical approximation)들에 의한 결과들을 말한다. 돔의 형태(그림145 ①)를 살펴보면, 딥이 ka가 1.0에서 10 사이에서 두 개가 생기는 것을 볼 수 있다. 첫 번째의 딥은 공명진동수에 의하여 생긴 것이고, 두 번째는 진동판의 분할진동으로 인해 생기는 것으로 볼 수 있다.

그리고 딥이 생기는 주파수가 돔의 높이가 높을수록 저음쪽으로 이동하고 딥의 깊이도 커지는 것을 볼 수 있다. 역돔인 경우에는 ka=1.0~1.5에서 진동판의 공동(cavity)으로 인한 공명현상 때문에 피크와 딥이 동시에 나타난다(그림145②). 돔에서와 같이 H/A가 증가할수록 피크의 위치가 저음쪽으로 이동하고 피크의 높이가 증가하는 것을 볼 수 있다. 그러나 피크의 뒤쪽에 위치하는 딥들의 형상은 점차적으로 깊고 날카로워지는 것을 보여준다.

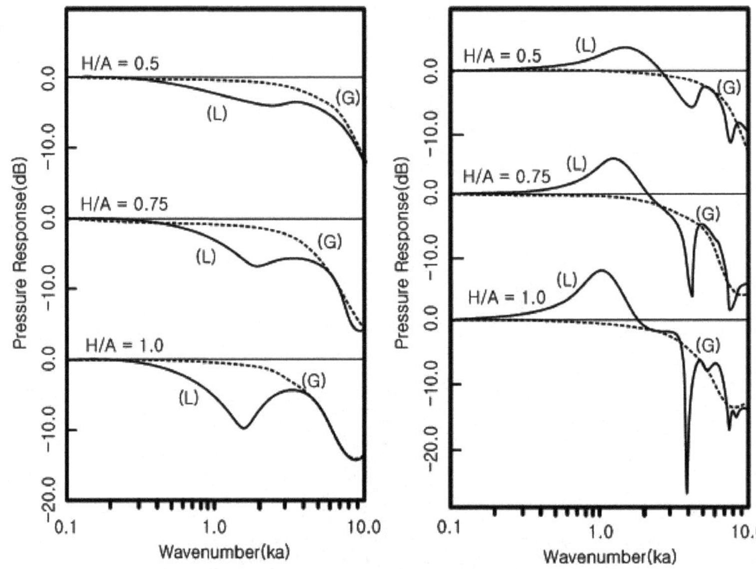

① 돔형 ② 역돔형

[그림 145] 돔의 형태에 따른 주파수특성

10.2. 지향특성

돔과 역돔형의 전형적인 지향특성을 [그림 146]에서 보여준다. 돔형의 경우(그림146 ①)에는, 지향각이 피스톤에서 방사되는 소리보다도 더 넓어지는 것을 쉽게 알 수 있다. 이처럼 지향각이 넓어지는 정도는 *ka*값에 따라서 변하게 된다. 다시 말하면, *ka* =2인 경우가 *ka*=1 또는 3에 비하여 더 넓어지는 것을 [그림 146①]에서 볼 수 있다. 그러나 지향각이 커지면 커질수록 중심축에서의 출력감소가 커지게 된다. 이는 스피커에서 나온 음향에너지가 여러 방향으로 분산되기 때문이라고 할 수 있다.

역돔형의 경우에 *ka*가 3보다 작게 되면, 피스톤의 지향특성과 거의 차이가 나타나지 않는다(그림146②). 만약 *ka*가 3보다 크다고 하여도 지향각의 차이는 매우 미미한 것을 볼 수 있다. 만약 *ka*=3일 때에, 3.81cm(1.5인치) 역돔 트위터의 지향특성이 약 8.5kHz까지 피스톤의 특성과 거의 같은 것으로 알 수 있다.

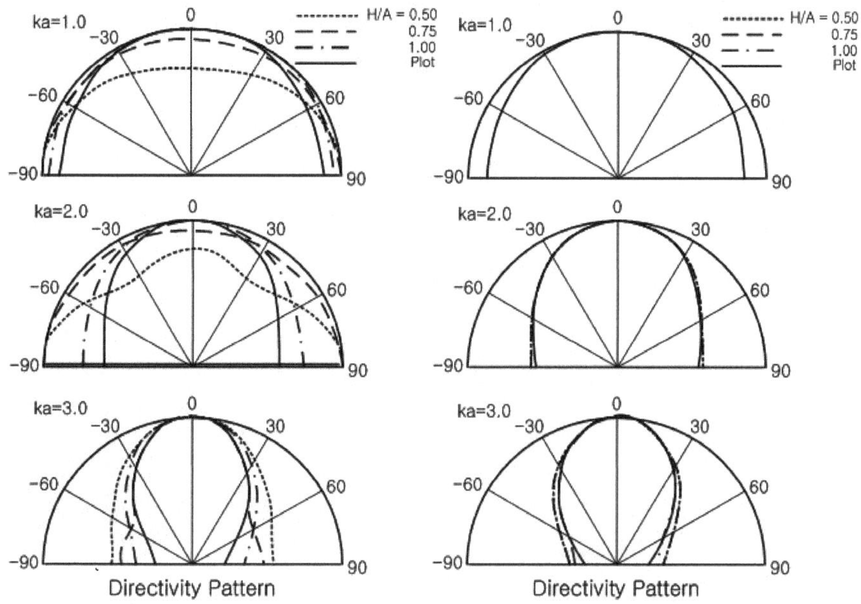

① 돔형 ② 역돔형

[그림 146] 돔의 형태에 따른 지향특성

10.3. 음압분포 및 에너지 흐름

스피커로부터 나오는 에너지의 흐름(energy flow)을 알게 되면 소리의 방사(radiation)와 회절(diffraction)현상을 좀 더 정확하게 이해할 수 있게 된다. 에너지 흐름은 아래의 소리세기(intensity, I)를 나타내는 식으로부터 구할 수 있다.

$$I = \frac{R_e[\,p(x)\,u^*(x)\,]}{2}$$

여기서, R_e, $p(x)$와 $u^*(x)$는 실수부, 음압 그리고 입자속도의 공액복소수를 각각 의미한다. 위 식으로부터 화살표의 방향으로는 에너지 흐름의 방향을 그리고 화살표의 크기로는 에너지의 크기를 [그림 147]처럼 표현하였다. 뿐만 아니라, 돔 스피커의 형태와 ka에 따른 음압분포(pressure distribution)도 함께 나타내었다($H/A=1$). 돔 형태의 특성을 먼저 살펴보면(그림147①), 주파수가 낮을수록 에너지가 스피커의 중심축 방향(0°)으로 향하기보다는 90°가 되는 옆으로 기울어진다. 이러한 결과는 스피커로부터 거리가 멀어질수록 중심축 방향의 음압이 작아지게 되는 원인이 된다. 만약 주파수가 높아지면 에너지의 흐름이 점차적으로 스피커의 중심축 방향으로 집결되는 것을 볼 수 있다. 역돔의 경우(그림147②)에는, ka가 3보다 작게 되면 에너지 흐름이 거의 스피커의 중심축에 맞춰진다. 그러나 ka가 높아져 10이 되면, 에너지가 역돔의 중심근처로 집결된 후에 다시 여러 방향으로 방사하게 된다.

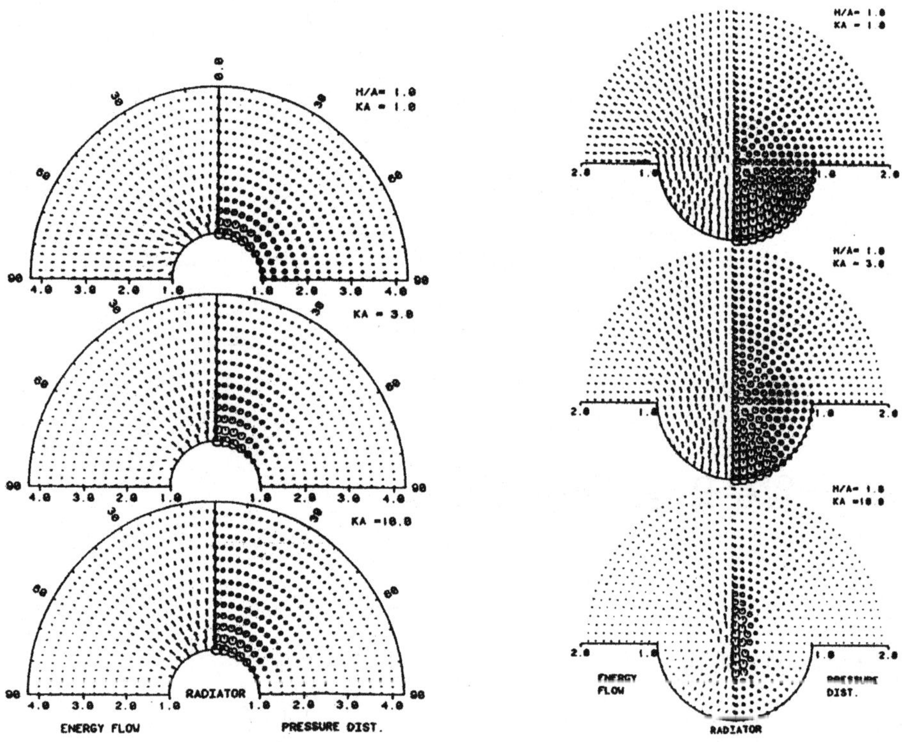

① 돔형 ② 역돔형

[그림 147] 돔의 형태에 따른 에너지 흐름 및 음압분포[16]

10.4. 링 소스(ring source)의 주파수특성

만약 돔 스피커를 편평한 무한배플(flat infinite baffle)에 부착하면, 링 소스로부터 발생되는 소리에 대해 중심축 상에서의 주파수특성은 직선(flat)이 될 것이다. 그러나 스피커시스템처럼 돔 스피커가 우퍼 또는 미드레인지와 같은 유닛들과 동일한 배플판에 부착되는 경우에, 이들의 콘 형상(또는 돔 형태)의 진동판에 의하여 돔 스피커에서 나오는 소리의 주파수특성이 변하게 된다. 이는 돔 스피커에서 발생한 소리가 콘 진동판에 의해 회절현상이 발생하기 때문이다. 이러한 회절현상은 돔 스피커의 출력에도 영향을 주게 된다. [그림 148]은 돔과 역돔 스피커의 링 소스에 대한 중심축 상에서의 주파수특성을 보여준다. 이 때 링 소스의 반경(A_1)과 돔 반경(A)의 비율(A_1/A)을 1.5로 하였다. 돔의 경우에 ka가 10이상이 되면 피크와 딥의 레벨차이가 10dB이상이 된다(그림148①). H/A가 증가할수록, 이러한 차이는 감소하게 되고 전반적으로 피크와 딥이 처음으로 나타나는 위치가 고음쪽으로 이동하게 된다. 역돔 형태에 대한 특성은 [그림 148②]에서 볼 수 있다. 피크와 딥이 처음으로 나타나는 ka값이 돔 형태에 비하여 매우 낮게 된다. 그리고 두 번째 이상의 피크와 딥 사이의 레벨차이가 돔 형태에 비하여 감소한다. H/A가 커질수록, 피크와 딥이 처음으로 나타나는 위치가 저음쪽으로 이동하는 것을 알 수 있다.

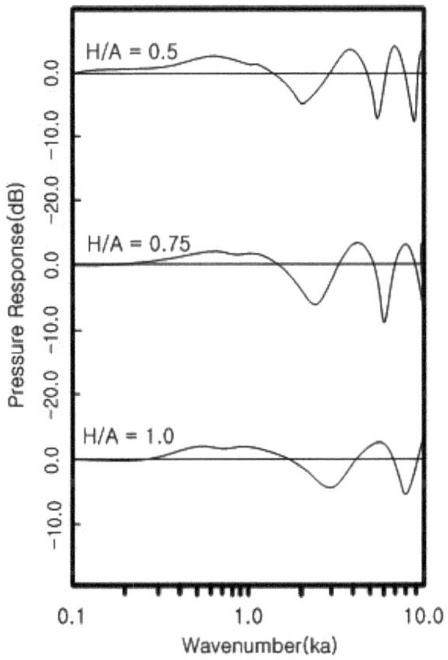

① 돔형

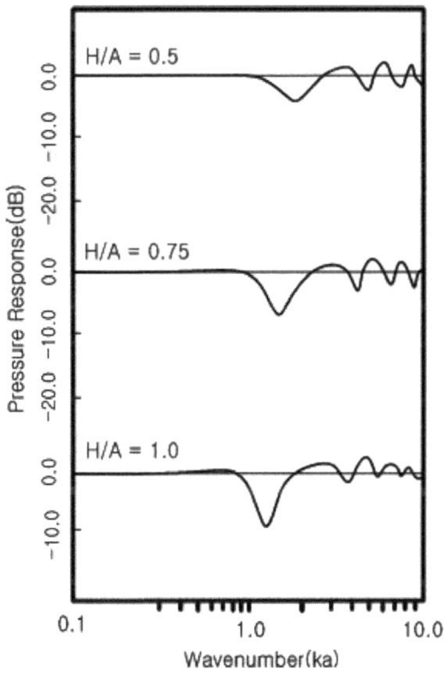

② 역돔형

[그림 148] 링 소스에 의한 주파수특성, A_1=1.5A)

10.5. 링 소스(ring source)의 에너지 흐름

[그림 149]는 링 소스에 의해 발생된 소리의 음압분포와 에너지 흐름을 보여준다. 돔의 형태(그림149①)를 먼저 살펴보면, 주파수가 높아질수록 회절현상이 두드러지는 것을 볼 수 있다. 그러나 역돔의 경우에는 이러한 특성이 잘 나타나지 않게 된다(그림 149②). 주파수가 낮을 경우에는 에너지가 공동(cavity)안으로도 이동하지만, 주파수가 높아지면 점차적으로 그 양이 작아진다. 특히 ka =10일 경우에는, 에너지가 역돔의 공동 안으로 들어가지 않게 된다. 이처럼 공동 안으로의 에너지의 흐름은 공동이 공동안의 소리를 다소간 회절시킬 수 있음을 보여주는 것이다. 특히 ka=4.6에서 공동 안에서 에너지의 순환(circulation)현상은 공동 안에서 정재파(standing wave)가 만들어질 수 있음을 말해주는 것이다.

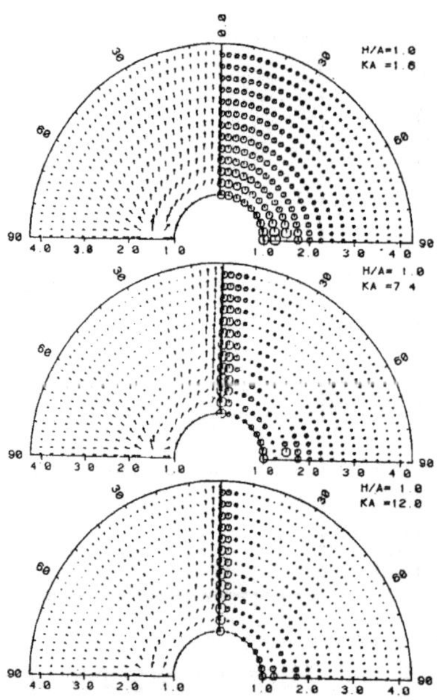

① 돔형

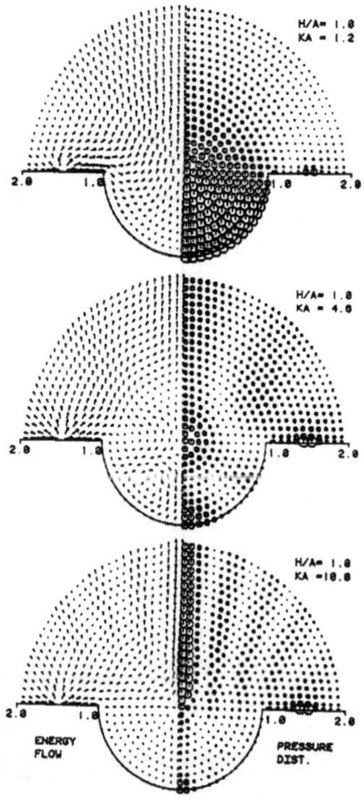

② 역돔형

[그림 149] 링 소스에 의한 에너지 흐름 및 음압분포, A_1=1.5A[16]

제 11 장. 혼 스피커

11.1. 혼 스피커의 구조

일반적으로 스피커의 효율은 3~5% 정도로써 낮은 편이다. 따라서 낮은 출력을 보강하기 위하여 여러 개의 스피커를 한꺼번에 사용하지만, 각각의 스피커에서 나온 소리들이 서로 간섭을 일으켜 음질특성이 좋지 않은 경우가 있다. 다른 방법으로써 스피커의 진동판에 혼을 부착하는데, 이는 진동판이 진동을 할 때에 진동판으로부터 직접적으로 영향을 받는 공기의 질량(m_{air})이 진동판 자체의 질량(m_d)에 비하여 상대적으로 매우 작기 때문이다. 만약 스피커의 전방에 혼을 장착할 경우에, 공기의 질량(m_{air})은 진동판의 표면에 존재하고 있는 공기의 질량이 아닌 혼의 마우스에 존재하는 공기의 질량으로 대치되어 그 양이 증가하게 된다. 따라서 실질적인 공기의 유효질량(effective m_{air})이 증가하여 진동판 자체의 질량에 대한 차이를 줄이게 된다. 그 결과로써, 스피커에서 나오는 출력을 10~50% 정도까지 증가시켜 주며, 소리를 특정한 방향으로 집중시켜 주는 효과(beaming effect)를 동시에 가지게 된다. 이 때 기술적으로 세심하게 설계된 혼을 통해 만들어진 소리는 구면파로 간주할 수 있으며, 돔 스피커에서 만들어진 것보다 지향특성이 더 우수하다고 할 수 있다.

혼 스피커는 [그림 150]처럼 스피커에 혼을 부착한 것으로 보면 된다. 다시 말하면, 소리를 재생하는 기본적 원리는 다이나믹 스피커와 유사하고, 단지 진동판 앞에 혼을 장착하여 진동판의 기계적 임피던스와 공기의 방사 임피던스를 정합(matching)하는 것이 혼 스피커의 특징이다. 만약 혼 스피커의 진동판에 혼이 부착되지 않으면, 이들 임피던스 사이에 정합이 이루어지지 않아서 진동판의 진동에너지가 공기 중으로 방사되는 효율이 감소하게 된다. 그러나 스피커에 혼을 부착하는 경우에 여러 가지 단점이 추가적으로 나타날 수 있다. 우선 혼의 마우스 둘레가 파장에 비하여 커야 하기 때문에, 일반적으로 혼은 미드레인지나 트위터에 사용된다. 그리고 마우스에서의 임피던스를 정확하게 정합시키기가 어려우며, 혼 내부에서 발생하는 정재파(standing wave)로 인해 주파수 특성이 편평하지 않을 수도 있다. 실질적으로, 가장 큰 약점은 진동판에서의 음압이 마우스에서의 음압보다 매우 높아서 왜곡이 자주 일어난다는 것이다. 다시 말하면, 음압이 높아짐(높은 공기밀도)에 의하여 주변온도가 상승하게 된다. 이러한 주변온도의 상승은 음속을 증가시켜서, 소리를 정현파에서 충격파의 형태로 바꾸게 되기 때문이다. 따라서 고품질의 스피커에는 혼을 많이 사용하지 않는다.

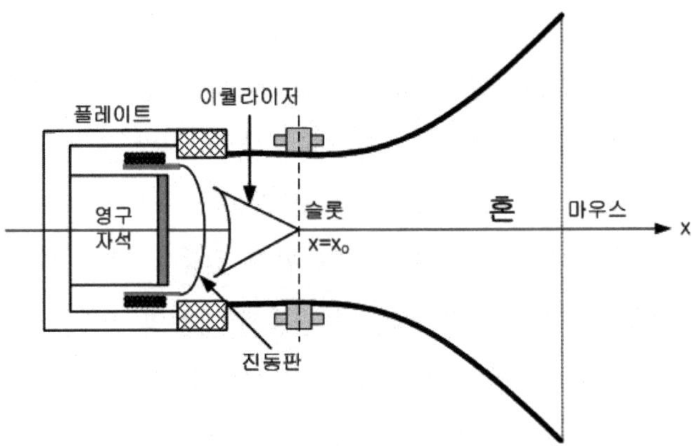

[그림 150] 혼 스피커의 구조

혼 스피커에서 진동판이 가지는 기계적 임피던스를 정합하기 위하여, 혼의 슬롯(목부근) 면적을 진동판의 면적보다 작게 하여 음향 임피던스를 높여준다. 그리고 혼의 면적을 서서히 증가시켜 가면서, 마우스에서의 임피던스를 공기의 방사 임피던스로 정합하게 된다.

혼 스피커의 진동판 앞에 위치한 이퀄라이저는 진동판의 중심부와 가장자리에서 나온 소리들의 전파거리를 동일하게 만들어 소멸간섭이 일어나는 것을 방지하는 장치이다. 진동판에서 나온 소리가 혼의 슬롯에 도달하기 이전에 중심부에서 나온 소리의 전파거리는 가장자리에서 나온 소리에 비하여 짧게 된다. 이런 경우에, 이 소리들 사이에는 소멸간섭이 발생하여 음향에너지가 감소하게 된다. 따라서 진동판의 전방에 이퀄라이저를 설치하게 되면, 중심부 소리의 전파거리를 증가시켜 가장자리 소리의 전파거리와 동일하게 만들어 소멸간섭을 방지할 수 있게 된다.

혼의 재료를 살펴보면, 초창기 시절에 극장에서 사용되던 혼은 목재 상자에 합판으로 곡률을 만들어 사용하였다. 방송용 혼의 경우에는 여러 가지 기후변화에 적응할 수 있도록 유리섬유(glass fiber) 또는 금속판을 다이-캐스팅하여 사용하였다. 그리고 수십 킬로미터까지 들을 수 있도록 설계하는 포그 혼(fog horn)은 콘크리트로 거대하게 만들어졌다.

11.2. 혼 스피커의 지향특성

혼 스피커에서 혼의 역할은 방사효율을 높여 줄 뿐만 아니라, 지향특성도 변화시키는 효과가 있다. 일반적으로 라우드스피커의 경우에 주파수가 높아질수록 지향각이 좁아지는 특성을 가진다. 이러한 특성은 어느 특정한 위치 또는 공간에서의 음질을 변화시킬 뿐만 아니라, 음향특성이 열화되는 원인이 되기도 한다. 따라서 주파수에 따른 지향특성의 변화를 억제하기 위하여 라우드스피커에 혼을 부착한다. 혼의 형상을 나타내는 플레어 상수를 통해 지향특성이 균일한 주파수의 범위를 조정하게 된다.

[그림 151]에서 보여주는 것처럼, 원뿔 혼의 지향특성을 크게 세 영역으로 나눌 수 있다. 우선 저음영역에서의 커버리지 각도(coverage angle)는 마우스와 동일한 크기를 갖는 피스톤에서와 같이 주파수가 높아질수록 감소하게 된다. 어떤 특정한 주파수보다 높아지게 되면, 커버리지 각도는 혼의 각도와 동일해지면서 주파수에 관계없이 일정하게 된다. 주파수가 좀 더 높아지면, 저음에서와 같이 슬롯의 크기에 의해 주파수가 높아질수록 커버리지 각도가 감소하게 된다. 따라서 원뿔 혼에서의 커버리지 각도가 일정하게 되는 주파수 범위는 마우스와 슬롯들의 크기에 의하여 결정된다. 이처럼 특정한 주파수 범위에서 일정하게 유지되는 혼의 커버리지 각도는 혼의 각도에 의해서 결정된다. 다시 말하면, 혼의 각도보다 넓은 지향특성을 갖는 저음의 경우에는 혼에 의하여 커버리지 각도가 좁아지게 된다. 마우스(음원처럼 취급)의 크기가 파장에 비해 작아질 때까지 커버리지 각도가 유지되다가, 주파수가 더욱 낮아지게 되면 커버리지 각

도가 무지향적으로 변하면서 더욱 넓어지게 될 것이다. 반면에, 주파수가 매우 높아지면 소리가 슬롯으로부터 빔의 형태로 마치 혼이 존재하지 않는 것처럼 방사된다.

실제로 혼의 마우스는 피스톤처럼 진동하지 않기 때문에 [그림 151]에서의 마우스 제어영역과 혼 제어영역 사이의 천이주파수(transition frequency)에서 좁은 지향특성을 가지게 된다. 이에 관련한 한 가지 예를 [그림 151]의 점선으로 나타내었다. 수직과 수평면들에 대한 각각의 커버리지 각도는 혼의 수직면 또는 수평면들 사이에서의 각도에 의해 결정된다.

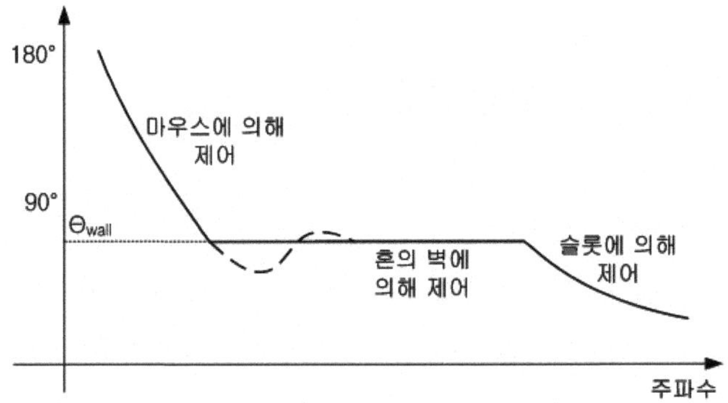

[그림 151] 혼 스피커의 지향특성

11.3. 혼의 종류에 따른 특성

[그림 150]에서 보여주는 것처럼, 혼이라 함은 슬롯에서 마우스까지 단면적이 특정한 비율로 증가하는 일종의 도파관(waveguide)을 의미하는 것이다. 음파가 슬롯에서 마우스로 전파되는 방식은 혼의 내부에서 음압이 확장(stretching pressure)되는 혼의 기하학적 특성에 깊이 의존한다. 이러한 혼의 기하학적 변화가 재생주파수의 파장에 비하여 작으면 재생음의 특성에 큰 영향을 미치지 않게 된다. 여기서 기하학적 특성에 해당하는 플레어 상수(flare constant, τ)는 아래와 같이 정의되는데, 여기서 $S(x)$는 슬롯으로부터 특정한 위치(x)에서의 단면적을 말한다.

$$\tau(x) = \frac{1}{S(x)} \cdot \frac{dS(x)}{dx}$$

라우드스피커에 부착된 혼의 단면적을 연속적으로 변화시키기 위하여 여러 가지 형태의 수학적 함수가 사용된다. 각 수학적 함수에 따른 혼의 형태를 [그림 152]에서 보여주고 있으며, 이들을 서로 혼합하여 사용하는 경우도 있다. 다시 말하면, 슬롯에서와 마우스 부근에서의 형상이 서로 다른 경우가 있다. 이들 각각의 형태에 따른 음향특성을 [그림 153]에서 보여준다.

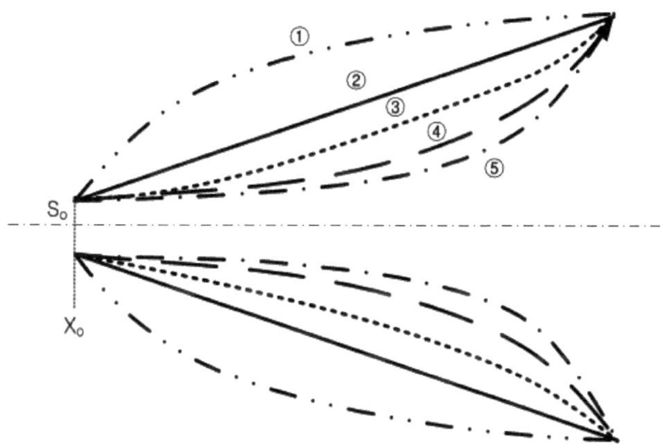

① 파라볼릭형 ② 코니컬형 ③ 익스포펜셜형 ④ 하이퍼블릭형 ⑤ 카테노이달형

[그림 152] 혼의 형태에 따른 혼의 형상

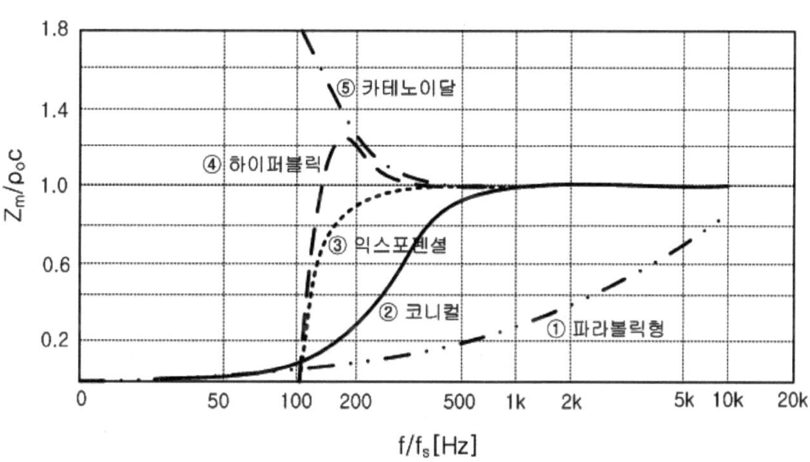

[그림 153] 혼의 형태에 따른 음향특성

혼의 형태에 활용되는 수학적 함수들을 살펴보면 다음과 같다.

1) 파라볼릭 혼(parabolic horn)

$$S_x = S_t \cdot \frac{x}{x_o}$$

여기서, S_x, S_t, x와 x_o는 슬롯으로부터의 특정한 위치에서 스피커 중심축에 수직한 면적, 슬롯의 면적, 슬롯으로부터의 거리 그리고 슬롯의 위치를 의미한다.

2) 원뿔 혼(conical horn)

가장 간단한 기하학적 형상을 가지는 형태로써, 슬롯과 마우스가 직선으로 연결된 단순한 원뿔(cone)형을 말한다. 혼 내부에서의 음파는 구면파처럼 생각할 수 있는 가운데, 플레어 상수가 혼의 위치에 따라서 달라진다.

$$S_x = S_t \cdot \left(\frac{x}{x_o}\right)^2$$

$$\tau(x) = \frac{2}{cx} \tag{11.2-1}$$

구면파 영역에서의 플레어 상수는 슬롯에 가까울수록 높아지는 반면에 마우스 부근에서는 낮아지게 된다. 그리고 음향 임피던스에서 저항과 리액턴스 성분들이 동일한 크기가 되는 거리(r)의 조건은 $2\pi fx = 1$이다. 이런 경우의 플레어 상수를 식(11.2-1)에 의하여 구하면 다음과 같다.

$$\tau(x) = \frac{2k}{c} = \frac{4\pi f}{c} \tag{11.2-2}$$

따라서 혼 내부($2\pi fx < 1$)에서의 음향 임피던스는 리액턴스에 의해 주도되며, 음의 전파는 근거리 영역(near field)으로 취급할 수 있다. 그러나 혼 외부($2\pi fx > 1$)에서의 음향 임피던스는 저항성분에 의해 주도되는 가운데, 소리의 전파를 원거리(far field) 영역으로 간주한다.

3) 지수 혼(exponential horn)

지수함수적으로 혼의 형상이 변하는 지수 혼의 형태는 다음과 같이 쓸 수 있다.

$$S_x = S_t \cdot e^{\tau x} \tag{11.2-3}$$

식(11.2-2)로부터 음향 임피던스의 저항과 리액턴스 성분이 같아지는 주파수($f = \tau c/4\pi$)보다도 낮은 저음들은 혼의 내부에서 리액턴스 성분이 주도적이 된다. 만약 혼의 길이가 충분히 길게 되면, 음향 임피던스의 거의 대부분에 해당하는 리액턴스가 혼 내부의 전체에 존재하여 소리의 전파가 원할하지 못하게 된다. 그러나 음향 임피던스의 저항과 리액턴스 성분이 같아지는 주파수($f = \tau c/4\pi$)보다도 높은 고음의 경우에는 음향 임피던스가 저항성분에 의해 주도되며, 소리의 전파가 원활하게 된다. 따라서 $f = \tau c/4\pi$인 주파수를 지수 혼의 차단주파수(f_{ec}, cutoff frequency)로 부르며, 혼 내부에서 소리가 원활하게 전파되기 시작하는 경계주파수를 의미한다. 이처럼 혼의 차단주파수에서 혼 내부의 주된 음향 임피던스 성분이 리액턴스에서 저항으로 바뀌는 현상이 매우 명확하게 실제로 발생한다.

만약 마우스에서 반파되는 음파가 없도록 지수 혼의 길이가 무한대라고 가정하였을 경우에 대한 주파수에 따른 리액턴스와 저항성분의 특성을 [그림 154]에서 보여준다. 차단주파수 이하에서는 저항성분이 없고 리액턴스 성분만이 존재한다. 여기서 음향파워는 리액턴스가 아닌 저항 성분에 의해서 발생되기 때문에 리액턴스 성분만이 존재하는 차단주파수 이하의 소리는 전파되지 않는다. 그러나 차단주파수 이상에서는 음향 임피던스의 실수부에 해당하는 저항성분이 공기의 특성 임피던스 값과 비슷하여 혼의 슬롯부근에서의 방사효율이 100%인 음향파워가 발생하게 된다.

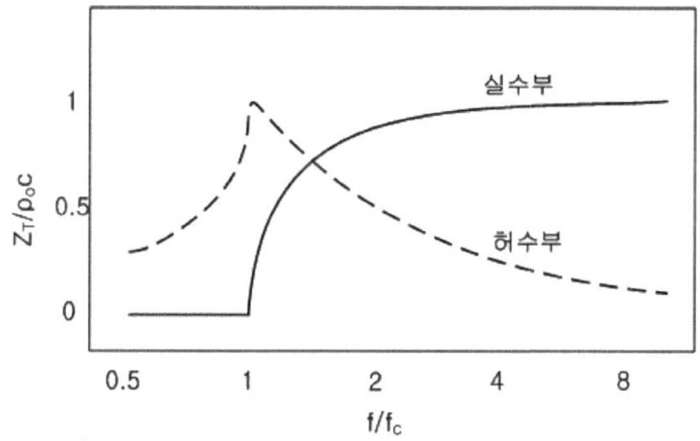

[그림 154] 무한 크기의 지수 혼에서 리액턴스와 저항특성

실제로 유한한 길이를 갖는 지수 혼의 경우에 파장이 마우스의 길이에 비하여 작은 음파의 음향 임피던스는 마우스를 경계로 하여 혼의 내부와 외부 사이에 크게 변한다. 따라서 슬롯으로부터 전파되던 음파의 일부는 마우스에서 반사되어 혼의 내부로 되돌아오게 된다. 이러한 반사파는 슬롯으로부터 전파되는 음파와 합쳐져서 정재파(standing wave)를 만들며, 음향 임피던스에 콤 필터링(comb filtering)의 원인이 되기도 한다.

[그림 155]에서는 유한한 길이를 갖는 지수 혼과 원뿔 혼 그리고 무한배플에 장착된 슬롯 크기의 피스톤에 대한 방사효율특성을 보여준다. 이 때 x축은 지수 혼의 차단주파수에 의하여 정규화되어 있다. 혼 내부에서 정재파의 발생으로 인한 콤 필터링은 피스톤보다는 원뿔 혼이 그리고 원뿔 혼보다는 지수 혼의 방사효율을 높이는 것으로 보인다. 다시 말하면, 피스톤에서는 콤 필터링이 존재하지 않는 반면에, 원뿔 혼과 지수 혼의 순서로 콤 필터링이 더 많이 생기는 것을 볼 수 있다.

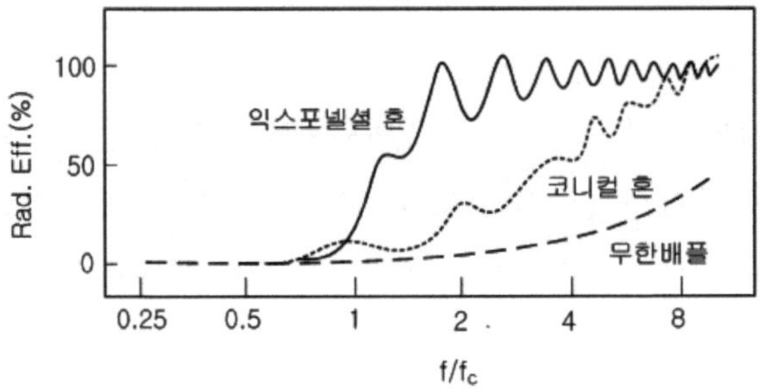

[그림 155] 혼의 형태에 따른 방사효율특성

지수 혼의 도파관(horn)은 차단주파수 이상의 소리에서 작은 크기의 슬롯으로 마우스와 같은 크기의 라우드스피커에서 방사하는 효율을 얻을 수 있도록 하는 일종의 트랜스포머(transformer)라고 할 수 있다. 여기서 슬롯에 장착된 음원의 출력파워는 슬롯에서의 체적속도와 방사효율의 곱으로 주어진다. 따라서 지수 혼의 슬롯에 장착된 작은 라우드스피커의 진동판은 높은 효율을 가진 저음을 재생할 수 있게 된다. 그러나 혼의 차단주파수 이하에서는 혼의 형상(flare)이 음향특성에 주는 영향이 전반적으로 줄어드는 가운데, 방사효율에 대해서도 무한배플에 장착된 진동판과 큰 차이가 없게 된다. 따라서 좀 더 강한 저음을 얻기 위해서는 차단주파수를 낮추어야 할 것이다. 이 때의 차단주파수는 슬롯과 마우스의 크기 그리고 플레어 상수에 비례하게 된다. 식

(11.2-3)은 아래와 같이 다시 쓸 수 있으며, 다음과 같이 플레어 상수를 얻을 수 있다.

$$S_m = S_0 \cdot e^{\tau y}$$

$$\tau = \frac{1}{y} \cdot \ln\left[\frac{S_m}{S_t}\right]$$

여기서 y는 혼의 길이를 말한다. 만약 차단주파수와 슬롯의 크기(S_t)가 주어졌을 경우에 대한 혼의 길이는 마우스의 크기(S_m)에 의하여 결정된다. 만약 주파수가 낮은 저음을 재생하기 위해서는 마우스의 원주율이 재생하고자 하는 소리의 파장보다도 커야만 한다. 저음의 충분한 방사를 위해서도 마우스의 크기가 커야 할 것이다. 따라서 낮은 차단주파수를 얻기 위해서는 혼의 길이가 길고, 마우스가 크며, 낮은 플레어 상수가 유리할 것이다. 예를 들면, 200mm 이하의 직경을 갖는 진동판을 가진 라우드스피커를 이용하여 50Hz 이하의 소리를 재생하기 위해서는 2m 이상의 마우스와 3m 이상의 길이가 필요하게 된다. 혼의 마우스에서 음파의 반사로 인한 정재파의 발생에 따른 편평하지 못한 주파수 특성은 마우스의 크기에 관계되는 가운데, 차단주파수는 플레어 상수로 조정할 수 있다.

혼에서 100%의 방사효율은 10~50%의 전기음향적 효율을 얻는데 대체적으로 불충분하다. 입력과 출력파워의 비율을 가르치는 실제적인 효율과는 다르게, 혼의 방사효율은 100%를 넘을 수도 있다. 여기서 혼의 방사효율은 공기의 특성 임피던스($\rho_o c$)로 방사된 음향파워를 의미한다. 따라서 공기의 특성 임피던스보다도 더 큰 방사저항을 가진 음원을 사용하게 되면 100% 이상의 방사효율을 갖게 되는 것이다. 예를 들어, 압축(compression) 방식을 사용하게 되면 혼 드라이버의 효율이 증가하게 된다. 압축 방식이라 함은 [그림 156]에서 보여주는 것처럼 진동판보다 작은 크기를 갖는 슬롯을 사용하는 혼을 말한다. 슬롯과 진동판 사이의 공간이 파장에 비하여 작을 경우에 대한 진동판에서의 음향 임피던스는 진동판과 슬롯 사이의 면적 비율(= 압축 비율)과 슬롯에서의 음향 임피던스을 곱한 것과 비슷하다.

$$Z_d = Z_t \cdot \frac{S_d}{S_t}$$

여기서 Z_d, Z_t, S_d와 S_t는 진동판과 슬롯에서의 음향 임피던스와 진동판과 슬롯의 면적을 의미한다. 만약 압축비율이 4 : 1인 경우에 진동판에서의 방사효율은 400%가 된다. 적당한 전기음향적 효율을 얻기 위해서는 음향 임피던스와 질량, 댐핑과 컴플라이언스 등에 의한 기계 임피던스를 잘 정합하여야 한다. 만약 압축비율이 지나치게 높아지면, 진동판의 속도가 부가적인 음향부하에 의해 감소되고 효율면에서의 이득도 줄어들게 된다. 그러나 작은 마우스를 사용했을 때에 나타나는 편평한 주파수특성을 얻을 수도 있다. 따라서 특별한 경우에는 10 : 1 이상의 압축비율을 사용하기도 한다.

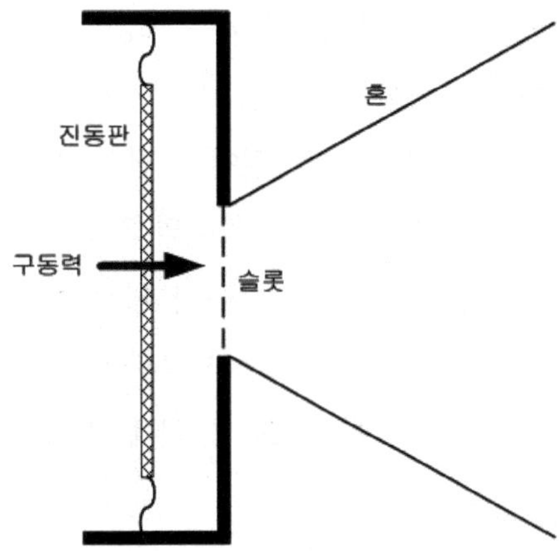

[그림 156] 압축 혼의 기본적인 형상

4) 하이퍼블릭 혼(hyperbolic horn)

$$S_x = S_t \cdot [\cos h(\frac{\tau x}{2}) + A_2 \sin h(\frac{\tau x}{2})]$$

여기서, A_2는 상수로써 0에서 1사이의 값을 갖게 된다. 만약 A_2=1이면, 지수 혼의 형태가 된다. 그리고 A_2=0인 경우를 카테노이덜 혼이라 한다.

$$S_x = S_t \cdot \cos h(\frac{\tau x}{2})$$

11.4. 혼의 설계

1) 지수 혼

스피커의 진동판 앞에 부착하는 혼을 디자인하기 위해서는 혼의 슬롯 면적(throat area, S_t)과 차단주파수를 먼저 결정하여야 한다. 여기서 혼의 슬롯 면적(S_t)을 다음과 같이 결정할 수 있으며, 스피커가 아닌 압축형 드라이버를 사용할 경우에는 혼의 슬롯 면적이 드라이버의 슬롯지름(면적)에 의해 결정된다.

$$S_t = 0.8 \cdot f_s \cdot Q_{ES} \cdot V_{AS} \qquad (11.3-1)$$

여기서, f_s : 공명진동수(Resonance Frequency)

Q_{ES} : 전기적 댐핑인자(Electrical Damping Factor)

V_{AS} : 등가체적(Equivalent Volume)

만약 f_s=111Hz, Q_{ES}= 0.58, V_{AS}= 0.23ft^{3}인 스피커를 사용한다고 가정하였을 경우의 슬롯 면적(S_t)을 식(11.3-2)에 의하여 구하면

$$S_t = 0.8 \cdot 111 \cdot 0.58 \cdot 0.23$$
$$= 11.85\text{in}^2$$

지금부터는 공명진동수(f_s)가 150Hz이고 슬롯 면적(S_t)이 1.43in^2(지름(D_t)=1.35인치)인 압축형 혼 드라이버를 사용할 경우에 대한 지수 혼을 디자인하여 보자.

① 차단주파수(f_{horn})의 선정

혼의 플레어 비율에 관련된 차단주파수(f_{horn})는 혼의 최저주파수를 의미하며, 혼의 설계자가 임의로 선정할 수 있다. 이번 예에서는 차단주파수가 200Hz인 혼을 설계하도록 하자.

② 슬롯 면적(S_t)의 결정

사용하고자 하는 혼 드라이버의 슬롯 지름(D_t)이 1.35인치일 때의 슬롯면적은

$$S_t = \pi \cdot (\frac{D_t}{2})^2 \qquad (11.3\text{-}2)$$

$$= \pi \cdot (\frac{1.35}{2})^2$$

$$= 1.43\text{in}^2$$

③ 플레어 상수(Flare Constant, τ) 값의 결정

플레어 상수(τ) 값은 아래와 같이 계산된다.

$$\tau = \frac{4\pi f_{horn}}{c} \qquad (11.3\text{-}3)$$

$$= \frac{4\pi f_{horn}}{13,548} \qquad (13,548 : \text{인치 단위의 음속}(c = 344.11\text{m/s}))$$

$$= \frac{4\pi \cdot 200}{13,548}$$

$$= 0.185509$$

④ 마우스에서 혼 구경(D)의 결정

혼의 구경(D)은 차단주파수의 파장에 4분에 1에 해당한다.

$$D = \frac{c}{4f_{horn}} \qquad (11.3\text{-}4)$$

$$= \frac{13,548}{4f_{horn}}$$

$$= 16.935\text{in}$$

⑤ 혼의 최소면적($S_{\min}$)의 결정

혼의 최소면적($S_{\min}$)은 식(11.3-4)을 이용하여 구할 수 있다.

▷ 원형일 경우

$$S_{\min} = \pi \cdot (\frac{D}{2})^2 \qquad (11.3\text{-}5)$$

$$= 225.25\text{in}^2$$

▷ 정사각형일 경우

$$S_{\min} = D \cdot D$$
$$= 286.79\text{in}^2$$

⑥ 혼의 길이에 따른 혼의 면적(S_x)의 결정(혼 드라이버로 대신에 스피커를 사용한 경우)

혼의 길이에 따른 면적(S_x)을 식(11.2-3)에 의해 다음과 같이 결정한다.

$$S_x = S_t \cdot e^{\tau x} \quad (x = \text{슬롯으로부터의 길이}) \qquad (11.3\text{-}6)$$
$$= 11.85 \cdot e^{0.185509 \cdot x}$$

식(11.3-6)에 식(11.3-1)과 식(11.3-3)에서 구해진 값들을 대입하여, 길이에 따른 혼의 면적을 구한다(표29). 여기서 혼의 길이는 1인치(=2.54cm)씩 슬롯으로부터 증가시켰다.

만약 스피커를 사용하지 않고 혼 드라이브를 사용하는 경우에는 식(11.3-6)의 S_t에 식(11.3-1)이 아닌 식(11.3-2)을 대입하면 된다.

⑦ 혼의 길이(y) 결정

혼의 길이는 식(11.3-6)에서 얻은 길이에 따른 혼 면적(S_x)이 식(11.3-5)에서 얻은 최소면적(225.25in^2)과 같거나 약간 초과한 값을 보이는 길이(x)가 바로 혼의 길이가 된다. 즉 위의 [표 29]에서 보면 혼의 길이는 27.3인치(= 69.34cm)가 될 것이다.

⑧ 혼의 반경(a_x) 결정

혼의 면적은 아래와 같이 쓸 수 있다.

$$S = \pi \cdot \left(\frac{D_t}{2}\right)^2 \qquad (11.3\text{-}7)$$

따라서, 식(11.3-7)을 이용하여 식(11.3-6)을 다시 쓰면

$$S_x = S_t \cdot e^{\tau x}$$
$$S_x = \pi \cdot a_x^2 = \pi \cdot a_t^2 \cdot e^{\tau x}$$
$$a_x^2 = a_t^2 \cdot e^{\tau x}$$
$$\therefore a_x = a_t \cdot e^{\tau x/2} \qquad (11.3\text{-}8)$$

$$= 0.675 \cdot e^{0.185509 \times x/2}$$
$$= 0.675 \cdot e^{0.0927545 \times x}$$

식(11.3-8)을 이용하여 [표 29]처럼 거리에 따른 혼의 반경을 구할 수 있으며, 이에 따른 혼의 형상을 [그림 157]에서 보여준다.

[표 29] 슬롯으로부터 거리에 따른 혼의 면적, 지름 및 반지름의 변화(단위 : 인치)

슬롯에서 거리	면적	지름	반지름	슬롯에서 거리	면적	지름	반지름
0인치	1.43	1.3	0.7	15인치	23.11	5.4	2.7
1인치	1.72	1.5	0.7	16인치	27.82	6.0	3.0
2인치	2.07	1.6	0.8	17인치	33.49	6.5	3.3
3인치	2.49	1.8	0.9	18인치	40.32	7.2	3.6
4인치	3.00	2.0	1.0	19인치	48.54	7.9	3.9
5인치	3.61	2.1	1.1	20인치	58.43	8.6	4.3
6인치	4.35	2.4	1.2	21인치	70.34	9.5	4.7
7인치	5.23	2.6	1.3	22인치	84.68	10.4	5.2
8인치	6.31	2.8	1.4	23인치	101.94	11.4	5.7
9인치	7.59	3.1	1.6	24인치	122.72	12.5	6.3
10인치	9.14	3.4	1.7	25인치	147.73	13.7	6.9
11인치	11.00	3.7	1.9	26인치	177.84	15.1	7.5
12인치	13.25	4.1	2.1	27인치	214.09	16.5	8.3
13인치	15.94	4.5	2.3	27.3인치	226.35	17.0	8.5
14인치	19.20	4.9	2.5				

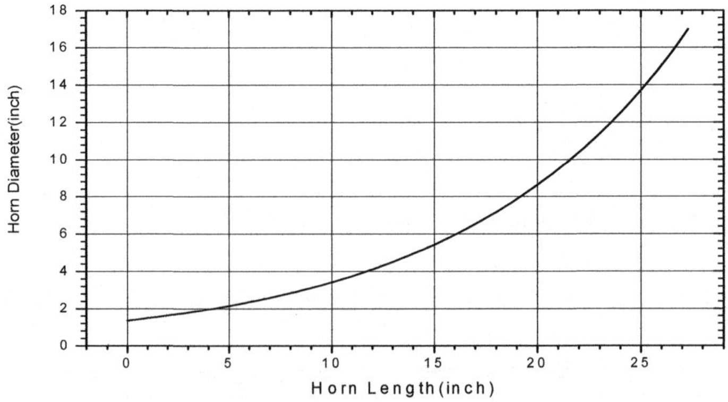

[그림 157] 슬롯으로부터 거리에 따른 혼의 지름 변화(단위 : 인치)

⑨ 거리에 따른 혼의 구경(D_x) 결정

지름은 반지름의 두 배에 해당하므로 식(11.3-6)으로부터 거리에 따른 혼의 구경(D_x)을 구할 수 있다.

$$D_x = 2 \cdot a_x$$

2) 트랙트릭스 혼

트랙트릭스 혼의 특징은 전통적인 지수함수형(exponential type)이나 콘형(cone type)의 혼들에 비하여 혼의 길이가 짧으며(동일한 차단주파수를 기준), 소리가 일정한 방향으로 집중되는 빔(beaming) 효과도 감소하게 된다. 여기서 슬롯 반지름(지름=1.35인치)이 0.675인치인 트랙트릭스 혼(Tractrix Horn)을 디자인하기 위하여, 트랙트릭스 혼의 곡선(Tractrix Horn Contour)을 살펴보자.

$$x = a_m \cdot \ln\left[\frac{a_m}{r_h} + \frac{\sqrt{a_m^2 - r_h^2}}{r_h}\right] - \sqrt{a_m^2 - r_h^2} \quad (11.3\text{-}9)$$

여기서

x = 혼 구경으로부터 거리(혼 구경 = 혼의 마우스 지름)

a_m= 혼 마우스에서 반지름

r_h= x지점에서의 혼의 반지름

그러나 식(11.3-9)을 사용하여 혼 구경으로부터 거리(x)에 따른 혼의 반지름(r_h)을 구하기는 매우 어렵다. 따라서 혼의 반지름(r_h)을 임의로 결정하고, 이에 따른 혼 구경으로부터의 거리(x)를 구하는 것이 계산적으로 쉬운 편이다.

지금부터 트랙트릭스 혼을 디자인하여 보자.

① 차단주파수(f_{horn})의 선정

지수 혼처럼, 트랙트릭스 혼의 설계자가 차단주파수를 임의로 선정한다. 이번에는 차단주파수가 200Hz인 트랙트릭스 혼을 설계하여 보자.

② 혼 구경($D = 2a_m$)의 결정

만약 차단주파수가 선정이 되면, 혼의 구경이 다음과 같이 결정된다.

$$f_{horn} = \frac{c}{2\pi \cdot r_h} \qquad (11.3\text{-}10)$$

식(11.3-10)으로부터

$$r_h = \frac{c}{2\pi \cdot f_{horn}} \qquad (11.3\text{-}11)$$
$$= \frac{13,548}{2\pi \cdot 200} \qquad (13,548 : \text{인치 단위의 음속}(c = 344.11\text{m/s}))$$
$$= 10.78\text{inch}$$

그러나 실질적인 혼의 구경은 식(11.3-11)으로부터 계산된 혼의 반지름(r_h)을 두 배한 값과 다르게 된다. 그 이유는 트랙트릭스 혼을 설계할 때 결정한 차단주파수(f_{horn} = 200Hz)가 식(11.3-11)에서 계산된 혼 반지름(r_h)의 70~80%에서 실험적으로 얻어지기 때문이다. 특히 *Lambert*는 혼 마우스의 반지름이 r_h의 80%가 되었을 때, 실질적으로 트랙트릭스 혼을 설계할 때 선정한 차단주파수와 일치한다고 주장하고 있다. 여기서 혼 반지름(r_h)의 80%는 트랙트릭스 혼의 플레어(flare)가 90°가 되기 직전을 의미한다. 따라서 식(11.3-10)과 식(11.3-11)을 다시 적으면, 식(11.3-11)으로부터

$$a_m = 0.8 \cdot r_h$$
$$= 0.8 \cdot 10.78$$
$$= 8.62\text{inch}$$

③ 트랙트릭스 혼을 설계

식(11.3-9)에 식(11.3-10)으로부터 구한 마우스의 반지름(a_m)과 임의로 선정한 혼의 반지름들을 대입하여 트랙트릭스 혼을 설계한다.

$$x = a_m \cdot \ln\left[\frac{a_m}{r_h} + \frac{\sqrt{a_m^2 - r_h^2}}{r_h}\right] - \sqrt{a_m^2 - r_h^2}$$
$$= 8.62 \cdot \ln\left[\frac{8.62}{r_h} + \frac{\sqrt{8.62^2 - r_h^2}}{r_h}\right] - \sqrt{8.62^2 - r_h^2}$$
$$(11.3\text{-}12)$$

다시 말하면, 식(11.3-12)에 임의로 선정한 혼의 반지름을 대입하여 혼의 반경에 대응하는 마우스로부터의 거리를 구한다(표30). 그리고 [표 30]에 따른 트랙트릭스 혼의 형상을 [그림 158]에서 보여준다.

[표 30] 혼 구경으로부터 거리에 따른 혼의 면적, 지름 및 반지름의 변화(단위 : 인치)

반지름	마우스에서 거리	지름	면적	반지름	마우스에서 거리	지름	면적
0.675인치	19.32	1.35	1.43	5인치	2.81	10	78.50
1인치	15.95	2	3.14	5.5인치	2.16	11	94.99
1.5인치	12.49	3	7.07	6인치	1.60	12	113.04
2인치	10.07	4	12.56	6.5인치	1.12	13	132.67
2.5인치	8.21	5	19.63	7인치	0.73	14	153.86
3인치	6.72	6	28.26	7.5인치	0.41	15	176.63
3.5인치	5.49	7	38.47	8인치	0.16	16	200.96
4인치	4.45	8	50.24	8.5인치	0.01	17	226.87
4.5인치	3.57	9	63.59	8.62인치	0	17.24	233.32

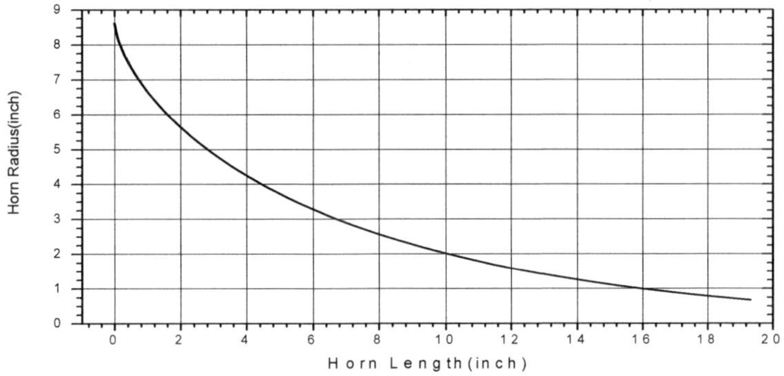

[그림 158] 슬롯으로부터 거리에 따른 혼의 지름 변화(단위 : 인치)

11.5. 레디얼과 정지향성 혼의 특징

라우드스피커의 방사효율을 높이고 특정한 주파수대역에서의 지향특성을 일정하게 유지하기 위하여 혼을 사용하게 된다. 그러나 실제적으로 방사효율과 지향특성은 서로 반대로 작용하는 것이 일반적이다. 예를 들면, [그림 151]에서 보여주는 원뿔 혼의 지향특성은 매우 우수하다. 그러나 [그림 155]에 나타나는 방사효율은 같은 크기의 지수 혼에 비하여 우수하다고 할 수 없다. 실제로 지수 혼처럼 구부러진 혼의 형상은 원뿔 혼에 비하여 지향특성에 영향을 주지 않는다. 따라서 높은 방사효율과 주파수에 관계없이 일정한 지향특성을 동시에 얻기 위하여 [그림 159]와 같은 레디얼 혼(radial horn, 또는 sectoral horn)이 제작되었다. 이러한 레디얼 혼의 경우에는 직사각형의 형태로 제작되는 것이 일반적이다. 왜냐 하면, 재생음의 수평방향에 대한 커버리지 각도를 넓히기 위해서는 원뿔의 형태로 두 개의 면을 제작하는 반면에, 방사효율을 높여주기 위하여 나머지 두 면을 지수함수적인 형상으로 설계하기 때문이다.

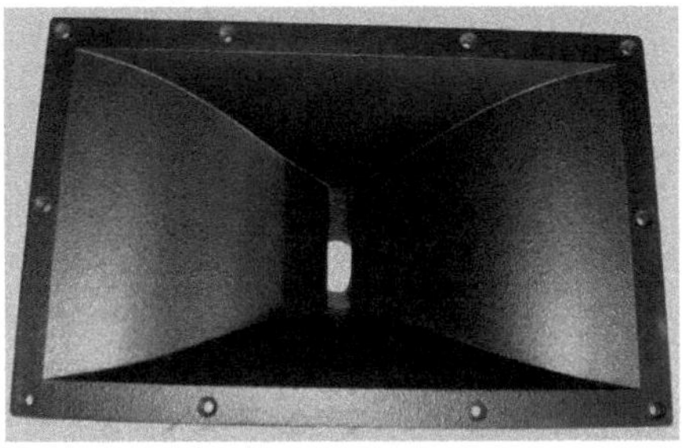

[그림 159] 레디얼 혼

[그림 159]에서 보여주는 레디얼 혼의 경우에 지수 혼의 방식으로 설계된 수직방향의 지향특성이 좋지 않을 수 있다. 이를 극복하기 위하여, 혼의 형상을 지수함수와 원뿔의 형태로 합친 정지향성(constant directivity horn) 혼이 개발되었다(그림160③). [그림 160②]에서 보여주는 것처럼, 수직면의 슬롯 부근에서는 지수함수 형태의 형상을 갖는 반면에, 마우스 방향에서는 원뿔의 형태를 취하게 된다. 이처럼 혼의 형상이 지수함수적으로부터 원뿔의 형태로 갑자기 변하게 되면 혼의 내부에 정재파가 강하게 형성되어 주파수특성을 좀 더 편평하게 할 수 있다. 그리고 수평면과 수직면 사이의

혼 길이가 서로 동일하지 않도록 각도를 다르게 제작하여야 한다(예를 들면, 90° ×40°). 이들 혼의 길이를 다르게 하기 위하여, 수평면과 수직면에서 원뿔 부분의 각도를 서로 동일하지 않게 하기도 한다. 원뿔 형상의 끝에 플렌지를 만들기 위하여 [그림 160②]처럼 또 다른 원뿔을 추가하면 고음의 지향특성에서 나타나는 로브(lobe)의 발생을 억제할 수도 있다. 요즘에는 슬롯부근에서의 지수함수적인 형태는 유지하는 가운데, 마우스 방향에서는 지수함수와 큰 차이가 없는 형상을 사용하여 정지향성 혼을 제작하기도 한다.

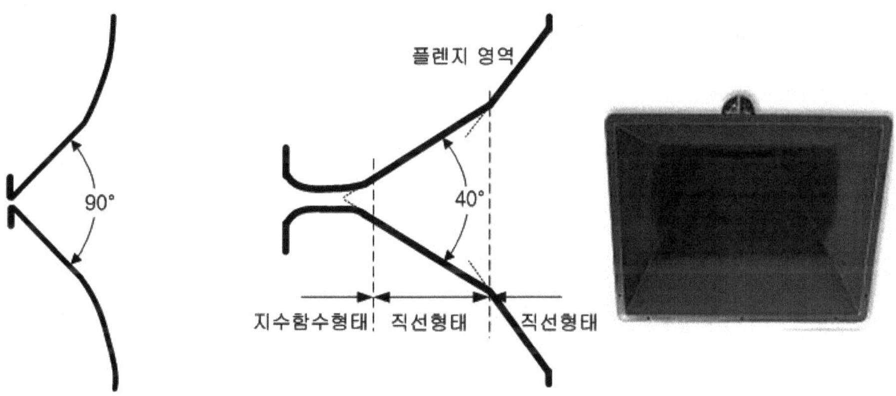

① 수평면　　② 수직면　　③ 실제 제품

[그림 160] 정지향성 혼

제 12 장.
마이크로 스피커

12.1. 마이크로 스피커의 구조

마이크로 스피커의 일반적 구조는 내자형 다이나믹 스피커와 매우 유사하다(그림 161). 진동판에서 소리를 재생시키는 원리는 다이나믹 스피커와 동일하게 플레밍의 왼손법칙에 따르고 있다. 단지 진동판의 형상은 단순히 콘이나 돔의 형태를 취하지 않고, 일반적으로 두 개의 돔을 이용하는 형태로 구성되어 있다. 그리고 진동판에는 음향특성을 조정하기 위하여 패턴을 만들어 넣고 있다. 대부분의 부품들은 다이나믹 스피커와 같지만, 에지와 댐퍼 그리고 더스트 캡들이 별도로 존재하지 않으며 후면의 기공들이 인클로저에서의 덕트 역할을 하고 있다. 그리고 마이크로 스피커에서는 물리적 접촉이나 충격으로부터 진동판을 보호하기 위하여 그릴을 사용하고 있다.

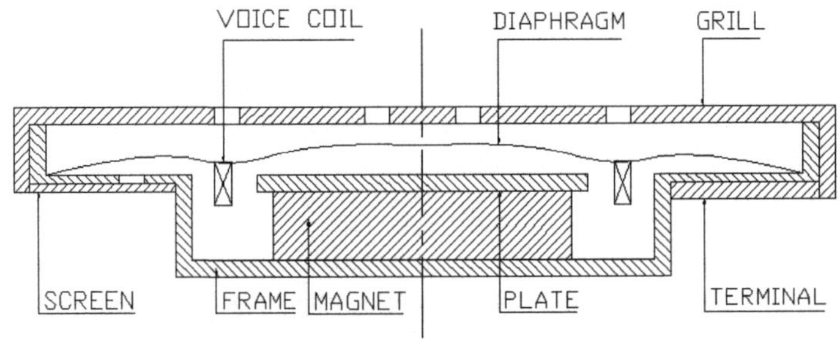

[그림 161] 마이크로 스피커의 구조도

12.2. 마이크로 스피커들의 부품특성

마이크로 스피커와 리시버에서 사용되는 부품들의 재료특성은 다이나믹 스피커와 유사하다. 영구자석과 플레이트들은 다이나믹 스피커에서 사용하는 희토류 자석들과 순철을 사용한다. 보이스 코일의 경우에도 구리, CCA 또는 알루미늄 코일들을 사용하고 있다. 그러나 다른 부품들은 다이나믹 스피커와 비교하였을 때에 종류와 재료특성 측면에서 다소 달라진다.

(1) 프레임

프레임의 경우에는 냉간 압연한 얇은 강판과 ABS 합성수지 또는 PBT 등의 사출을 사용한다. 여기서 프레임이 진동판과 함께 진동을 할 수도 있기 때문에, 프레임을 좀 더 두껍고 무겁게 설계하여 진동이 전달되는 것을 방지한다.

(2) 진동판

진동판의 경우에는 다이나믹 스피커와 완전히 달라진다. 마이크로 스피커와 리시버의 음질과 음색은 진동판의 종류 및 두께와 형상에 의하여 달라질 수 있다. 특히 진동판이 얇아질수록 최저공명진동수가 낮아지는 반면에 왜곡이 커지는 특성을 보여준다. 그들의 종류와 특성을 살펴보면, 4장에서의 [표 7]과 같다.

(3) 스크린

마이크로 스피커에서는 음질을 조정하기 위하여 후면에 여러 개의 구멍들을 가지고 있다. 만약 마이크로 스피커의 프레임의 제작이 완료되고 나면, 이 구멍들의 크기를 물리적으로 조절하는 것을 불가능하게 된다. 따라서 마이크로 스피커에서 내부의 공기 압력을 조절하기 위하여 스크린이라고도 불리는 부직포를 사용하여 공기의 유출입 양을 조정하게 된다.

(4) 그릴

스크린과 더불어 마이크로 스피커에만 존재하는 부품으로써, 스테인레스 또는 폴리에스텔계처럼 비철금속으로 제작된다. 마이크로 스피커에서 사용하고 있는 진동판의 두께는 불과 수십 마이크로미터 정도로써 너무 얇기 때문에 어떤 접촉이나 충격으로부터 쉽게 손상될 수 있다. 따라서 이러한 접촉이나 충격으로부터 진동판을 보호하기 위하여 그릴을 사용하기도 한다.

(5) 플레이트(요크)

마이크로 스피커에서도 내자형의 자기회로를 형성시키기 위하여 플레이트를 사용하고 있다. 그러나 일반 스피커와는 달리 이들 플레이트들을 처음부터 프레임에 삽입하여 인설트(insert) 형태로 제작하고 있다.

(6) 영구자석과 보이스 코일

일반적으로 영구자석은 희토류 자석을 사용하는데, 출력을 높이기 위하여 두 개의 자석을 사용하기도 한다. 그리고 보이스 코일의 경우에는 질량을 줄이고 내구성을 높이기 위하여, 4장에서 설명한 High Tension 또는 Super High Tension CCA를 많이 사용하고 있다. 그러나 일반 스피커처럼 보이스 코일을 진동판에 우선적으로 접착시킨 후에 금사선을 통해 터미널로 연결하는 방식이 아니고, 보이스 코일을 터미널에 직접 연결하게 된다. 왜냐 하면, 진동판의 두께가 너무 얇기 때문에 진동판에서 납땜을 할 수 없기 때문이다. 따라서 이런 경우에는 진동판의 운동에 의하여 보이스 코일이 동시에 진동을 하기 때문에 보이스 코일이 단선되는 내구성 문제를 쉽게 발생시킬 수 있게 된다(특히 터미널에서 납땜되는 부근). 뿐만 아니라, 보이스 코일이 진동판에 직집직으로 접촉되어 이상음을 발생시키기도 한다. 따라서 이러한 문제점들을 보완하기 위하여 보이스 코일의 여러 가지 선처리 방식이 개발되고 있다.

(7) 댐퍼, 에지, 더스트 캡과 보빈

일반 스피커에서 사용하고 있는 댐퍼, 에지, 더스트 캡과 보빈들은 마이크로 스피커에서 별도의 부품으로 사용하고 있지 않는다. 보빈의 경우에는 진동계의 질량을 줄이고, 진동판의 진폭을 증가시켜 출력을 보강하기 위함이다. 에지와 더스트 캡도 별도의 부품은 아니지만, 진동판의 가장자리는 에지로 그리고 중앙에 위치한 돔이 더스트 캡의 역할을 하는 것으로 판단해야 할 것이다. 다시 말하면, 에지의 경우에는 자유에지가 아닌 고정에지의 형태로 보아야 할 것이다.

(8) DP 링

이어폰에서만 사용하고 있는 DP 링은 일반적으로 구리로 제작된다. 이어폰용 진동판의 경우에는 두께를 불과 10㎛이하로 사용하고 있어서 프레임에 진동판을 접착하는 작업을 할 때에 불편하여 생산성의 저하나 불량률이 높아질 수 있다. 따라서 진동판을 DP 링에 먼저 접착한 후에 프레임에 안치시키는 방법이 제작에 있어서 수월할 것으로 판단된다.

12.3. 폴리머 진동판의 재질에 따른 음향특성

일반적으로 마이크로 스피커의 특성을 규정하는 공명진동수, 출력과 전체 조화왜는 여러 가지 요소들에 의해 변화될 수 있다. 이러한 요소들 중에서 하나로써, 진동판에 대한 재질, 두께, 형상과 패턴등에 의해 마이크로 스피커의 음향특성이 달라질 수 있다. 따라서 마이크로 스피커의 다른 조건들은 그대로 유지하면서 진동판의 재질만을 바뀌었을 때에 대한 공명진동수의 변화를 [그림 162]에 나타내었다.

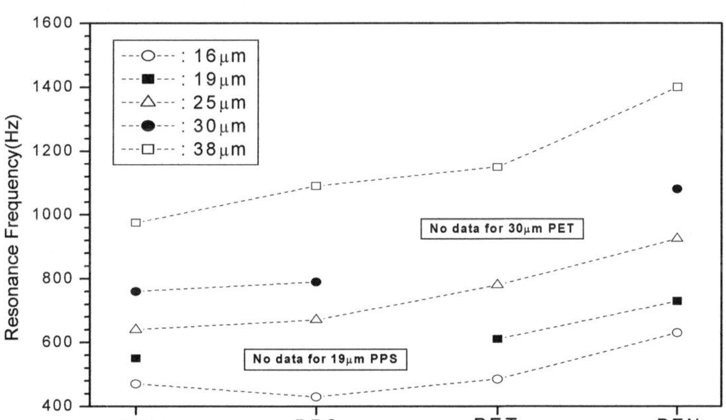

[그림 162] 재료에 따른 공명진동수의 거동

일반적으로 스피커의 공명진동수를 진동판의 재료에 대한 특성변수들로 아래와 같이 표현할 수 있다.

$$f_s = \frac{1}{2\pi} \times \frac{t_d}{2a^2} \times \mu_n \left[\frac{E}{3\rho(1-\sigma_p^2)} \right]^{1/2} \qquad (12.4\text{-}1)$$

여기서, t_d, a, μ_n, E, ρ와 σ_p는 진동판의 두께, 진동판의 반경, 주파수식의 루트(roots of frequency equation), 영률(N/m^2), 밀도(kg/m^3)와 포아송 비율을 의미한다. 만약 각 재료들에 대한 진동판의 두께와 반경 그리고 포아송 비율을 일정하게 하면, 스피커의 공명진동수가 영률과 밀도에만 의존하게 되는 것을 식(12.4-1)로부터 알 수 있다. 따라서 영률과 밀도를 제외한 다른 변수들을 일정하게 고정시켰을 경우에 대한 공명진동수를 다음과 같이 다시 쓸 수 있다.

$$f_s \propto \left(\frac{E}{\rho}\right)^{1/2} \qquad (12.4\text{-}2)$$

위 식(12.4-2)에서 $(E/\rho)^{1/2}$은 어떤 재질의 내부로 소리가 전파되는 음속(c)으로도 정의된다. 따라서 동일한 두께를 갖는 서로 다른 재료의 경우에 있어서, 스피커의 공명진동수는 재료 내부에서의 음속에 직접적으로 비례하게 될 것이다. 이들 재료에 대한 음속을 [표 31]에서 보여주며, PEN에서의 음속에 대한 각 재질의 상대적인 음속을 [그림 163]에 나타내었다.

[표 31] 25㎛의 두께를 갖는 4가지 재질들에 대한 재료특성

재료적 특성	PEI	PPS	PET	PEN
밀도(g/cm^3)	1.27	1.35	1.40	1.36
인장강도(kg/cm^3)	1,060	-	1,970	2,250
영률(E, $\times10^{10}$N/m^2)	0.31	4.41	5.17	5.97
내부손실(tanδ)	3.22	0.99	1.22	5.61
음속[=(E/ρ)1/2, $\times10^3$m/s^2]	0.49	1.81	1.92	2.10
강성(=E/ρ^3)	0.15	1.79	1.88	2.37

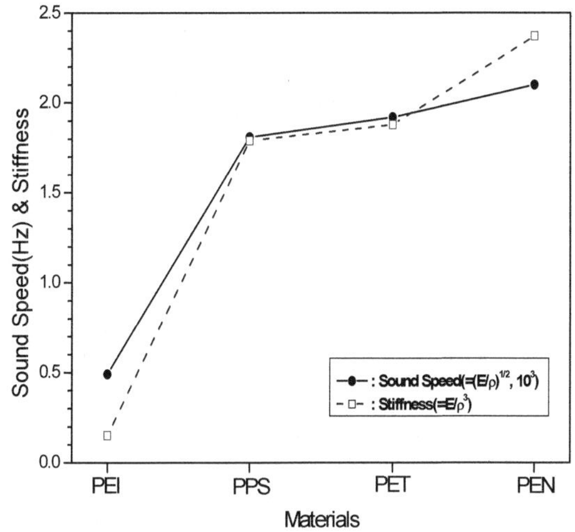

[그림 163] 4가지 재질에 대한 강성과 음속의 특성

진동판의 재질이 달라지면, 재질에 따른 밀도와 영률의 차이에 의하여 진동계의 질량과 강성(s)이 아래의 식에 의해 변화될 것이다(표31).

$$s = \frac{E}{\rho^3} \tag{12.4-3}$$

지지계의 강성이 커지거나 진동계의 질량이 작아지게 되면 공명진동수가 높아진다. 여기서 진동판의 질량을 제외한 다른 질량들은 모두 동일하다고 가정할 경우에, 진동계의 질량차이는 각 재질에 대한 밀도차이에 의해서만 만들어진다. 그러나 이들 사이의 실질적인 밀도차이가 작고 진동판의 질량이 차지하는 비중이 전체에서 약 20% 정도에 불과하기 때문에 재료에 따른 진동판의 질량차이가 매우 적을 것이다(표31). 식(12.4−3)에 의한 각 재료에 대한 강성의 차이를 [표 31]에서 보여준다. 따라서 공명진동수의 변화는 진동계의 질량차이보다 에지부분의 강성차이에 의한 것으로 볼 수 있다.

재질에 따른 음속과 지지계의 강성변화를 [그림 163]에서 보여주고 있다. 이들 음속과 강성의 특성이 서로 잘 일치하고 있음을 볼 수 있다. 따라서 마이크로 스피커에서 진동판 재질의 변화는 진동판에서 에지역할을 하는 부분의 강성변화로 이어져 공명진동수에 영향을 주게 된다.

12.4. 폴리머 진동판의 두께에 따른 음향특성

만약 동일한 폴리머 진동판의 재질을 사용하더라도 진동판의 두께가 달라지면 공명진동수가 변화될 수 있다. 따라서 진동판의 두께에 따른 공명진동수의 변화를 [표 32]와 [그림 164]에서 보여주는데, 진동판의 두께가 증가할수록 공명진동수가 높아지는 것을 알 수 있다.

[표 32] 재료의 따른 공명진동수의 특성

재질		PEN	PEI	PET	PPS
공명진동수	16㎛	630Hz	470Hz	485Hz	430Hz
	19㎛	730Hz	550Hz	610Hz	-
	25㎛	925Hz	640Hz	780Hz	670Hz
	30㎛	1,080Hz	760Hz	-	790Hz
	38μ	1,400Hz	975Hz	1,150Hz	1,090Hz

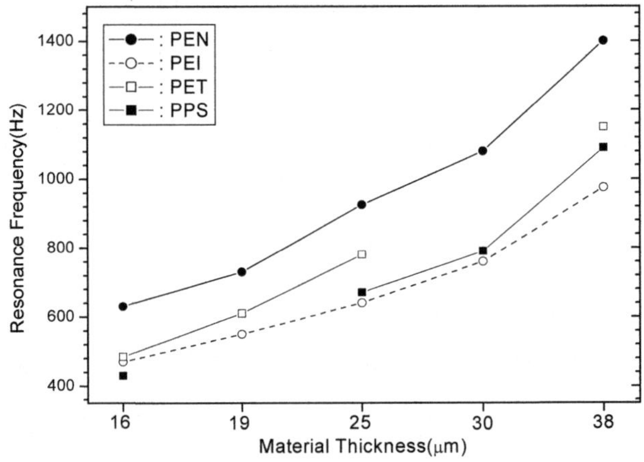

[그림 164] 두께에 따른 공명진동수의 변화특성

만약 진동판의 반경, 영률, 밀도와 포아송 비율이 일정하게 되면, 스피커의 공명진동수가 진동판의 두께에만 의존하는 것을 식(12.4-1)에서 알 수 있다. 따라서 진동판의 두께를 제외한 다른 변수들을 일정한 상수값으로 가정할 경우의 공명진동수는 다음과 같다.

$$f_s \propto t_d$$

얇은 폴리머 진동판으로 제작된 마이크로 스피커의 공명진동수는 진동판에서 에지역할을 하는 부분의 강성에 의해 큰 영향을 받는 것을 앞에서 지적한 바 있다. 공명진동수와 에지부분의 강성 사이의 관계를 [그림 165]에 나타내었으며, 공명진동수의 증가에 따른 에지부분의 강성이 지수함수적으로 증가하는 것을 알 수 있다.

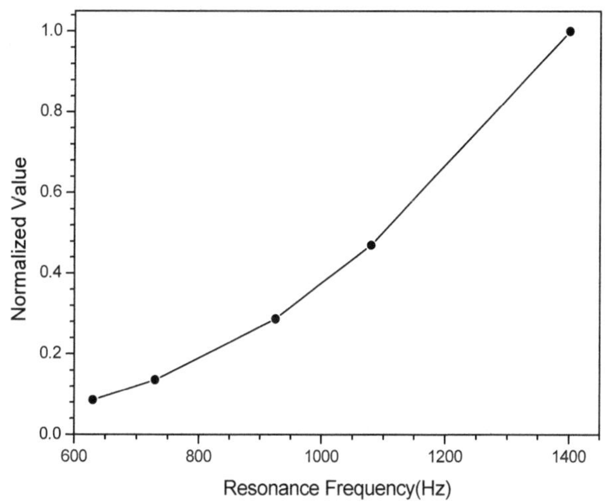

[그림 165] PEN에서 공명진동수와 강성 사이의 관계

12.5. 마이크로 스피커와 덕트형 스피커시스템 사이의 연관성

일반 스피커와 마이크로 스피커에서 소리가 발생되는 기본적인 원리는 서로 동일하다. 그러나 이들 후면구조의 다른 점을 [그림 166]에서 쉽게 찾아 볼 수 있다. 일반 스피커의 경우에는 진동판의 후면이 전혀 막혀 있지를 않고 완전히 열려 있는 상태라고 할 수 있다. 그러나 마이크로 스피커는 일반 스피커와 달리 후면이 완전히 막혀 있는 상태에서 여러 개의 구멍만이 뚫려 있는 것을 볼 수 있다(그림166). 이들 후면의 기공들을 마이크로 스피커의 음질을 조정하기 위한 방법으로 활용하고 있다. 그리고 마이크로 스피커의 구조를 유닛과 덕트형 인클로저로 구성되어 있는 덕트형 스피커시스템(ducted speaker-system)으로 간주할 수 있다.

[그림 166] 마이크로 스피커의 후면구조

만약 마이크로 스피커에서 진동판과 요크 사이의 거리를 증가시킨다면, 이를 덕트가 후면에 위치한 덕트형 스피커시스템에서의 인클로저와 동일하게 취급할 수 있다. 마이크로 스피커의 후면에 있는 여러 개의 구멍들은 하나의 반지름을 갖는 덕트로 가정할 수 있다.

후면기공의 면적에 따라서 공명진동수가 달라지며, 이를 [표 33]과 [그림 167]에 나타내었다. 기공의 면적이 특정한 크기를 가질 때까지는 공명진동수가 변하지 않지만, 그 이하의 면적부터는 공명진동수가 감소하게 된다. 그리고 기공의 면적이 감소할수록 공명진동수가 감소하는 폭이 지수함수적으로 증가한다(그림167).

만약 마이크로 스피커의 후면에 있는 기공의 면적이 충분히 커서 후면이 완전히 열려있는 경우의 음향특성과 차이를 보이지 않는다면, 이는 일반 스피커에서와 같이 유닛만의 기능을 갖게 된다. 다시 말하면, 후면기공의 면적이 충분히 클 경우에는 후면이 다소간 막혀 있다고 하여도 일반 스피커와 동일하게 취급할 수 있는 것이다. 그러나 기공이 면적이 점차 감소하여 음향특성이 변한다면, 이는 유닛의 기능만이 아닌 덕트형 인클로저의 기능이 합쳐진 덕트형 스피커시스템으로 보아야 할 것이다.

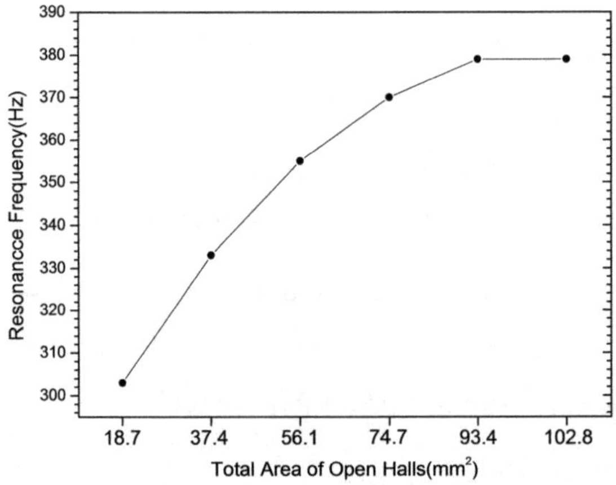

[그림 167] 후면기공의 면적에 따른 공명진동수의 특성

[표 33] 후면기공의 면적에 따른 음향특성

열린 홀의 면적 (mm^2)	공명진동수 (Hz)	Q_{TS}	V_{AS} (m^3)	C (m/N)	S (N/m)	$C^{1/2}$ (N/m)
102.8	379	0.74	6.53×10^{-4}	6.02×10^{-4}	1.66×10^{5}	2.45×10^{-3}
93.4	379	0.74	6.53×10^{-4}	6.02×10^{-4}	1.66×10^{5}	2.45×10^{-3}
74.7	370	0.75	6.38×10^{-4}	5.88×10^{-4}	1.70×10^{5}	2.42×10^{-3}
56.1	355	0.76	6.12×10^{-4}	5.64×10^{-4}	1.77×10^{5}	2.38×10^{-3}
37.4	333	0.78	5.75×10^{-4}	5.30×10^{-4}	1.89×10^{5}	0.23×10^{-3}
18.7	303	0.80	5.23×10^{-4}	4.82×10^{-4}	2.07×10^{5}	0.22×10^{-3}

만약 마이크로 스피커의 후면에 있는 기공의 면적이 충분히 커서 후면이 완전히 열려있는 경우의 음향특성과 차이를 보이지 않는다면, 이는 일반 스피커에서와 같이 유닛만의 기능을 갖게 된다. 다시 말하면, 후면기공의 면적이 충분히 클 경우에는 후면이 다소간 막혀 있다고 하여도 일반 스피커와 동일하게 취급할 수 있는 것이다. 그러나 기공이 면적이 점차 감소하여 음향특성이 변한다면, 이는 유닛의 기능만이 아닌 덕트형 인클로저의 기능이 합쳐진 덕트형 스피커시스템으로 보아야 할 것이다.

스피커시스템에서의 전체 강성은 일반적으로 크게 두 가지 성분으로 나눈다. 첫 번째는 스피커 유닛에서의 에지와 댐퍼에 의한 강성이고, 두 번째 성분은 인클로저가 존재함에 의하여 인클로저 내부의 공기에 의한 강성이다. 그러나 마이크로 스피커에서는 에지와 댐퍼가 별도로 존재하지는 않지만, 진동판의 가장자리가 에지로써의 역할을 한다고 설명하였다. 따라서 마이크로 스피커의 전체 강성은 에지와 인클로저의 내부공기에 의한 강성들로 주어지게 된다. 마이크로 스피커에서 진동판 특성에 의해 에지의 강성은 변하지 않는다. 그러나 후면기공의 면적이 증가함에 따라서 전체 강성이 감소하는 것은 인클로저 측면의 강성성분이 변하기 때문이다. 왜냐하면 진동판이 진동운동을 할 때에 후면기공의 면적에 따라서 그 내부에 있는 공기의 압력(= 인클로저 측면에서의 강성)이 달라지기 때문이다. 따라서 후면기공의 면적에 따른 강성의 변화는 실질적으로 인클로저 측면에서의 강성의 변화이다. 강성은 컴플라이언스의 역수로 주어지기 때문에, 후면기공의 면적이 증가하면 인클로저 측면의 컴플라이언스 값이 증가하게 될 것이다. 따라서 후면기공의 면적을 증가시킨다고 하는 것은 진동판과 요크 사이에 존재하는 공간(덕트형 스피커시스템의 인클로저에 대응)의 공기압력이 감소하여 유연성(탄력)이 높아진다는 것을 의미한다.

스피커시스템의 인클로저 내부에서 공기의 압력(= 인클로저 측면에서의 강성)이 감소하는 원인들 중에 하나가 인클로저의 체적이 증가되는 것이다. 비록 마이크로 스피커에서 인클로저에 해당하는 공간의 체적이 실질적으로 달라지는 것은 아니지만, 후면기공의 면적이 증가할 때 강성이 감소하는 것은 인클로저의 실효체적(V_{EB}, effective enclosure volume)이 증가하기 때문이다. 여기서 에지의 컴플라이언스에 의한 등가체적은 변하지 않지만, 후면기공의 면적에 따른 컴플라이언스 값이 달라지기 때문에 전체적인 등가체적도 변하게 된다. 이처럼 후면기공의 면적에 따른 등가체적의 변화는 유닛만이 아닌 인클로저의 측면을 동시에 가지고 있다는 것을 의미한다. 다시 말하면, 유닛의 기능으로 인한 등가체적은 변하지 않지만, 인클로저 기능의 추가로 인해 후면기공의 면적에 따라 인클로저의 실효체적이 변하게 된다(그림168).

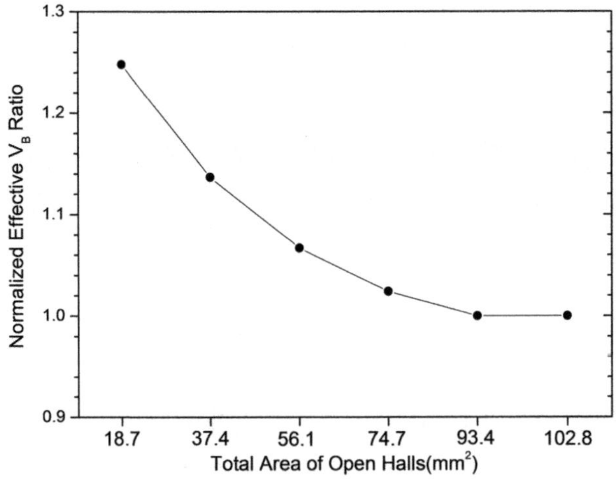

[그림 168] 후면기공의 면적에 따른 인클로저의 실효체적특성

12.6. 그릴의 구멍크기에 따른 음향임피던스 특성

마이크로 스피커의 전면부에는 진동판을 보호하기 위하여 얇은 금속판으로 제작된 그릴(grill)을 사용하게 된다(그림169). 이 그릴에는 마이크로 스피커의 진동판에서 발생된 소리가 잘 통과할 수 있도록 여러 개의 구멍들이 존재한다. [그림 170]에서 보여주는 것처럼, 이 구멍들은 양단이 뚫려있는 파이프의 일종인 오리피스(orifice)처럼 취급할 수 있다.

[그림 169] 그릴의 형태

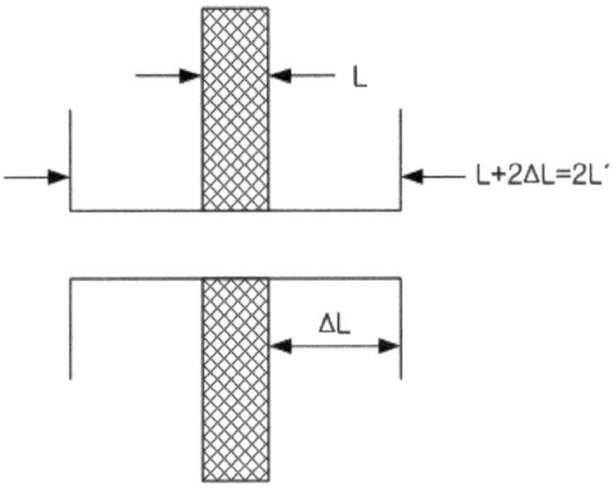

[그림 170] 오리피스의 개략도와 실효끝 보정치

그릴에 있는 여러 구멍들의 면적을 모두 더한 전체면적을 오리피스에 있는 한 개의 구멍에 대한 면적으로 간주하여 식(12.6-1)에 주어진 음향임피던스 특성을 분석할 수 있다(그림171).

$$Z_a = \frac{j\omega \rho_o L'}{S_{orifice}} \qquad (12.6-1)$$

구멍의 전체면적이 충분이 클 경우에는 구멍에 의한 음향임피던스가 매우 작아서 마이크로 스피커의 전체 음향임피던스에 거의 영향을 주지 않는다. 구멍의 전체면적이 지속적으로 감소하여 진동판의 20% 정도가 될 때까지도 구멍에 의한 음향임피던스의 영향이 별로 크지 않게 된다. 그러나 구멍의 전체면적이 20%이하가 되면 구멍에 의한 음향임피던스가 지수함수적으로 증가하여 전체 음향임피던스에 미치는 영향이 매우 커지게 된다(그림171).

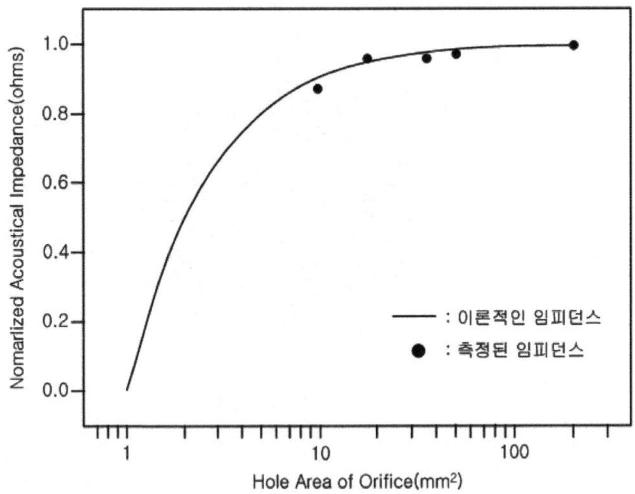

[그림 171] 그릴에서의 음향임피던스의 특성변화)

구멍의 특정한 전체면적부터 지속적으로 감소함에 의하여 마이크로 스피커의 공명진동수가 일반적으로 감소하는 특성을 가진다. 이는 그릴에 있는 구멍의 전체면적을 진동판의 약 20% 이상으로 유지해야만 마이크로 스피커의 공명진동수에 영향을 주지 않는다는 것을 의미한다. 이처럼 구멍의 면적은 공명진동수 뿐만 아니라 전체조화왜(THD)나 진동판의 분할진동에도 영향을 주어 주파수특성의 변화에 대한 원인이 되기도 한다.

제 13 장. 크로스오버

일반인들이 "스피커"라고 부르는 스피커시스템은 유닛, 인클로저 그리고 크로스오버("네트웍"이라고 불리기도 함)로 구성된 일종의 시스템이다. 스피커시스템이 2-way 방식일 경우에는 2종류(우퍼와 트위터)의 또는 3-way 방식일 때는 3종류(우퍼, 미드레인지, 트위터)의 유닛들이 사용된다. 이 유닛들이 부착되는 상자를 인클로저라고 하는데, 상자의 형태 및 크기에 따른 음향특성은 다음 14장에서 자세히 논의하게 될 것이다. 그리고 크로스오버란 앰프에서 스피커시스템으로 입력되는 전기적인 소리신호를 저음, 중음, 고음용 유닛들에 적합한 신호로 여과시켜 주는 전기적인 필터이다. 따라서 크로스오버를 통하여 이들 유닛 사이의 특성을 잘 결합시켜야만 고음질의 소리를 재생하게 될 것이다.

13.1. 저항, 커패시터, 인덕터

1) 저항(R, resister)

구리선과 같은 도선에 전류가 흐른다는 것은 구리선을 이루는 구리원자의 자유전자가 구리도선을 따라서 이동한다는 것을 의미한다. 그러나 이러한 자유전자는 때때로 원자들과 부딪치게 되어 운동에너지의 일부를 잃게 된다. 자유전자의 충돌이 많아질수록 자유전자의 운동에 대한 제약은 커지게 되는 것이다. 이처럼 어떤 물질에서 자유전자의 운동에 제약을 가하는 특성(정도)을 그 물질의 저항(그림172)이라고 한다. 저항의 단위는 오옴(Ω)으로써, 1오옴은 "어떤 물질에 1V의 전압을 가할 경우에 1A[1쿨롱

(6.25×10^{18}개의 전자들이 가지는 전하량)의 전하량을 가진 전하들이 특정한 지점을 1초 동안 흐르는 전류량]의 전류가 흐를 때의 저항"이다. 전압(V), 전류(I) 그리고 저항(R)들 사이의 관계는 오옴의 법칙(ohm's law)으로 설명할 수 있다.

$$전압(V) = 전류(I) \times 저항(R)$$

따라서

$$저항(R) = \frac{전압(V)}{전류(I)}$$

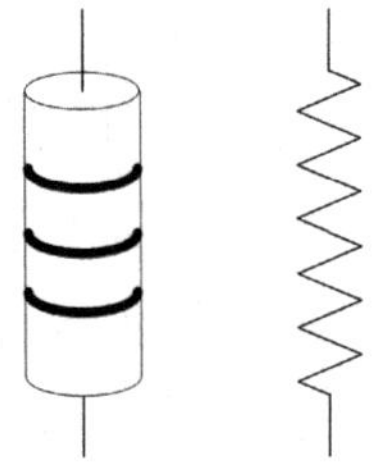

[그림 172] 저항의 형태 및 기호

크로스오버에서 저항이 주로 하는 일은 출력감쇠(output attenuation)이다. 다시 말하면, 스피커시스템에서 한 스피커(예, 트위터)의 출력이 다른 스피커(예, 우퍼)의 출력에 비하여 높을 경우에 이를 감소시키는 역할을 한다. 크로스오버에서 사용되는 일반적인 저항들의 용량은 1Ω에서 100Ω 정도이다. 이 저항들은 세라믹으로 만들어지며, 대개 5와트(watt)에서 25와트까지의 파워를 조정할 수 있다. 그리고 저항에서 없어지는 파워는 대개 열의 형태로 사라지게 된다.

2) 콘덴서(C, Capacitor)

콘덴서는 두 개의 전도성 금속판 사이에 절연(dielectric)물질이 채워진 전기적 장치(그림173)로서 전하를 저장하는 역할을 한다. 이 때 전하가 저장되는 원리는 [그림 174]와 같다. 교류회로에서 콘덴서는 용량성 리액턴스(X_C, capacitive reactance)로 알려진 전류를 원래 전류가 흐르던 방향의 반대로 흐르게 한다. 특히 크로스오버에서 콘덴서의 주된 역할은 고음용 스피커인 트위터에 저음부의 신호가 입력되는 것을 억제하는 것이다.

콘덴서의 기본단위는 패럿(F, farad)이며, 1F는 양쪽의 극판에 1V로 저장된 전하가 1쿨롱일 경우에 해당하는 콘덴서의 용량이다. 크로스오버에서의 콘덴서의 용량은 일반적으로 마이크로패럿(μF)이 사용된다.

여기서 마이크로패럿(μF)은 패럿(F)의 1/1,000,000에 해당한다(1F = 1,000,000μF, 1μF = 1/1,000,000F). 예를 들면, 0.0000137F는 13.7μF(= 0.0000137×1,000,000)이다.

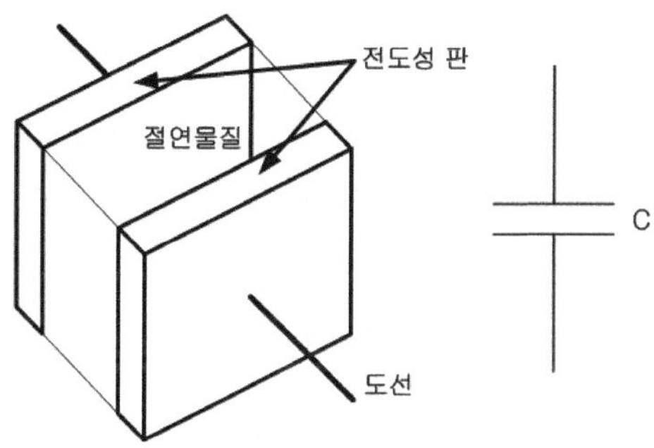

[그림 173] 콘덴서의 형태 및 기호

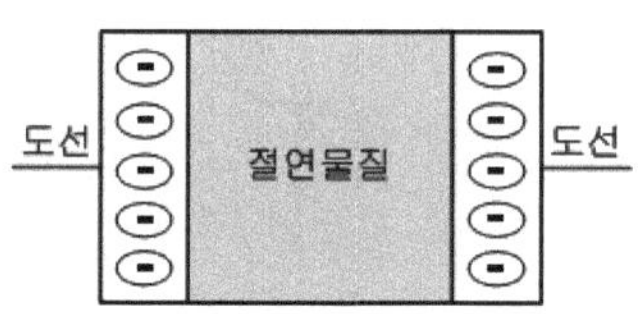

① 중성상태 : 양쪽판에 같은 수의 자유전자가 존재

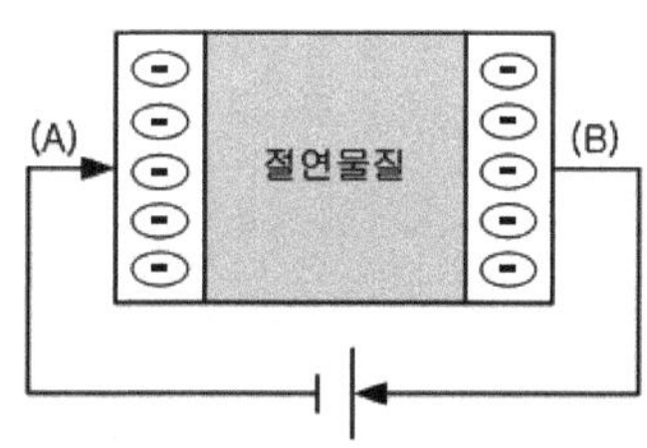

② 충전이 되는 상태 : 극판A에 있던 자유전자가 극판B로 이동하여 극판A는 극판B에 대해 양성(+)이 됨

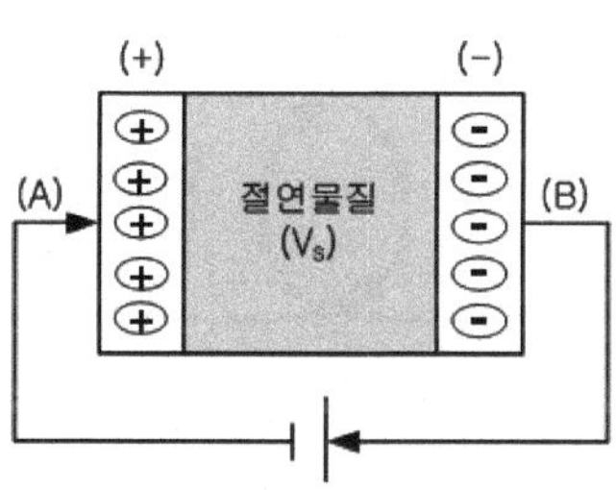

③ 충전이 끝난 상태 : 양쪽 극판 사이의 전압이 전원과 같아지면 자유전자의 흐름이 중단되며 충전이 완료됨

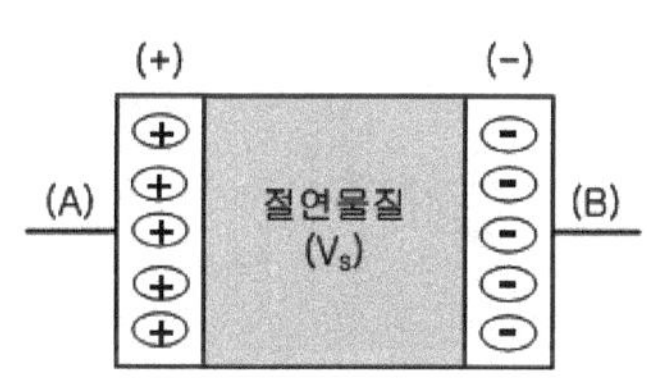

④ 콘덴서에서 전원이 분리된 상태 : 콘덴서가 일시적인 배터리처럼 작용할 수 있음

[그림 174] 콘덴서의 저장원리

콘덴서의 종류는 polarized 콘덴서와 non-polarized(nonpolar) 콘덴서로 구분된다. 크로스오버에서는 회로의 신뢰성을 높이기 위하여 일렉트로리틱(electrolytic) 또는 마일라(mylar) 형태의 nonpolar(NP) 콘덴서를 주로 사용하고 있다.

3) 인덕터(L, Inductor)

전선이 코일의 형태로 감겨 있는 전기적인 장치(그림175)를 인덕터라고 한다. 교류 회로에 전류가 흐르게 되면 유도성 리액턴스(X_L, inductive reactance)라는 원래의 전류 방향에 반대로 흐르는 전류를 발생시킨다(그림177). 크로스오버에서 인덕터의 주된 역할은 저음용 스피커인 우퍼에 고음에 해당하는 전기신호가 입력되지 못하도록 방해하는 것이다. 인덕터의 기본단위는 헨리(H)인데, 대부분의 크로스오버에서는 밀리헨리(mH)의 단위를 사용한다. 여기서 밀리헨리는 헨리의 1/1,000로써, 1H는 1,000mH에

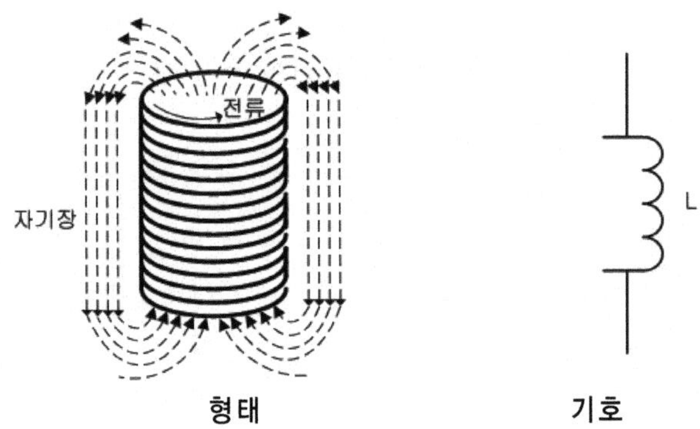

[그림 175] 인덕터의 형태 및 기호

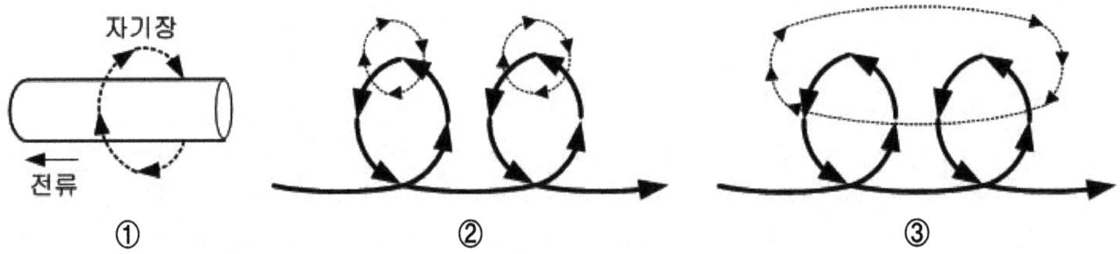

① 오른손 법칙 : 전류에 흐르는 전선에 형성된 자기장

② 2개의 루프가 서로 떨어진 경우 : 각각의 루프에 자기장이 오른손 법칙에 의하여 각각 독립적으로 형성됨

③ 2개의 루프가 서로 인접한 경우 : 각각의 루프에 자기장이 푸르가 인접한 곳에서는 서로 상쇄되는 반면에 안쪽과 바깥쪽에서는 보강됨

[그림 176] 인덕터의 작동원리

해당한다. 그리고 저항이나 콘덴서처럼 크로스오버를 설계할 때에 요구되는 인덕터를 시중에서 쉽게 구할 수 없어서 여러 개의 인덕터들을 직렬, 병렬 또는 이들의 혼합으로 만들어 쓴다. 이 때 각각의 연결에 대한 인덕턴스는 저항에서와 동일하게 계산하면 된다.

4) 용량성와 유도성 리액턴스

교류회로에서 콘덴서와 인덕터는 저항처럼 전류의 흐름을 방해하는 성질을 가지고 있다. 이러한 성질은 각각의 주파수(f)에 의존하기 때문에 리액턴스(reactance)라고 부르며, 5.11에서 설명했던 것처럼 콘덴서와 인덕터의 경우를 각각 살펴보면 다음과 같다.

$$X_C = \frac{1}{2\pi \cdot f \cdot C} \qquad (13.2\text{-}1)$$

(X_C : 용량성 리액턴스, f : 주파수, C : 커패시턴스)

그리고

$$X_L = 2\pi \cdot f \cdot L \ , \qquad (13.2\text{-}2)$$

(X_L : 유도성 리액턴스, f : 주파수, L : 인덕턴스)

위 식들에서 보면, 주파수가 증가하게 되면 용량성 리액턴스(X_C)가 감소하는 반면에 유도성 리액턴스(X_L)는 증가하게 된다. 다시 말하면, 주파수가 감소하면 용량성 리액턴스(X_C)가 증가하는 반면에 유도성 리액턴스(X_L)는 감소하게 된다. 이는 콘덴서의 용량(커패시턴스)을 증가시키면 저주파수의 흐름을 억제하는 능력이 증가하여 저음신호가 트위터에 도달하는 것을 막아준다. 반면에, 인덕터의 용량(인덕턴스)이 증가하게 되면 고주파수의 흐름을 방해하는 능력이 증가하여 고음신호가 우퍼에 도달하는 것을 막아주게 된다. 여기서, L = 0.001H와 C = 0.0001F의 경우에 각 주파수에 대한 용량성 리액턴스(X_C)와 유도성 리액턴스(X_L)들을 살펴보면 아래와 같다.

주파수	10Hz	500Hz	1,000Hz	5,000Hz	15,000Hz
XC(C=0.0001F)	159Ω	3.2Ω	1.6Ω	0.32Ω	0.1Ω
XL(L=0.001H)	0.06Ω	3.1Ω	6.3Ω	31Ω	94Ω

13.2. 크로스오버의 종류에 따른 특성

크로스오버는 버터워스(Butterworth) 필터, 링크위츠릴리(Linkwitz-Riley, L-R) 필터, 베셀(Bessel) 필터 그리고 체비쉐프(Chebychev) 필터 등으로 크게 나눌 수 있다. 이들 각각의 필터는 1차, 2차, 3차, 4차...등의 여러 가지 차수로 제작하게 된다. 만약 같은 차수로써 필터의 종류가 다르다는 의미는 필터의 회로구성은 동일한 반면에 소자들의 용량이 다르다는 것을 말한다. 그 결과로써, 각 필터의 통과저지되는 주파수 대역에서 음압이 감쇠되는 비율(기울기)이 다른 것이 가장 큰 특징이라 할 것이다(그림177). 뿐만 아니라, 필터의 종류에 의하여 통과대역의 주파수 특성, 위상특성 및 차단 주파수에서 입력과 출력신호 사이의 시간지연(그림178)등에 관련한 특성들이 변하게 된다.

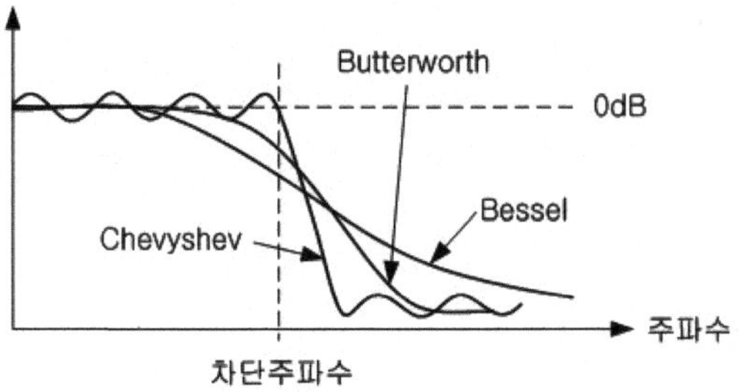

[그림 177] 필터의 종류에 따른 통과대역주파수 및 음압감쇠특성

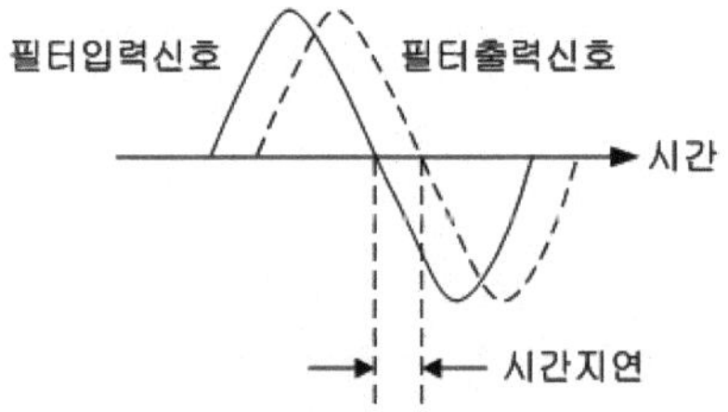

[그림 178] 필터의 입력신호와 출력신호 사이의 시간지연

만약 우퍼와 트위터로 구성되는 스피커시스템을 저음통과필터와 고음통과필터를 사용하여 구성하여 보자. 이 때에 저음 또는 고음통과필터를 통과한 오디오 신호들은 우퍼와 트위터로 각각 입력될 것이다. 그리고 우퍼와 트위터에서 재생된 각각의 소리들은 공기 중에서 서로 합쳐지게 된다. 따라서 전체 가청주파수 대역에 대해 고음질의 소리가 되기 위해서는 차단주파수에서 이들 소리들의 진폭과 위상이 서로 동일하여야 할 것

이다. 다시 말하면, 주파수가 낮은 소리가 우퍼로부터 재생되다가 고음의 재생이 트위터로 자연스럽게 이어지도록 하는 것이다. 이처럼 소리의 재생이 우퍼에서 트위터로 연결되는 과정이 마치 동일한 스피커에서 재생되는 것처럼 자연스럽게 하기 위해서는 차단주파수에서 이들 사이의 진폭과 위상이 동일하게 합쳐지는 것이 매우 중요하다.

진폭의 경우에는 주파수가 증가함에 따라서 우퍼에서 발생되는 소리는 통과저지대역부터 감소하는 반면에 동일한 대역의 트위터에서는 증가하게 된다. 이들을 서로 합치게 되면 우퍼와 트위터에서의 통과대역에 대한 진폭과 동일하게 되어야 한다. 이처럼 동일한 진폭을 통해 평탄한 주파수특성을 얻기 위해서는 이들 사이의 위상이 같아야만 한다. 만약 차단주파수에서 이들 사이의 위상에 작은 차이만 발생해도 평탄한 특성을 얻기가 어려워진다. 특히 이들 사이의 위상차이가 180° 인 경우에는 차단주파수에서 커다란 딥이 발생하게 되어 소리가 거의 들리지 않게 된다. 이를 극복하기 위하여, 저음 또는 고음통과필터 중에 한 쪽의 위상을 반전시키게 되면 다시 소리가 들리게 된다.

2-way 스피커시스템의 차단주파수에서 동일한 진폭과 위상을 얻기 위하여, 4가지 필터의 종류와 차수에 따른 진폭과 위상특성 그리고 벡터 다이어그램에 대해 살펴보면 다음과 같다.

1) 버터워스 필터

[그림 177]에서 보여주는 것처럼, 통과대역의 주파수특성에 리플이 없이 평탄한 특성을 가지고 있어 일반적으로 많이 사용되고 있는 전기필터이다. 그러나 통과저지대역에서 위상의 변화가 급격해져 필터입력신호와 필터출력신호 사이에 시간지연이 발생하는 것이 단점이다.

(1) 진폭특성

차단주파수 근처에서 음압이 감쇄(우퍼의 경우) 또는 증가(트위터의 경우)하는 비율은 1차, 2차, 3차, 4차의 순으로 차수가 증가함에 따라서 한 옥타브당 6dB, 12dB, 18dB 그리고 24dB씩 감소 또는 증가하게 된다(그림179). 이처럼 차수에 대한 음압감쇄비율은 베셀 필터와 체비쉐프 필터에서도 동일하게 된다. 차단주파수 근처에서 평탄한 주파수특성을 갖게 되는 것은 이들 출력전압의 합이 일정하여 정전압(constant voltage, 벡터 다이어그램에서 자세히 설명)이 되기 때문이다.

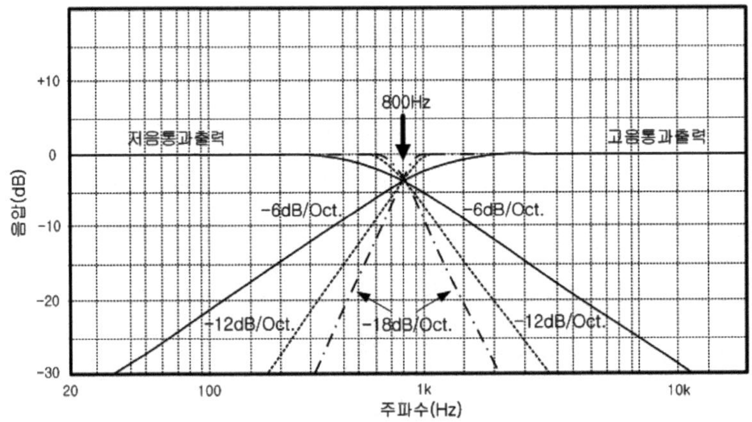

[그림 179] 크로스오버의 차수에 따른 음압감쇄특성

(2) 위상특성

1차 버터워스 필터에서 저음통과필터의 위상특성을 살펴보면, 주파수가 매우 낮은 20Hz에서의 위상은 0°이고, 차단주파수인 1kHz에서는 −45° 그리고 20kHz에서는 −90°가 된다. 그러나 고음통과필터에서는 20Hz에서 0°, 1kHz에서는 −45° 그리고 20kHz에서는 −90°의 위상을 갖게 된다. 따라서 이들 필터를 통과한 신호 사이의 위상 차이가 90°로써 모든 주파수 대역에서 유지된다(그림180).

2차 버터워스 필터의 경우에는 20Hz, 1kHz 그리고 20kHz에서 저음통과필터와 고음통과필터를 통과한 신호들의 위상이 0°, 90°, 180° 그리고 180°, 90°, 0°가 된다. 따라서 이들 신호 사이에는 180°의 위상 차이가 존재하게 된다(그림180). 그리고 3차와 4차 버터워스 필터에서 이들 신호 사이의 위상 차이는 270°와 360°(= 0°)가 된다.

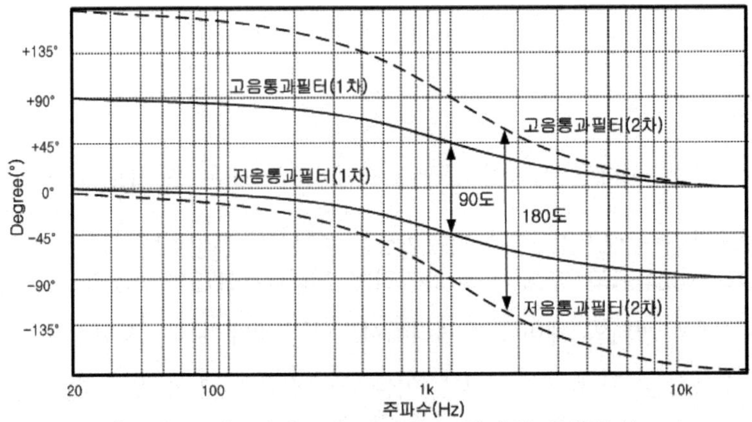

[그림 180] 1차와 2차 버터워스 필터의 위상특성

(3) 벡터 다이어그램

1차 필터의 경우에 차단주파수인 1kHz에서 고음통과필터를 통과한 신호의 출력은 통과대역의 출력에 비하여 3dB(= 20log0.707)가 감소하게 되고, 위상은 45° 이다. 저음통과필터의 경우에도 출력이 3dB(= 20log0.707) 감소함과 동시에 +45° 의 위상을 갖는다. 따라서 이들 출력 사이의 위상 차이가 90° 가 되면서 두 출력파워의 합은 [그림 181①]처럼 1이 되고 입력과 출력신호가 동일한 위상(0°)을 갖게 된다. 여기서 합성출력이 1이 된다는 것은 차단주파수에서의 합성출력이 통과대역에서와 동일하여 평탄한 주파수특성이 된다는 것을 의미한다.

[그림 181②]처럼, 2차 버터워스 필터의 경우에는 차단주파수에서 이들 필터를 통과한 신호들이 ±90° 의 위상을 가져서 180° 의 차이가 나타나게 된다. 앞에서 설명한 것처럼, 이런 경우에 음압은 완전한 역위상에 의해 소멸되기 때문에 어느 한쪽의 위상을 반대로 접속하게 된다. 따라서 두 필터를 역위상으로 연결하면, 차단주파수에서 출력의 합이 3dB[= 20log(0.707+0.707)]가 커지게 된다. 이 결과로 인하여, 2차 필터의 차단주파수에서 통과대역에 비하여 3dB가 높은 주파수 특성이 나타나게 된다. 이는 통과대역에 비하여 차단주파수에서 3dB가 높은 음압을 갖게 되어 전체적으로 평탄하지 못한 주파수 특성을 가지게 된다.

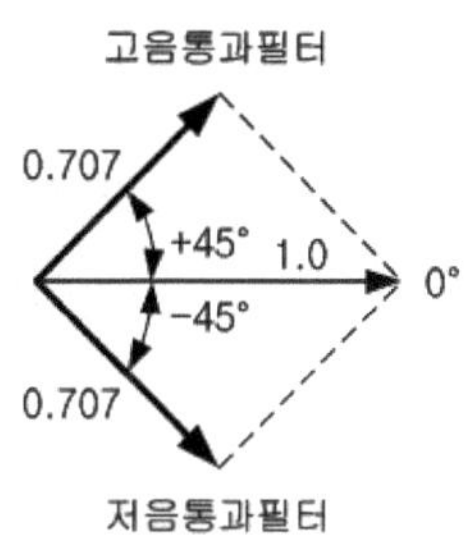

① 1차 필터

② 2차 필터

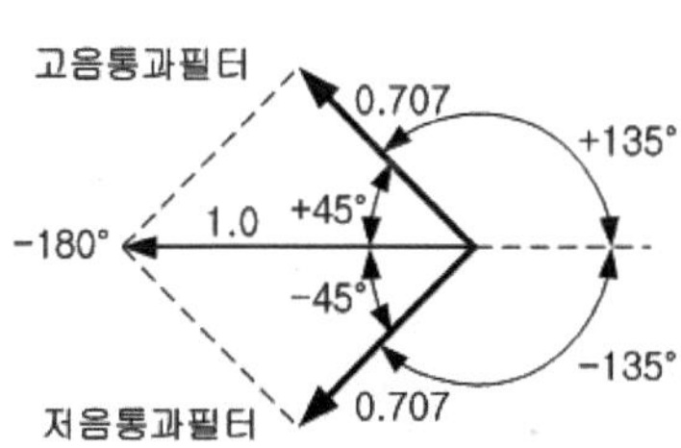

③ 3차 필터

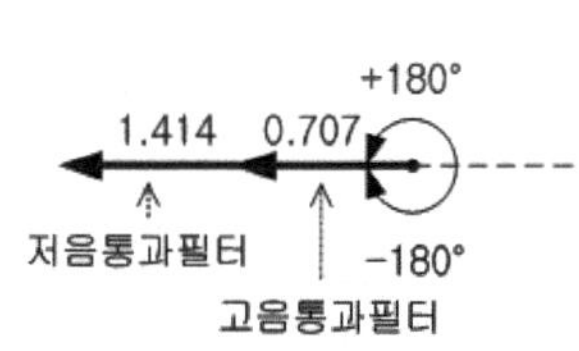

④ 4차 필터

[그림 181] 버터워스 필터의 벡터 다이어그램

3차 버터워스 필터에서는 두 필터의 위상이 ±135° 되어 입력과 출력파워 사이에는 180° 의 위상 차이를 갖게 된다(그림181③). 여기서 두 개의 필터 사이에 나타나는 270° 의 위상 차이는 90° 와 동일한 관계이기 때문에 1차 필터에서 나타나는 정전압(모든 주파수에서 출력의 합이 1이 됨)과 같은 결과로써 평탄한 주파수 특성을 갖게 된다. 다만, 입력과 출력 사이에 180° 의 위상 차이를 갖는 것이 1차 필터와 다른 점이다.

4차 필터의 경우에는 저음과 고음통과필터를 통과한 신호의 위상이 각각 ±180° 가 되어 위상 차이가 0° 로써 없어지게 된다. 이 경우에 2차 버터워스 필터처럼 차단주파수에서 합성출력에 3dB[=20log(0.707+0.707)] 피크가 나타나면서 입력과 출력 사이의 파워에는 180° 의 위상 차이를 갖게 된다(그림181④).

2) 링크위츠릴리 필터(L-R 필터)

2차 또는 4차의 버터워스 필터의 경우에는 크로스오버 주파수에서 3dB만큼의 피크가 생겨 음질이 좋지 않게 된다. 이러한 피크의 발생을 억제하기 위하여 차단주파수에서 필터의 음압감쇄를 −3dB가 아닌 −6dB로 하면 된다. 따라서 벡터의 길이를 0.707(−3dB)이 아닌 0.5(−6dB)로 하면 합성출력파워가 정전압 상태를 의미하는 1이 될 것이다(그림182). 그리고 통과대역에 리플이 없는 가운데 차단주파수에서 동위상이 되어 모든 주파수대역에서 평탄한 특성을 갖게 된다. 이처럼 주파수가 한 옥타브당 출력이 6dB씩 감쇄하도록 하기 위하여 두 개의 버터워스 필터를 케스케이드로 연결한 필터를 링크위츠릴리 필터라고 부른다. 만약 두 개의 2차 버터워스 필터를 케스케이드로 연결하면 4차 링크위츠릴리 필터가 되고, 4차 버터워스 필터를 연결하면 8차 링크위츠릴리 필터가 된다.

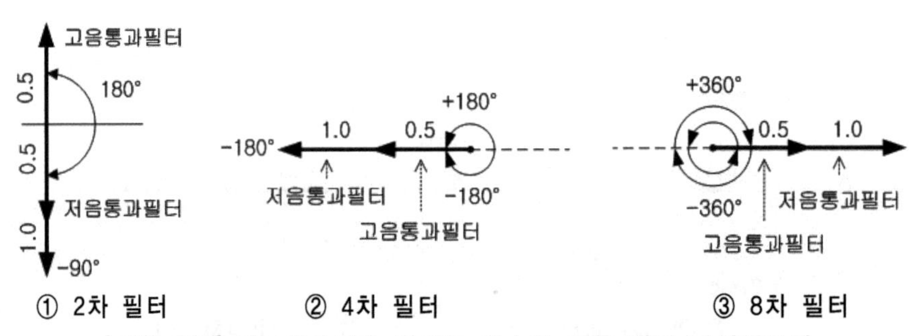

[그림 182] 링크위츠릴리 필터의 차수에 따른 벡터 다이어그램

2차 링크위츠릴리 필터의 주파수에 따른 고음통과필터와 저음통과필터의 위상특성들은 [그림 182]에서 보여주는 버터워스 필터에서와 정확하게 일치하는 가운데 180°의 위상 차이를 갖는다. 그리고 4차 링크위츠릴리 필터의 경우에도 버터워스 필터의 위상과 동일하며, 위상 차이가 0°로써 동일한 위상을 갖는다.

링크위츠릴리 필터에 대한 벡터 다이어그램을 [그림 182]에서 차수에 따라서 보여준다. 2차 링크위츠릴리 필터의 경우에는 각 벡터의 크기가 0.5인 가운데 이들 사이의 위상차이가 180°라서 합성벡터는 0이 된다(그림182①). 다시 말하면, 이 경우에는 소리들이 역위상으로 인하여 서로 상쇄되어 없어지게 되는 것이다. 따라서 두 개의 필터 중에서 어느 한쪽의 위상을 반전시키게 되면, [그림 182①]에서 보여주는 것처럼 합성 출력파워가 1이 되어 평탄한 주파수특성을 얻게 된다(그림183). 4차와 8차 링크위츠릴리 필터에 대한 벡터 다이어그램은 [그림 182②~③]에서 보여준다. 4차의 경우에는 합성출력파워가 1이 되는 가운데 차단주파수에서 입력과 출력파워 사이의 위상이 180°의 차이를 갖는다. 그러나 8차의 경우에는 2차와 4차에서와 같이 합성출력파워가 1이 되는 가운데 입력과 출력파워 사이의 위상 차이가 0°로써 동위상이 된다.

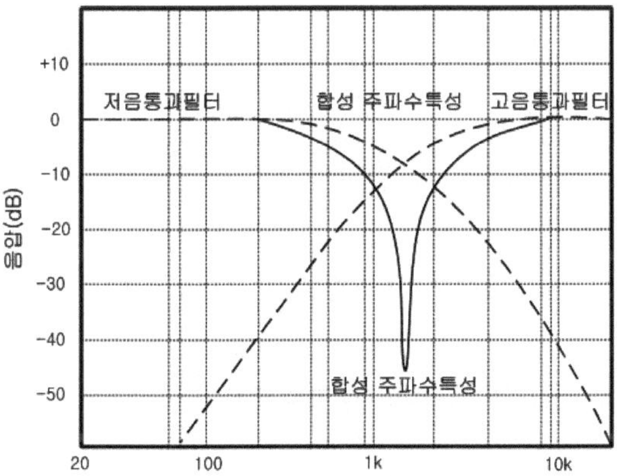

① 동위상 특성

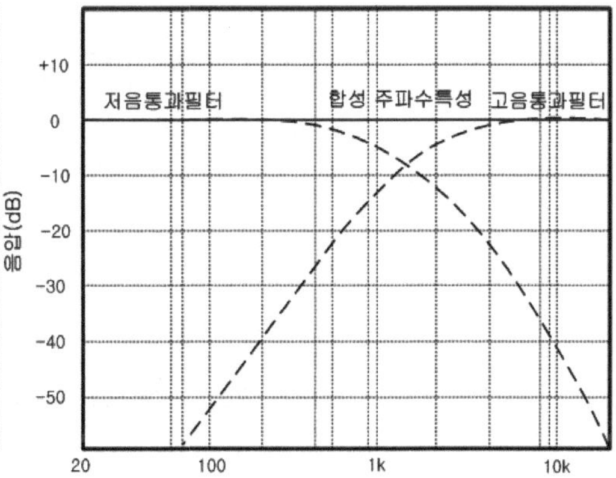

② 역위상 특성

[그림 183] 2차 링크위츠릴리 필터에서의 주파수 특성

3) 베셀 필터

통과대역의 주파수특성이 버터워스 필터나 링크위츠릴리 필터처럼 리플이 없이 평탄한 특성을 가진다. 주파수에 따른 위상의 변화가 급격하지 않아서 통과저지대역에서의

음압감쇠특성이 다른 필터들에 비하여 가장 완만하게 된다(그림177). 그러나 베셀필터의 경우에 어떤 차수에서도 정전압 상태처럼 평탄한 특성을 얻을 수가 없다(그림184). 그러나 어느 한쪽 필터의 위상을 반전시켰을 경우에는 차단주파수에서의 주파수특성이 다소 향상되는 것을 [그림 184]에서 볼 수 있다.

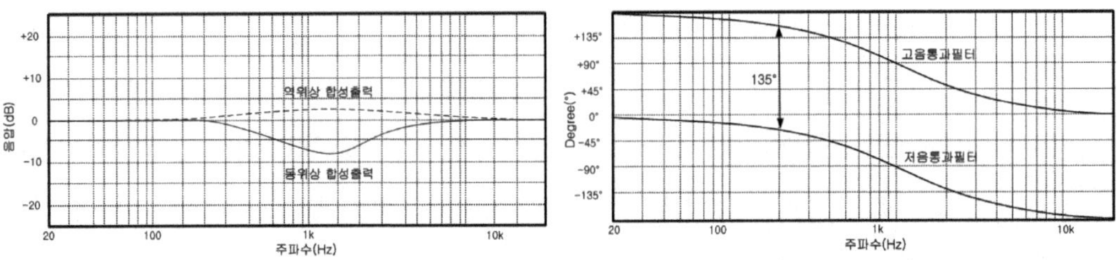

① 2차 주파수 특성 ① 2차 위상 특성

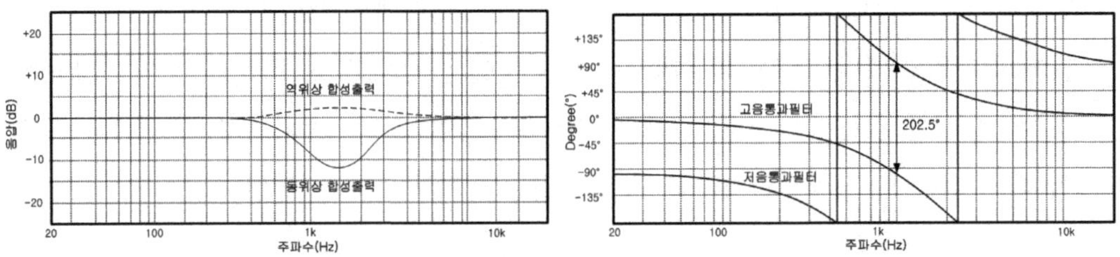

② 3차 주파수 특성 ② 3차 위상 특성

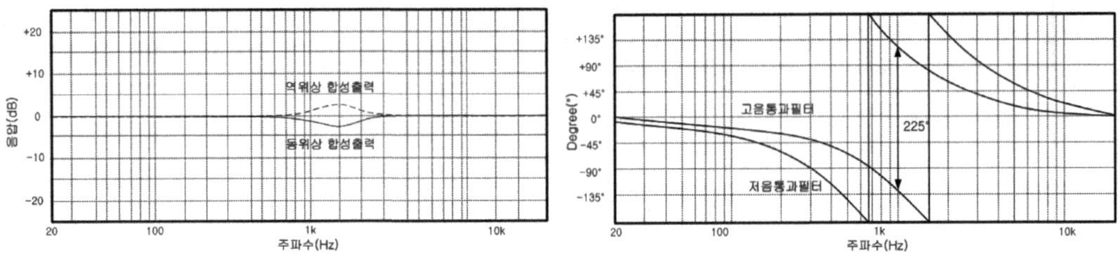

③ 4차 주파수 특성 ③ 4차 위상 특성

[그림 184 : 베셀필터의 차수에 따른 위상 및 주파수특성

4) 체비쉐프 필터

다른 전기필터와는 달리 체비쉐프 필터의 경우에는 통과대역에서 약 0.3~1dB 정도까지의 동일한 크기를 갖는 리플이 발생하는 특징을 가진다(그림185). 그러나 통과저지대역에서의 음압감쇄율이 다른 필터들에 비하여 크기 때문에 고음질을 얻을 수 있어서 많이 사용되고 있다(그림178).

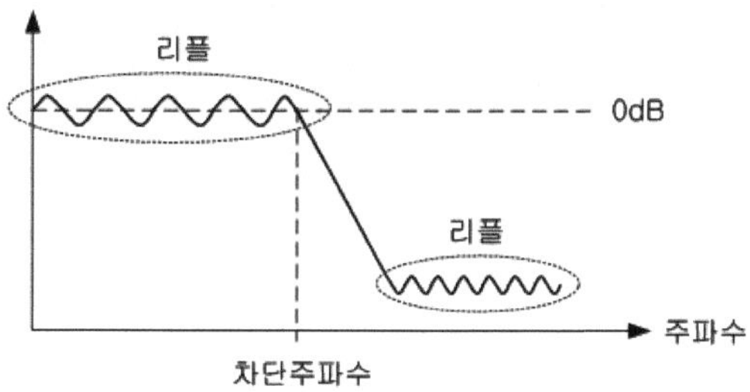

[그림 185] 체비쉐프 필터의 특성

13.3. 크로스오버의 특성비교

1) 주파수특성

[그림 177]에서 보여주는 것처럼, 동일한 차단주파수를 갖는 통과저지대역에서 필터의 종류에 따라 음압이 감쇄하는 비율이 달라지는 것을 알 수 있다. 다시 말하면, 베셀필터, 버터워스 필터, 링크위츠릴리 필터와 체비쉐프 필터의 순으로 음압감쇄비율이 증가하게 된다. 뿐만 아니라, 이들 필터에서 저음통과필터와 고음통과필터를 통과한 신호들이 합쳐진 합성출력파워의 주파수 특성도 차이를 갖게 된다(그림186).

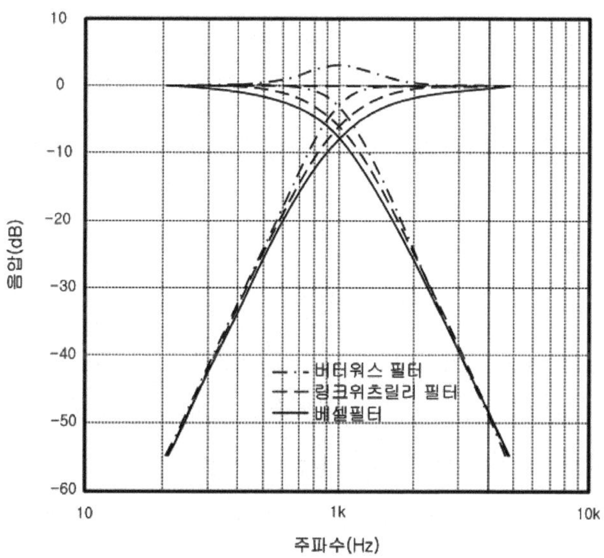

[그림 186] 4차 필터의 차단주파수에서 주파수특성

4차 필터의 차단주파수에서 주파수특성을 살펴보면, 링크위츠릴리 필터는 정전압 특성에 의해 평탄한 주파수 특성을 가진다. 그러나 버터워스 필터는 차단주파수에 피크가 만들어지는 반면에, 베셀필터에서는 딥이 형성됨을 알 수 있다.

2) 위상특성

입력신호가 전기필터를 통과하게 되면 필터를 구성하는 소자들에 의해 위상이 달라질 수 있다. 이처럼 전기필터의 소자들에 의한 위상변화의 정도가 주파수에 따라서 변하게 된다. 이는 필터의 종류에 의해 주파수에 따른 위상변화특성이 바뀔 수 있음을 말한다. 따라서 베셀필터, 버터워스 필터 그리고 링크위츠릴리 필터에 의한 위상특성을 [그림 187]에서 보여준다. 베셀필터, 버터워스 필터 그리고 링크위츠릴리 필터의 순으로 주파수에 따른 위상의 변화가 급격하게 일어남을 알 수 있다.

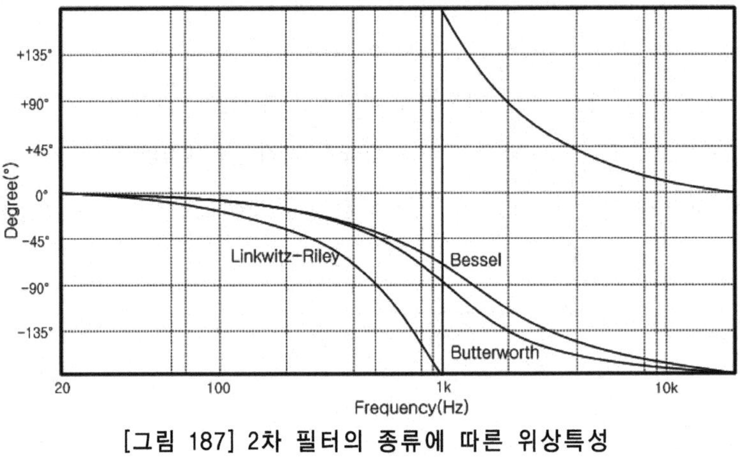

[그림 187] 2차 필터의 종류에 따른 위상특성

3) 시간지연특성

[그림 187]처럼 주파수에 따라서 위상이 변하게 되면, 위상변화에 의해 시간지연이 발생하게 된다. 필터의 종류에 따라서 위상특성이 달라지는 것처럼 시간지연특성도 변하게 된다. 특히 차단주파수에서의 시간지연이 크게 변할 수 있다(그림187). 베셀필터의 경우에는 차단주파수에서 시간지연특성이 변하지 않지만, 버터워스 필터와 링크위츠릴리 필터의 경우에는 크게 달라지는 것을 [그림 188]에서 볼 수 있다.

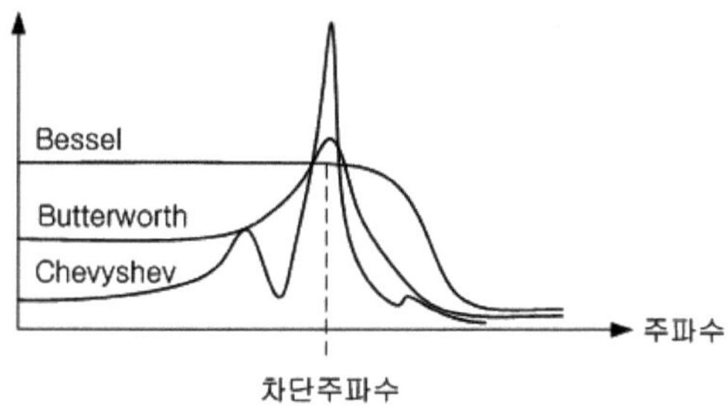

[그림 188] 차단주파수에서의 시간지연특성

4) 필터의 종류에 따른 특성비교

앞에서 설명한 버터워스 필터, 링크위츠릴리 필터와 베셀필터들에 대한 기본적인 특징들의 비교를 [표 34]에 나타내었다. 그리고 차단주파수에서 필터의 종류와 차수에 따른 특성들을 아래의 [표 35]에서 비교하였다.

[표 34] 필터의 종류에 따른 특징

	버터워스 필터	링크위츠릴리 필터	베셀필터
차단주파수	−3dB	−6dB	−3dB
음압감쇄특성	리플없이 평탄	평탄	단조로운 감쇠
기울기	급격	가장 급격	가장 완만
위상특성	급격	가장 급격	선형적

[표 35] 차단주파수에서 필터의 종류에 따른 특성비교

차수	버터워스 필터	링크위츠릴리 필터	베셀필터
1	6dB/Oct.		6dB/Oct.
	평탄		평탄
2	12dB/Oct.	12dB/Oct.	12dB/Oct.
	음압이 상쇄	음압이 상쇄	−8dB 딥이 형성
3	18dB/Oct.		18dB/Oct.
	평탄		−12dB 딥이 형성
4	24dB/Oct.	24dB/Oct.	24dB/Oct.
	3dB 피크가 형성	평탄	−3dB 딥이 형성

13.4. 크로스오버의 설계에 대한 예

1) 2-way 방식의 크로스오버

2-way 방식의 스피커시스템에서 트위터에는 입력신호의 고음성분만이 입력되어야 하는 반면에, 우퍼는 저음부에 해당하는 신호성분만이 입력되어야 한다. 만약 이들이 서로 교차되어 입력되었을 경우에는 각 스피커의 유닛에 대한 안정성과 음질을 보장받을 수 없게 된다. 인덕터와 콘덴서로 구성된 2-way 형태의 크로스오버는 하나의 전기적 필터처럼 작동하게 될 것이다.

교류회로에서 인덕터는 주파수가 증가할수록 고유의 전류흐름을 방해하게 된다. 이처럼 인덕터가 교류회로에 흐르는 정상적인 전류의 흐름을 방해하는 것을 유도성 리액턴스라고 정의하며, 마치 저항과 같은 작용을 하기 때문에 유도성 리액턴스의 단위를 오옴(Ω)으로 사용한다. 식(13.2-2)에서 보면, 유도성 리액턴스(X_L)는 인덕턴스(L)가 일정하여 주파수(f)에만 비례하게 된다. 그러므로 주파수가 높아질수록 유도성 리액턴스가 증가하여 고음부의 흐름을 방해하게 되는 것이다. 인덕터와 트위터를 서로 직렬로 연결한 후에 교류신호를 입력하면 주파수가 높아짐에 따라서 트위터의 출력이 감소하게 된다(그림189).

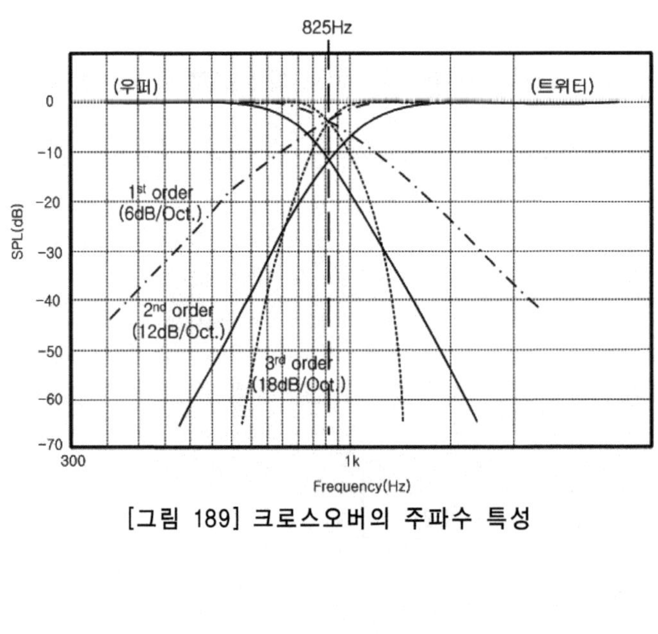

[그림 189] 크로스오버의 주파수 특성

콘덴서의 경우에는 인덕터와 반대의 작용을 한다. 교류회로에서 콘덴서는 주파수가 감소하면 고유의 전류흐름을 방해하는 정도를 증가시킨다. 이러한 작용을 용량성 리액턴스(X_C)라고 정의하며, 저항과 같은 역할을 하기 때문에 용량성 리액턴스의 단위도 오옴(Ω)을 사용한다. 식(13.2-1)에서 보면, 용량성 리액턴스(X_C)는 커패시턴스(C)가 일정하여 주파수(f)에만 반비례함을 알 수 있다. 다시 말하면, 주파수가 낮아질수록 용량성 리액턴스가 증가하여 저음의 흐름을 방해하는 것이다. 콘덴서와 우퍼를 직렬로 연결한 후에 교류신호를 입력하면 주파수가 낮아짐에 따라서 우퍼의 출력이 감소하게 된다(그림189).

[그림 189]는 우퍼와 트위터로만 구성된 2-way 방식의 크로스오버에서 세 가지의 형태들에 대한 가청주파수 대역의 주파수 특성을 보여준다. 1차형 크로스오버(1st-order crossover, 그림189)를 살펴보면, 주파수가 증가함에 따라서 200Hz부터는 출력이 감소하는 것을 볼 수 있다. 825Hz에 도달하였을 때에는 우퍼와 트위터 모두가 기준음압(0dB)으로부터 3dB씩 감소하여 있는 것을 볼 수 있다. 여기서 3dB는 음향파워가 절반(1/2)으로 감소하였음을 의미하는 음압이다. 825Hz이상의 주파수에서 우퍼의 출력은 한 옥타브당 6dB(6dB/Oct.)씩 지속적으로 감소하는 반면에, 트위터의 출력은 한 옥타브당 6dB(6dB/Oct.)씩 상승하여 약 3,000Hz정도에서 기준음압(0dB)에 도달하게 된다. 우퍼와 트위터의 주파수 특성에서 서로 교차하는 주파수가 존재하게 된다. 이를 크로스오버 주파수(F_c, crossover frequency)라고 부르며, [그림 189]에서는 825Hz에 해당한다. 크로스오버 주파수 이상에서는 콘덴서를 사용하여 저음신호가 트위터로 입력되는 것을 중점적으로 억제하는 가운데 고음신호의 입력을 유지하게 된다. 그리고 크로스오버 주파수 이하에서는 인덕터에 의해 고음신호가 우퍼로 들어가는 것이 억제되지만 저음신호는 방해받지 않고 입력된다.

[그림 190①~③]는 서로 다른 차수의 크로스오버를 보여준다. [그림 190①]는 1차 크로스오버라고 부르며, 트위터와 우퍼가 서로 병렬로 연결되어 있고 인덕터 또는 콘덴서가 단 하나씩만 직렬로 연결되었다. 즉 1차 크로스오버는 인덕터와 직렬로 연결된 트위터와 콘덴서와 직렬로 연결된 우퍼가 서로 병렬로 연결된 크로스오버 회로를 의미한다. [그림 190②~③]은 2차와 3차 크로스오버의 형태를 보여준다. [그림 189]에 보여주는 것처럼, 크로스오버의 차수(order)가 높아질수록 출력이 감소되는 비율이 증가

하게 된다. 이는 크로스오버의 차수가 높을수록 주파수가 필터링(filtering)되는 비율(기울기)이 높아짐을 의미한다. 다시 말하면, 1차 크로스오버는 한 옥타브(octave)당 6dB씩 감소하는 반면에, 2차 크로스오버는 12dB 그리고 3차 크로스오버는 18dB씩 감소하게 된다. 이것에 대한 실질적인 결과를 살펴보면, 300Hz에서 1차 크로스오버는 기준음압으로부터 8dB가 감소한 반면에 2차 크로스오버는 16dB가 그리고 3차 크로스오버에서는 27dB가 감소하게 된다. 만약 825Hz(F_c)이하의 주파수에서 1차 크로스오버를 선택하면, 트위터에 저음부의 신호가 입력될 수 있어서 트위터의 안정성이 문제가 될 수도 있다.

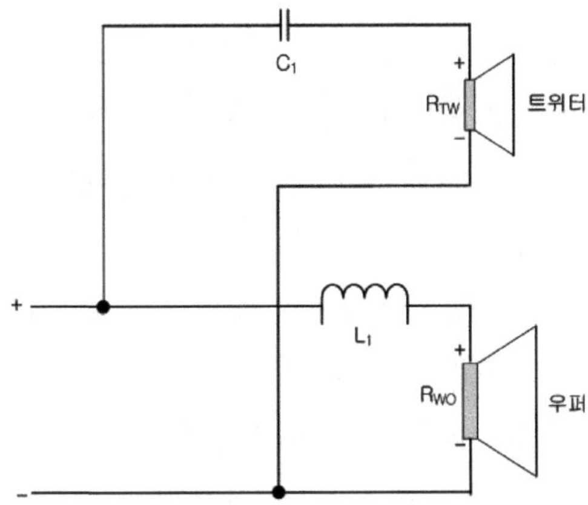

[그림 190①] 2-way 방식의 1차 크로스오버 회로

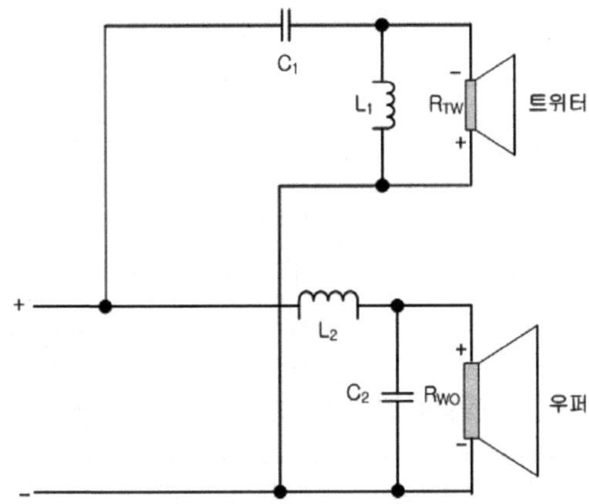

[그림 190②] 2-way 방식의 2차 크로스오버 회로)

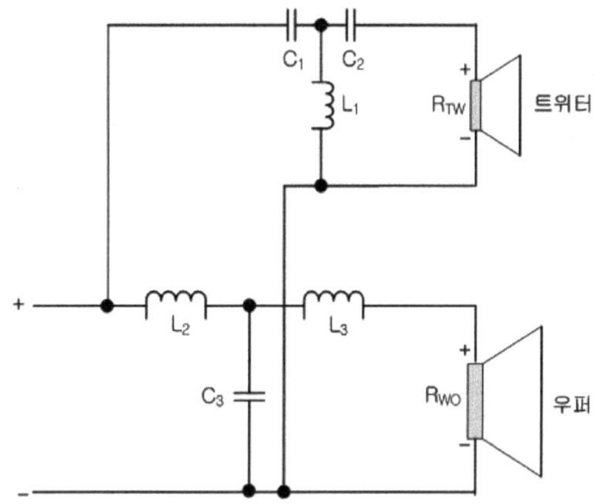

[그림 190③] 2-way 방식의 3차 크로스오버 회로

(1) 1차 크로스오버(1st-order crossover)

1차 크로스오버는 복잡하지 않고, 가격도 비싸지 않으며, 원하는 위상특성을 가질 수 있는 장점이 있는 반면에, 스피커시스템의 음향방사특성이 균일하지 않고 저음신호가 완전히 제거되지 않아서 트위터의 안전성에 문제가 발생할 수도 있다.

① 콘덴서와 인덕터의 용량

1차 크로스오버에서 주파수특성을 살펴보면, $R_{WO}=X_L$와 X_L일 때 크로스오버 주파수에서 3dB가 감소하게 된다. 여기서 커패시턴스(C)와 인덕턴스(L) 값을 R_{TW}와 R_{WO}로 구하면 다음과 같다.

$$C=\frac{1}{2\pi\cdot F_c\cdot R_{TW}}$$

$$=\frac{1}{6.28318\cdot F_c\cdot R_{TW}}$$

$$=\frac{0.159155}{F_c\cdot R_T}$$

여기서 C : 커패시턴스(F)

$2\pi=6.28318$

F_c: 크로스오버 주파수(Hz)

R_{TW}: 트위터의 임피던스(Ω)

$$L = \frac{R_{WO}}{2\pi \cdot F_c}$$

$$= \frac{R_{WO}}{(6.28318 \cdot F_c}$$

$$= \frac{0.159155 \cdot R_{WO}}{F_c}$$

여기서 L : 인덕턴스(H)

R_{WO} : 우퍼의 임피던스(Ω)

커패시턴스와 인덕턴스는 일반적으로 마이크로패럿(μF)과 밀리헨리(mH)의 크기를 사용하기 때문에 위 식들을 다시 쓰면 아래와 같다.

$$C(\mu\text{F}) = \frac{159,155}{F_c \cdot R_{TW}}$$

$$L(\text{mH}) = \frac{159.155 \cdot R_{WO}}{F}$$

② 크로스오버 설계를 위한 일반적 요구

2-way 방식의 스피커시스템을 설계하는데 있어서, 첫 번째 선택은 스피커시스템에 사용하고자 하는 트위터와 우퍼를 선정하는 일이다. 많은 사람들이 트위터와 우퍼를 선택하는데 있어서, 이들의 감도(sensitivity)를 정확히 정합시키는 것이 가장 중요하다고 말한다. 그러나 트위터에 저항을 연결하여 트위터의 감도를 몇 dB 정도는 감소시킬 수 있어서 우퍼의 감도와 어렵지 않게 정합시킬 수 있다. 다시 말하면, 트위터와 우퍼 사이에 어느 정도의 감도 차이는 저항을 통하여 정합시킬 수 있다는 것을 말한다.

두 번째로써 우퍼는 트위터보다 효율이 좋아야 한다. 왜냐하면, 스피커시스템을 실내에서 스탠드 위에 놓았을 때, 주파수가 낮아짐에 의하여 반사면(예를 들면, 바닥)으로부터 반사효과가 감소하여 우퍼의 전방에 대한 음압보강이 떨어지기 때문에 음압레벨이 6dB정도 낮아지게 된다. 그 이유는 저음 영역에서는 소리가 모든 방향으로 골고루 퍼지는 무지향적 특성을 가지는 반면에, 고음의 경우에는 특정한 방향으로만 소리가 퍼져 나가려는 특성을 가지기 때문이다. 다시 말하면, 스피커시스템을 바닥에 설치하게 되면 어느 한 청취점에 저음은 우퍼에서 방사되는 직접음과 바닥에서 반사된 반사음이 동시에 도달하는 반면에 고음은 트위터에서 방사되는 직접음만이 존재하게 된다. 따라서 스피커시스템을 스탠드로 공중에 설치하게 되면 저음에 대한 반사음(예를 들면, 바닥)이 존재하지 않아서 음압이 감소하는 현상이 나타나게 된다.

세 번째는 크로스오버 주파수의 선택이다. 우퍼와 트위터의 주파수 특성이 서로 약간 겹치어 전체적인 주파수 특성을 평탄(flat)하게 만드는 것이다. 이를 위하여 크로스오버 주파수를 스피커의 공명진동수로부터 최소한 한 옥타브(one-octave)이상 떨어지도록 하여야 한다. 특히 트위터의 경우에 크로스오버 주파수(Fc)가 트위터의 공명주파수 근처이면 트위터로부터 거친 소리가 재생될 수 있다. 이러한 점들은 고품질의 크로스오버 설계를 위한 시작점이 될 것이다.

③ 1차 크로스오버 설계의 예제

공명진동수(fS)가 967Hz이고 17,500Hz부터 음압저하(roll-off)가 발생하는 트위터와 감도가 유사하고 4,250Hz까지 음압저하가 일어나지 않는 6.5인치 우퍼를 사용하기로 하자. 1차 크로스오버는 주파수가 변함에 따라서 한 옥타브당에 6dB씩 감소하는 특성(그림189)을 가지고 있기 때문에 크로스오버 주파수(F_c)를 다음과 같이 결정하는 것이 바람직할 것이다.

▷ 트위터의 공명진동수(f_S= 967Hz)로부터 가급적 떨어지게 함 :
첫 번째 옥타브 = 1,934Hz, 두 번째 옥타브 = 3,868Hz

▷ 우퍼의 음압저하가 일어나지 않는 주파수로 결정함 : 4,250Hz 이하
이런 경우에 있어서, 크로스오버에 사용되는 커패시턴스와 인덕턴스를 쉽게 구하기 위하여 크로스오버 주파수를 3,500Hz로 선정하는 것이 바람직하다(단, 우퍼와 트위터의 임피던스= 8Ω). 즉 이러한 크로스오버에 사용되는 인덕터와 콘덴서의 용량을 계산하여 보면,

$$L = \frac{159.155 \cdot 8}{3,500} = 0.36\,\text{mH}$$

$$C = \frac{159,155}{3,500 \cdot 8} = 5.7\mu\text{F}$$

④ 설계보강

1차 크로스오버의 취약점은 트위터에 콘덴서를 직렬로 연결하여 저음 신호가 트위터

로 입력되는 것을 억제한다고 하여도 어느 정도의 저음이 트위터로 입력된다. 이러한 취약점을 보완하기 위해서는 크로스오버에서 저음 신호를 제거하는 전기필터의 비율(sharpness)을 높여야 할 것이다. 여기서 비율이라 함은 주파수 변화에 따라 음압이 얼마큼씩 감소하는지에 대한 비율로써, 음압의 감소분을 주파수의 변화량으로 나눈 것(기울기)을 의미한다. 필터의 비율(sharpness)을 높일 수 있는 방법이 바로 크로스오버에 인덕터와 콘덴서를 추가하여 만든 2차 크로스오버이다. 다시 말하면, 1차 크로스오버에 인덕터와 콘덴서를 추가적으로 삽입하게 되면 크로스오버의 필터링 능력이 향상된다. 즉 트위터의 경우에는 저음부의 신호를, 우퍼는 고음부의 신호를 1차 크로스오버에 비하여 높은 비율로 음압을 감소시키게 될 것이다. 2차 크로스오버의 경우에 크로스오버 주파수를 벗어나게 되더라도 한 옥타브당 12dB씩 음압이 지속적으로 저하하게 된다. 트위터에 공급되는 저주파수를 차단하기 위한 최소의 필터링은 2차 크로스오버로써 충분할 수 있다. 일반적으로 2차 크로스오버는 1차 크로스오버보다 우퍼와 트위터 사이의 간격에 대해 민감하지 않다. 다시 말하면, 이들의 중심사이의 거리가 달라지면 크로스오버 주파수가 달라지기 때문에, 1차 크로스오버보다 2차 크로스오버가 이러한 문제를 해결하는데 유리한 편이다. 그러므로 스피커들의 수직배열에서 스피커의 중심 사이의 간격을 가깝게 하는 것이 유리하게 된다.

1차 크로스오버의 경우에 크로스오버 주파수에서 불과 3dB만이 기준음압(0dB)으로부터 감소되는 반면에, 2차 크로스오버에서는 6dB의 음압이 저하되기 때문에 크로스오버 주파수에서의 딥(dip)이 1차 크로스오버에 비해 더욱 깊게 나타난다(그림189). 이처럼 2차 크로스오버의 차단주파수에서 딥(dip)이 깊어지는 것을 극복하기 위하여 [그림 190②]에서와 같이 트위터의 극성(+/−)을 역으로 연결한다. 이는 트위터와 우퍼의 출력 사이에 주어지는 180° 의 위상 차이를 동일한 위상으로 바꾸기 위함이다. 그 결과로써, 우퍼와 트위터가 동일한 위상으로 출력을 낼 수 있기 때문에 6dB의 음압이 올라가게 될 것이다. 이로 인하여, 크로스오버 주파수에서 주어지는 6dB 음압레벨의 딥(dip)을 회복하여 전체적인 주파수 특성이 평탄(flat)하게 만들어질 것이다.

(2) 2차 크로스오버(2nd-order crossover)

2차 크로스오버는 한 옥타브당 음압감쇠비율이 1차 크로스오버에 비하여 높다. 이러한 점은 1차 크로스오버에서 저음신호의 통과로부터 일어나는 트위터의 안전성을 보다 높이게 된다.

① 콘덴서와 인덕터의 용량

2차 크로스오버는 짝수-차수형 크로스오버(even-order crossover)로써, 홀수-차수형 크로스오버(odd-order crossover)와 마찬가지로 두 가지 형태로 분류할 수 있다. 첫 번째는 1970년대에 *Siegfried Linkwitz*가 개발한 "올 패스(all-pass) 또는 Linkwitz-Riley"이다. 이는 위상이 다른 모든 주파수의 출력을 동일하게 통과시키는 크로스오버이다. 음압의 분포가 유닛의 중심에 대해 대칭이 되며, 고급형 스피커시스템에 사용된다. 두 번째는 "컨스탄트-파워(constant-power)"로써, 스피커시스템 전면부(배플)에 수직한 중심축으로부터 비대칭적인 음향파워를 발생시킨다. 이러한 유형의 크로스오버는 방청석과 같이 잔향이 큰 공간에서 정면 이외의 곳에서 듣는 사람들이 많은 경우인 SR시스템(공연이나 PA)용으로 적당하다.

2-way 방식의 스피커시스템에서 Linkwitz-Riley형 2차 크로스오버에 대한 마이크로 단위의 커패시턴스(μF)와 밀리단위의 인덕턴스(mH)들에 대한 계산법을 아래에서 보여준다.

▷ 트위터에 대하여,

$$C_1 = \frac{1 \cdot 10^6}{4\pi \cdot F_c \cdot R_{TW}}$$

$$= \frac{79,577}{F_c \cdot R_{TW}}$$

$$L_1 = \frac{1 \cdot 10^3 \cdot R_{TW}}{\pi \cdot F_c}$$

$$= \frac{318.3 \cdot R_{TW}}{F_c}$$

여기서 R_{TW} : 트위터의 임피던스(Ω)

F_c : 크로스오버 주파수(Hz)

C_1 : 트위터 관련한 크로스오버의 커패시턴스(μF)

L_1 : 트위터 관련한 크로스오버의 인덕턴스(mH)

π : 3.14159

▷ 우퍼에 대하여,

$$C_2 = \frac{1 \cdot 10^6}{4\pi \cdot F_c \cdot R_{WO}}$$

$$= \frac{79,577}{F_c \cdot R_{WO}}$$

$$L_2 = \frac{1 \cdot 10^3 \cdot R_{WO}}{\pi \cdot F_c}$$

$$= \frac{318.3 \cdot R_{WO}}{F_c}$$

여기서 R_{WO} : 우퍼의 임피던스(Ω)

C_2 : 우퍼 관련한 크로스오버의 커패시턴스(μ F)

L_2 : 우퍼 관련한 크로스오버의 인덕턴스(mH)

② 실제 설계

1차 크로스오버처럼 동일한 우퍼와 트위터를 사용하며, 크로스오버 주파수를 3,500Hz로 하고, $R_{TW} = R_{WO} = 8\Omega$이라고 하자. 이때 각각에 대한 커패시턴스와 인덕턴스를 구하면 아래와 같다.

$$C_1 = C_2$$

$$= \frac{79,577}{F_c \cdot R_{TW}} = \frac{79,577}{3,500 \cdot 8}$$

$$= 2.84\mu\text{F}$$

$$L_1 = L_2$$

$$= \frac{318.3 \cdot R_{TW}}{F_c} = \frac{318.3 \cdot 8}{3,500}$$

$$= 0.73\text{mH}$$

③ 설계보강

크로스오버에 사용되는 인덕턴스와 커패시턴스를 계산하는데 있어서, 우퍼와 트위터의 임피던스인 R_{WO}와 R_{TW}들이 저항처럼 고려되어 왔다. 크로스오버의 설계를 보강하기 위하여, 크로스오버 주파수(F_c) 뿐만 아니라 크로스오버 주파수의 앞뒤 주파수들에 대한 저항도 고려하여야 한다. 유닛의 보이스 코일은 인덕터라는 특성으로 인하여 저항처럼 단순히 행동하지는 않는다. 2-way 방식의 크로스오버에서는 저항과 콘덴서 하나씩으로 구성된 임피던스 보상 네트웍(impedance compensation network 또는 conjugate network)이 일반적으로 우퍼에 관련된 회로에 추가된다. 이에 대한 결과를 [그림 191①]에서 볼 수 있다. [그림 191①]에서의 실선은 크로스오버와 우퍼 사이에 임피던스 보상 네트웍이 추가되기 이전의 임피던스 특성이고, 점선은 임피던스 보상 네트웍이 추가된 이후의 임피던스 특성이다. 임피던스 보상 네트웍이 추가된 이후에 우퍼의 임피던스 특성이 약 100Hz 이상에서 평탄(flat)하게 보상되었음을 알 수 있다. 이처럼 임피던스 보상 네트웍(그림191②)을 구성하는 저항과 커패시턴스의 계산은 다음과 같이 한다.

$$R_C \equiv 1.25 \cdot R$$

$$C = \frac{1 \cdot 10^3 \cdot L}{{R_C}^2}$$

여기서 R : 보이스 코일의 DC 저항(Ω)

L : 보이스 코일의 인덕턴스(mH)

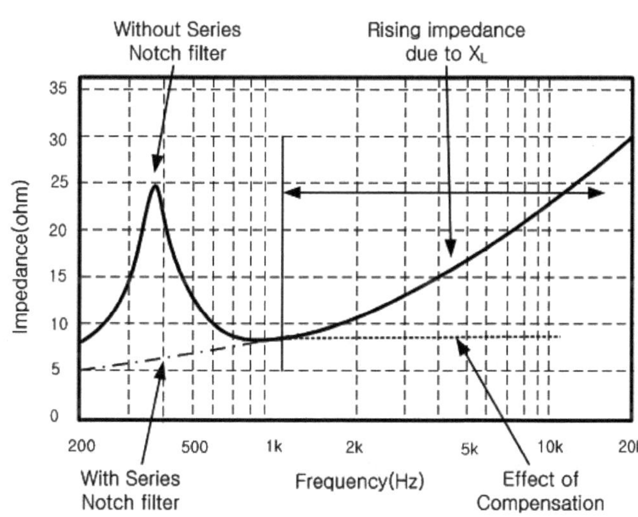

[그림 191①] 스피커 유닛의 임피던스 특성

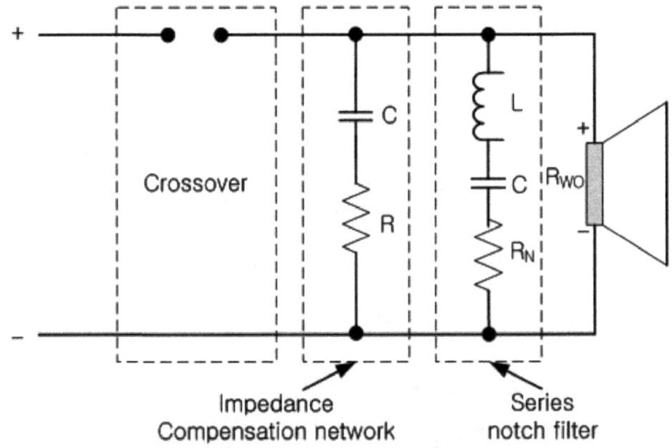

[그림 191②] 임피던스 보상 네트웍 및 노치필터

④ 감쇄 네트웍(attenuation network)

2-way 방식의 스피커시스템의 제작을 위하여 선정한 우퍼와 트위터에 동일한 입력(2.83V)을 가한 후에, 이들 스피커로부터 1m되는 지점에서 측정한 감도(sensitivity)가 우퍼는 89dB 그리고 트위터는 94dB라고 가정하자. 만약 이들을 그대로 스피커시스템에 사용하게 되면 트위터의 소리가 크게 들려 전체적인 주파수 특성이 균형을 잃게 될 것이다. 그러나 우퍼의 감도를 높일 수는 없는 관계로 트위터의 출력을 감쇄(attenuation)시켜 주파수 특성의 균형을 잡아야 할 것이다. 이처럼 유닛의 출력을 감쇄시키는 회로를 감쇄 네트웍(attenuation network, 그림191③)이라고 한다. 두 개의 저항으로 구성되어 있으며, 트위터와 직렬(R_S)과 병렬(R_P)로 각각 연결되어 있음을 [그림 191③]에서 볼 수 있다. 이들 저항에 대해 계산하는 식들은 다음과 같다.

$$R_P = \frac{10^{b/20} \cdot R_T}{1 - 10^{b/20}}$$

$$R_S = R_{TW} - \left(\frac{1}{R_P} + \frac{1}{R_{TW}}\right)^{-1}$$

여기서 b : 감쇄에 필요한 정도(−dB)

R_T : 트위터 임피던스(Ω)

따라서 우퍼와 트위터의 출력을 서로 정합시키기 위해서는 트위터의 출력을 5dB 감소시켜야 한다. b=−5dB와 R_T=8Ω을 위 식들에 대입하여 R_P와 R_S를 계산하면

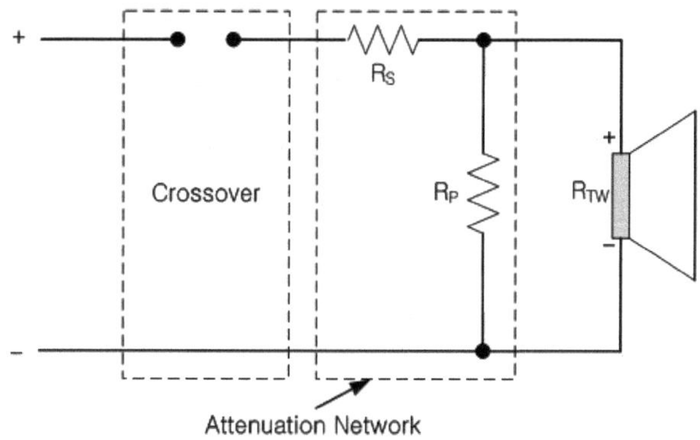

[그림 191③]: 감쇄 네트웍

$$R_P = \frac{10^{-5/20} \cdot 8}{1 - 10^{-5/20}}$$
$$= 10.28\Omega$$

$$R_S = 8 - (\frac{1}{10.28} + \frac{1}{8})^{-1}$$
$$= 3.5\Omega$$

이들 저항으로 구성된 감쇄회로를 추가하였을 경우의 결과를 [그림 191③]에서 보여준다.

2) 3-way 방식의 크로스오버

(1) 크로스오버의 일반특성

스피커시스템을 2-way가 아닌 3-way로 설계하는 경우에는 여러 가지 이유들이 있다. 첫 번째는 보다 강한 저음을 만들어 내기 위함이다. 만약 한 개의 우퍼를 사용하는 스피커시스템의 경우에, 저음의 출력을 높이기 위해서는 큰 지름(diameter)을 갖는 우퍼를 사용하여야 한다. 그러나 지름이 큰 우퍼는 주파수 특성이 대체로 거칠어지고(rough), 작은 지름의 우퍼에 비하여 주파수가 높아질수록 소리가 방사되는 폭이 좁아지는(directional) 약점을 가지게 된다. 우퍼를 선정하는 방법은 유닛에서 진동판의 유효직경(effective cone diameter)을 파장으로 하는 주파수를 크로스오버 주파수로 하는 우퍼로 사용하라. 예를 들면, 크로스오버 주파수가 1,300Hz일 경우에 파장이 약

10.89인치가 되기 때문에 이보다 다소 큰 12인치 우퍼를 사용하는 것이 바람직할 것이다. 만약 이러한 방법으로 2-way 방식의 스피커시스템에서 12인치 우퍼(≈ 1,200Hz)를 사용한다면, 주파수가 1,300Hz에서 교차될 수 있는 트위터를 찾아야 할 것이다. 두 번째는 우퍼와 트위터가 재생하기 어려운 중음의 재생을 전담할 수 있는 미드레인지(midrange)를 사용하는 것이다.

[그림 192]에서 보여주는 것처럼, 앰프에서 들어온 신호를 3-way 크로스오버에서는 저음(low-pass filter), 고음(high-pass filter) 그리고 저음과 고음 사이의 중음(band-pass filter)로 나누게 된다. 여기서 미드레인지의 입력을 위해 중음만을 통과시키는 회로는 트위터 입력을 위한 고음과 우퍼 입력을 위한 저음만을 통과시키는 회로들의 조합으로 만들 수 있다. 이처럼 앰프로부터 입력된 소리신호를 저음, 중음, 고음등의 세 가지로 나누게 되면, 두 개의 크로스오버 주파수가 만들어진다. 트위터와 미드레인지 사이의 크로스오버 주파수를 F_{HC}로 정의하고, 미드레인지와 우퍼 사이의 크로스오버 주파수를 F_{LC}로 정의하기로 하자($F_{LC} < F_{HC}$).

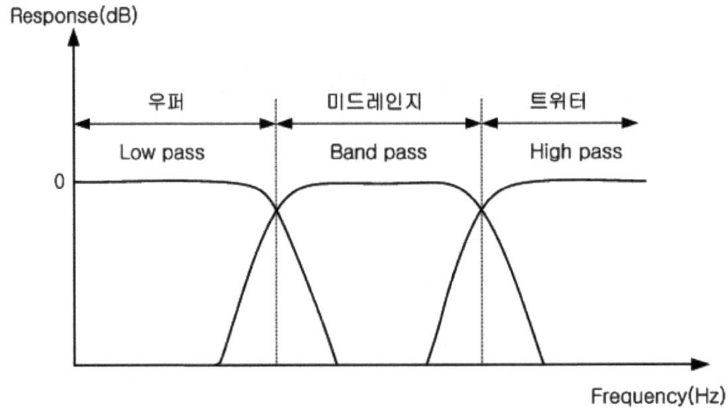

[그림 192] 3-way 스피커시스템에서 요구되는 크로스오버 주파수특성

① 1차 크로스오버(1st-order crossover)의 콘덴서와 인덕터

3-way 방식의 스피커시스템에서 한 옥타브당 6dB씩 감소하는 1차 크로스오버를 [그림 193]에서 보여준다. 콘덴서를 고음통과필터(high-pass filter), 인덕터를 저음통과필터(low-pass filter)라고 부른다. 이러한 크로스오버에서 사용되는 각각의 인덕터와 콘덴서의 용량을 아래에서 결정할 수 있다.

▷ 트위터에 대하여(커패시턴스의 단위 : μF)

$$C_1 = \frac{159,155}{F_{HC} \cdot R_{TW}}$$

▷ 미드레인지에 대하여(커패시턴스의 단위 : μ인덕턴스의 단위 : mH)

$$C_2 = \frac{159,155}{F_{LC} \cdot R_{MI}}$$

$$L_1 = \frac{159,155 \cdot R_{MI}}{F_{HC}}$$

▷ 우퍼에 대하여(인덕턴스의 단위 : mH)

$$L_2 = \frac{159,155 \cdot R_{WO}}{F_{LC}}$$

여기서 C_1 : 트위터에서의 커패시턴스(μF)

F_{HC} : 트위터와 미드레인지 사이의 크로스오버 주파수(Hz)

R_{TW}: 트위터의 임피던스(Ω)

L_1 : 미드레인지에서의 인덕턴스(mH)

L_2 : 우퍼에서의 인덕턴스(mH)

R_{MI} : 미드레인지의 임피던스(Ω)

C_2 : 미드레인지에서의 커패시턴스(μF)

F_{LC} : 미드레인지와 우퍼 사이의 크로스오버 주파수(Hz)

R_{WO} : 우퍼의 임피던스(Ω)

[그림 193]에서 보여주는 것처럼, 3-way 방식의 크로스오버의 경우에는 두 개의 딥이 존재한다. 이 딥을 극복하여 전체적인 주파수특성이 평탄하도록 만드는 것이 2-way 방식의 스피커시스템처럼 단순하지는 않다. 3-way 방식의 스피커시스템에서 주파수특성을 평탄하게 하기 위해서는 미드레인지를 우퍼와 트위터의 크로스오버들에서 잘 조화시켜야 한다. 이것을 이루기 위해서는, 미드레인지용 크로스오버의 식에 주어진 F_{LC}와 F_{HC}를 가급적 가깝도록 하여야 한다. F_{LC}와 F_{HC}를 가깝게 하기 위하여, 두 개의 특별한 식을 사용하게 되고, 이로 인한 결과를 F_{LC}'와 F_{HC}'로 다시 정의하게 된다.

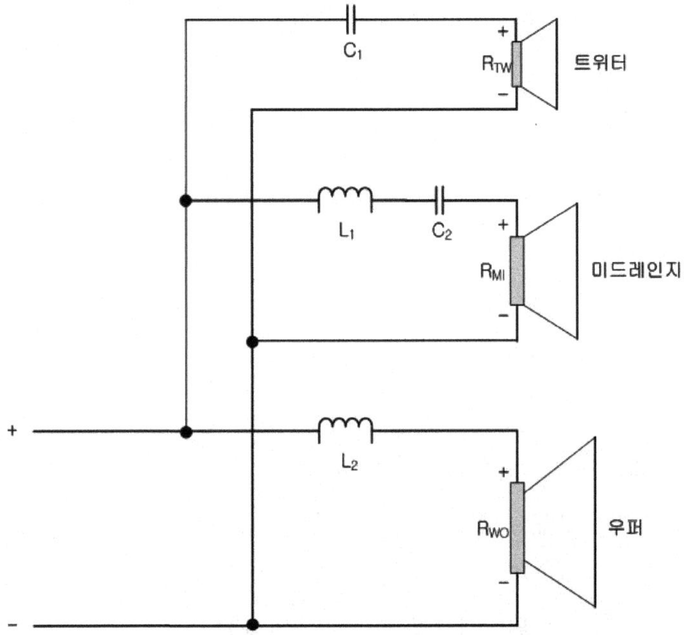

[그림 193①] 3-way 스피커시스템 1차 크로스오버(병렬형)

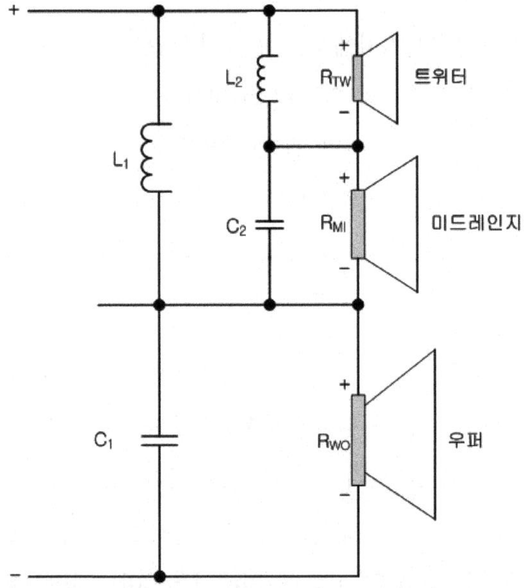

[그림 193②] 3-way 스피커시스템 1차 크로스오버(직렬형)

② F_{LC}'와 F_{HC}'의 결정법

실질적으로 미드레인지는 두 개의 차단주파수인 F_{LC}와 F_{HC} 사이의 중앙에 해당하는 주파수에서 공명(resonance)이 일어난다. 이 때 중앙주파수를 계산하는 방법은 산술평균(arithmetric mean)이 아닌 기하평균(geometric mean)에 의해 결정된다. 중앙주파수의 결정을 위한 기하평균(F_M)은 아래와 같이 쓸 수 있다.

$$F_M = (F_{LC} \cdot F_{HC})^{1/2}$$

그리고 미드레인지는 F_{LC}와 F_{HC} 사이의 중앙주파수 뿐만 아니라, F_{LC}'와 F_{HC}' 사이의 중앙주파수에서도 공명이 일어나게 된다. 다시 말하면,

$$F_M = (F_{LC}' \cdot F_{HC}')^{1/2}$$

위의 식들 모두가 F_M에 관한 식이므로, 다음과 같이 다시 쓸 수 있다.

$$F_{LC} \cdot F_{HC} = F_{LC}' \cdot F_{HC}' \tag{13.3-1}$$

그리고 밴드패스 주파수 비율(bandpass frequency ratio, F_{HC}/F_{LC})에 대해서도 알아 둘 필요가 있다. 만약 F_{HC}/F_{LC}가 8이라는 것은 8이 23이기 때문에 F_{LC}와 F_{HC}가 세 개의 옥타브만큼 떨어져 있다는 것을 의미한다. 이 비율을 1만큼 줄이면 디자인 비율(design ratio)인 F_{HC}'/F_{LC}'과 같아지면서 F_{HC}와 F_{LC}가 좀 더 가까워진다.

$$\frac{F_{HC}'}{F_{LC}'} = \frac{F_{HC}}{F_{LC}} - 1 \tag{13.3-2}$$

③ 실제 설계의 예제

3-way 방식의 스피커시스템에서 1차 크로스오버를 설계하기 위해서는 우선적으로 F_{HC}'와 F_{LC}'의 주파수를 알아야 한다. 이들 주파수는 미드레인지용 크로스오버를 설계하는데 사용될 것이다. 여기서 스피커시스템을 위하여 4Ω의 트위터와 8Ω의 미드레인지와 우퍼를 사용한다고 가정하고, F_{HC}를 4,500Hz로 그리고 F_{LC}를 500Hz라고 하자. F_{HC}/F_{LC}= 4,500/500 = 9이기 때문에 크로스오버 주파수는 세 개의 옥타브보다

조금 더 떨어져 있다. 그리고 식(13.3-2)를 사용하여 F_{HC}'/F_{LC}'를 구하면,

$$\frac{F_{HC}'}{F_{LC}'} = \frac{F_{HC}}{F_{LC}} - 1 = 9 - 1 = 8$$

그러므로

$$F_{HC}' = 8 \cdot F_{LC}'$$

식(13.3-1)을 이용하여 F_{LC}' 를 구하면,

$$F_{LC} \cdot F_{HC} = F_{LC}' \cdot F_{HC}' = F_{LC}' \cdot 8 \cdot F_{LC}'$$

다시 쓰면

$$500 \cdot 4,500 = F_{LC}' \cdot 8 \cdot F_{LC}' = 8 \cdot (F_{LC}')^2$$

그러므로

$$F_{LC}' = \left(\frac{500 \cdot 4,500}{8}\right)^{1/2} = 530.3\text{Hz}$$

그리고, 식(13.3-1)에 의하여 F_{HC}' 를 구하면,

$$F_{HC}' = \frac{500 \cdot 4,500}{530.3} = 4,242.8\text{Hz}$$

3-way 방식의 스피커시스템에서 크로스오버 주파수인 F_{HC}' 와 F_{LC}' 들은 오직 미드레인지용 크로스오버 성분을 설계할 경우에 사용되는 반면에, F_{HC}와 F_{LC}는 우퍼와 트위터용 크로스오버 성분을 설계할 때에 사용된다. 이 때 각각의 인덕턴스와 커패시턴스는 다음과 같이 구해진다.

▷ 트위터에 대하여(high pass)

$$C_1 = \frac{159,155}{F_{HC} \cdot R_{TW}} = \frac{159,155}{4,500 \cdot 8} = 8.8\mu\text{F}$$

▷ 미드레인지에 대하여(band pass)

$$L_1 = \frac{159,155 \cdot R_{MI}}{F_{HC}'}$$

$$= \frac{159,155 \cdot 8}{4,242.8}$$

$$= 0.3\text{mH}$$

$$C_2 = \frac{159,155}{F_{LC}'} \cdot R_{MI}$$

$$= \frac{159,155}{530.3} \cdot 8$$

$$= 37.5\mu\text{F}$$

▷ 우퍼에 대하여(인덕턴스의 단위 : mH)

$$L_2 = \frac{159,155 \cdot R_{WO}}{F_{LC}}$$

$$= \frac{159,155 \cdot 8}{500}$$

$$= 2.5\text{mH}$$

미드레인지와 우퍼의 임피던스를 보상하는 네트웍에 대하여 다시 논의하기로 하자. 1차 크로스오버는 한 옥타브당 6dB씩 음압을 감쇄시키는 특성을 가지고 있다. 그러나 우퍼와 트위터가 주파수에 따른 고유의 특성을 가지고 있다. 다시 말하면, 이들 유닛이 한 옥타브의 주파수가 변화되는데 12dB씩 감소하는 고유의 특성을 가지고 있을 수 있다는 것이다. 이런 경우에 전체적인 음압감쇄는 1차 크로스오버에 의한 6dB와 유닛들이 가지는 고유의 12dB 감소특성들이 서로 합쳐져서 실질적으로 한 옥타브당 18dB 씩의 음압이 감소할 수 있다는 것을 의미한다. 왜냐하면, 우퍼와 미드레인지의 주파수 특성을 살펴보면, 일반적으로 큰 비율로 음압이 감소하는 것을 볼 수 있기 때문이다. 우퍼와 미드레인지가 1차형 크로스오버로 설계되었다하여도 실질적인 음압감쇄가 18dB 로써 3차형 크로스오버에 해당하기 때문에 트위터에 관련한 크로스오버 성분은 3차형으로 설계되어야 한다. 이런 경우의 크로스오버는 1차와 3차의 혼합형 크로스오버가 될 것이다.

제 14 장. 스피커시스템

유닛이 단독적으로 완벽한 소리를 재생하기는 이론적으로 어렵기 때문에, 유닛을인클로저라고 불리는 상자에 부착하여 완벽한 소리의 재생을 시도하게 된다. 따라서 인클로저가 도입되어야 하는 배경과 필요성, 역할 그리고 종류에 따른 특성들을 논의할 것이다. 인클로저는 초기의 배플형태를 거쳐 밀폐형, 덕트형(duct, port) 그리고 혼 로딩(horn loading)형 등으로 발전하여 왔다. 앰프의 출력이 좋지 않았던 시절에 고출력을 내기 위해서는 인클로저를 크게 설계할 수 밖에 없었다. 예를 들면, 극장용 혼 스피커의 경우에 스피커시스템의 발음부에 나팔을 붙여 임피던스를 정합시키는 방법으로 음향출력을 최대화하였다. 그러나 위상반전형 인클로저가 개발됨에 따라서 스피커의 후방음을 전방으로 보내어 전방음의 출력을 보강하여 주고, 진공관이 아닌 트랜지스터 앰프의 등장과 함께 거대했던 인클로저는 실용적인 크기로 감소하게 된다. 특히 오늘날에는 인클로저의 역할이 음질향상과 더불어 디자인적인 요소를 갖춘 고도의 기술이 요구되고 있다.

14.1. 배플(Baffle)

만약 진동판이 앞으로 전진운동(또는 후진운동)을 하게 되면, 진동판의 전면에는 공기의 밀도가 높아지게(또는 낮아지게) 되고 후면에는 그 만큼의 밀도가 낮아지게(또는 높아지게) 된다. 이처럼 공기밀도의 차이가 주변으로 골고루 퍼져 나가야만 소리가 정상적으로 전파될 것이다. 그러나 진동판의 운동에 의해 공기의 밀도가 변하게 되면,

진동판의 전면과 후면의 밀도를 원래의 상태로 되돌리려고 하는 성질을 갖게 된다. 다시 말하면, 자연은 어떠한 변화를 일으키지 않고 원래의 상태를 유지하려고 하는 성질을 가지고 있기 때문이다. 따라서 진동판의 전면과 후면 사이의 공기밀도 차이가 서로 상쇄되어 곧 바로 소멸되는 동시에 소리의 방사가 전파되기도 전에 사라지는 현상이 된다. 만약 [그림 194]처럼 진동판이 전진운동을 하게 되면, 진동판의 전면에 있던 공기 입자들이 유닛의 가장자리를 통하여 진동판의 후면으로 곧 바로 이동해 공기의 밀도를 다시 동일하게 형성시키려 하게 될 것이다.

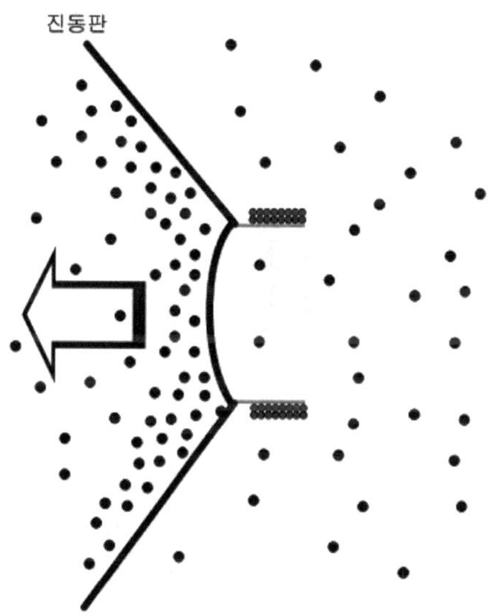

[그림 194] 스피커 진동판의 전진운동에 따른 공기밀도의 변화

그러나 진동판의 운동속도가 높아지게 되면(고음의 경우), 공기 입자들이 유닛의 후면으로 이동이 일어날 수 있는 시간적 여유를 주지 않기 때문에 공기의 밀도가 정상적으로 높아졌다 낮아졌다를 반복하여 양질의 소리가 재생될 수도 있다. 저음의 경우에는 공기 입자들이 후면으로 이동할 수 있는 시간적 여유가 있기 때문에 진동판의 전면에 위치해 있는 공기 입자들이 완전한 전진 또는 후진운동을 할 수 없어서 소리의 재생이 불완전하게 된다. 이처럼 진동판의 운동에 의해 스피커의 전면과 후면에 있는 공기입자들이 서로 섞이는 것을 방지하기 위해서는 이들을 서로 격리시킬 수 있는 배플이 필요하게 된다. 고음의 경우처럼 유닛의 직경보다 음파의 파장이 작게 되면, 배플의 영향을 받지 않고 전방으로만 소리가 전파된다(그림195①). 이런 경우에는 배플이

실질적으로 필요가 없는 경우에 해당한다. 그러나 음파의 파장이 유닛의 직경보다 크게 되면, 공기입자가 유닛의 후면으로 이동하게 되어 불완전한 소리로 재생될 것이다(그림195②). 이처럼 소리의 불완전한 재생을 방지하기 위하여 [그림 195③]처럼 배플을 만들어 주면, 후면으로 이동하려는 공기입자가 배플에서 반사되어 다시 전면으로 나오게 되며, 소리의 손실도 없어지게 될 것이다. 소리의 주파수가 낮아질수록 소리의 파장은 커지게 되므로, 저음일수록 매우 커다란 크기의 배플이 필요하게 될 것이다(무한배플). 이러한 무한배플의 개념을 현실적으로 실현하기 위하여 인클로저가 탄생하게 되고, 크로스오버와 더불어 스피커시스템의 시작점이 되었다.

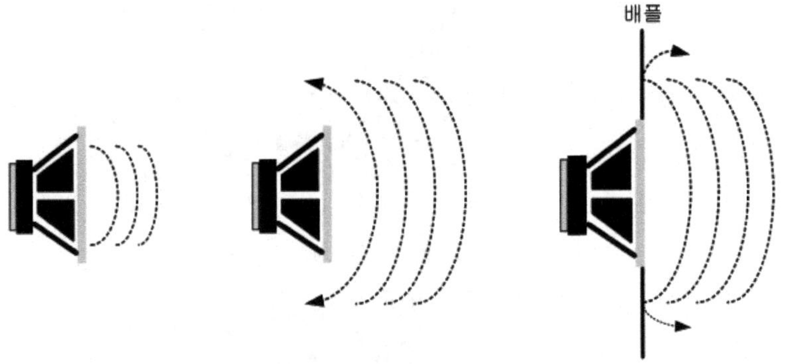

[그림 195] 배플이 없을 또는 있을 경우에 파장의 따른 현상

14.2. 무한배플에서 인클로저까지

20Hz의 음파를 위한 배플의 크기를 계산하면, 그 파장이 17m이기 때문에 유닛을 기준으로 하여 상하(또는 좌우)를 고려하였을 때에 34m에 달하게 된다. 이는 한 층의 높이가 약 3m인 아파트를 기준으로 하였을 때에 적어도 11층이 넘는 높이에 해당된다. 이러한 크기의 배플을 유닛에 부착한다는 것은 실로 불가능하다고 할 수 있다. 따라서 적당한 크기의 배플로 만들어 유닛의 특성을 조사하게 되며, 이러한 크기의 배플을 유한배플이라 한다. 그러나 배플의 크기가 너무 작게 되면, 유닛의 특성이 실질적으로 정확하지 않게 조사되어 특성이 변하게 된다. 그 이유는 유닛에서 나온 소리가

배플로부터 반사가 일어나지 않고, 후면으로부터 다시 돌아오는 소리와 간섭현상을 일으켜 소리가 감소 또는 증가되기 때문이다. 배플의 크기를 효과적으로 감소시킬 수 있는 방법이 바로 [그림 196]에서 보여주는 것처럼 배플을 접는 방식이다. 이와 같이 배플을 접게 되면, 배플의 크기가 위에서와 같이 대단히 크지 않아도 상당한 효과를 볼 수 있기 때문이다. 그 후에 배플의 후면을 막으면서 인클로저의 역사가 시작되었다.

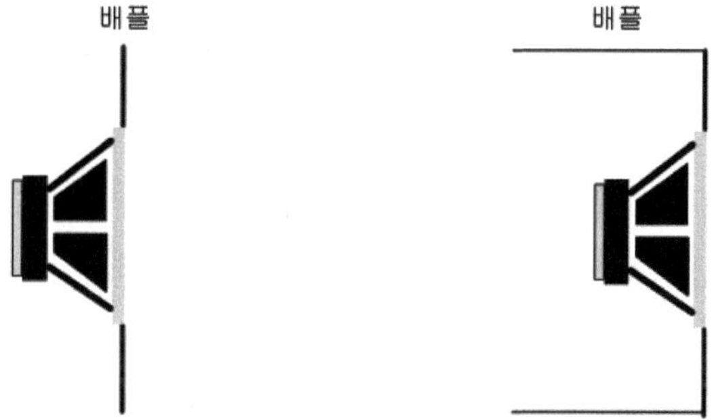

① 직선 형태의 배플 ② 접힌 형태의 배플

[그림 196] 배플의 형태

14.3. 인클로저

1) 인클로저의 정의

무한배플의 현실적인 실현을 위하여 배플을 접고 옆면과 후면을 부착하게 되면 하나의 밀폐된 상자가 만들어지게 된다. 이렇게 되면 유닛의 후면에서 방사된 소리는 밀폐상자 안에서 벗어나지 못하게 되며, 밀폐상자 안에서만 여러 번의 반사와 함께 내부의 흡음재에 의해 결국 소멸된다. 이처럼 전면에 유닛이 부착되어 있는 밀폐상자를 인클로저라고 부른다.

2) 인클로저의 중요성

인클로저는 무한배플의 역할을 대신하는데, 특히 저음의 음질에 큰 영향을 주게 된다. 만약 저음의 음질특성이 달라지면, 중음 뿐만 아니라 고음의 음색이 함께 변하게 되어 모든 주파수대역에 대한 음색이 전반적으로 바뀌게 되는 결과를 가져 올 것이다. 이처럼 전반적인 음색을 바꿀 수 있는 인클로저의 특성은 인클로저의 형태, 크기, 재료 및 공작기술 그리고 유닛의 위치등에 의해 달라질 수 있다. 여기서 인클로저의 크기는 인클로저 안에 있는 공기의 양으로 바꾸어 말할 수 있다. 만약 공기의 양이 지나치게 작게 되면, 인클로저 안에 있는 공기가 진동판의 운동에 의해 압축 또는 팽창이 되어 진폭인 큰 저음을 원만히 재생할 수 없게 된다. 그러나 공기의 양이 지나치게 커지면, 진동판의 운동에 의한 압축 또는 팽창이 미약해져서 진동판의 운동에 영향을 거의 주지 않지만 인클로저의 댐핑역할이 매우 약하게 된다. 따라서 적당한 공기의 양을 가지게 되면 인클로저로 인한 적절한 댐핑을 얻게 될 것이다. 여기서 인클로저의 댐핑역할이라 함은 내부공기의 적당한 수축과 팽창으로 인하여 진동판의 지나친 전진 또는 후진운동을 방지하게 되고, 수축 또는 팽창압력에 의해 진동판이 빠른 시간 내에 원래의 위치로 돌아오는데 도움을 주게 되는 것을 말한다. 이와 같은 댐핑의 역할은 인클로저 안의 공기를 하나의 용수철로 대신하여 생각할 수도 있으며(그림197), 이 체적은 T/S 매개변수를 활용한 등가체적으로 구할 수 있다.

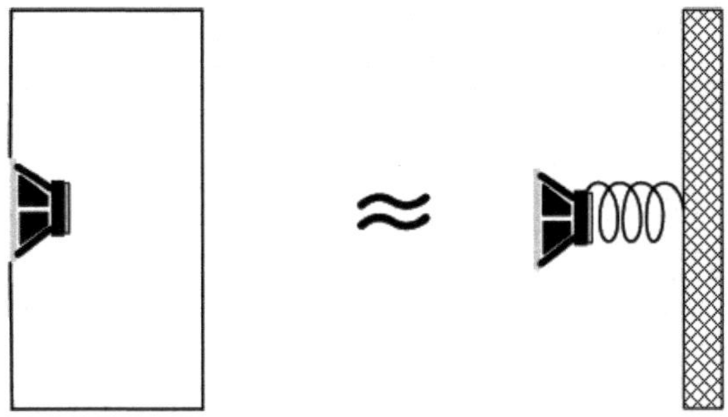

[그림 197] 인클로저의 댐핑역할

14.4. 인클로저의 재료특성

초창기에 인클로저의 재료로써 사용되던 원목이 지금까지도 지속적으로 사용되고 있다. 그러나 원목을 잘게 자른 후에, 이들을 재구성하는 집성목 또는 합판의 형태로 많이 변하고 있다. 그리고 톱밥을 열과 압력으로 압축하여 만든 칩보드로 발전하다가,

현재에는 "Star Wood"라는 MDF가 많이 사용되고 있다. 이처럼 여러 가지 종류의 목재를 사용해 오고 있는 이유가 많이 있으나, 가격이 저렴하고, 구하기가 어렵지 않으며, 가공이 용이하고, 생산성이 높다는 점등을 특징으로 들 수 있다(표 36). 그러나 90년대 이후부터 목재뿐만 아니라 석재, 금속재 그리고 합성수지(플라스틱)등의 특수한 재료의 사용이 크게 늘고 있다.

[표 36]: 인클로저 재질의 특성

<table>
<tr><th>형 태</th><th>종 류</th><th>장 점</th><th>단 점</th></tr>
<tr><td rowspan="5">목재</td><td>원목</td><td rowspan="5">▷ 단가가 저렴
▷ 생산성이 높음
▷ 고질량(MDF) : 공진방지
▷ 적당한 흡음과 반사</td><td rowspan="5">▷ 디자인이 획일적</td></tr>
<tr><td>집성목</td></tr>
<tr><td>합판</td></tr>
<tr><td>칩보드</td></tr>
<tr><td>MDF</td></tr>
<tr><td rowspan="3">합성수지</td><td>아크릴</td><td rowspan="3">▷ 다양한 디자인
▷ 가격이 저렴
▷ 생산성 높음(대량생산)
▷ 질량이 낮음</td><td rowspan="3">▷ 공진 가능성이 높음</td></tr>
<tr><td>세라믹</td></tr>
<tr><td>플라스틱</td></tr>
<tr><td rowspan="2">금속재</td><td>알루미늄</td><td rowspan="2">▷ 강도가 높음
▷ 고질량 : 공진방지
▷ 디자인이 우수</td><td rowspan="2">▷ 생산성이 낮음
▷ 접합점에서 공기가 새기 쉬움
▷ 정재파가 발생 가능
▷ 금형비가 높음
▷ 접합이 어려움
▷ 흡음이 잘 되지 않음</td></tr>
<tr><td>알루미늄 합금</td></tr>
<tr><td rowspan="2">석재</td><td>대리석
(인조 대리석 포함)</td><td rowspan="2">▷ 강도가 높음
▷ 밀도가 높음: 공기가 새지 않음
▷ 고질량 : 공진방지</td><td rowspan="2">▷ 단가가 비쌈
▷ 가공이 어려움
(인조 대리석은 제외)</td></tr>
<tr><td>화강암</td></tr>
</table>

14.5. 흡음재

스피커시스템을 제작하는데 있어서 중요한 부품 중에 하나가 흡음재이다. 왜냐하면 스피커의 진동판이 진동을 하면, 인클로저 안에는 압력이 발생하게 되고, 이 압력으로 하여금 인클로저가 2차적으로 진동(공진)하여 소리를 발생시키기 때문이다. 이러한 인클로저의 측면과 후면 판넬들에서 발생하는 공진은 유닛들에서 발생시킬 수 없는 저음 대역을 보강하는 수단으로 사용되기도 하지만, 유닛에서 발생된 소리에 오히려 부정적인 영향을 주기도 한다. 특히 후면 판넬의 공진은 진동판의 후방음과 혼합되어 더욱 큰 영향을 주게 된다. 따라서 인클로저 판넬의 공진을 효과적으로 활용하던지 아니면 부정적 영향을 감소시키기 위하여 흡음재가 필수적으로 요구될 것이다. 인클로저 내부에 부착된 흡음재의 역할은 다음과 같다.

▷ 유닛(우퍼, 풀레인지)의 Q값을 낮춤
　저음의 붕붕거림이나 울림을 억제하는 효과가 있지만, 소리가 둔탁해짐
▷ 정재파를 방지
▷ 인클로저의 공진을 방지
▷ 인클로저 내부체적의 증가 효과
　이론적으로 약 25~40%의 증가효과를 기대할 수 있어서, 실제적으로 인클로저의 크기를 추가적으로 감소시킬 수 있음
▷ 인클로저 안에서 발생하는 반사를 감소시킴
▷ 인클로저 내부의 공기압력증가에 의한 온도상승을 감소시킴

흡음재를 두껍게 부착할수록 낮은 주파수의 소리까지 효과적으로 흡음할 수 있다. 밀폐형 인클로저의 경우에는 각 판넬 길이에 따른 기본 공진주파수와 이에 따른 고조파들이 인클로저의 중앙부근에서도 존재하게 된다. 따라서 이들의 효과적인 흡음을 위해서는 인클로저 판넬의 내부에 흡음재를 부착할 뿐만 아니라 내부 공간에 많은 양의 흡음재를 채워야 할 것이다. 이것이 밀폐형 인클로저의 내부가 흡음재로 가득 채워져 있는 이유이다. 반면에 포트(덕트)형은 기본적으로 인클로저 내부의 공진을 활용하는 방식이다. 따라서 인클로저의 공진을 억제하기 위하여, 내부의 공간까지 많은 양의 흡음재를 사용할 필요가 없다. 포트형에서 흡음을 중점적으로 제어해야 할 부분은 유닛의 후방음이 직접적으로 영향을 줄 수 있는 후면 판넬이 될 것이다. 그러므로 인클로저의 후면 판넬에 흡음재가 집중적으로 부착되며, 측면이나 상/하면의 판넬들에는 적당한 양의 흡음재를 사용하는 것이 바람직할 것이다. 만약 포트형 인클로저의 내부에 흡음재를 지나치게 사용하게 되면, 내부체적이 감소될 뿐만 아니라 포트의 작동을 효과적으로 활용하지 못하는 결과를 가져 올 수 있다. 그리고 인클로저의 형태에 관계없

이 인클로저 내부의 압력이 증가하게 되면 내부온도가 동시에 상승하게 될 것이고, 이로 인하여 음속이 증가하는 결과를 초래하게 될 것이다. 따라서 흡음재의 적절한 사용을 통하여 내부온도의 상승을 억제하는 효과도 동시에 기대할 수 있다. 인클로저 내부에 흡음재를 사용하였을 경우에 대한 음향특성의 변화를 (표37)에서 보여준다. 이는 흡음재를 채우지 않았을 경우(기본상태)와 동일한 인클로저에 Fill Dacron, Acousta-Stuf, Fiberglass와 Acoustic Foam 등의 재료를 50%, 100% 그리고 50%+50%로 혼합하여 사용한 경우들에 대한 특성변화를 보여준다.

[표 37] 인클로저 내부의 흡음재의 종류에 따른 음향특성

재료	Z_o	f_s	Q_{MS}	Q_{ES}	Q_{TS}	f_3
기본상태	38.96	84.54	7.74	1.45	1.22	61.91
50%						
Fill Dacron	34.46	83.21	6.51	1.41	1.16	61.86
Acousta-Stuf	33.53	82.08	6.23	1.40	1.14	61.36
1lb/ft^3 Fiberglass	27.77	79.51	4.93	1.40	1.09	60.37
2lb/ft^3 Fiberglass	30.27	78.75	5.42	1.39	1.10	59.59
4lb/ft^3 Fiberglass	31.52	82.06	5.78	1.40	1.13	61.52
Acoustic Foam	33.44	80.23	6.19	1.40	1.14	59.98
100%						
Fill Dacron	29.77	81.77	5.39	1.40	1.11	61.68
Acousta-Stuf	23.82	80.09	3.97	1.38	1.02	62.42
1lb/ft^3 Fiberglass	19.87	76.79	3.20	1.44	0.99	60.64
2lb/ft^3 Fiberglass	15.80	79.37	2.27	1.44	0.88	66.71
4lb/ft^3 Fiberglass	16.71	78.66	2.37	1.42	0.89	65.67
Acoustic Foam	17.35	75.91	2.44	1.35	0.87	64.26
50% + 50%						
Fill Dacron	14.78	78.12	1.80	1.28	0.75	73.91
Acousta-Stuf	20.97	77.17	3.22	1.35	0.95	62.17
1lb/ft^3 Fiberglass	14.67	75.86	1.79	1.29	0.75	71.76
2lb/ft^3 Fiberglass	21.96	79.11	3.49	1.33	0.96	63.40
4lb/ft^3 Fiberglass	18.11	73.55	2.58	1.33	0.88	61.83
Acoustic Foam	24.28	76.91	4.04	1.37	1.02	59.94

14.6. 보강재

인클로저 내부의 압력증가에 의해 발생하는 판넬의 공진을 보강재(브레싱)를 사용하여 진동을 억제할 수도 있다. 보강재를 사용할 경우에도 각별한 주의가 요구된다. 무조건 보강재를 사용한다고 해서 음질이 향상되는 것이 아니기 때문이다. 만약 보강이 취약한 부분이 만들어지면 이 부분에서의 공진이 집중적으로 나타나게 될 것이고, 전반적으로 보강을 충분히 한 경우에는 압력증가가 진동판 자체로 되돌아 와서 음질이 둔탁해질 수도 있다. 일반적으로 보강재를 뒷면, 측면과 상판에 사용하게 되는데, 하판을 절대로 약하게 제작해서는 안된다. 그 이유는 하판이 약하여 진동을 하게 되면 진동이 받침대로 전달되어 재생음의 음질이 감소하기 때문이다. 이처럼 판넬이 공진하는 것을 보강재를 사용하여 감소시킬 수 있는 것처럼, 방진재를 판넬에 부착시켜 공진을 줄이거나 댐핑재를 사용하는 경우도 있다.

14.7. 정재파

인클로저의 대부분은 직사각형의 형태를 가진다. 이는 아마추어 및 제조자들이 가장 쉽게 제작할 수 있는 형태들 중의 하나이기 때문이다. 그러나 직사각형의 인클로저는 내부에 정재파(standing wave)의 발생을 용이하게 할 수 있다. 실질적으로 인클로저의 내부에는 유닛으로부터 나온 소리와 인클로저가 공진하여 발생된 소리 그리고 정재파에 의한 소리들이 복잡하게 존재한다. 정재파의 발생은 인클로저의 가로, 세로, 그리고 높이의 길이에 대한 연관성을 많이 가지고 있다. 이들 조건에 의하여 발생된 정재파는 인클로저 내부에서 음압이 최대 또는 없는(anti-node)점들을 만들며, 쉽사리 소멸되지 않는다. 이처럼 인클로저의 내부에서 정재파가 발생하는 것을 억제하기 위하여 다음과 같은 방법들이 있다.

▷ 인클로저의 가로, 세로 그리고 높이를 서로 다른 규격으로 결정

인클로저의 가로, 세로 그리고 높이를 동일하지 않게 하되, 절대로 정수배가 되지 않도록 함. *Thiele*에 의해 제안된 인클로저의 크기 비율을 가장 일반적으로

사용하고 있음. 높이, 너비와 깊이 사이의 황금비율(이집트 피라밋)은 2.6 : 1.6 : 1로써 2 : 1.44 : 1과 1.59 : 1.26 : 1의 비율도 사용하고 있음.

▷ 흡음재를 판넬에 부착하여 공진을 억제함과 내부에 채워서 소리를 흡음시킴

▷ 유닛의 위치에 따라서 정재파의 발생을 조절할 수 있음

14.8. 종류에 따른 특징

1) 크기에 따른 특징

(1) 플로어형(floor stand type)

톨보이형이라고도 불려지며 바닥에 세워 놓는 스피커시스템을 말한다(그림198). 인클로저의 높이는 대체로 약 80cm 정도부터 시작되며, 소리를 의자나 소파에 앉아서 듣는 것으로 가정하여 트위터의 위치를 사람의 귀의 높이에 맞추게 된다. 이는 트위터에서 발생되는 소리의 좁은 지향특성에 대처하는 방법이 되기도 한다. 일반적으로 2-way 또는 3-way의 형태로 스피커시스템이 제작된다. 3-way로 제작되는 경우에는 보다 큰 구경의 우퍼를 사용하기 때문에 풍부한 음량과 저음을 얻을 수 있게 된다.

[그림 198] 플로어형 스피커시스템

(2) 북셀프형(bookshelf type)

책장에 책들과 함께 넣어두고 사용한다는 뜻에서 유래한 스피커시스템을 말하며, 플로어형에 절반 정도의 크기를 갖는다(그림199). 플로어형처럼 트위터 높이를 사람의 귀 정도의 높이가 되도록 스탠드를 사용하기도 한다. 플로어형에 비하여 작은 유닛들을 사용하며, 2-way 스피커시스템으로 많이 설계되기 때문에 능률과 음량이 다소 작은 것이 단점이다. 그러나 가격이 저렴한 편이어서 가격에 대비한 음질이 우수한 장점을 가진다. 특히 작은 청취공간에서는 약 50% 정도의 성능만을 발휘할 수 있는 플로어형 스피커시스템보다 거의 100%의 성능을 보여줄 수 있는 북셀프형이 더욱 적당할 수 있다. 만약 북셀프형 스피커시스템을 책과 함께 책장에 넣어 두고 사용하게 되면, 책들을 배플의 연장으로 이해할 수 있다.

[그림 199] 북셀프형 스피커시스템

2) 형대에 따른 특징

(1) 밀폐형(sealed enclosure)

1949년 *Harry Olson*이 특허를 받아서, 1950년대부터 대중화를 일으킨 스피커시스템이다. 이는 유닛을 제외한 인클로저의 모든 외부를 완전히 밀폐시킨 형태(그림200)를 말하며, 가정용이나 카 오디오용에서 가장 많이 사용되는 디자인 중에 하나이다. 특히 고전음악을 듣기 위하여 많이 사용되며, 저음대역의 재생이 좀 취약한 특성을 가진다. 밀폐형 인클로저의 내부에 밀봉되어 있는 공기는 마치 스프링처럼 작용하여 진동판이 과도하게 움직이는 것을 방지하게 된다. 뿐만 아니라, 유닛의 진동판이 진동함에 의하여 공기의 압축 또는 팽창으로 인한 댐핑(어쿠스틱 서스펜전, acoustic suspension)이 일어나게 되는데, 인클로저의 내부체적이 크면 작게 일어나는 반면에 체적이 작으면 크게 발생하게 된다. 만약 인클로저의 내부체적이 크면, 어쿠스틱 서스펜전이 진동판의 진동을 제어하기가 어려워져서 저음의 재생이 용이해지며 주파수특성이 대체로 평탄해지는 경향을 갖게 된다(그림201). 반대로 인클로저의 내부체적이 작아지면, 어쿠스틱 서스펜전이 진동판의 진동을 제어하기가 쉬워져서 고음부의 재생과 주파수특성이 향상된다(그림201). 우수한 음질을 갖는 밀폐형 스피커시스템을 설계하기 위해서는 적당한 크기의 내부체적을 가져야 하는데, 이는 포트형이나 밴드패스형에 비하여 보다 넓은 범위의 오차를 허용하기 때문에 설계 및 제작이 용이한 편이다. 그러나 밀폐형의 경우에 유닛에서 후방으로(인클로저 내부로) 방사되는 소리를 모두 흡음재를 통하여 소멸시키기 때문에 효율이 낮아져서 큰 출력을 갖는 파워앰프가 요구된다. 스피커시스템에서의 공명진동수는 어쿠스틱 서스펜전에 의해 유닛의 공명진동수보다 다소간 높아지게 된다. 그리고 인클로저의 최저공명진동수 이하에서는 −12dB/Oct.의 감쇠(roll off) 특성을 가지게 된다.

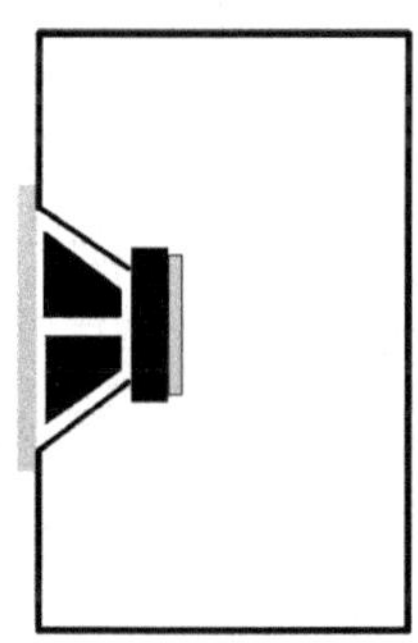

[그림 200] 밀폐형 인클로저

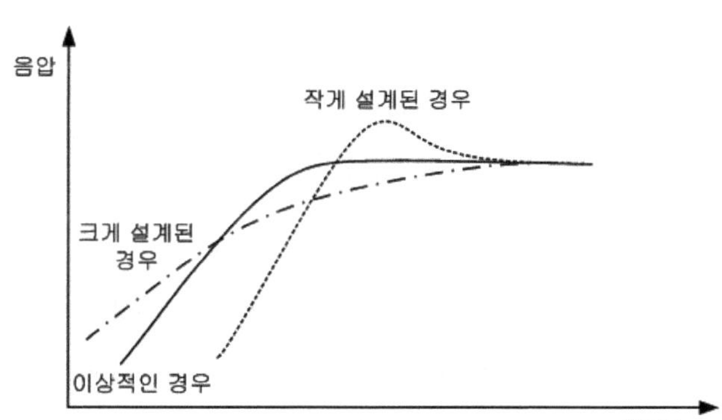

[그림 201] 인클로저 크기에 따른 주파수특성

(2) 포트형(ported enclosure)

1932년 *A.C. Thuras*가 세계에서 최초로 특허를 받은 스피커시스템으로써 밀폐형 인클로저의 전면 또는 후면에 포트 또는 덕트(duct)를 추가시킨 형태(그림202)이며, 베이스 리플렉스형(Bass Reflex, 위상반전형), 또는 벤트형(vented) 인클로저라고 불리기도 한다. 포트형의 가장 큰 특징은 인클로저에 설치된 포트를 통하여 유닛의 후방음을 인클로저의 외부로 내보내어 유닛의 전방출력을 보강하는 점이다. 이는 포트를 또 하나의 우퍼로 간주할 수 있으며, 포트로부터 나온 후방음의 위상이 후면 판으로부터 180° 역전되어 유닛의 전면에서 나온 방사음과 동일한 위상을 갖게 된다. 실질적으로 동일한 조건의 밀폐형 인클로저에 비하여 약 3dB정도의 음압상승을 기대할 수 있으며, 포트를 활용하여 진동판의 진동을 제어하기 때문에 소리가 왜곡되는 현상을 감소시킬 수도 있다. 포트형 인클로저에서 고품질의 저음을 만들어 내기 위해서는 인클로저의 크기, 포트의 크기, 길이 및 공명효과 그리고 유닛등의 영향을 고려하여야 한다. 포트는 우퍼가 장착된 전면의 배플에 위치하는 것이 좋은데, 이는 유닛에서 나온 전면 방사음과의 위상 차이를 최소화할 수 있기 때문이다. 그리고 포트의 크기는 우퍼 구경의 1/3~1/4 정도가 가장 무난하다고 할 수 있다. 만일 동일한 튜닝주파수를 유지하고자 할 경우에, 포트의 단면적을 증가시키면 포트의 길이도 마찬가지로 늘어나야 할 것이다. 일정한 공기의 질량과 관성을 가진 포트의 공명진동수를 인클로저의 공명진동수와 동일하게 조절함으로써 출력이 보강되도록 하는 것이 바람직하다. 동일한 우퍼와 내부체적을 갖는 밀폐형 인클로저에 비해 저음역의 차단주파수(cutoff frequency)가 더욱 낮아서 더 낮은 저음의 재생에 보다 적합하다고 할 수 있다(표38). 그리고 저음역에서의 롤-오프는 공명진동수이하부터 급격히 감소하는 반면에, 고음에서는 보다 천천히 감소하는 특성을 가진다(그림203). 실질적으로 포트형 인클로저의 장점을 충분히 살리기 위해서는 고급형 설계기술이 요구된다.

포트형 스피커시스템을 설계하는데 다음과 같은 점을 유의하여야 한다.

▷ 포트의 체적만큼 인클로저의 체적이 감소함

▷ 덕트의 크기와 길이, 유닛과의 간격 등에 의하여 특성이 달라짐

▷ 밀폐형 인클로저에 비하여 저음재생에 좋은 특성을 가짐

▷ 만약 포트의 지름과 길이가 크면, 밀폐형 인클로저의 경우보다 훨씬 저역까지 재

생되지만 지나치게 크게 하면 저음은 나오지만 상대적으로 출력레벨이 낮아짐

▷ 포트의 숫자가 증가할수록 마찰로 인한 손실(포트 노이즈)이 커져서 저음이 가벼워짐

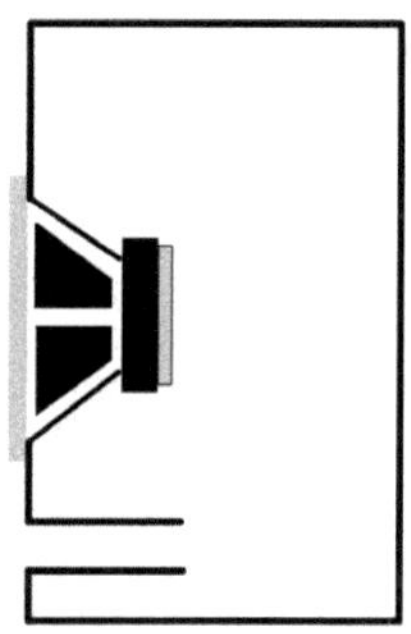

[그림 202] 포트형 인클로저

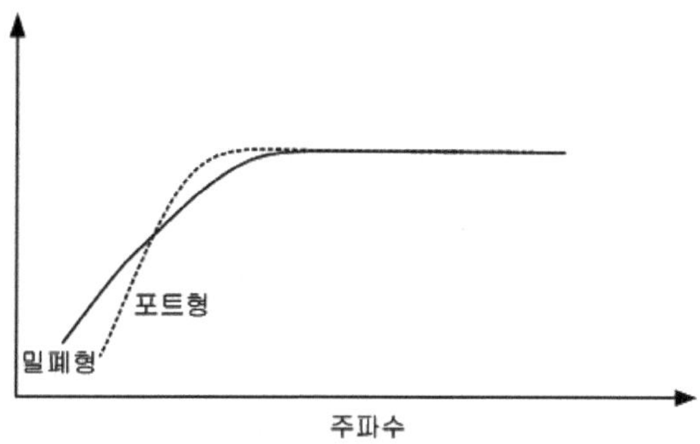

[그림 203] 인클로저 종류에 따른 주파수특성

[표 38] 밀폐형과 포트형 인클로저의 특성비교

밀폐형 인클로저	포트형 인클로저
▸디자인과 제작이 용이	▸디자인과 제작이 복잡함
▸power handling이 높음 ▸시스템의 효율이 가장 나쁨	▸효율이 밀폐형보다 좋음
▸인클로저 내부체적의 허용오차가 큼 (10~20%)	▸인클로저 내부체적의 허용오차가 작음
▸우수한 과도응답 ▸타이트한 저음 ▸스피커시스템의 공명진동수(f_c)에서 X_{max}가 최대 ▸왜곡율 : 최대	▸좋은 과도응답성 ▸스피커시스템의 공명진동수(f_v)에서 X_{max}가 최소 ▸소리의 왜곡이 감소
▸차단주파수(f_{X1})이하에서 완만한 감쇠 (−12dB/oct)	▸밀폐형보다 낮은 f_{X1} ▸f_{X1}이하에서 주파수가 급격히 감쇠 (−24dB/oct)
▸스피커시스템의 공명진동수(f_c) 이하에서 유닛은 인클로저의 댐핑을 유지	▸스피커시스템의 공명진동수(f_v)이하에서 유닛은 인클로저의 댐핑성을 잃기 때문에, f_v이하의 주파수를 제어하지 못함
▸작은 인클로저용 스피커를 사용하지 않았을 때, 최적의 성능을 얻기 위해서는 일반적으로 인클로저의 체적이 매우 커짐	▸작은 인클로저용 스피커를 사용하지 않았을 때, 최적의 성능을 얻기 위해서 밀폐형 인클로저의 체적보다 작아짐.

포트형 인클로저는 다시 몇 가지의 형태로 나눌 수 있다. 이들 각각에 대한 특성을 다음과 같이 고찰할 수 있다.

① 표준형

배플의 전면 또는 후면에 포트(덕트)를 하나 제작한 가장 일반적인 포트형 인클로저를 말한다. 특히 저음부의 효율 상승을 기대할 수 있으며, 약 3dB의 출력을 향상시킬 수 있다.

② 밴드패스형(band pass type)

카 오디오용으로 많이 사용되는 밴드패스형은 포트형의 특별한 형태로써, 2개 이상의 실(chamber)로 구성되며 외관상으로 이들은 밀폐형이나 포트형 또는 상호간에 포트형일 수도 있다(그림204). 유닛은 내부에 만들어진 밀실들 사이의 배플에 장착되기 때문에 외부에서 보이지 않으며 포트를 통하여 소리가 밖으로 빠져 나오게 된다. 여기서 밀실은 일정한 주파수대역의 소리만을 통과시키는 저역통과필터(Low-Pass Filter)처럼 작용하여 스피커시스템의 주파수특성을 조절하게 된다. 가장 특별한 장점은 다른 형태의 인클로저보다도 높은 효율과 저역재생의 특성을 갖기 때문에 작은 용량의 파워 앰프로도 충분한 출력의 저음을 얻을 수 있는 것이다. 포트형처럼 인클로저 내부 판넬들에 흡음재를 부착하지만 내부에 흡음재를 채우지는 않는다.

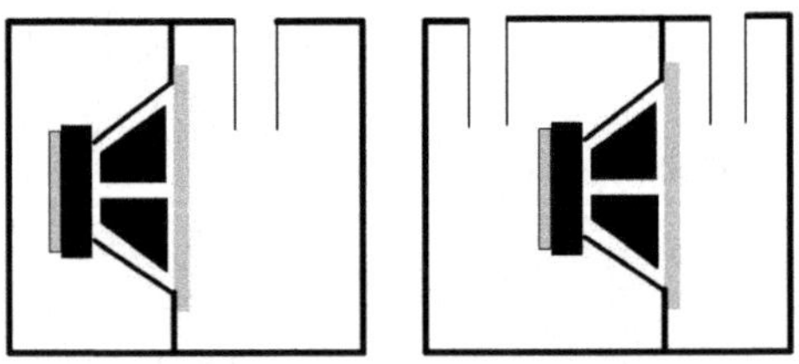

[그림 204] 밴드패스형 인클로저

저음과 고음의 음압감쇄특성은 모두 −12dB/Oct 특성을 가진다. 밴드패스형 인클로저는 유닛의 전후방에 있는 밀실의 크기와 포트의 튜닝주파수에 의하여 소리의 특성이 많이 변하게 된다. 만약 인클로저의 재생주파수 대역을 좁게 한다면 8dB까지의 음압 상승효과를 볼 수 있는 반면에, 재생주파수대역을 넓히면 작은 인클로저로 강력한 저역을 얻기가 어려워진다. 실질적으로 밴드패스형 인클로저는 포트형 인클로저에 비하여 설계가 매우 어렵다. 이는 작은 변화에 의해서도 소리의 변화가 매우 심한 것을 의미한다. 따라서 일반적으로 사용되기에는 어렵지만, 효율이 높은 대신에 다양한 장르의 음악을 소화하지 못하여 특정한 음악만을 위한 시스템으로 설계된다. 이는 특정한 주파수대역만을 통과시키는 밴드패스형이기 때문이다. 그리고 인클로저 내부에 두 개의 실이 함께 존재하다 보니까 스피커시스템의 크기가 커지는 단점도 존재한다. 밴드패스형은 싱글리플렉스형(single-Reflex)과 듀얼리플렉스형(dual-Reflex)으로 다시 나눌 수 있다. 듀얼리플렉스형은 효율이 높으며 음압감쇄특성이 급격한 대신에 싱글리플렉스형보다 인클로저의 크기가 커지게 된다.

③ 패시브 래디에이터형(passive radiator type)

[그림 205]에서와 같이 유닛이 2개로 구성되어 있는데, 하나는 일반적인 스피커를 의미하지만 다른 하나는 자기회로(영구자석과 보이스 코일)가 없이 진동판만 있는 스피커시스템을 말한다. 여기서 두 번째의 유닛을 드론콘(drone cone)이라고 하며, 이는 포트형 인클로저에서 포트와 비슷한 역할을 하며 포트의 공기질량이 진동판으로 바뀐 것이다. 포트형 인클로저의 포트 위치에 장착된 드론 콘의 구동은 다른 진동판의 진동에 의한 인클로저 내부의 공기압력에 의하여 수동적으로 이루어진다. 그리고 유닛과 드론 콘에서 방사되는 소리의 위상이 동일하고, 포트에서 발생할 수 있는 공진과 공기가 포트를 통과할 때에 발생하는 소음등을 피할 수 있다. 일반적으로 드론 콘의 형태를 평판형으로 제작하는 경우도 많다. 그리고 드론 콘의 질량을 구동하는 공기량보다 충분히 크게 할 수 있으므로 작은 내부체적으로도 보다 낮은 공진주파수를 끌어낼 수 있게 된다. 따라서 패시브 라디에이터형은 포트형의 단점들을 최소화하면서 장점들만을 살려보려는 목적으로 활용되는 것이다.

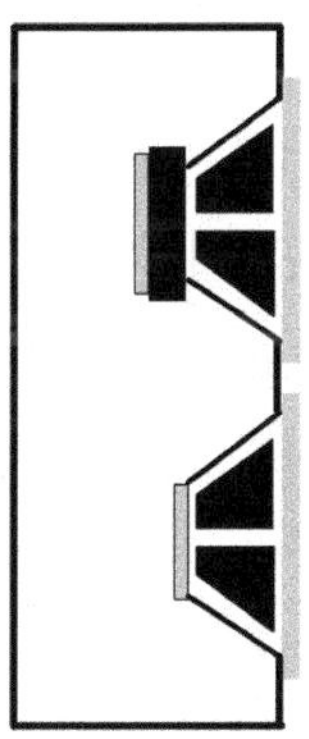

[그림 205] 패시브 래디에이터형 인클로저

④ 미로형(transmission line type)

미로형은 유닛의 후면으로 방사되는 소리를 한번 이상 구부러진 미로의 형태로 유도하여 저음재생에 이용하는 방식이다(그림206). 다시 말하면, 유닛의 후면으로 방사된 소리는 일정한 길이를 가진 통로 속에서 일정한 시간동안 지체되었다가 열려진 공간을 통해 유닛 전면의 소리와 동일한 위상으로 방사시킴으로써 저음을 보강하게 된다. 포트형보다도 인클로저의 크기가 커지는 단점이 있으나, 밀폐형보다는 왜곡이 줄어들며 저음의 과도응답이 좋다고 한다.

[그림 206] 미로형 인클로저

⑤ 아이소배릭형(isobaric type)

작은 인클로저로부터 저음을 더 끌어내기 위한 방법으로써, 보통 2개의 동일한 유닛을 작은 밀폐형 또는 포트형 인클로저의 내부에 넣어서 제작된다. 이들은 서로 반대의 또는 동일한 위상으로 연결되는데, 반대의 위상으로 연결될 경우에는 [그림 207]처럼 앞면(또는 뒷면)이 서로 마주보게 연결되는 반면에 동일한 위상일 경우에는 앞뒤가 서로 나란히 장착된다(그림208). 반대 위상법은 이들 유닛 사이에서 정재파의 발생을 감소시킬 수 있다. 이들 유닛은 전기적으로 병렬로 연결되며, 두 진동판 사이의 공기압력이 항상 동일하게 유지된다. 이로 인하여 보다 깊은 저음의 재생과 더욱 높은 파워 핸들링을 실현시켜 준다. 아이소배릭 인클로저에 장착된 두 개의 우퍼들은 질량이 크고 순응도가 높은 하나의 우퍼처럼 작동한다고도 볼 수 있다. 따라서 약 1/2 정도의 내부체적을 갖는 인클로저를 가지고 2배 이상의 내부체적을 갖는 인클로저보다 훨씬 더 깊고 낮은 저음을 재생할 수 있는 것이 가장 큰 장점이다.

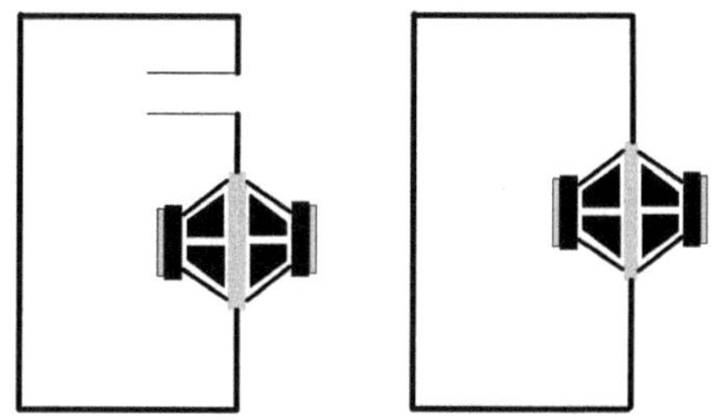

[그림 207] 반대위상을 갖는 아이소배릭형 인클로저

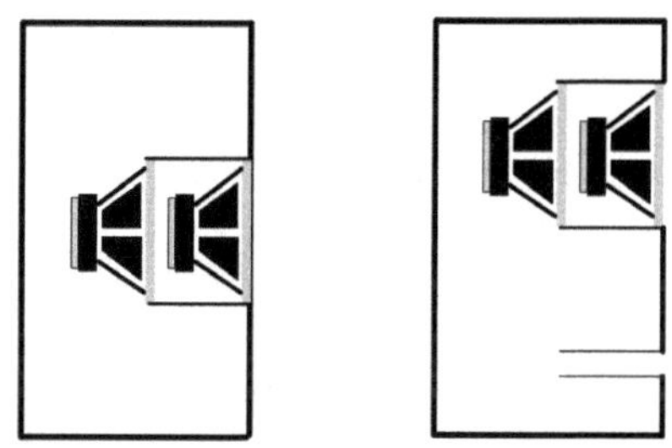

[그림 208] 동일위상을 갖는 아이소배릭형 인클로저

⑥ 배열형(array type)

스피커시스템에서 저음의 출력은 유닛이 진동할 때에 운동시킬 수 있는 공기의 양과 비례한다. 따라서 저역의 효율을 높이기 위해서는 직경이 큰 유닛을 사용하면 되지만 단점들도 존재한다. 예를 들면, 유닛의 크기가 커지면, 인클로저의 내부체적이 커지게 된다. 따라서 유닛의 크기를 증가시키지 않고 저역의 효율을 높이기 위한 방법 중에 하나가 여러 개의 작은 유닛을 사용하는 것이다. 이 방법은 유닛들을 수평적으로 배열한 후에 전기적으로는 직렬 또는 병렬로 연결하는 것인데, 하나의 작은 유닛처럼 수평적으로 넓은 확산을 가능하게 한다. 이는 수직적 음장확산을 막아서 바닥과 천장으로부터의 반사를 감소시키는 효과를 얻기도 한다. 반면에 우퍼들의 배열은 수직적이기보다는 수평적으로 제작되는데, 배열형의 인클로저는 밀폐형 또는 포트형이 사용된다.

⑦ 백로드 혼형(back-loaded horn type)

진공관식 앰프를 사용하던 시절에 스피커의 효율을 조금이라도 높이기 위해 고안된 스피커시스템이다. 백로드 혼형은 유닛의 후면에서 발생된 소리를 혼의 형태로 만들어진 음도(音道)를 따라 전면으로 유도하여 스피커의 저음역을 보강시키려는 시스템이다(그림209). 이 때 진동판에서 발생한 소리는 차츰차츰 넓은 공간으로 들어가게 설계되어 있는데, 혼의 폭은 일정한 반면에 높이만을 조절하여 면적이 넓어지기 때문에 CW(contact width) 혼이라고 부르기도 한다. 이 때에 인클로저 내부의 구부러진 음도들에 의해서 중고역은 감쇠되고 저음만이 남아서 스피커시스템의 전면에 있는 혼의 마우스를 통하여 방사된다. 간단히 표현하면, 백로드 혼형이라 함은 인클로저 자체가 하나의 혼처럼 설계되어 있는 것을 말한다. 백로드 혼 시스템을 설계하는데 있어서, 유닛에서 방사된 소리와 혼으로부터 방사되는 소리를 원만하게 서로 결합시키는 것은 후면의 공기실 크기, 혼의 길이, 단면적의 증가법 및 개구부의 크기, 음도판에서의 소리 새기(leakage) 또는 구부러진 부분의 완만성 그리고 흡음재의 부착법등에 의해 크게 영향을 받는다. 백로드 혼에 사용하는 유닛은 저음이 보강되므로 중고음의 음압 레벨이 높은 유닛이 알맞다.

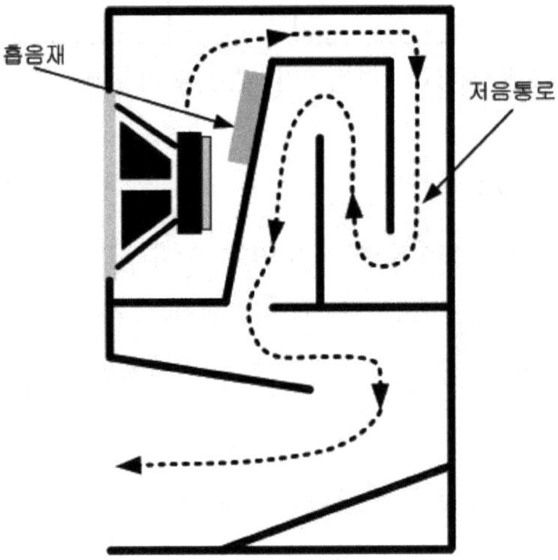

[그림 209] 백로드 혼형 인클로저

제 15 장. 틸-스몰(Thiele-Small) 매개변수

스피커의 특성을 표시하기 위하여, 여러 가지의 틸-스몰(Thiele-Small) 매개변수(f_S, f_C, Q_{TS}, Q_{MS}, Q_{ES}, Q_{TC}, V_{AS}, C_S와 S_D)들을 사용한다. 이러한 매개변수들은 *Neville Thiele*와 *Richard Small*에 의하여 정의되었는데, 유닛을 용도와 목적에 맞게 사용할 수 있도록 해 주는 길잡이가 된다.

15.1. 공명진동수(resonance frequency, fs)

공명진동수(f_S)의 변화는 아래와 같은 식으로 쓸 수 있다.

$$f_s = \frac{1}{2\pi} \times \left(\frac{s}{m}\right)^{1/2} = \frac{1}{2\pi} \times \left(\frac{1}{mC_S}\right)^{1/2} \qquad (5.10-1)$$

여기서 s는 지지계(suspension system, 에지+댐퍼)의 강성(stiffness, 딱딱한 정도), m은 진동계(moving system)의 질량을 의미하고, 그리고 C_S는 1/s(reciprocal stiffness)로서 지지계의 컴플라이언스(compliance, 부드러운 정도)를 의미한다. 위 식(5.10-1)에서 보면, 스피커의 다른 조건들이 모두 같은 경우에 강성이 커지면(지지계가 뻣뻣해짐) 공명진동수는 증가하고, 강성이 약해지면 공명진동수가 낮아지게 된다. 그리고 진동계의 질량이 증가하면 공명진동수가 작아지고, 질량이 감소하면 공명진동수가 증가하게 된다. 이는 저음용으로 사용되는 우퍼의 경우에 진동계의 질량이 커져야 하고, 고음용인 트위터의 경우에 질량이 작아져야 하는 원인이기도 하다.

15.2. Q_{TS}

Q_{TS}는 전기적(Q_{ES}, electrical)인 방법과 역학적(Q_{MS}, mechanical)인 방법으로 진동판의 진동을 댐핑(damping)시킬 수 있는 양으로써, 공명진동수에서 진동판의 진폭을 제어할 수 있는 양을 의미한다. 여기서 전기적 댐핑(Q_{ES}, electrical damping)은 보이스 코일에서 발생되는 역기전력의 컨트롤 게이지(control gauge)를 의미하고, 역학적 댐핑(Q_{MS}, mechanical damping)은 지지계를 이용하여 댐핑을 제어하는 게이지를 의미한다. 유닛의 전체적인 Q값을 Q_{TS}로 표시하는데, Q_{ES}와 Q_{MS}를 이용하여 Q_{TS}를 다음과 같이 쓸 수 있다.

$$Q = Q_{TS} = \frac{Q_{ES} \times Q_{MS}}{Q_{ES} + Q_{MS}}$$

실질적으로 진동판의 진동이 기계적으로 제어(Q_{MS})되기보다는 전기적으로 제어(Q_{ES})된다. 만약 공명진동수가 동일한 두 개의 스피커가 서로 다른 Q_{TS}값을 가지게 되면, 이들은 공명진동수 근처에서 매우 다른 음향특성을 가지게 된다. 예로써, Q_{TS}값이 커진다는 것은 진동판의 진폭을 적게 제어한다는 것을 의미하는 반면에, Q_{TS}값이 작아지면 진동을 많이 제어한다는 것을 [그림 210]에서 볼 수 있다.

Q_{TS}값이 커지는 경우의 한 예로써, 약한 영구자석을 사용하는 경우를 들 수 있다. 이런 경우에는 진동에 대한 제어가 약하여 공명진동수에서의 음압이 높아지는 반면에 제어능력이 좀 감소하게 된다. 그러나 강한 영구자석을 사용하는 낮은 Q_{TS}값의 경우에는 진동에 대한 제어가 강해져서 공명진동수에서의 음압이 낮아지지만 제어력이 매우 커지게 된다. 따라서 스피커는 이들 사이의 Q_{TS}값에서 스피커의 용도와 목적에 알맞게 선정되어야 할 것이다.

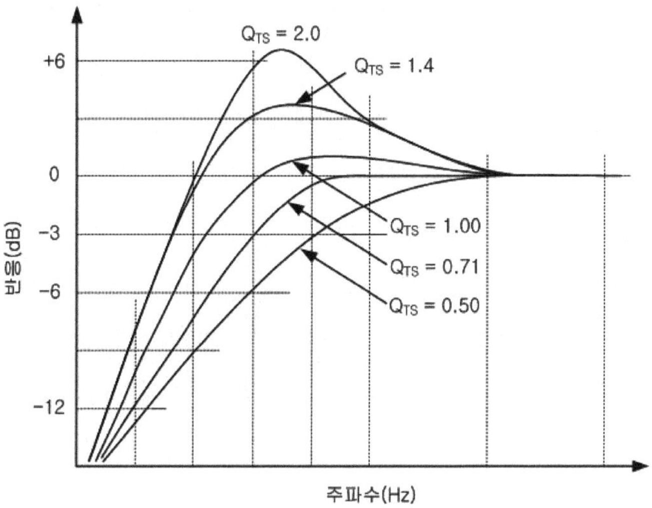

[그림 210] 스피커 공명진동수 근처에서의 반응

15.3. 등가체적(V_{AS})

스피커시스템에서의 공명진동수(f_c)는 식(5.10-1)에 의하여 다음과 같이 쓸 수 있다.

$$f_c = \frac{1}{2\pi} \times (\frac{s}{m})^{1/2} \qquad (15.3\text{-}1)$$

위의 식(15.3-1)에서 스피커시스템의 전체 강성(s)은 유닛의 지지계(에지 + 댐퍼)에 의한 강성과 인클로저의 내부에 있는 공기의 압축에 의한 강성을 합친 것이 될 것이다.

만약 스피커시스템의 특정한 공명진동수(f_c)를 얻고자 할 경우에 있어서 유닛의 지지계(에지 + 댐퍼)에 의한 강성은 유닛의 선정과 함께 이미 결정된다. 그리고 인클로저의 내부에 있는 공기의 압축에 의한 강성이 추가되어야만 원하는 스피커시스템의 공명진동수를 얻을 수 있게 된다. 그러나 유닛의 지지계에 의한 강성과 인클로저 내부의 공기압축에 의한 강성은 물리적으로 서로 다른 형태이다. 다시 말하면, 유닛의 지지계에 의한 강성은 역학적인 힘의 차원인 반면에 인클로저 내부의 공기압축에 의한 강성은 압력의 차원이다. 식(15.3-1)에서의 전체 강성은 역학적인 힘의 차원을 갖는다. 다시 말하면, 식(15.3-1)에서는 유닛의 지지계(에지 + 댐퍼)에 의한 강성과 인클로저의 내부에 있는 공기의 압축에 의한 강성을 모두 역학적인 힘으로 보는 것이다. 따라서 특정한 스피커시스템의 공명진동수를 얻는데 필요한 인클로저의 내부에 있는 공기에 의한 역학적인 힘을 공기의 압력으로 대체하여야 할 것이다. 이처럼 인클로저 내부의 공기에 의한 역학적인 힘과 동일한 크기의 공기압력이 되기 위한 공기의 양(체적)을 등가체적(V_{AS}, equivalent volume of compliance)이라 부른다. 그리고 강성은 컴플라이언스의 역수이기 때문에, 이들 강성을 컴플라이언스로 표시할 수 있다. 인클로저의 크기가 클수록 컴플라이언스가 커지게 되고, 인클로저의 크기가 작을수록 컴플라이언스는 감소하게 된다. 등가체적(V_{AS})은 다음과 같이 계산될 수 있다.

$$V_{AS} = 1.42 \times 10^5 \times C_S \times \ S_D^2 \qquad (15.3\text{-}2)$$

여기서, 1.40×10^5는 음속과 공기밀도를 곱한 상수를 의미하고, S_D는 진동판의 면적을 의미한다.

15.4. 틸-스몰(Thiele-Small) 매개변수 결정법

1) f_S와 Q_{TS}를 구하는 방법

스피커의 Q_{TS}값을 결정하는 데는 두 가지 방법이 있다. 첫 번째는 틸(Thiele)에 의해 제안된 전통적인 방법으로써 벤트형 상자를 이용한다. 이는 공명진동수의 음압에서 3dB가 감소하는 주파수들에 기초를 두고 있다. 가장 널리 사용되고 있는 방법이기는 하지만, 스피커에서 지지계의 비선형성과 공명진동수 부근에서 3dB 감소지점을 정확하게 찾는 것에 대한 오차가 발생할 수 있다. 두 번째는 스피커의 $B\ell$과 컴플라이언스를 활용하여 Q_{TS}값을 결정하게 된다. 이는 첫 번째 방법에 비하여 오차를 많이 줄일 수 있기 때문에, 신뢰도 측면에서 앞서게 된다.

(1) 임피던스특성 활용법

한 6.5인치 스피커 유닛에 대하여 1Hz에서 112Hz까지의 임피던스 곡선이 아래와 같다고 가정할 경우에 f_S와 Q_{TS}를 구해보자(그림211).

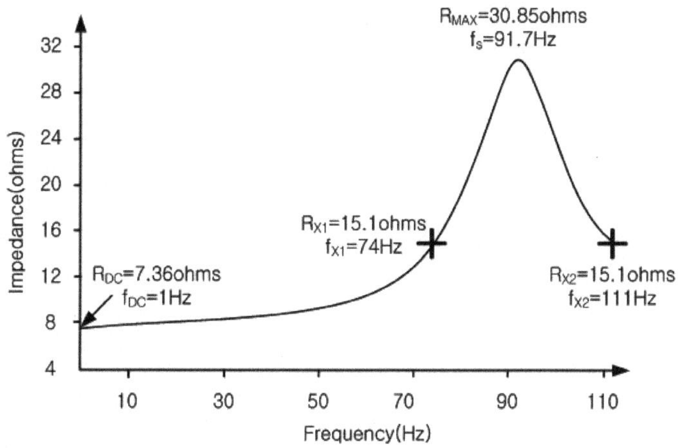

[그림 211] 스피커의 임피던스 곡선으로부터 f_S, Q_{MS}, Q_{ES}와 Q_{TS} 결정

여기서 R_{DC}와 R_{MAX}는 1Hz(B&K 2012에서는 20Hz)에서의 임피던스(7.36Ω)로써, 보이스 코일의 DC저항과 공명진동수(f_S = 91.7Hz)에서의 임피던스(30.85Ω)를 각각 의미한다.

지금부터 Q_{TS}값을 구해보면, 다음과 같은 순서로 얻을 수 있다.

▷ 보이스 코일의 DC저항(R_{DC})을 측정한다.

▷ R_{DC}와 유사한 값을 가지는 저항(R_C)을 선정한다.

▷ 신호발생기에서 공명진동수(f_S)를 발생시켜 R_C에 연결한 후에 멀티미터로 전압을 정확히 적는다. 이 때 전압의 크기 자체는 중요하지 않지만, 100mV 정도가 좋으며 200~700mV도 무방하다. 이 전압을 일종의 표준전압으로 사용하게 된다.

▷ 이 때의 전류(I_C)를 측정한다.

▷ 보이스 코일에 흐르는 직류전류(I_E)를 결정한다.

$$I_E = \frac{I_C \times R_C}{R_{DC}}$$

▷ R_C를 제거하고, 스피커를 연결한다. 전류가 최소가 되는 주파수를 찾아서 전류(I_O) 값을 적는다. 이 때의 주파수는 공명진동수에 해당할 것이다.

▷ R_O를 아래처럼 두 가지의 서로 다른 방법으로 결정할 수 있다.

$$R_O = \frac{I_E}{I_O}$$

또는

$$R_O = \frac{R_{MAX}}{R_{DC}} = \frac{30.85}{7.36} = 4.19157$$

▷ R_O를 이용하여 3dB가 감소하는 기준 임피던스(R_X, reference impedance)를 찾는다.

$$R_{X1} = R_{X2} = (R_O)^{1/2} \times R_{DC} = (4.19157)^{1/2} \times 7.36 = 15.068\,\Omega$$

▷ R_{X1} 또는 R_{X2}의 임피던스를 갖는 주파수들을 공명진동수의 전(f_{X1})과 후(f_{X2})에서 찾는다.

▷ 공명진동수(f_S), f_{X1}(= 74Hz)과 f_{X2}(= 111Hz)들의 세 가지 주파수들을 가지고 Q_{MS}를 구한다.

$$Q_{MS} = \frac{f_S \times (R_O)^{1/2}}{f_{X2} - f_{X1}} = \frac{91.7 \times 2.0473}{111 - 74} = 5.0740$$

▷ Q_{MS}를 이용하여 Q_{ES}를 구한다.

$$Q_{ES} = \frac{Q_{MS}}{R_O - 1} = \frac{5.0740}{4.19157 - 1} = 1.5898$$

▷ Q_{MS}와 Q_{ES}를 이용하여 Q_{TS}를 구한다.

$$Q_{TS} = \frac{Q_{MS} \times Q_{ES}}{Q_{MS} + Q_{ES}} = 1.2105$$

또는

$$Q_{TS} = \frac{Q_{MS}}{R_O} = \frac{5.0740}{4.19157} = 1.2105$$

이와 같이 Q_{TS}값을 결정할 수는 있지만, 사실상 스피커시스템(스피커 케이블과 크로스오버 등)과 앰프의 저항들에 대해서는 고려하지 않았다. 만약 이들이 고려되면,

Q_{TS}값은 다소 높아지게 될 것이다.

(2) Bℓ과 컴플라이언스의 활용법

$B\ell$과 컴플라이언스를 이용하여 Q_{TS}를 구해보자.

▷ R_{ES}를 구한다.

$$R_{ES} = R_{MAX} - R$$

▷ R_{ES}와 C_S를 이용하여 Q_{MS}를 구하면,

$$Q_{MS} = \frac{R_{ES}}{6.283 \times B\ell^2 \times C_S \times f_S}$$

▷ R과 C_S를 이용하여 Q_{ES}를 구하면,

$$Q_{MS} = \frac{R}{6.283 \times B\ell^2 \times C_S \times f_S}$$

▷ Q_{MS}와 Q_{ES}를 이용하여 Q_{TS}를 구하면,

$$Q_{TS} = \frac{Q_{MS} \times Q_{ES}}{Q_{MS} + Q_{ES}}$$

2) 등가체적(V_{AS})을 구하는 방법

등가체적을 결정하는 것은 매우 어려운 일 중에 하나이다. 왜냐 하면 등가체적이 온도와 습도에 의해서도 달라질 수 있기 때문이다. 여기서 등가체적을 결정할 수 있는 세 가지 방법을 제안하겠다. 그러나 이들 방법을 통한 등가체적의 결정에 지지계의 비선형성으로부터 나쁜 영향을 받을 수 있다. 따라서 이 영향을 최소화하기 위하여 인가전압을 가능한 한 작게 하는 것이 좋다.

(1) 지지계의 컴플라이언스 활용법

자기적 성질을 갖지 않는 동전을 더스트 캡(dust cap) 위에 올려놓고 측정한 공명진동수(f'_S)를 이용하여 결정한다. 여기서 f'_S는 동전을 올려놓지 않았을 때의 공명진동수(f_S)보다는 진동계(moving system)의 질량이 증가함에 의하여 낮아질 것이다. 이

방법은 인클로저를 사용하지 않기 때문에 공기의 유출입(leakage)의 문제로부터 자유롭다.

▷ C_S를 구한다.

$$C_S = [\frac{1}{(2\pi)^2 \times m_{load}}] \times [\frac{(f_S + f'_S) \times (f_S - f'_S)}{(f_S \times f'_S)^2}]$$

$$C_S = [\frac{1}{6.28^2 \times 0.03}] \times [\frac{(91.7 + 43.7) \times (91.7 - 43.7)}{(91.7 \times 43.7)^2}]$$

$$= 0.3421 \times 10^{-3} \text{meters/Newton}$$

여기서 f_S, f'_S 와 m_{load}은 동전이 없는 경우의 공명진동수(= 91.7Hz), 동전이 있는 경우의 공명진동수(= 43.7Hz)와 동전의 질량(= 0.03kg)을 의미한다.

▷ S_D를 구한다.

6.5인치 스피커에서 진동판의 실효지름이 13.3cm이라면, 진동판의 실효반지름은 6.65cm(= 0.0665m)가 된다. 이 때 진동판의 면적(S_D)은 다음과 같다.

$$S_D = \pi a^2 = \pi \times 0.0665^2 = 0.0139\text{m}^2$$

▷ 식(15.3-2)에 의해 V_{AS}를 구한다.

$$V_{AS} = 1.42 \times 10^5 \times C_S \times S_D^2$$

$$= 1.42 \times 10^5 \times 0.3421 \times 10^{-3} \times 0.0139$$

$$= 6.75 \times 10^{-3}\text{m}^3 \quad (\text{가로, 세로, 높이} = \text{약 } 20.98\text{cm})$$

따라서 본 예제로 사용한 6.5인치 스피커의 $f_S = 91.7\text{Hz}$, $Q_{TS} = 1.2105$ 그리고 $V_{AS} = 6.75 \times 10^{-3}\text{m}^3$이 된다.

(2) 밀폐형 인클로저 활용법

밀폐형 인클로저를 활용하여 등가체적을 결정할 수 있으며, 스피커에 따른 인클로저의 크기는 아래의 [표 39]와 같이 많이 사용할 수 있다.

[표 39] 스피커에 따른 박스의 크기

스피커 크기(인치)	박스 크기(cm^3)
8~10	28,316
12~15	56,632

이 때의 등가체적(V_{AS})은

$$V_{AS} = V_B \times [\ \frac{f_I \times Q_{ECT}}{f_s \times Q_{ES}} - 1\ ]$$

여기서 f_I와 Q_{ECT}는 인클로저 안에서 유닛의 공명진동수와 Q_{ES}를 말한다.

(3) 벤트형 인클로저 활용법

등가체적을 결정하기 위하여, 스피커의 크기에 따른 벤트형 인클로저 및 벤트의 크기를 아래의 [표 40]과 같이 사용할 수 있다. 임피던스 곡선을 측정한 후에 아래의 주파수(f_g)를 구한다.

$$f_g = (\ f_H^2 + f_B^2 - f_I^2\ )^{1/2}$$

여기서 f_H와 f_B는 스피커와 벤트의 공명진동수들을 의미하며, 등가체적은 다음과 같이 구한다.

$$V_{AS} = V_B \times (\ f_H^2 - f_g^2\ ) \times \frac{f_g^2 - f_B^2}{f_H^2 \times f_B^2}$$

[표 40] 스피커에 따른 인클로저 및 벤트의 크기

스피커 크기(인치)	박스 크기(cm^3)	벤트 크기(cm)
8	28,316	4.8(D) × 4.8(L)
10	42,475	4.8 × 4.8
12	70,792	7.2 × 14.4
15	99,108	9.6 × 12.0

15.5. 밀폐형 스피커시스템에서 틸-스몰 매개변수 결정법

1) 밀폐형 인클로저에서의 공명진동수(f_C)

한 6.5인치 스피커가 0.01416m^3(= 0.5ft^3, 가로, 세로, 높이 = 약 24.2cm)의 체적을 갖는 인클로저에 부착되었을 경우의 공명진동수(f_C)는 다음과 같이 구할 수 있다.

$$f_C = f_S \times [\frac{V_{AS}}{V_B} + 1]^{1/2}$$

$$= 91.7 \times [\frac{9.24 \times 10^{-3}}{0.01416} + 1]^{1/2}$$

$$= 91.7 \times 1.2855$$

$$= 117.8\text{Hz}$$

여기서, V_B는 인클로저의 내부체적을 의미하고, 밀폐형 스피커시스템의 공명진동수는 유닛의 공명진동수에 비하여 높아지게 된다. 그 이유는 인클로저의 내부에 있는 공기의 압력에 의해 만들어지는 강성이 추가되어 전체 강성이 증가하였기 때문이다.

2) Q_{TC} 매개변수

스피커가 인클로저에 부착되었을 경우의 Q값을 의미하며, 한 6.5인치 스피커가 0.5ft^{3}의 체적을 갖는 인클로저에 부착되었을 경우의 Q_{TC}를 다음과 같이 구할 수 있다.

$$Q_{TC} = Q_{TS} \times [\frac{V_{AS}}{V_B} + 1]^{1/2}$$

$$= 1.2105 \times [\frac{9.24 \times 10^{-3}}{0.01416} + 1]^{1/2}$$

$$= 1.2105 \times 1.2855$$

$$= 1.5561$$

3) Bass Response Curve를 이론적으로 구하는 방법

한 6.5인치 스피커가 0.01416m^3(= 0.5ft^3, 가로, 세로, 높이 = 약 24.2cm)의 체적을 갖는 인클로저에 부착되었을 경우에, 다음과 같이 Bass Response Curve를 이론적으로 구할 수 있다(그림212). 밀폐형 인클로저를 설계하는데 가장 중점적으로 고려해야 할 것은 인클로저의 크기와 스피커시스템의 Q_{TS} 값을 결정하는 것이다. 이들은 밀폐형 스피커시스템의 저음재생능력과 과도응답을 결정해 주게 된다.

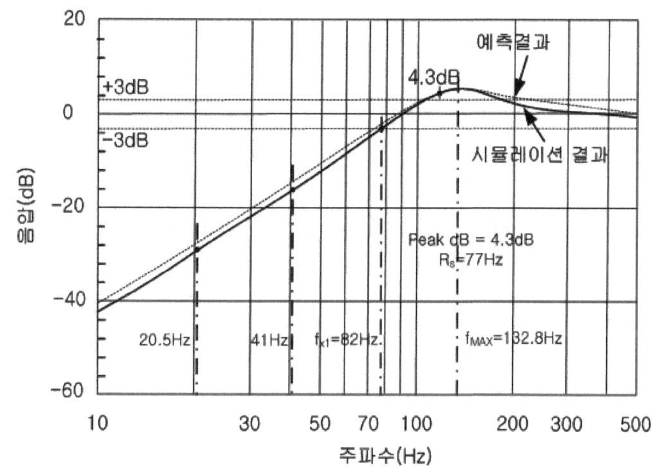

[그림 212] Bass Response Curve의 이론적 예측

밀폐형 인클로저의 설계를 위하여, 스피커와 인클로저의 음향특성들에 관계된 물리량들을 다음과 같이 이론적으로 계산한다.

(1) Peak dB

[그림 212]에서의 피크음압(PEAK RESPONSE, dB)이 기준음압(Reference R)에 비하여 얼마나 높은지(dB)를 의미하며, 다음과 같이 구할 수 있다.

$$\text{Peak dB} = 20 \times \log 10\left[\frac{Q_{TC}{}^4}{Q_{TC}{}^2 - 0.25}\right]^{1/2}$$

$$= 20 \times \log 10\left[\frac{1.55614}{1.55612 - 0.25}\right]^{1/2}$$

$$= 4.314\,\text{dB}$$

즉, 피크음압이 기준음압에 비하여 4.314dB 높다는 것을 의미한다.

(2) f_{MAX}

피크음압을 갖는 주파수를 의미하며, 다음과 같이 구한다.

$$f_{MAX} = \frac{f_C}{[1 - \frac{1}{2 \times Q_{TC}^2}]^{1/2}}$$

$$= \frac{117.8}{[1 - \frac{1}{2 \times 1.5561^2}]^{1/2}}$$

$$= 132.8\,\mathrm{Hz}$$

다시 말하면, 132.8Hz에서 기준음압보다도 4.314dB 높다는 것을 의미한다.

(3) η_{EA}

스피커가 전기적 파워를 얼마만큼의 음향파워로 바꾸어 주는지에 대한 음향효율(efficiency)을 의미하며, 다음과 같이 구할 수 있다.

$$\eta_{EA} = 9.67 \times 10^{-7} \times V_{AS} \times \frac{f_S^3}{Q_{ES}}$$

$$= 9.67 \times 10^{-7} \times 9.24 \times 10^{-3} \times \frac{91.73^3}{1.5898}$$

$$= 0.0043338$$

즉, 스피커에 입력된 전기적 파워의 0.43%만이 음향파워로 전환되는 것을 의미한다.

(4) Power Sensitivity(= midband response)

기준음압(dB)을 의미하며, 다음과 같이 구한다.

$$\text{Power Sensitivity} = 112.3 + 10 \times \log 10\eta_{EA}$$

$$= 112.3 + 10 \times \log 100.0043338$$

$$= 112.3 - 23.631$$

$$= 88.7\,dB/1w/1m$$

즉, 기준음압(dB)이 88.7dB를 의미하며, 132.8Hz(= f_{MAX})에서의 피크음압은 이보다 4.312dB가 높은 93dB가 된다.

(5) f_{X1}

기준음압에서 3dB가 떨어지는 주파수를 의미하며, 다음과 같이 구한다.

$$F_3 = F_C \times \left[\frac{\left\{ (\frac{1}{{Q_{TC}}^2} - 2) + (\frac{1}{{Q_{TC}}^2} - 2)^2 + 4 \right\}^{1/2}}{2} \right]^{1/2}$$

$$= 117.8 \times \left[\frac{\left\{ (\frac{1}{1.55612^2} - 2) + (\frac{1}{1.55612^2} - 2)^2 + 4 \right\}^{1/2}}{2} \right]^{1/2}$$

$$= 82.2\,Hz$$

즉, 82.2Hz에서 기준음압(=88.7dB)보다 3dB 떨어진 85.7dB가 된다.

(6) 82.2Hz이하에서 주파수가 한 옥타브씩 감소할 때마다 12dB씩 감소하게 된다.

4) V_B(인클로저 체적) 구하는 방법

어떤 스피커의 Q_{TC}, Q_{TS}와 V_{AS}를 알고 있을 때, V_B는 다음과 같이 구할 수 있다.

$$V_B = \frac{V_{AS}}{(\frac{Q_{TC}}{Q_{TS}})^2 - 1}$$

$$= \frac{9.24 \times 10^{-3}}{(\frac{1.5561}{1.2105})^2 - 1}$$

$$= 0.01416\,m^3$$

15.6. 위상반전형 스피커시스템에서 틸-스몰 매개변수 결정법

밀폐형 인클로저의 내부에 헬르홀츠 공명기(Helmholtz Resonator)의 역할을 하는 튜브(tube) 또는 포트(port)가 설치된 시스템을 위상반전형 스피커시스템이라고 한다. 위상반전형 스피커시스템의 공명진동수(f_v)에서 포트안의 공기와 스피커의 진동판은 동위상(in phase)으로 운동하게 된다. 이 때 스피커의 출력(speaker's response)은 아래의 [그림 213]처럼 최소가 되는 반면에, 포트의 출력(port response)은 최대가 된다. 이는 공명진동수(f_v)에서 진동판의 운동이 포트의 운동에 의하여 댐핑된다는 것을 의미한다.

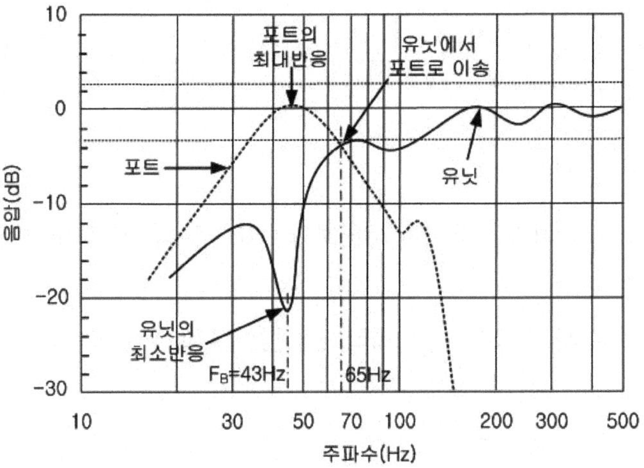

[그림 213] 위상반전형 인클로저에서 드라이버와 포트 반응

(1) EBP(Efficiency Bandwidth Products)

설계하고 있는 인클로저에 어떤 유닛이 적당한 지를 지시하는 매개변수로써, 다음과 같이 구한다.

$$\mathrm{EBP} = \frac{f_S}{Q_{ES}}$$

우퍼의 경우에 있어서, EBP가 50($0.3 < Q_{TS} < 0.8$)보다 작을 때에는 밀폐형 인클로저에 적당하고, 50($0.18 < Q_{TS} < 0.7$)보다 클 경우에는 위상반전형 인클로저에 적합하

다고 할 수 있다.

(2) V_B를 구하면(m^3),

$$V_B = 0.4248 \times V_{AS} \times (Q_{TS})^{2.87}$$

(3) f_{X1}을 구하면,

저음(bass)의 차단주파수(cutoff frequency)를 의미하며, 다음과 같이 구한다.

$$f_{X1} = \frac{0.26 \times f_S}{{Q_{TS}}^{1.4}}$$

(4) f_B(포트의 효율은 최대가 되고 드라이버의 음압은 최소)를 구하면,

$$f_B = \frac{0.42 \times f_S}{{Q_{TS}}^{0.9}}$$

(5) L_V(포트의 길이, cm 단위)를 구하면,

$$L_V = \frac{5.760 \times 10^6 \times R^2}{{f_B}^2 V_B} - (3.716 \times R)$$

(6) 하나의 포트를 여러 개의 포트로 만들 때

한 개의 포트를 여러 개의 포트로 나누어 제작할 경우에는 여러 개의 포트 단면적들을 더한 것이 한 개의 포트 단면적과 같으면 된다. 한 예로써 두 개의 포트로 만들어질 경우의 각 지름에 관한 식은 다음과 같다.

$$D_C = ({D_A}^2 + {D_B}^2)^{1/2}$$

(7)은 인클로저에서의 공명피크

작은 인클로저에서 피크의 음압이 기준음압보다 얼마나 높아지는지를 가리키는 매개

변수로써, 다음과 같이 구한다.

$$\text{Peak Response} = 20 \times \log 10\left[\,2.6 \times Q_{TS} \times \left(\frac{V_{AS}}{V_B}\right)^{0.35}\right]$$

찾아보기

[W]

[X]

[Y]

[3]

약어정리

[A]

a : 진동판(또는 피스톤)의 반경
a_b : 자석과 플레이트의 흡수계수
a_d : 음원과 배플 사이의 거리
a_{eff} : 진동판의 유효반지름
a_p : 물체(입자)의 가속도
a_{peak} : 진동판 운동의 가속도
a_v : 보이스 코일의 흡수계수
a_t : 혼에서 슬롯의 반경
a_x : 혼의 반경
a_m : 혼에서 마우스의 반지름
A : 단면적

[B]

B : 자기 갭 내부에서의 평균자기밀도(자기장)
B_{out} : 자기 갭 외부에서의 평균자기밀도(자기장)
B_r : 잔류자속밀도
b : 네트웍에서 음압감쇄량

[C]

c : 음속
C : 커패시턴스
C_s : 컴플라이언스
C_{test} : 시험상자의 컴플라이언스

[D]

d : 보이스 코일의 권선폭
d_a : 왜곡지수
d_t : 전체변조변형
d_v : 보이스 코일의 직경
d_2 : 제2차 변조변형
d_3 : 제3차 변조변형
D : 혼 구경
$D_{amp.}$: 앰프의 댐핑인자
D_t : 슬롯의 지름
D_x : 거리에 따른 혼의 구경

[E]

E : 영률(Young's Modules)
E_{core} : 샌드위치 진동판에서 코아의 영률
$E_{surface}$: 샌드위치 진동판에서 표면층의 영률
E_{vib} : 진동에너지
E_O : 앰프와 신호발생기 출력이하의 전압
E_L : 앰프에 스피커를 연결한 후에 전압

[F]

f : 주파수
f_B : 벤트의 공명진동수
f_c : 스피커시스템에서의 공명진동수
f_{center} : 중심주파수
f_D : 돔 스피커에서 딥이 생기는 주파수
f_{DC} : 1Hz
f_{ec} : 지수 혼에서의 차단주파수
f_H : 벤트형 인클로저에서 스피커의 공명진동수
f_h : 최고공명주파수
f_{horn} : 혼의 차단주파수
f_I : 인클로저 안에서 유닛의 공명진동수
f_{load} : 동전의 부가에 따른 공명주파수
f_{MAX} : 피크음압을 갖는 주파수
f_{peak} : 최대음압을 갖는 주파수
f_o : 기계적 공명진동수
f_s : 공명주파수
f_{test} : 시험상자에서의 공명진동수
f_{X1} : fs에서 3dB가 감소한 주파수
f_v : 벤트형 스피커시스템의 공명진동수
f_1 : 주파수 변조변형에서의 저음
f_2 : 주파수 변조변형에서의 고음
$\triangle f$: 최대음압에서 3dB가 감소하는 주파수대역
Δf_2 : 주파수 변조변형에서 고음의 변조량
F : 구동력
F_{ext} : 외부에서 주어지는 힘
F_c : 크로스오버 주파수
F_{HC}(또는 F_{HC}') : 트위터와 미드레인지 사이의 크로스오버 주파수
F_{LC}(또는 F_{LC}') : 미드레인지와 우퍼 사이의 크로스오버 주파수
F_M : F_{HC}와 F_{LC} 사이의 중앙주파수
F_p : 입자에 가해지는 힘

[G]

g : 샌드위치 진동판의 두께비율

[H]

h : 자기 갭의 높이(상판의 높이)
h_{dome} : 돔의 높이
h_e : 상판과 보이스 코일 사이의 거리
h_{gap} : 자기 갭의 높이
H : 외부 자기장의 세기
H_c : 보자력

[I]

I : 전류
I_{ac} : 음의 세기
I_{DC} : 직류전류
I_o : 기준세기

[J]

J_1 : 베셀함수

[K]

k : 파수
K : 열전도도

[L]

L : 인덕턴스
L_p : 특정한 거리에서의 음압레벨
L_V : 포트의 길이
ℓ : 자기 갭 내부에 존재하는 보이스 코일의 길이
ℓ_A : 언더형형에서 보이스 코일의 길이
ℓ_B : 오버형형에서 보이스 코일의 길이
ℓ_{cone} : 진동판의 길이
ℓ_{heat} : 열 회로의 길이
ℓ_{total} : 보이스 코일의 전체 길이
ℓ_{wire} : 도선의 길이

[M]

m : 진동계의 질량
m_{air} : 공기의 질량
m_b : 공기의 질량을 제외한 진동계의 질량
m_{core} : 샌드위치 진동판에서 코아의 단위질량
m_d : 진동판의 질량
m_{eff} : 진동계의 유효질량
m_{load} : 진동판에 부가된 동전의 질량
m_p : 물체(입자)의 질량
m_m : 기계적 질량
$m_{surface}$: 샌드위치 진동판에서 표면층의 단위질량
m_{wire} : 도선의 질량
m_v : 보이스 코일의 질량
M : 물체의 질량
M_A : 음향질량

[N]

n : 단위체적당 전하의 수

[P]

p : 음압
p_o : 기준음압
P : 파워

[Q]

q : 전하량
q_{heat} : 열방사 밀도
Q : 열량
Q_r : 열방사의 양
Q_{ES} : 전기적 Q값
Q_{MS} : 기계적 Q값
Q_{TS} : 전체 Q값
Q_{ECT} : 인클로저 안에서 유닛의 Q_{ES}

[R]

r : 거리
r_{eb} : blocked electrical resistance
r_h : x지점에서 혼의 반지름
R : DC저항
$R_{amp.}$: 앰프의 저항
R_A : 음향저항
R_{DC} : 1Hz에서의 저항
R_E : 초기온도에서의 DC저항
R_{EA} : 언더형형에서의 DC저항
R_{EB} : 오버형형에서의 DC저항
R_o : 전기적 임피던스(Z_{EB})의 저항성분

R_I : 임피던스 보상 네트웍에서의 저항
R_m : 기계저항
R_{MAX} : 공명진동수에서의 저항
R_{MI} : 미드레인지의 임피던스
R_{MOT} : 운동저항
R_N : 노치필터에서의 저항
R_P : 감쇄 네트웍에서 트위터와 병렬저항
R_r : 방사저항
R_S : 감쇄 네트웍에서 트위터와 직렬저항
R_t : 스피커 케이블 양단에서의 저항
R_T : 온도 T에서의 저항
R_{TH} : 전체 열저항
R_{TW} : 트위터의 임피던스
R_X : 앰프, 스피커, 케이블등의 전체저항
R_{X1} : f_s에서 3dB 감소한 첫 주파수의 저항
R_{WO} : 우퍼의 임피던스
R_{20} : 20℃에서의 저항

[S]

s : 지지계의 강성
s_m : 기계적 강성
s_{top} : 진동판 정상부의 강성
S : 혼의 단면적
S_D : 진동판 면적
S_m : 마우스의 단면적
S_{min} : 혼의 최소면적
S_d : 혼 스피커에서 진동판의 면적
$S_{orifice}$: 오리피스의 면적
S_r : 열방사 표면적
S_t : 슬롯의 단면적
S_x : 슬롯으로부터 특정한 위치에서 단면적

[T]

t : 시간
t_1 : 트위터와 우퍼 사이의 시간지연
t_d : 진동판의 두께
t_{60} : 음압이 60dB 감소하는데 걸리는 시간
T_t : 특정한 온도
T : 주기
T_f : 최종온도
T_{high} : 온도가 높은 표면의 절대온도
T_m : 자석과 플레이트의 온도
T_{mat} : 재료의 절대온도
T_O : 초기온도
T_v : 보이스 코일의 온도
T_{20} : 상온
ΔT : 온도차이

[U]

u : 입자속도
U : 입자의 체적속도
U_c : 진동판의 운동속도,
U_D : 진동판에서 전파속도의 지연시간

[V]

V_{AS} : 등가체적
v : 진동판의 속도
v_q : 전하운반체의 유동속도
V : 전압
V_B : 인클로저의 체적
V_{EB} : 인클로저의 실효체적
V_{test} : 시험상자의 체적

[W]

W : 파워
W_o : 기준파워
W_{input} : 입력파워
W_m : 기계적 파워
W_r : 방사음향파워

[X]

x : 진동판의 변위 또는 혼에서의 위치
x_o : 슬롯의 위치
X : 리액턴스
X_a : 최대변위의 두 배가 되는 지점
X_C : 용량성 리액턴스
X_L : 유도성 리액턴스
X_{max} : 최대변위
X_{MOT} : 운동 리액턴스
X_{peak} : 최대피크변위
X_r : 방사 리액턴스

[Y]

y : 혼의 길이

【Z】

Z : 임피던스
Z_a : 음향임피던스
Z_C : 콘덴서의 임피던스
Z_d : 혼 스피커에서 진동판의 음향임피던스
Z_e : 전기적 임피던스
Z_{em} : 전기적 운동 임피던스
Z_E : 입력전기임피던스
Z_{EA} : blocked electrical impedance
Z_{EB} : 전기 임피던스
Z_m : 기계 임피던스
Z_{MOT} : 운동 임피던스
Z_L : 인덕터의 임피던스
Z_r : 방사 임피던스
Z_t : 혼 스피커에서 슬롯의 음향 임피던스
Z_{1kHz} : 1kHz에서 보이스 코일의 임피던스

【α】

α : 온도저항계수
α_{20} : 20℃에서 전기저항의 정질량온도계수

【γ】

Γ : 지향특성
δ_d : 맴놀이 전류가 발생하는 도체의 깊이

【ζ】

$\zeta(t)$: 공기입자들의 진동변위

【η】

η : 손실계수
η_{EA} : 전기-음향적 변환효율
η_{EM} : 전기에너지와 기계에너지의 변환효율
η_{MA} : 기계에너지와 음향에너지의 변환효율

【θ】

θ : 진동판의 각도
θ_a : 보이스 코일과 자기장 사이의 각도
θ_{mea} : 측정각도

【κ】

k : 파수

【λ】

λ : 파장

【μ】

μ : 폴피스와 플레이트의 투자율
μ_n : roots of frequency equation

【ξ】

ξ : $\triangle h_{gap}/h_{gap}$
$\xi_{surface}$: 표면 방사율

【ρ】

ρ : 밀도

ρ_o : 공기의 밀도
ρ_v : 보이스 코일의 밀도
σ : 폴피스와 플레이트의 전도도
σ_p : 포아송 비율
σ_o : Stefan-Boltzmann 상수

【τ】

τ : 혼의 플레어 상수

【υ】

υ : 구동력의 전달속도

【φ】

Φ : 저항과 리액턴스 사이의 위상
φ_M : 변환상수

【ω】

ω : 각진동수($=2\pi f$)
ω_1 : 주파수 변조변형에서 저음의 각진동수

참고문헌

[1] Loudspeaker and Headphone Handbook, J. Watkinson, 3rd Ed., Focal Press(2001)

[2] The Loudspeaker Design Cookbook, V. Dickason, Audio Amateur Press (2000)

[3] Fundamentals of Acoustics, L.E. Kinsler, 4th Ed., John Wiley & Sons, Inc. (2000)

[4] Handbook of Acoustics, M.J. Crocker, John Wiley & Sons, Inc.(1998)

[5] Design, Building, and Testing Your Own Speaker System, D.B. Weems, 4th Ed., McGraw-Hill(1997)

[6] Advanced Speaker Designs, R. Alden, Prompt(1995)

[7] The Art of Sound Reproduction, J. Watkinson, Focal Press(1998)

[8] The Electrostatic Loudspeaker Design Cook, R.R. Sanders, Audio Amateur Press (1995)

[9] Audio & Hi-Fi Handbook, I.R. Sinclair, Revised Ed. Newnes(2000)

[10] Electrostatic Loudspeaker Design and Construction, R. Wagner, Audio Amateur Press(1993)

[11] Speaker for Your Home and Automobile, G. McComb, 2nd Ed., Prompt (1998)

[12] 음향기술총론, 강성훈, 사운드미디어(2007)

[13] High Performance Loudspeakers, M. Colloms, 6th Ed., John Wiley & Sons, Ltd.

[14] Loudspeaker Handbook, J. Eargle, 2nd Ed., Kluwer Academic Publishers (2003)

[15] W. Klippel, "Assessment of Voice-Coil Peak Displacement Xmax", J. of the Audio Eng. Soc., 51(5), 2003, 159.

[16] H. Suzuki and J. Tichy, "Radiation and Diffraction Effects by Convex and Concave Domes", the 67th convention of the AES, 1980, pp.292.

스피커 총론 3판

Theory and Design of Loudspeaker Third Edition

2006년 9월 15일 1판 1쇄 인 쇄	2006년 9월 8일 1판 1쇄 발 행
2011년 2월 14일 2판 1쇄 인 쇄	2011년 2월 23일 2판 1쇄 발 행
2022년 2월 25일 3판 1쇄 인 쇄	2022년 3월 2일 3판 1쇄 발 행

펴낸곳 / 서울특별시 마포구 토정로 222 한국출판콘텐츠센터 301호 석학당

지은이 / 오 세 진　　펴낸이 / 윤 용 호

전 화 / 02) 719-6116　　팩 스 / 02) 719-6120

www.shdbooks.co.kr　　E-mail/ shd6116@chol.com

등 록 / 2001.10.23 제10-2238호

ISBN : 978-89-93158-34-2

값 25,000원